U0023021

清代臺灣行郊研究

卓克華◎著

國立編譯館　主編
揚智文化事業股份有限公司　印行
2007年2月出版

謹以本書敬獻給

鄭喜夫教授

——一位我素來景仰佩服的學者

《清代臺灣行郊研究》序

——一個消逝的商戰集團

臺島自明鄭光復，迄日人竊據，凡二百三十餘年。其中有清一代，臺灣爲海上交通要衝，商業發達，貿易興盛，是當時中國、日本、南洋與美國之間國際貿易港口。可嘆清廷素視臺灣爲化外之地，任由臺灣自生自滅不願長期規劃建設，對臺灣經濟之貢獻相當消極而被動，端恃民間「行郊」規劃推動，當年臺島「行郊」繁多，其勢力殆可操縱本島經濟大權。二百年之行郊史頗有可述者，惜史料零散湮滅，前此專家學者對此又少有研究，至我輩青年實已不曉「郊」爲何物。凡此，在在均引起筆者之興趣，思對此一探究竟。

這本書的前身是我的碩士論文，指導教授是程光裕師。斯時因史料缺略，一時尚難分述研討各港各地行郊史實，茲乃借重社會科學，以行郊涵義、組織結構、組織功能、貿易營運、沒落因素等爲重點，作一綜合歸納之探討，期以先釐清認識行郊之本質、功能、結構、營運及衰落等，至於其外部面貌——各地行郊興廢沿革之史實，礙於史料欠缺，當時只能待日後再另行撰寫探述。

此次揚智文化公司願意出版發行，自不能以舊面目見人，除了一些必然的修訂校對外，勢必加以增補，故特別加入新竹、澎湖、艋舺等地行郊之興衰沿革史料研究。經此一番增補，全書共分九章三十五節，另附錄三篇，字數約二十三萬字。

其大要如下：

第一章「緒論」：略言作者研究動機、研究範疇及方法，並及現存史料與前人研究情形。

第二章「清代臺灣行郊釋義」：下分四節，第一節略述中國歷代行會沿革；第二節探討臺灣行郊起源之背景及因素；第三節羅列前人諸說，以明「郊」名之取用原因，並作一商榷，說明其後之衍變；第四節予衆多之行郊作一分類歸納，以使綱舉目張，一目瞭然。

第三章「行郊之組織結構」：計分五節，第一節探究行郊之組織體系及編制職掌；第二節介紹行郊之會議情狀及會所；第三節說明行郊經費之來源與開支；第四節分析郊規，明其商事規約範疇，及裁決調處之權責；第五節則針對其內部結構作一檢討，說明其衰微之原因。

第四章「行郊之貿易營運」：第一節分述各地行郊之貿易地區及販售貨品種類，並歸納分析海島貿易之經濟特色；第二節敘述行銷路線及市場體系；第三節言其營運管理狀況；第四節詳述行郊出洋貿易，使用海船、駁船、牛車、挑夫等爲交通運輸工具之情形；第五節探討行郊貿易，逢關繳稅，遇卡納釐，敘官府稽徵餉稅關釐之情形及陋規。

第五章「行郊之組織功能」：略分六節，分別探討其經濟功能、宗教功能、社會功能、文化功能與政治功能，並從其功能之內縮與擴張一探行郊之興衰原因。

第六章「行郊之沒落式微」：各地行郊之衰頹式微，有外在

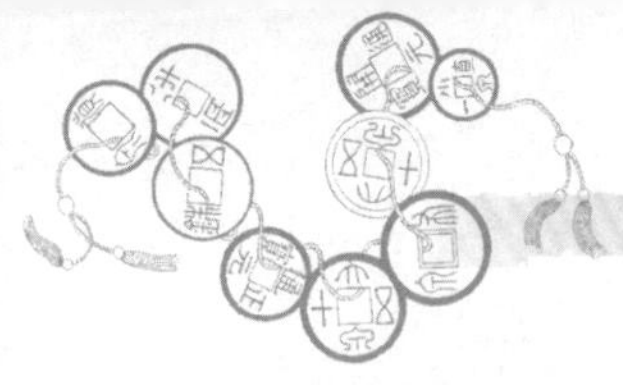

原因，有內在因素，有其共同原因，有其地方特殊原因，茲分一、港口淤塞機能喪失，二、列強經濟勢力入侵，三、內亂外患連綿不絕，四、航運風險秕政賠累，五、刻薄巧詐敗壞商譽，六、會員離心弊竇叢生，七、乙未割臺局勢頓變，七、餘論暨檢討等七節探討，予以歸納綜述。

第七章及第八章爲個案研究，分別介紹新竹行郊及澎湖行郊的成立、發展、衰微及其貢獻。

第九章「綜述與結論」：綜合上述各章節，對臺灣行郊之貢獻及影響，作一申論，以爲本書之總結。

書末並附三篇附錄，附錄一「試釋全臺首次發現艋舺北郊新訂抽分條約」，箋釋此一百年難得一見之原始史料，透過郊規詮釋詳述艋舺北郊之貿易地區、販售貨品、經費開支、短報隱匿等諸種情形，以爲本書之一例證。附錄二「澎湖臺厦郊補闕」乃根據新發現的一些史料，對澎湖行郊做更進一步的探討，與本書第八章一爲正文，一爲附錄。附錄三「艋舺行郊初探」則記敘艋舺行郊的歷史沿革。

回首前塵，我由少年、青年、壯年而中年，研究領域，由行郊、古蹟、寺廟而民間信仰，讀史治史之樂趣依然。三十年治史生涯，要感恩感謝的人太多了，今後只要我這中風的殘軀還可以，只有再接再勵的走下去，以答報衆師友，又本書出版之時，欣逢程師光裕九十嵩壽，謹以本書作爲壽禮，敬祝吾師高壽，永保康健！

卓克華

2006年12月22日于三書樓

目　錄

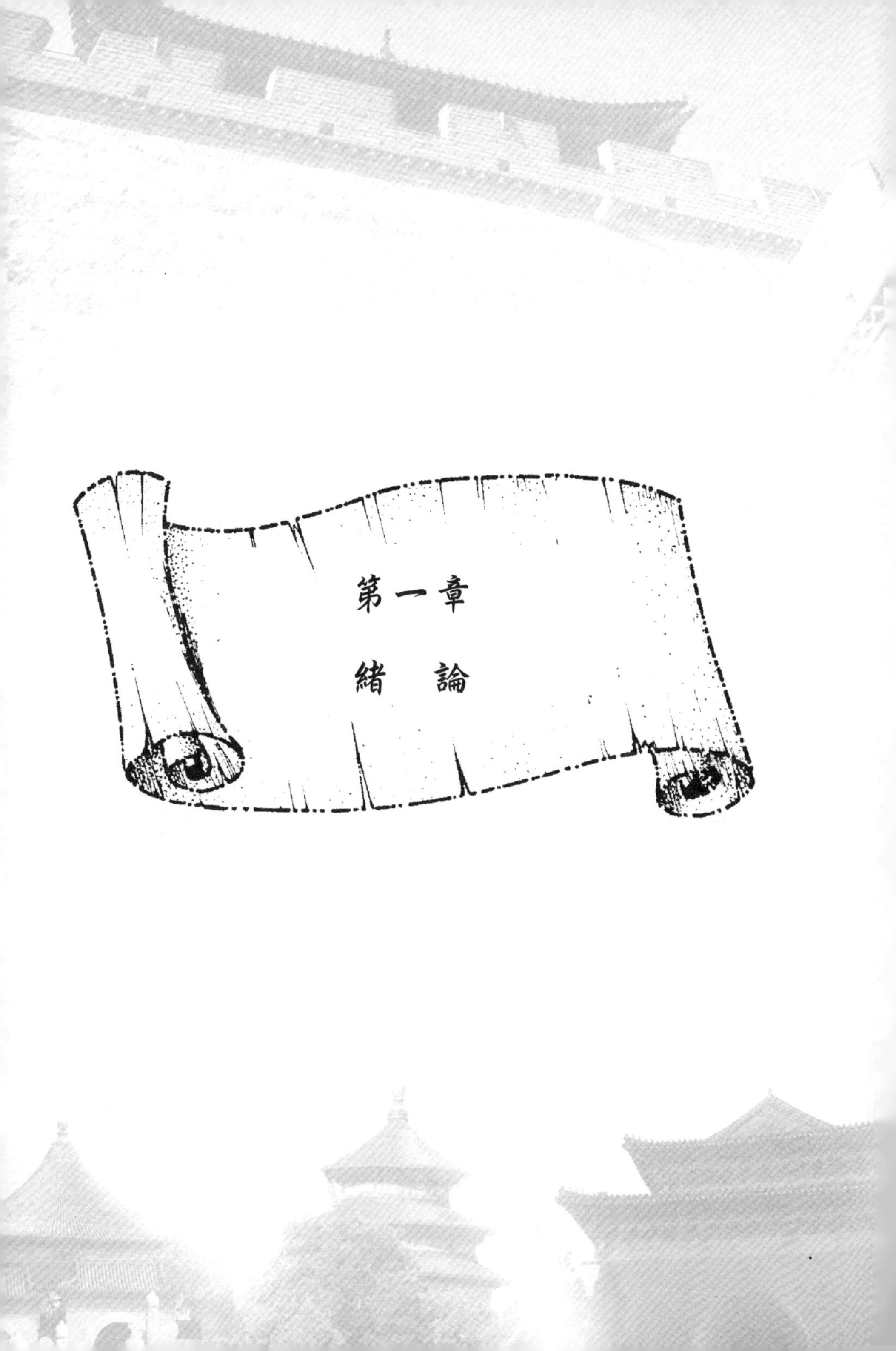

第一章 緒論

臺灣僻處海隅，梗於交通，開發較晚，初期經濟，僅求自給自足，可歸屬自然經濟階段。至明天啓初，荷人先據澎湖，繼侵臺灣，盤據數載，雖有一二建設，實則榨取臺民膏血，以搜括爲能事。明鄭光復故土，以爲抗清基地，清廷爲絕鄭氏後援，於大陸沿岸厲行遷界移民政策，並嚴禁大陸沿海地區與臺島通商，使沿岸無數居民流離失所，致屢有衝破禁界偷渡來臺者。而鄭氏生聚教養，一面開拓耕地，一面發展對外貿易，結果農業生產急遽高升，臺灣成爲大陸外銷物質之集散中心，貿易漸趨興盛。

康熙廿二年（1683），清領有臺灣，海禁雖嚴，然偷渡者眾，迨及康熙末季，冒險渡臺墾拓者，幾乎滿布全臺。嗣後閩粵沿海大批移民仍陸續來臺，而於乾隆元年（1736）至嘉慶三年（1798）之間，達於最高潮。移民們大都從事土地開墾，而由於移民增多人口繁殖，墾地日廣，不僅農民及農產隨之增加，從大陸運來銷售各種貨物之商人亦大量增加，工商百業隨之蔚起。又由於農業生產之發達，商業貿易之日隆，大陸商人移駐臺灣，從事商業者之日愈駸盛，彼輩於島內各港埠經營貨物輸出入，謀取贏利，並組織成一商業集團——「郊」。

臺灣行郊之嚆矢，起於雍正初年之府城三郊——北郊、南郊、糖郊。乾隆四十九年（1784），臺灣中部之鹿港獲准與泉州蚶江通航，鹿港商業亦趨繁榮，八郊遂興。乾隆五十七年（1792），開放八里坌港，准與福州之五虎門、蚶江往來，於是北部淡水日益繁榮，商船雲集，闤闠鼎盛，而淡水河上游之艋舺，因水利交通之便，北部各郊行咸集該地，全臺形成臺南、鹿港、艋舺三地商業鼎立之局，俗稱「一府二鹿三艋舺」。此後各地港埠，郊行林立，盛極一時，從乾隆初年至咸豐末年間，掌握臺灣內外貿易大權者，悉在此種「郊商」。同治後，則因港灣淤塞，影響航運貿易，及外國資本之侵入，漸失勢力而告式微，其潛在力量則直至日人佔臺後才告結束。

清領有臺灣亙二百年，有清一代，臺灣爲海上交通要衝，農產發達，商業繁盛，行郊繁多，其勢力殆可操縱全臺，二百年之行郊史頗有可述者，惜史料湮滅殆盡，前之學者對此又少有研究，即有一二人士研究，亦語焉不詳，論斷有待商榷，至我輩青年實已不知「郊」爲何物，遂引起個人一探究竟之動機，期能於二百年之行郊史實有一瞭解。再則，中國爲一廣土眾民之國家，各地資源生產不同，自古即有區域間之貿易活動，流通有無，以滿足人民生活需要。臺灣爲中國之一省，臺民爲中國之人，探討臺灣行郊史實，除能瞭解臺灣與大陸之省區貿易外，並能進一步使我人深一層瞭解中國大陸之社會經濟發展情形，此一比較探討，或能側面提供我國近代歷史發展之所以異於西方社會，暨國勢陵替之眞正原因。

歷史研究有賴史料與史觀，無史料即無史學，臺灣行郊爲一民間組織，其層面涉及既廣，史料瑣碎零散，蒐羅匪易，可供研究者亦復尠乏，可謂處處是史料，在在又不是史料。加上我國歷代典籍記載，偏重於典章制度、學術思想、政治人物、開疆拓土等上層文化，於社會風尚、民間生活、經濟發展、商業活動等下層文化少有記錄。故有關行郊史料既闕且略，蒐羅匪易，以今存史料言，臺灣諸方志及閩粵兩省方志所載，或略而不言，或偶一提及，無一完整

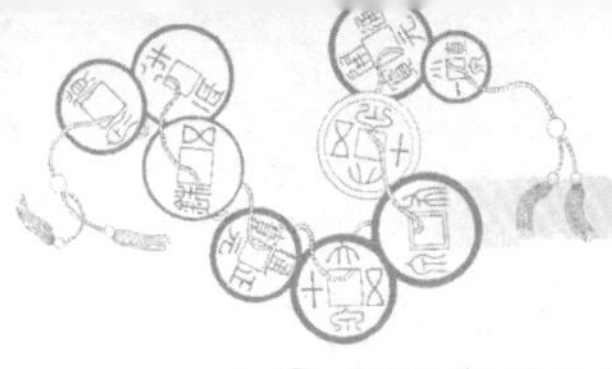

系統之牆牆敘述，反不若昔年大陸宦遊來臺者之見聞著述，尚能稍詳，惜亦語焉不詳，含混不清。較為珍貴者，其一為臺灣各地留存之清代碑碣，然而斷碑殘碣，所能參考運用者，多限於碑末之「捐輸名單」；其二為日據初期，臨時臺灣舊慣調查會編印之第一部調查第三回報告書之《臺灣私法》第三卷及其〈附錄參考書〉，此一調查報告，於郊之性質、組織、沿革有較完整解說，並收有「郊」之參考文獻十數件，書內其他可供參考者，亦復不少，但多為日據初期者，已是行郊之尾聲矣！以研究人士言，日人伊能嘉矩之《臺灣文化志》，東嘉生之《臺灣經濟史研究》，已能較詳敘及，惟二書之資料不出《臺灣私法》一書，囿於史料闕略，固無可奈何。光復以還，臺灣各縣市修撰之方志，雖多有提及，卻又不出《臺灣文化志》與《臺灣經濟史研究》二書之範疇，了無新義，反不如臺省一二地方耆宿之回憶撰述有價值。嗣後少有專門研究行郊者，有之，以方豪先生為昉，亦最有系統，發人未見，然已是四十年前之事矣！晚近則少有聞焉，偶有一二人士撰文提及，率雜抄方先生之文，又不翻檢原書，其內容文字錯誤百出，良可嘆惜。近年則有施懿芳《從行郊的興衰看鹿港的社經變遷》（中山大學中山學術研究所碩士論文，1991），而林玉茹《清代竹塹地區的在地商人及其活動網絡》（聯經出版公司，2000）由其博士論文增補出版而成，後出轉精，行郊課題之研究，後繼而有人，亦云幸矣！

有關行郊之史料既如此缺乏殘略，故本書之研究撰寫有諸多困難，須先作一說明：

1.由於史料有闕，斷簡殘篇，蒐羅匪易，故本書撰寫之原則爲：寧詳勿略，寧煩勿簡，是以寧失之厭煩，勿失之簡略。
2.又因史料缺略，故本書之撰寫，不得不屈就史料，章節之編排，篇幅之多寡，均無法顧及條理井然、詳略平衡，必有畸輕畸重或失當之處。
3.文獻史料既苦不足，復因原始材料之缺陷，本書無法以量化統計方式作一觀察分析，僅能作到排比鋪陳之敘述而已；復次，史料不足，有賴史法輔助，故本書之撰寫，借重社會人類學、文化人類學、經濟地理學等觀念之處甚多，是以本書重點置於行郊之組織結構、組織功能，並兼及其貿易運銷、郊名釋義、沒落原因、貢獻影響等等之探討。

要之，本書之撰寫，因史料殘散，疑信相參，其研究方法勢不得不採用多法，故有比較、有辨識、有歸納、有商榷、有考證，既不故作驚人之論以標新立異，也不自囿錮限以抱殘守缺，總期因事制宜，求其至當，則斯文之作，或有助於臺灣社會經濟史之研究。

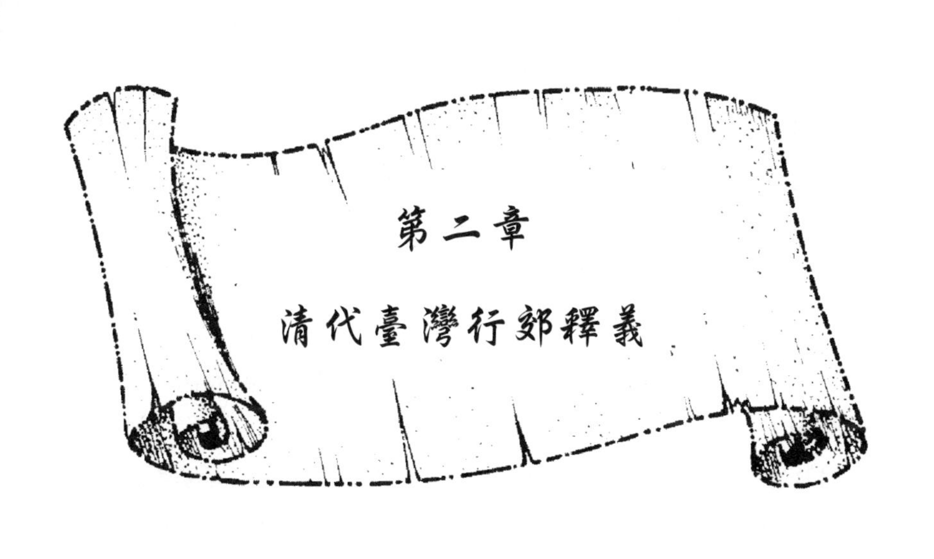

第二章

清代臺灣行郊釋義

第一節　中國行會沿革

我國行會組織起源甚早，其組成原因有下列諸說：(1)以崇拜本行業之職業神所結合之宗教團體。(2)為壟斷某一營業，以維持其共同利益，並加強其勢力，以影響其他同業。(3)因人口過剩，謀生不易，已得職業者為求保衛其既得利益，乃組成團體。(4)為對抗官府加諸工商業者之橫徵苛索、不法壓迫。(5)寄居客地商人，為謀互助聯誼，因而同鄉互相結合。(6)傳統獨佔某手工業製品之家族，逐漸擴展而成[1]。然上述家族制度、同鄉團體、宗教團體、人口過剩、政府壓迫等諸說，率皆為行會之結合手段或維持團結方法，非其組成原因。質言之，其根本原因乃由於都市中工商業高度發展及生產力增加結果，引起同業間之激烈競爭，各職業為對內互助團結，對外防禦競爭壟斷，以謀共同利益，才組成各種行會。加以我國政府向採無為政治及輕商重農政策，少保障渠等利益，於是各職業者為求消極互保，各依種類、地區自由地組合，有時為加強團體，再以家族為本位或同鄉為主體。

中國行會制度起源可遠溯至周末，至漢代已具雛形，《史記‧平準書》云「諸作有租及鑄、率緡錢四千一算」，所謂「作」，殆即當時各手工業行會。北魏楊衒之《洛陽伽藍記》卷四記洛陽市東之通商、達貨二里， 里內之人盡皆工巧，屠販為生：市西追酤、治觴二里之人多醞酒為業，市南調音、樂律二里之人多絲竹謳歌：市北慈孝、奉終二里之人以賣棺槨、賃轜音爲業，另有准財、金肆二里，多爲富人所居，凡此十里多出工商貨殖之民。是知南北朝時，各行業人員，已在都市中叢聚而居，足徵行會組織已漸漸形成[2]。至隋，始見「行」之名稱。唐韋述之《兩京新記》中，「行」名屢見，如「東都豐都市，東西南北，居二坊之地，四面各開三門，邸凡三百一十二區，資貨一百行」，又如「大業六年（610），諸夷來朝，請入市交易。煬帝許之。於是修飾諸行，葺理邸店，皆使門市齊正，高低如一，環貨充積，人物甚盛，時諸行舖競崇侈麗」云云。再如宋劉義慶《大業雜記》稱「豐都市因八里，通門十二，其內一百二十行，三千餘肆 ，甍瓦齊平，遙望如一榆柳交蔭，通衢相注」。可知隋代洛陽各市內有不少「行」之存在[3]。

到唐時，行會逐漸增加，同業之商店泰半組織成行，每行之家數亦同時激增。據唐人文獻中所記諸行，時已有肉行、鐵行、太衣行、鞦轡行、秤行、絹行、藥行等[4]。此種商店或稱「行商」、「行人」及「行戶」，設有「行頭」或「行首」，爲同行祭神及與官府交涉時之代表。諸行亦訂定本行之物品質料格式等限制，惟此時多以同業商店所在街區稱「行」，仍未具備一完整組織形態及制度。

行至宋代，因傳統市制之崩潰，行之團結愈迫需要，組織乃愈盛，從而普及各地，種類日趨複雜，可類別爲職業（如教學行、乞兒行）、手工業（如紙扇行、蓆帽行）、商業（如鮮魚行、果子行），其中雖無嚴格之徒弟制度，卻有勢力範圍之劃分以獨佔營業。行內有「行頭」或「行老」，常舉行各種宗教或娛樂活動；

行亦須接受官府要求，籌辦所需物品，負擔指定任務，是曰「行役」。要之，宋代行會制度已稱完備[5]。

元明以還，行會制度極爲普遍，元曲及明人小說中屢屢提及，組織制度亦無重大改變。到清代，大小城市均有行會組織，有稱「會」，有稱「幫」，各壟斷某一行業，以漢口爲例，湖南幫經營茶、米；陝西幫經營牛油、牛皮、羊毛；山西幫經營票號等。各幫設有會館（或稱公所）作爲辦事之活動機關，率爲同鄉同業者所建，如寧波有洋布公所、鹹貨行公所、錢業公所、靛公所、緞業公所、糖公所、建幫會館、木行會館等[6]。簡言之，近代中國行會可分爲同鄉與同業二類，同業又可細分爲商會、工會二種；依其性質，可分爲公所（會館）、業會、公行三種組織，公所多爲商人結盟，業會爲工人組合，公行則由行商主持。

如上所述，我國商業團體之稱謂，有稱會館、公所、公會、商會，甚或單稱爲幫者，惟「郊」之稱，僅見於閩南，如廈門之洋郊、北郊、疋頭郊、茶郊……等[7]，而以臺灣最盛。臺灣之「郊」又曰「郊行」，亦作「行郊」，含有同業公會性質，其組織與大陸之工商行會類似，其稱謂之異，或因地方方言使用之歧異所造成，要之，皆源起我國唐宋時代之「行」制也。

第二節　行郊之起源與背景

臺灣行郊之起源，固然可溯至唐宋時代之行制，亦可視之爲大陸行會之流衍，然亦有其特殊之歷史、社會、經濟、地理、宗教等背景。

臺灣在地理位置上，東臨太平洋，西瀕臺灣海峽，與中國大陸相對，孤峙海中，幅員狹小，資源缺乏，有賴貿遷有無。幸交通位置優越，東北接琉球、日本，南通南洋諸島，西與福建一衣帶水，居亞洲東部大陸邊緣之太平洋南北縱列島弧之中點，地處大陸與大洋相交切之處，為南北交通、東西輻輳之地。臺灣位居海道要衝，能爭取大宗收入者為對外貿易，故經濟發展一直以市場為導向，為典型之海島經濟，簡言之，臺灣必須往海洋發展，拓展貿易，實為地理形勢使然，此為臺灣行郊起源之地理因素。

早在隋時，中國人已發現臺灣，但大量移墾入台，則始於明末，然在未行墾殖前，臺灣地區早為福建沿海商人負販與漁民採捕之地，蓋因閩地斥鹵磽确，田不供食，以海為生，大者為商賈，其次為捕漁，以船舶為家者，十而九也。據近人曹永和先生之考證，早在明嘉靖、隆慶、萬曆之際，南起北港，北至淡水、雞籠，大陸上已有許多商船和漁船成群結隊進入臺灣本島通販採捕，甚且假之為名，私販倭國，已為常聞[8]。至荷據時期，荷人採取商業殖民主義，專以取得貿易上之利益為主，故其事業重點，即在與中、日兩國貿易。其時台江沿岸一帶，漸成商業中心，我國漳泉商賈，咸集於此，商業頗為隆盛，隨其貿易之繁榮，西與閩粵，東與日本，南與爪哇，均有船舶往來。是以當時臺灣已為大陸貨物之集散中心，形成對大陸、日本及南洋等地之貿易要地[9]。明鄭復台，因襲荷舊，潛心於海外貿易之發展，而負責其業務者為五商。五商勢

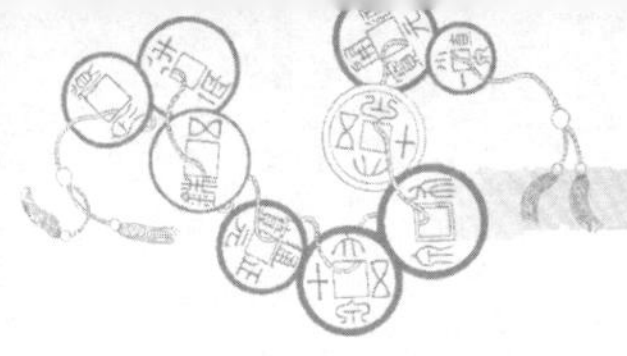

力龐大，分山路五商與海路五商，山路五商爲金、木、水、火、土五行，設於杭州及其附近各地，收購各地特產輸往廈門；海路五商爲仁、義、禮、智、信五行，設於廈門及其附近，將大陸物資運銷外洋。五商不僅負責大陸與外洋之貿易，亦擁有龐大商船，負責運輸任務[10]。是以明鄭所經營者不僅限於大陸、臺灣之間貿易而已，且對日本、呂宋、暹羅、交趾進行貿易，甚至與荷蘭、葡萄牙、西班牙、英國、法國等西歐諸國亦有通商往來，成爲遠東海上貿易之霸，安平亦成爲東洋貿易之要樞[11]。故至清領臺灣，臺民有明末、荷據、明鄭三時期貿易經商之歷史傳統可承襲，典型在夙昔，此爲行郊起源之歷史背景。

行郊之起源與宗教、地緣、血緣亦有關連。行會之起源原有宗教、同鄉二說。持宗教說者，以爲行會最初不過是崇拜祖師爺（行神）者之結合，至於其後諸種經濟功能之發達，乃後來之事[12]。持同鄉說者，以爲商人客居異地營商，每因人生地疏，及語言、風俗等之不同，爲當地商人欺凌，故由地緣意識之激發，共同團結，組織行會以謀利益之保持[13]。臺灣行郊之組成，與之頗有契合。蓋因臺島荒蕪初啓，天災疫害頻仍，加以官府力量薄弱，兵燹多有，而居民五方雜處，械鬥屢屢，故民間互助合作之風特盛，常有結社組織，多由同鄉、同族或同業組成，以共同信仰神祇爲中心而結合之。郊商既爲經營臺灣與大陸之躉貨批發者，往來貿易，均需經過臺灣海峽，而海洋交通，端視海峽航道、風信、天候及航海技術，當航海未臻發達，船隻設備簡陋，遠涉重洋，風濤險惡，商船遭風，貨物傾耗，歲常十數，爲祈路途平安，贏利而回，故宗教信仰特熾，於職司航海之守護神如媽祖、水仙尊王、眞武大帝等，尊崇特加。於是同一港埠之商賈，有其共同宗教信仰、共同宗教活動，兼之同爲漳泉之民，或同一祖籍，或同一宗族，言語風俗習慣亦復相同，在同職業、同宗教、同宗族、同籍貫下，從而養成共同思想，進行共同事業，解決共同問題，遂有「郊」之成立。固然「郊」之結合有其諸多動機、因素，然不可否認，因共同之宗教信仰給予相當之動力、助力，吾人從行郊之可歸屬於廣義之神明會組織，及郊規之重視祭祀事宜中自可窺知。再則宗教爲我國人社會生活之重要部分，中國之宗教特富於功利性質，常淪爲其他社會制度——特別是政治、經濟制度之附屬品，故臺灣寺廟除宗教功能外，連帶常有其他世俗功能[14]。質言之，宗教不但給予人們在憂慮挫折中得到慰藉與寄託，同時也給予人群作爲整合團結之用。要之，宗教活動使參加之地區商賈發生社會關係，彼此相識相交，進而互助互慰，利用此崇拜中心以召集團體，促進「郊」之組織發展。

臺灣行郊之起源，亦有社會、經濟之因素。明末清初漢人大量入臺拓墾，移墾之初，百貨俱缺，一切日用品有賴大陸之運來，其後拓墾稍有成效，復因臺灣土地氣候適合種植穀蔗，不宜生產棉桑，加之又乏手工業之製造，移民日用所需之綢緞、布匹、紙張、磚瓦等手工業品，皆須自漳泉各地輾轉運輸來臺。由於臺灣所生產之米糖適爲大陸所需，而移民所需之衣帛及其他日用品可取給於大陸，遂形成臺灣與大陸間，一方供應農產品，一方供應日用手工業品之「區域分工」[15]。其後臺灣雖有手工業之發展，但因陸臺間區域分工之頻繁通販，故一直不發達，吾人從各地之輸出入貨品種類

亦可察知此種現象，而臺灣日用手工業之不發達，更造成臺灣地區人民對貿易之需要。換言之，自開拓時期以來，商業貿易在臺灣因迫切需要而發達，此其一。其二，由於人口增長及移民日衆，地利之開發，物產之豐富，使得市場擴大。市場之擴大，需求之日多，又加速農業之改良增產。在此良性循環下，農產市場不斷擴張，農產日增，產物亦趨於商品化，經濟作物乃大量種植生產，於是民間財富日積雄厚，促成人民對於商業之投資，或逕而改行從商。再則大陸來臺移民，不單是農民，還有商人，兼之臺島居民日多，市場日大，需求日增，引起漳泉商賈往來貿易之頻繁，人數一多，彼此競爭激烈，遂各依祖籍、宗族結合，團結共謀利益。簡言之，在市場擴大、貨幣流通、資本累積、生產豐盛、農產商業化及商賈日多等因素之相激相盪下，乃有行郊之組成。其三，清人得臺，分駐戍兵皆調自福建，三年一換，遂賦臺穀曰正供，以備福建兵糈。故福建兵糈，由臺補給，凡商船赴臺貿易者，須領照，按其樑頭分船大小，配載米穀，謂之臺運，由廈門海防同知司其事[16]。雍正年間，增戍臺兵眷米，亦以臺穀運給，謂之眷穀眷米。乾隆十一年（1746），巡撫周學健奏定分配商船，運赴各倉，此商運臺穀之所由來也[17]。此爲商船軍糧之配運。次言民食運輸：清領臺灣之初，一面限制移民，同時限制糧運，惟康熙末年，淡水已設有社船，特准糴運米穀，接濟漳泉民食，並販買布帛煙茶器具等貨來淡發賣。初有社船四隻，雍正元年（1723）增至六隻，乾隆八年增添至十隻，並可赴鹿耳門貿易，九年起並配運臺道軍工所辦大料，往返臺廈[18]。臺灣商船皆漳泉富民所造，渡海貿易，以博贏利，類此食糧之配運、販運，在在需有船團之組織及管理，非一、二商船所能運載，或任其散漫不加管束，以臺灣行郊率多為船頭行之組成，且多通販漳泉一帶，其間必大有關連。或則因商船配載官府食糧之故，遂有船團之組成，繼有行郊之興起，此或行郊起源之一因耶？

第三節　郊名之取用及衍變

我國古時商業團體之稱謂，有稱會館、公所、公會，甚或單稱為幫者，惟「行郊」之稱，僅見於閩南，而以臺灣最盛。臺地之「郊」，又曰「行郊」，亦作「郊行」，含有同業公會性質，與我國大陸上之行會頗為類似，而特異之處則在兼具有地緣性、宗教性、業緣性與血緣性。

所謂「行郊」，行即商行，郊之意義則較為含混，易時易地而不同，隨時代演進而更加繁雜，是以方豪先生言：「或云郊即大陸上所稱之行，或云郊在行之上，又或云郊即公所、會館、或幫，但細究之，又不儘然。」[19]然臺島何以取「郊」字為對外貿易同業公會之稱呼？方豪先生曾對臺灣行郊作一全面之研究[20]，為晚近學者專家中最具系統，最能詳盡者，惜偏重各地行郊興衰沿革及史料之解說，或因文獻缺略，獨於「郊」字之取用，未曾詳考，僅指出「郊」之用法有三大現象：

1.華南沿海以外之文獻，即中國內陸文獻，似無以「郊」指行

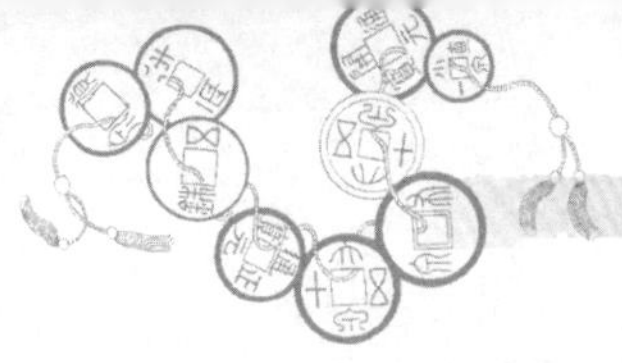

會性質之團體者。

2.此一用法，從未被採用於官方文字。如《明清史料》戊篇中，有關臺灣史料者不見一「郊」字，凡涉及之處，均避用之，例如改郊商爲行商、郊船爲商船、郊民爲士民……等。相反地，在臺灣文獻中則皆明白的稱之爲郊商。

3.大陸宦遊來臺，任滿回里者，多喜撰遊記及見聞錄之類，述及貿易，或避用「郊」字，或專闢一節解釋。[21]

故方豪先生爲之結論：足見以「郊」字用作行會之義，華南沿海一帶，在商賈口語中固有用者，而以臺灣爲獨盛，似不登大雅之堂也。方豪先生之結論高明，茲再加以申述補充：

「郊」字爲臺灣俗用之字，不登大雅之堂，故謝金鑾曾譏之[22]，是以滿清大臣奏摺，不敢將此粗俗俚語上達天聽，逕予代以同義之「行」、「商」字，否則順俗採用，勢必加以申釋解說，豈非自尋貽戚，是故從未被採用於官方文字。而大陸來臺宦遊者，回里有所著述，述及貿易，或避用，或釋之，原因亦是，舉例證之：

「郊」字之用，以今存文獻言，最早見於乾隆廿八年（1763）[23]。而光緒十八年（1892），應聘來臺纂修通志之蔣師轍，猶不明「郊」字之義，其所撰《臺遊日記》卷四，七月廿八日記曰：「閱何詩（按指何澂所撰之《臺陽雜詠》）註云：聚貨分售謂之郊，往來福州、浙江者曰北郊，泉州曰泉郊，廈門曰廈郊，統稱三郊。余前襄校臺南試卷，見有郊籍，不解所謂，今始恍然。」[24]乾隆廿八年至光緒十八年，時隔一百二十九年，以在臺島流行近二百年之

「郊」，內陸人士初履臺地，猶懵然不明，可知「郊」字獨盛行於臺島一地，內陸人士則聞所未聞。揆其原因，除「郊」字爲臺島居民商賈口語常用之俚語，外人梗於交通，阻於傳播，莫名其詞外，度無他因。而「郊」字因爲俚語，不登大雅之堂，內陸人士初履臺地，所聞所見猶不能明瞭，則由於「行郊」一名文義不通，外人初覩，見詞思義，反滋迷惑也。

然則「郊」字之起源究竟如何？方豪先生曾疑「郊」字可能由「艚」字演變而來[25]，蓋廈門亦有往來內洋及南北通商之南艚、北艚，與臺灣所謂南郊、北郊類似，而臺灣人士又多由閩南各縣經泉廈渡海來臺，語言相同，是以「郊」字有可能由「艚」字演變而來。此說有待商榷，《廈門志》修於道光十二年（1832），臺灣行郊則早於雍正年間即已成立，以年代而論，似不可能，此其一。廈門早於嘉慶年間已有洋郊、北郊、匹頭郊、茶郊、紙郊、藥郊、碗郊、福郊、笨郊、廣郊，號稱「十途郊」[26]，且南艚、北艚乃指販艚船往南北貿易之稱，另有橫洋船、糖船等商船往來臺廈貿易，非指行會之稱呼，此其二；但此說卻又可呼應余之前說行郊之起源或與船幫組織管理有關。

除此外，有謂「交貨」、「交關」之義轉借，有謂「九八行」之省音，有謂乃行商設於「郊外之行棧」而得名，諸說紛紜，今試以年代先後，排比諸說，並略加己見，以爲商榷，一則明示行郊遞嬗之跡，再則窺知其涵意之衍變。

第一，道光十二年（1832）周璽修《彰化縣志》卷九〈風俗志・商賈〉條曰：

遠賈以舟楫運載米、粟、糖、油，行郊商皆内地殷户之人，出貲遣夥來鹿港，正對渡于蚶江、深滬、獺窟、崇武者曰泉郊，斜對渡於廈門曰廈郊，間有糖船直透天津、上海等處者，未及郡治北郊之多。[27]

同書卷一〈封域志・海道〉曰：

鹿港爲泉、廈二郊商船貿易要地……鹿港向無北郊，船户販糖者，僅到寧波、上海；其到天津尚少。道光五年，天津歲歉，督撫令臺灣船户運米北上。是時鹿港泉、廈郊商船，赴天津甚夥。叨蒙皇上天恩，賞賚有差。近年四、五月時，船之北上天津及錦、蓋諸州者漸多。鹿港泉、廈郊船户欲上北者，雖由鹿港聚儎，必仍回内地各本澳，然後沿海而上。[28]

此爲臺灣方志中首見對於行郊解說者，其前高拱乾之《臺灣府志》（康熙三十四年，1695）；周元文之《重修臺灣府志》（康熙五十一年，1712）；陳夢林之《諸羅縣志》（康熙五十六年，1717），陳文達之《鳳山縣志》（康熙五十八年，1719），陳文達之《臺灣縣志》（康熙五十九年，1720），劉良璧之《重修福建臺灣府志》（乾隆六年，1741），范咸之《重修臺灣府志》（乾隆十年，1745），王必昌之《重修臺灣縣志》（乾隆十七年，1752），王瑛曾之《重修鳳山縣志》（乾隆十七年，1752），余文儀之《續修臺灣府志》（乾隆二十五年，1760），謝金鑾之《續修臺灣縣志》（嘉慶十二年，1807），陳國瑛等《臺灣采訪冊》（道光十年，1830）等，均未明確提及，即使提及，無非隻字片語，且多見於諸方志篇末〈藝文志〉所收之諸碑記，少有完整明確解釋，多爲直接改用「行」、「商」二字，有之，自《彰化縣志》始。故方豪先生指稱郊字用法少被採用於官方文字，誠然。

鹿港行郊之成立，應在乾隆四十九年（1784）開放鹿港爲海口後，至道光十二年（1832），已有五十年歷史，此文記載實嫌簡略。惟此文可注意者有三：(1)臺島行郊商人多爲漳泉內地殷戶之人，出貲投資到臺灣設行舖。(2)鹿港向無北郊，往北者僅至寧波、上海等江浙地區通販，直至道光五年，因天津歲歉，運米赴津糶濟民食，此後北上天津、錦、蓋諸州者方多，換言之，北郊貿易地區初僅限於江浙一帶（即所謂小北），道光年後才擴及至山東、遼東一帶（即所謂大北）。(3)郊與船戶並稱，是知行郊率多船戶（船頭行）組成。惜此文對於郊名之取用未曾述及。

第二，道光廿八年（1848）丁紹儀《東瀛識略》卷三〈習尚〉云：

> 臺地物產豐饒，各處貨物駢集，士、農而外，商賈爲盛，工值尤昂。……俗呼穀熟曰冬，有早冬、晚冬兩熟，曰雙冬，猶麥熟之言秋也。所種米、麥外，麻、豆、蔗、菁、薯、芋之屬不一。有未熟先糶、未收先售者，曰賣青。商賈先期定價給資，及時而取，曰買青。城市之零鬻貨物者曰店，聚貨而分售各店者曰郊。來往福州、江、浙者曰北郊，泉州者曰泉郊，廈門者曰廈郊，統稱三郊。郊者，言在郊野，兼取交往意。年輪一戶

辦郊事者曰爐主，蓋酬神時焚楮帛於爐，眾推一人主其事，猶內地行商有董事、司事、值年之類。[29]

此三郊似指鹿港之泉、廈、北郊。此文爲今存文獻中對於郊之解說最爲完整且可稱最早之文獻，舉凡如郊名之取用起源、郊之組織、郊之販售貨物及交易方式，郊之類別等均已述及。文中對於「郊」已明確指出爲批發商，零售者爲「店」，由在郊野之行郊聚貨批發給在城市之零售店。至於其說謂「郊」名之起源因在「郊野」，確有事實可證。「郊」字一般用法，是指邑外之郊野，《爾雅》〈釋地〉云「邑外謂之郊」，而臺島所謂「行郊」多集中於海口或河港，如臺南、鹿港、艋舺、大稻埕、笨港……等皆是，故黃典權言：

大陸移民來臺拓荒，良莠不齊，盜賊風熾，社會不寧，居住市區者以隘門爲自衛，入夜城門緊閉，由官軍防守，城內居民再以小區域的隘門相守望，故對於經營南洋、日本、大陸沿海的貿易商，大宗貨物無法夜間入城，改在郊外設立貨棧，自組武力以防衛，久而久之，臺灣商業界，區分鋪、郊兩類，城內叫鋪，城外叫郊。[30]

石萬壽〈臺南府城的行郊特產點心〉云：

乾隆六年（1741），進出口商人又于水仙宮邊建三益堂，作爲彼此聯絡會商的處所。此後商號間的連絡日益密切，貿易商爲求降低運輸費用，維護航行安全，多委託殷實商號，統籌購買、運輸、銷售，逐漸形成以大商號爲中心，專事聚貨而分售的貿易集團。這些貿易集團，以行址和倉庫多在大西門外的西郊五條港區，所作的買賣，又是大筆的「交關」，故多取名爲「郊」。於是「郊」一詞，遂成爲臺灣各地貿易商集團的專有名詞。[31]

按「交關」一詞爲臺灣俚語，意爲作生意買賣之往來，「郊」與「交」因諧音故，遂得轉借，語義爲之一變，如《尺素頻通》中，屢有「通郊」、「通郊扯來」等句，此「郊」即「交」，交易、交往之意也[32]。丁紹儀氏之所謂「兼取交往意」即指此。至於「交關」一詞可溯源至明代，有明一代鈔關之設，起於戶部尚書郭資請沿兩京水道設關收鈔，遂於宣宗宣德四年（1429），創設鈔關，量舟大小修廣而差其額，謂之船料，至如船貨，有稅收者，有不稅者，因地而異[33]。清沿明制，於各關口設卡驗收，按樑頭大小賦課，而臺灣郊商經營貨物之輸出入，全恃商船載貨往來至各關口納稅發賣，「郊」名之起，或因此。要之，郊名之取用，可簡言「郊者，言在郊野，兼取交關意也」。

第三，咸豐五年（1855），劉家謀〈海音詩〉云：

鍛矛礪刃衛邊垠，恰有三郊比魯人；水債不收公餉亟，頭家近日亦愁貧。[34]

此詩之後有註云：

商戶曰郊，南郊、北郊、糖郊曰三郊。蔡牽之亂，義首陳啓

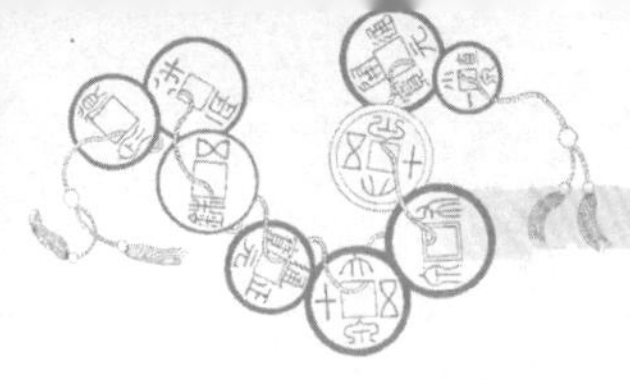

> 良、洪秀文、郭拔萃領三郊旗，自備兵餉，破洲仔尾賊巢。近日生計日虧，三郊亦非昔比。水債即水利，見前。民有餘貲，遭官吞噬，曰公餉。俗謂富人爲頭家。

所謂「水債即水利，見前」，即指「鹿耳門前礁石多，張帆尚未出滄波；賒來水利重添載，一夜飄流付孟婆」一詩之註解：

> 內港礁石，舟未出洋遇風輒碎。以金貸商船，置貨往北洋，每番鏹百圓取二十圓、十八圓不等；由廈兌臺，每百圓亦取五、六圓或八、九圓，曰水利。風水不虞，並母錢沒焉。貸於本處者，曰山單，每百圓唯取二、三圓，不包定風水也。[35]

按，此三郊指臺南三郊。據此二詩之註得知：(1)臺南三郊於咸豐初年即已衰微，生計日虧；(2)郊商利潤極高，每百圓之利潤高達二十圓，所謂商船往來臺洋，販運一次，獲利凡數千金，洵非虛語[36]；(3)厥後商船獲利日減，公餉配差仍重，郊商負擔不減，亦爲郊行沒落之一因。

再，臺南三郊之起，可遠溯至雍正年間，至咸豐五年，已有百年之久，可知劉氏之解說已非原始意義，況其文互有矛盾：既指南、北、糖爲三郊，則三「郊」顯然是有組織之「集團」，又怎能單指商戶曰郊？然其中亦可探知一二實情，蓋其時「郊」、「行」、「商」已通用不分，「郊」爲「行」、「商」之義，兼具有「組織集團」之義，遂衍變成另一用義——商會之稱呼。換言之，由早先之「郊行」（郊野諸商行）演變成「行郊」（各行各業商會），其間過程很明顯是以「郊」代「行」代「商」，以訛傳訛，約定俗成，至遲咸豐年間郊遂成「行」「商」之義，更且發展成公會之代稱。

第四，同治十年（1871）陳培桂《淡水廳志》之〈風俗考〉載：

> 曰商賈：估客輳集，以淡爲臺郡第一。貨之大者如油、米，次麻、豆，次糖、菁。至樟栳、茄藤、薯榔、通草、藤、苧之屬，多出內山。茶葉、樟腦，又惟內港有之。商人擇地所宜，僱船裝販，近則福州、漳、泉、廈門，遠則寧波、上海、乍浦、天津以及廣東。凡港路可通，爭相貿易。所售之值，或易他貨而還，帳目則每月十日一收。有郊戶焉，或贌船，或自置船，赴福州江浙者曰「北郊」；赴泉州者曰「泉郊」，亦稱「頂郊」；赴廈門者曰「廈郊」，統稱爲「三郊」。共設爐主，有總有分，按年輪流以辦郊事。其船往天津、錦州、蓋州，又曰「大北」；上海、寧波，曰「小北」。船中有名「出海」者；司帳及收攬貨物。復有「押載」，所以監視出海也。至所謂「青」者，乃未熟先糶，未收先售也。有粟青、有油青、有糖青，於新穀未熟，新油、新糖未收時，給銀先定價值，俟熟收而還之。菁靛則先給佃銀，令種，一年兩收。苧則四季收之，曰頭水、二水、三水、四水。其米船遇歲歉防饑，有禁港焉，或官禁，或商自禁，既禁，則米不得他販。有傳幫焉，乃商自傳，視船先後到，限以若干日滿，以次出口也。[37]

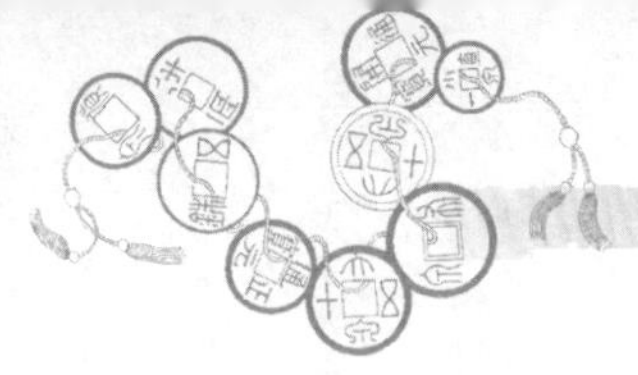

此指臺北三郊，與上條之臺南三郊，名同義異。臺灣行郊之分類，或因貿易地區，或因販運貨品而有所分別，如上述之北郊、南郊、泉郊、糖郊等是。此又爲自《彰化縣志》以還，諸方志中對行郊解說最詳盡者，其前之蔣鏞《澎湖續編》（道光十二年，1832），柯培元《噶瑪蘭志略》（道光十七年，1837），陳淑均《噶瑪蘭廳志》（咸豐二年，1852）；其後之林豪《澎湖廳志》（光緒十八年，1892），陳文緯《 恆春縣志》（光緒十九年），沈茂陰《苗栗縣志》（光緒十九年，1893），盧德嘉《鳳山縣采訪冊》（光緒二十年），倪贊元《雲林縣采訪冊》（光緒二十年，1894），陳朝龍《新竹縣采訪冊》（光緒二十年），胡傳《臺東州采訪冊》（光緒二十年），《嘉義管內采訪冊》（光緒二十一年，1895），薛紹元《臺灣通志》（光緒二十一年），或略之，或避用「郊」字。記載較詳者惟柯氏《噶瑪蘭志略》之〈風俗志〉及倪氏《雲林縣采訪冊》之〈街市志〉[38]，惜偏重經營狀況及貿易地區、貨品之敘述，於行郊之沿革及解釋均未提及。

第五，光緒十七年（1891）唐贊袞《臺陽見聞錄》卷下〈風俗〉之「郊」條，云：

> 聚貨而分售各店曰郊。往福州、浙江者，曰北郊，泉州者曰泉郊，廈門者曰廈郊，統稱三郊。郊者，言在郊野，兼取交往意。[39]

此文與光緒三年（1877）何澂《臺陽雜詠》中對行郊解說者相同[40]，蓋皆抄襲丁紹儀《東瀛識略》之說（見前）。方豪先生曾斥之爲「顧文生義」，其實此說最得眞情，蓋郊行之起源在「郊野」，兼及臺語謂買賣爲「交關」也，惟因後來訛變，演義愈多，反失眞情。此文應注意者，乙未割臺前，大陸宦遊來臺者，或視郊爲躉售批發商或視爲「商業集團」，猶未視爲行會、商會之稱呼。視爲商會之稱，至日據時期起。

第六，明治四十三年（宣統二年，1910）《臺灣私法》附錄參考書第三卷第四篇錄舉人蔡國琳記述曰：

> 郊者，商會之名也。曰三郊，則臺南之大西門城外北郊、南郊、港郊之總名目也。……配運於上海、寧波、天津、煙臺、牛莊等處之貨物者，曰北郊，郊中有二十餘號營商，群推蘇萬利爲北郊大商。（下略）[41]

至此已肯定確切的指出「郊」爲商會之名，此爲「郊」之最後定義。此文傳爲舉人蔡國琳所寫，文中指臺南三郊爲北郊、南郊、港郊，有誤，應爲北郊、南郊、糖郊，方豪先生已於大作〈臺南之郊〉中辯釋明白[42]。文中又言三郊在「臺南之大西門城外」，可知郊行的確是由郊外發展起來。

第七，大正七年（民國七年，1918）連橫《臺灣語典》言「郊」：

> 爲商人公會之名，共祀一神，以時集議，內以聯絡同業，外以交接別途，猶今之商會也。[43]

「郊」演變至此，已單純成爲「商人公會之名」矣！

有關行郊解說之文獻資料，除上述諸家外，另有日人伊能嘉矩及東嘉生之研究。伊能嘉矩《臺灣文化志》下卷第十二篇〈商販沿革〉「郊行」云：

> 操持臺灣商業經營之軌軸的，要在行稱呼之下爲之，而結合同業，依此用以確保商賈信用之機關團體，即稱之爲郊。[44]

伊能恐爲第一位對臺灣行郊作研究者，其「郊行」一章於臺灣商販興起之端緒，商況之一班，及各地行郊之沿革及種類、郊之急公好義與貢獻、郊商之沒落、不正當營商與商弊等等均有述及，略陳梗概，惟雜抄舊志而未詳加探討。

其後東嘉生之研究顯有進步，於〈清代臺灣之貿易與外國商業資本〉云：

> （上略）在上列的市場中有店舖之市場商人，主要的是名爲內郊的同業公會。因爲一七二三年左右（雍正初年），有外郊成立經營輸出入，島內的販賣同業者就組織了所謂內郊，以求互相團結，保持信用，增加利益，以及做某些公共事業。[45]

對於外郊之解釋爲：

> 移住臺灣而從事商業的大陸商人，以北自山東，南至福建、廣東的廣大範圍爲經商區域，從臺灣輸出砂糖、油、米，而輸入臺灣所需要的綢緞、絲、羅、布、紙料、杉木、煙、棉花等，在島內各港都市組織了商業同業公會以經營之，這就是所謂

郊。島內的郊，以一七二五年（雍正三年）的臺灣府三郊組織爲其嚆矢。[46]

對於行郊名稱之由來，云：

（上略）而組織這種郊的商家，是大批發商，即所謂行，行收買從對岸各港輸入的商品，而批發給零售店，或由地方的生產者收買其生產物而大批出賣于對岸諸港。因此「行」的商人，就是臺灣和對岸之間的輸出入商。又因爲「行」的商人大抵組織「郊」，所以有稱爲行郊，或頂手，或九八行。[47]

行郊之所以被稱爲九八行，乃因受委託者照例取受委託商品賣值之百分之二爲傭錢，只須將其剩餘百分之九十八付給委託者之故，是以有人認爲行郊爲「九八行」之省音轉變而來，此說似通，但實際上寄託買賣之傭錢不可能永定於百分之二，其省音相似不過是湊巧罷。且此行流行於上海，以代理南洋僑商推銷南洋產物進口貿易爲主，兼營代辦國內物產出口到南洋的南洋莊各行號，這些行號不自負盈虧，而是按代理進出口貨值取佣2%，故稱九八行，於閩臺行郊無直接關係。

光復後各縣市鄉鎮所修之地方誌，對於行郊性質之解說少見新義，不過略陳梗概，敘述其沿革變遷，未能提出一家之言，針對行郊之遞嬗衍變有所說明，如《臺北縣志》言：「經營對外貿易之躉售商稱爲行郊，向海外各港輸入商品，就地批售；而收買地方產品，輸往海外，如今之進出口貿易商然。」[48]又言「清代本島商

人，已有郊之組織，郊即今之同業公會，以維持工商信用，爭取共同利益，促進業務發展及謀求地方福利而設立。因皆由行之商人組成，故又有行郊之稱。」[49]又如《新竹縣志》言：「清代營商者可分爲行與郊。行係指普通較大之商號，郊爲進出口商，與大陸等地貿易者。」[50]《苗栗縣志》則簡稱之爲「貿易船戶」，因其地無行郊，故未詳言[51]。《宜蘭縣志》云：「其經營對外貿易之躉售商稱爲行郊，收買土產物品輸往海外各港，並向海外各港輸入貨品，就地批售。」[52]《臺南縣志》記：「清朝時期，所有商號範圍均甚小，所經營商業之對象，概以日用必需品，及農產物與比較低劣之手工藝品爲大宗。……各商號地區均在人口集中之市場，分別加入各自所屬業別之郊，以圖各業之團結，並互相樹立信用。」[53]較詳細者爲《嘉義縣志》，在「商人種類」中於「行郊」、「九八行」、「船頭行」等有所說明，並兼敘「郊之由來」、「郊之輸出入品」[54]。惟上述諸新修地方志記載大體雷同，互相抄襲，不脫伊能嘉矩及東嘉生二文之範疇，甚且地方有行郊而根本未提及者，如《基隆市志》、《屏東縣志》、《高雄市志》、《高雄縣志》皆是。官修方志，率多因襲，了無新義，反不如地方耆宿之回憶記敘有價值，吳逸生〈艋舺古行號概述〉云：

> 艋舺的住民多是來自泉州的晉江、惠安、南安三縣份的人，統稱三邑人，又稱頂郊人。雖然亦有同安、安溪縣來的，究竟人數不多。而同安人又于咸豐年間的「頂廈郊拼」時，被驅逐於大稻埕，僅剩有少數的安溪人而已。艋舺的地盤完全爲三邑人

> 所占，不消說，一切商業大權也落在他們手裏，他們所經營的以船頭行居多，雖有其他行業，但遠不及船頭行。……船頭行可以分成幾種派別，這些派別他們稱爲「郊」，這「郊」，等於「幫」。[55]

又如陳夢痕〈臺北三郊與大稻埕開創者林右藻〉記曰：

> 郊盛稱行郊，行郊亦即躉商之總批發處，由對岸我國各港埠之大商人，獨家辦入臺灣所需之物質器材、雜貨，分類批發各地割店，亦即小批發商以及文市商，而行郊大概爲武市。又由臺灣各地農村生產地，獨家採購各種產品，躉貨出品售與對岸我國本土各港大商人，所以亦可以稱爲進出口商人，或爲躉售商。此即臺灣俗稱之「大行郊」之一派。而此行之商賈，概係組織有「郊」，清代商業區均有此名稱。郊商尚有九八行者，即由受委託銷售貨品所得之款額，抽其百分之二爲仲錢故也，此稱辦仲。辦仲又稱仲賣，係於各埠頭、街市開設店舖，而立於生產者與大行郊或外國商人之當中，爲糖、米、茶、肉等重要物產交易之媒介。又因貨品種類、個別之不同，如積儎船上之貨物，其獨家採購者，則稱爲船頭行，此等商行多有郊之組織。[56]

是知大郊率多由巨賈、船頭行、九八行組成。其他尚有一二人士之敘及，有謂「公司行號」，有謂「是一種商業同業組織」，有謂「殆同今之商業同業公會」，均極簡略，不出上述範圍，茲不具

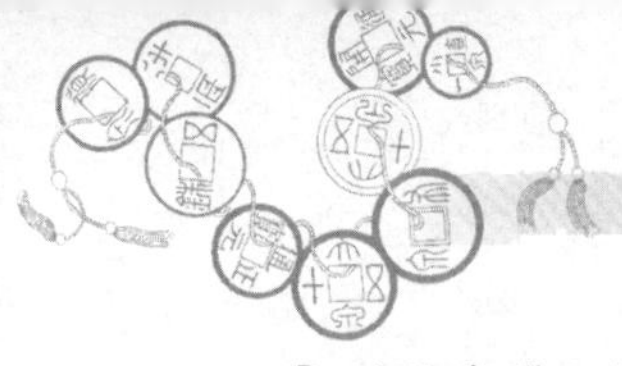

引，今僅以《臺灣省通志》所敘作爲本節小結：

> 所謂行郊，行即商行，郊之意義比較複雜，郊係由作同一地區貿易之商賈，或同一行業，設幫會、訂規約，藉以維繫互相情誼、共同利益及謀該項商業之發展，並對某種公共事業盡力扶持，或俾仲裁商人間之糾紛，對於商情之困苦，則稟請官衙，使能溝通，並且辦理有關酬神祭典等或施行地方公益事。所以郊之組織，實爲商會之雛形，總商會則爲會館。……可知行郊者，是躉貨批發之集散商行結盟，而與現之商業同業公會相埒，或作同一方向地區輸入商業公會同義，因其港口初成市集於郊野爲埠，而統稱之爲行郊，郊之聯合辦公處則稱爲會館，……或有稱公所者。[57]

此文解說最爲完整，最符實情，除對行郊之性質有明晰之解釋外，並對行郊一名之起源略有探尋，以之爲行郊界說似無不可。

總之，清代臺灣爲一移墾社會，在移民從事拓墾之初，手工業無法建立，一切日常用品之供需仰賴大陸，故有賴商人之貿遷有無。迨墾殖有成，戶口激增，墾地日廣，工商百業蔚起，商人隨之加多，貿易更趨繁榮。競爭加劇，爲維護同行利益，自會有類似幫派之行會組織出現，況且我國族性最重鄉誼，商人遠赴千里貿易有無，人地生疏，最需患難相濟，同行相處既久，情感日深，自然形成一股力量，行會組織遂因實際需要而增強，遂有「郊」之成立。

臺島之「行郊」，多集中於沿海或內河之各港口，其故有四：(1)最初由大陸來臺移民，必須乘船渡海，故首先建立之根據地必為能泊碇船隻之海港或河港；(2)繼而來臺之移民，大都在已建成之港口上岸，逐漸形成聚落而有市集交易；(3)臺灣土產與農產品輸出及日用品輸入，均有賴港口轉運；(4)當時臺灣土地大都草萊未闢，陸運困難，各開拓地區之連絡有賴水運溝通[58]。或因港口初成市集於「郊野」為埠，或因行棧設於港口之口岸，因「行口」而轉音；或因其是大筆批發買賣之「交關」，遂泛稱此一商業集團為「行郊」。諸行中以船頭行、九八行居多，執各行業之牛耳，蔚為昔時商界重鎮，彼既有財有勢，又因交易地區相同，形成一「集團」，「郊」也成為有組織有勢力之「集團」代稱，又因其有組織有勢力，久之「郊」衍變成商會組織之稱呼，終有各行各業之「郊」出現，於是從昔年之「郊行」（郊野諸商行）衍變為「行郊」（各行各業之公會），「郊行」、「行郊」相混而用，「行」、「郊」不再有別，此即「行郊」之演進序列及由來變遷也。再則臺灣移民多來自八閩，八閩山多田少，民生困苦，奔波顛沛，難以顧及教育，不免濫用俗字，誤解語文，往往自創字義，不典而新，是以語音難解，字法多異，故以「郊」代「行」代「交」，終且以「郊」為商會組織之代稱，衍義愈多，反失本義，外人視之，難以理解，反滋困惑。惟由「郊」字用法之變，亦可窺知臺島商業演變之遞嬗。

第四節　行郊分類

清有臺後，海禁雖嚴，偷渡仍眾。迨及康熙末季，冒險渡臺

墾拓者，已遍佈全臺。由於移民日多，墾拓區域日廣，各項生產日增，貿易隨之日隆，其時應有郊之成立，惜文獻無徵，以今存史料言，雍正初年之臺灣府三郊組織爲其嚆矢。據蔡國琳記述：

> 雍正三年（一七二五）入臺交易，以蘇萬利、金永順、李勝興爲始。配運於上海、寧波、天津、煙臺、牛莊等處之貨物者，曰北郊：郊中有二十餘號營商，群推蘇萬利爲北郊大商。配運于金廈兩島、漳泉二州、香港、汕頭、南澳等處之貨物者，曰南郊；郊中有三十餘號營商，群推金永順爲南郊大商。熟悉於臺灣之採糴者，曰港郊，如東港、旗後、五條港、基隆、鹽水港、朴仔腳、滬尾配運之地；港郊中有五十餘號營商，共推李勝興爲港郊大商。由是商業日興，積久成例，遂成爲三郊巨號。[59]

文中港郊應爲糖郊，其後之如何誤爲港郊，或事實上變遷爲港郊，已不可得而知。除三郊外，臺南尚有許多小郊，如生藥郊、煙篏郊金合順、藥材郊、絲線郊、茶郊、草花郊、杉郊、布郊瑞興、綢緞郊金義成、綢緞布郊、鐊郊、紙郊鍾金玉、篏郊金義利、布郊金綿發、北郊布郊金慶順、盌郊、芙蓉郊金協順、藥郊金慶星、綢布郊金義興、香舖郊芳義和、魚郊、六條街公所（即竹仔、武館、大井頭、帽子、下橫、武廟等六條街市商人組成）及泉、漳、廈郊諸船戶[60]。

乾隆四十九年（1784）臺灣中部之鹿港獲准與泉州蚶江通航，鹿港商業亦趨繁榮，道光十二年（1832）纂修之《彰化縣志》〈風俗志〉記：

> 對航蚶江、深滬、獺窟、崇武者，謂之泉郊；對航廈門者謂之廈郊。間有糖船直航天津、上海者，惟尚未及郡治北郊之多。[61]

事實上，鹿港在清嘉慶廿一年（1816）前已設有八郊，即泉郊金長順、廈郊金振順、布郊金振萬、糖郊金永興、簸郊金長興（亦作金長鎰）、油郊金洪福、染郊金合興、南郊金進益[62]。泉郊另有頂郊之稱，布郊之外，似又有泉布郊[63]。

乾隆五十七年（1792）開放八里坌港，准與福州之五虎門、蚶江往來，於是北部淡水日趨繁榮，商船雲集，闤闠鼎盛，而淡水河上游之艋舺因水利交通之便，北路各郊行咸集該地，以泉郊金晉順、北郊金萬利最巨。迨咸豐年間，艋舺下游之大稻埕興起，商業日盛，乃有廈郊金同順之成立，同治十年（1871）之《淡水廳志》〈風俗考〉記曰：

> 有郊户焉，或贌船，或自置船，赴福州江浙者，曰北郊；赴泉州者曰泉郊，亦稱頂郊；赴廈門者曰廈郊，統稱爲三郊。……其船往天津、錦州、蓋州，又曰大北；上海、寧波，曰小北。[64]

惟廈郊後起益興，艋舺之泉郊、北郊見其勢力日長，前來加入，合三郊爲一社，名爲「金泉順」，設三郊會館於大稻埕[65]。其後臺北並有港郊與鹿郊，港爲香港線，鹿爲專航鹿港線，兩郊增設，乃成五郊。香港郊又名南郊，日據後與廈郊合併，改稱香廈郊，繼又增神戶郊（專航日本之神戶），乃稱「香廈神郊」，但民

間仍簡稱「廈郊」，公號仍爲「金同順」[66]。

除上述「一府二鹿三艋舺」之行郊外，清代臺灣各港埠率多有行郊組織，如：

新竹：塹郊金長和，別稱水郊[67]。

新莊：道光年間與艋舺郊行合稱，有「新艋泉廈郊」[68]及「新艋泉郊金進順」[69]後因淡水河之淤淺，船隻不能靠岸，郊行移至艋舺，商業衰落，此後無聞焉。

通霄：有郊舖金和安[70]。

大安：有郊舖金萬和[71]。

後龍：有郊戶金致和[72]。

大甲：有水郊戶，光緒九年時有郊舖泰和號、祥春號、興瑞號、金振順[73]，以及金勝吉號、萬源號、益美號、勝裕號、謙記號、金萬泰號、萬泉號[74]。

淡水：泉廈郊[75]。

基隆：船郊新義興[76]。

宜蘭：有米郊及南船、北船、唐山船[77]。

澎湖：廈郊金長順、臺郊金利順[78]。

鳳山：舊糖郊、鷳鴰郊[79]。

鹽水鎮：糖郊、布郊、水郊金寶順、油郊金和順、籤郊金順利[80]。

嘉義市：糖郊、油郊、籤郊、杉郊[81]。

笨港：其地在今雲林縣之北港鎮及嘉義縣之新港鄉。乾隆末年既有布郊、籤郊、杉郊、貨郊，道光年間有泉州郊金合順、廈門郊金正順、龍江郊金晉順及糖郊金興順[82]。

斗六：斗六街有布郊、米郊、藥郊、籤郊等四郊，在商業上有重大事件，由各郊派代表商討，會同解決，是謂各舖戶參議[83]。

屏東：有港郊[84]。

梧棲：水郊金萬順。

臺灣各港埠郊行林立，其行號之大者，率多以連財合股之形式組成，故其公號冠以「金」字，「金」字之義，《廈門志》之〈風俗記〉云：「合數人開一店舖或製造一船，則姓金，金猶合也。惟廈門如此，臺灣亦然。」[85]則「金」字表同心合股也。

清代臺灣行郊衆多，若不釐別，易生眩惑，茲略加類別以明之：

1.往同一地區經商所組成者（泰半又爲同一籍貫者）：如經營上海、天津、煙臺、牛莊等地者，以在臺灣之北，故名北郊（其中又可分爲大北、小北，往天津、錦州、牛莊、營口等地者曰大北，往上海、乍浦、寧波等地者曰小北，約以上海爲基準）。而經營漳、泉、廈門、香港、汕頭等地者，以在臺灣之南，故名南郊（其中又可細分爲：往泉州者曰泉郊，往廈門者曰廈郊，往香港者曰香港郊，簡稱港郊）。專對島內各港埠貿易者，亦稱港郊，也有專對島內某港埠貿易者，如艋舺之鹿港郊是。其他如澎湖之臺廈郊，專事廈門、臺灣之對渡往來貿易等水路；專事廈門與鹿港貿易往來之廈鹿郊，又如泉州之寧福郊，往來寧波、福州等均可歸類之。以

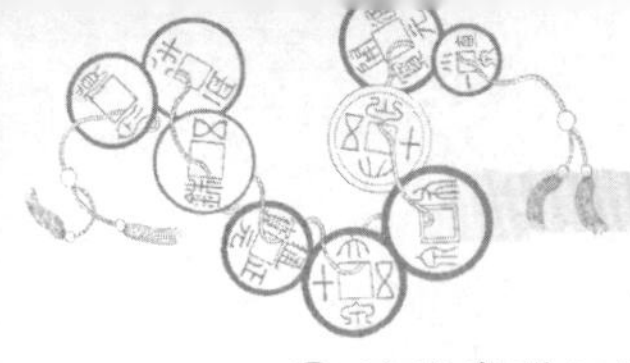

上諸郊或統稱水郊，蓋以其在海洋河溪等水路往來販運貿易也。

2.同業商人組成者，以該郊販售之貨品名稱冠之，如油郊、布郊、糖郊、米郊……等皆是，惟其中又有躉售與零售之分，即臺俗所謂「文市、武市」之別，躉售者專營大批買賣，屬外郊，如臺南糖郊；零售者率爲市場通販零售之各行業組成，屬內郊，如魚脯郊；而躉售者也有兼營零售，如布郊、臺廈郊。

3.專稱某一地之所有行郊，如臺南之稱爲臺郡郊，新竹之稱爲塹郊，艋舺之稱爲艋郊，澎湖之稱爲澎湖郊。也有兩地合稱者，如新莊艋舺之新艋泉郊、新艋廈郊。也有數條街市之組合者，如臺南六條街公所。

4.泛稱某一籍貫商人爲郊，實無團體組織者，如上海郊（上海商人）、廣郊（廣東商人）、建郊（閩商）、寧郊（寧波商人）等。

除此，行郊尚有內外大小之別，內郊爲臺灣島內市場販賣同業者所組織，與大陸各港埠貿易者爲外郊，換言之，文市零賣商所組織之行會稱內郊，大批發商所組織之行會爲外郊。

惟行郊實有大小之別，上述諸類行郊多爲批發商，專營進出口貿易，爲大郊。至於在市場零售百貨之商店舖戶各按其類組織行會者爲小郊，小郊散佈全省各地，於地方市場中形成一大商幫勢力，較今之商業公會尤具權勢。

今將行郊諸種類，製圖如**圖2-1**。

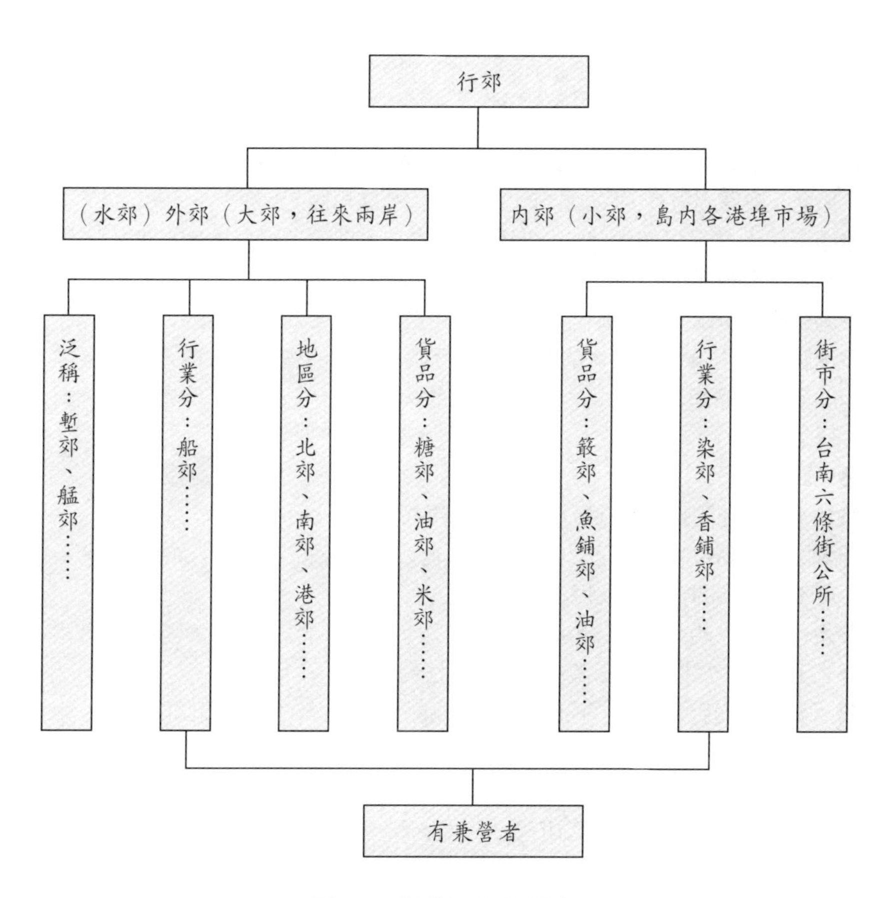

圖2-1　臺灣行郊分類表

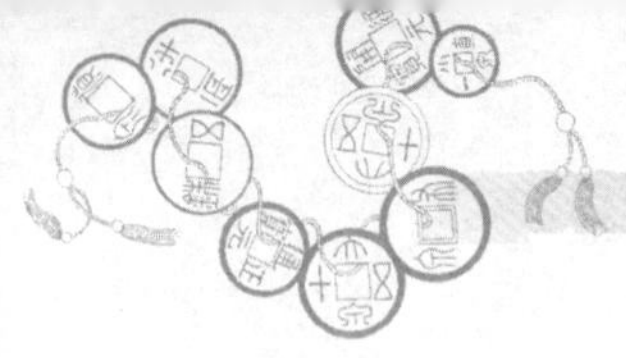

註釋

❶詳見全漢昇，《中國行會制度史》第一章〈行會的起源〉，頁一～十二。臺北：食貨出版社，民國六十七年十二月臺灣再版。

❷楊衒之，《洛陽伽藍記》（四部叢刊本、上海涵芬樓）卷四城西〈法雲寺〉，頁一四二。臺北：明文書局，一九八〇年一月。

❸同註❶前引書，第三章〈隋唐時代的行會〉，頁二九～四三。

❹加藤繁，〈論唐宋時代的商業組織行並及清代的會館〉。收入氏著《中國經濟史考證》。臺北：華世出版社，民國六十五年六月譯本初版，頁三七七。

❺同註❹。

❻全漢昇，前引書，第六章〈會館〉，頁九九。

❼參閱王一剛，〈臺北三郊與臺灣的郊行〉，《臺北文物》第六卷一期，頁一二，民國四十六年九月。

❽曹永和，〈明鄭臺灣漁業志略〉，收入《臺灣經濟史初集》（臺銀研叢第二五種），民國四十三年九月，頁三七。

❾《臺灣省通志》卷四〈經濟志・商業篇〉，第三章〈國內及國際貿易〉第一節「荷西竊據時期」，頁一四三。臺灣省文獻委員會，民國五十九年六月出版。

❿南棲，〈臺灣鄭氏五商之研究〉，《臺灣經濟史》十集，頁四四（臺銀研叢第九〇種）。

⓫同註❾前引書，第二節「明鄭時代」，頁一三五。

⓬同註❶。

⓭同註❶。

⓮李亦園，〈臺灣民俗信仰發展的趨勢〉，《民間信仰與社會研討會論文集》，頁八九～一〇一。臺中：臺灣省政府民政廳與東海大學，民國

七十一年。

⑮林滿紅，〈貿易與清末臺灣的經濟社會變遷〉，《食貨月刊》第九卷四期，頁一四八。

⑯詳見周凱，《廈門志》卷六〈臺運略〉，頁一八五（臺銀文叢第九五種）。

⑰連橫，《臺灣通史》卷二十〈糧運志〉，頁四二一。臺灣省文獻委員會，民國六十五年五月出版。

⑱詳見范咸，《重修臺灣府志》卷二〈規制・海防〉「附考」，頁九〇（臺銀文叢第一〇五種）。

⑲方豪，〈鹿港之郊〉，《現代學苑》第九卷第三期，頁一，民國六十一年三月十日出版）。

⑳按方豪先生曾於各學報發表：〈臺灣行郊研究導言與臺北之郊〉、〈臺南之郊〉、〈鹿港之郊〉、〈新竹之郊〉、〈澎湖、北港、新港、宜蘭之郊〉、〈光緒甲午等年仗輪局信稿所見之臺灣行郊〉等六篇，均收入《方豪六十至六十四自選待定稿》，書末附有「校補」，於民國六十三年四月著者發行出版。

㉑方豪，〈臺灣行郊研究導言與臺北之郊〉，頁二五九。

㉒詳見謝金鑾，《續修臺灣縣志》卷三〈學志・書院〉，頁一七二（臺銀文叢第一四〇種）。

㉓見黃典權，《臺灣南部碑文集成》第一冊《水仙宮清界碑記》，頁六十八（臺銀文叢第二一八種）。

㉔蔣師轍，《臺遊日記》卷四，七月廿八日，頁一二七（臺銀文叢第六種）。

㉕方豪，〈光緒甲午等年仗輪局信稿所見之臺灣行郊〉，頁三三七。

㉖傅衣淩，〈清代前期廈門洋行〉，頁二一一。收入氏著《明清時代商人及商業資本》一書，北京：人民出版社，一九五六年七月。

㉗周璽，《彰化縣志》卷九〈風俗志・商賈〉，頁二九〇（臺銀文叢第一五六種）。

㉘周璽，《彰化縣志》卷一〈封域志・海道〉，頁二二～二三。

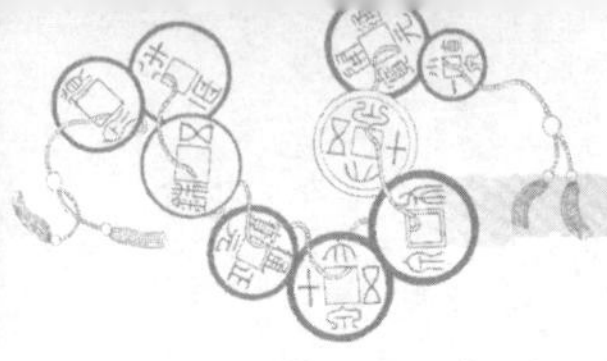

㉙丁紹儀，《東瀛識略》卷三〈習尚〉，頁二二～二三（臺銀文叢第二種）。

㉚此文為記者採訪，詳見《中國時報》六十九年十二月廿九日第六版，及《中央日報》六十九年十二月廿八日第六版。又，王國璠師也持此說。

㉛石萬壽，〈臺南府城的行郊特產點心〉，《臺灣文獻》第三十一卷四期，頁七十六，民國六十九年十二月出版。

㉜同註㉔前引文，頁三四五。

㉝《明會要》（世界版）卷五七，〈食貨五〉，總頁一〇九。及姚之駰《元明事類鈔》（四庫全書珍本初集）卷六，頁二八。

㉞劉家謀，〈海音詩〉。收入《臺灣雜詠合刻》，頁二十（臺銀文叢第二八種）。

㉟同註㉞，頁十。

㊱詳見周凱，前引書，卷六〈臺運略〉之「專運」，頁一九一。

㊲陳培桂，《淡水廳志》卷十一〈風俗考・商賈〉，頁二九八～二九九（臺銀文叢第一七二種）。

㊳詳見柯培元，《噶瑪蘭志略》卷十一〈風俗志・商賈〉，頁一一六～一一七（臺銀文叢第九二種）；倪贊元，《雲林縣采訪冊》〈大槺榔東堡〉「街市・北港街」，頁四七（臺銀文叢第三七種）；林豪，《澎湖廳志》卷九〈風俗・服習〉，頁三〇六～三〇七（臺銀文叢第一六四種）。

㊴唐贊袞，《臺陽見聞錄》卷下〈風俗〉「郊」，頁一四六（臺銀文叢第三〇種）。

㊵見何澂，《臺陽雜詠》中「雙冬稻殼熟畦町，豆麥菁麻遍野坰。廣闢山場茶利溥，高裝村廍蔗漿馨。息求五倍堪浮白，價向三郊或賣青，況值聖恩蠲雜稅，漁租厝餉一齊停。」一詩之「三郊」。註解：「聚貨而分售各店者曰郊，來往福州、江、浙者曰北郊，泉州者曰泉郊，廈門者曰廈郊，統稱三郊。」詩集收入《臺灣雜詠合刻》，頁六六。又蔣師轍於「郊」之義亦有說及，惟全引何澂之說，故不取，見註㉓。要之，何、唐、蔣三氏之說皆輾轉抄襲也。

㊶見《臺灣私法附錄參考書》第三卷，第四篇第一章第三節〈臺南三郊由

來〉，頁五〇～五一，日本明治四十三年十一月發行。

按，日人據臺後，對臺灣舊慣之調查甚為重視。光緒廿七年（日本明治卅四年，1901）四月成立臺灣舊慣調查會，著手調查工作。該會將調查內容區分為二部：第一部為法制之部，第二部為農工商經濟之部。第一部於光緒廿七年五月開始工作，前後調查三次，刊行三回報告書及附錄參考書，歷時十載。宣統二年，綜合三期之調查資料加以整理後，復將第三回報告書及其附錄參考書修正後出版。該版內容完整，共分諸論，不動產、人事、動產、商事及債權等論，可謂集以上三期之大成。後臺銀經濟研究室依據《第一部調查第三回報告臺灣私法第三卷附錄參考書》改編為《臺灣私法債權編》、《臺灣私法商事編》、《臺灣私法人事編》、《臺灣私法物權編》。故本說之時限應可推溯至光緒廿七年，不必遲至宣統二年也。

㊷詳見方豪，〈臺南之郊〉，頁二七四。

㊸連橫，《臺灣語典》「郊」條，頁二一（臺銀文叢第一六一種）。

㊹伊能嘉矩，《臺灣文化志》下卷第十二篇〈商販沿革〉第一章〈郊行〉，頁三。東京：刀江書院，昭和三年。

㊺東嘉生，〈清代臺灣之貿易與外國商業資本〉，《臺灣經濟史初集》，頁一〇六（臺銀研叢第二五種）。

㊻同前註。

㊼同前註前引文，頁一〇九。

㊽《臺北縣志》卷二三〈商業志〉，第一章第二節「市集交易」第一段「清代」，頁一五。臺北縣文獻委員會，民國四十九年出版。

㊾同前註前引書，第一章第三節「商業團體」，頁二八。

㊿《臺灣省新竹縣志》〈經濟志〉第七篇〈商業〉第一章〈沿革〉，頁一。新竹縣文獻委員會，民國四十六年五月編纂，六十五年六月付印。

51《苗栗縣志》〈經濟志・交通篇〉，第三章第四節，頁六二。苗栗縣文獻委員會，民國五十九年八月出版。

52《宜蘭縣志》〈經濟志・商業篇〉，第二章第一節一目，頁一一，宜蘭縣文獻委員會，民國五十九年十二月出版。又同書〈經濟志・商業篇〉，第三章商業團體對「郊」亦有解說：「臺灣之商人在清代即有郊之組織，

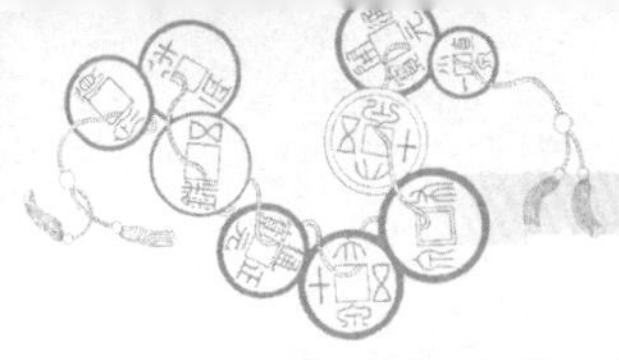

郊即今之同業公會，因其內各行業商人組織，又稱行郊，蓋為維持商人信用，爭取共同利益，促進業務發展，及謀求地方繁榮而設立。當時本縣頭城曾有行郊之組織，故商業頗盛。我國所謂行郊、公會，日人則稱之為組合。」

53《臺南縣志》〈經濟志〉第三篇第六章第一節，頁九四～九五。臺南縣文獻委員會，民國六十九年六月三十日出版。

54詳見《嘉義縣志》卷五〈經濟志〉第七篇商業第二章市集交易之「商人種類」、「郊之由來」、「郊之輸出入品」，頁二三七～二三八。嘉義縣文獻委員會，民國六十六年三月廿五日修正出版。

55吳逸生，〈艋舺古行號概述〉，《臺北文物》第九卷一期，頁二。

56陳夢痕，〈臺北三郊與大稻埕開創者林右藻〉，《臺北文獻》直字第九、十期合刊，頁一一七。

57《臺灣省通志》卷四〈經濟志・商業篇〉，第一章第四節第一項「商業團體梗概」，頁一五。

58李瑞麟，〈臺灣都市之形成與發展〉，《臺灣銀行季刊》第廿四卷三期，頁五一。

59同註40。

60參見方豪，〈臺南之郊〉，頁二八五，與石萬壽〈臺南府城的行郊特產點心〉，頁七七。碗郊則據民國六十九年十二月廿六日在臺南市安南區鹿耳門溪河道中挖掘出之「重興天后宮碑記」副碑，據黃典權師表示：此碑時間約在咸豐七年至十年，碗郊是在臺灣文獻上第一次出現，顯示當時來臺拓荒移民，生活水準提高，士紳之家，食皿用具多用景德鎮的瓷器，宜興的陶器，為供應所需，所以形成了碗瓷貿易商。見《中國時報》六十九年十二月廿九日第六版。

61同註27。

62見劉枝萬編，《臺灣中部碑文集成》之〈重修鹿溪聖母宮碑記〉，頁二二（臺銀文叢第一五一種）。

63見黃典權，《臺灣南部碑文集成》第五冊之〈重興大天后宮碑記〉，頁五九二（臺銀文叢第二八種）。

64同註37。

65按道光年間艋舺有廈郊金福順，咸豐三年之頂下郊拼，同安人敗退入大稻埕，重組廈郊，改名為金同順，即前此之艋舺廈郊也。見拙著〈艋舺行郊初探〉，《臺灣文獻》第廿九卷一期，頁一九一。

66見方豪，〈臺灣行郊研究導言與臺北之郊〉，頁二七一。

67見方豪，〈新竹之郊〉，頁三一四。

68陳朝龍，《新竹縣采訪冊》卷五〈碑碣〉之「義渡碑」，頁一九七（臺銀文叢第一四五種）。

69同前註前引書之「義塚捐名碑」，頁二一三。

70見《淡新檔案選錄行政編集》第四四一號檔案，頁五五五（臺銀文叢第二九五種）。

71見前引書，第四號檔案，頁五。

72見前引書，第四五〇號檔案，頁五六五。

73參見蔡振豐，《苑裡志》上卷〈建置志・橋渡項〉，頁二七（臺銀文叢第四八種）及《淡新檔案選錄行政編初集》第四三六號檔案，頁五四八。

74洪敏麟，〈臺灣西海岸港口研究〉筆記，轉引自《大甲風貌》，頁五一五。

75見淡水福佑宮〈望高樓碑記〉之碑文。

76《臺灣省通志》卷四〈經濟志・商業篇〉第一章第四節「商業集團與規約」，頁一四。

77柯培元，前引書，頁一一六～一一七。

78林豪，前引書，頁三〇六。

79黃典權，《臺灣南部碑文集成》第三冊之〈重修雙慈亭碑記〉・頁二三九。

80黃典權，《臺灣南部碑文集成》第二冊之〈重興護庇宮碑記〉，頁一五四，及第六冊之〈天后宮捐題重修芳名碑記〉，頁六七一。

81方豪，〈澎湖、北港、新港、宜蘭之郊〉，頁三三〇。

82同前註。

83東嘉生，前引文，頁一〇八。

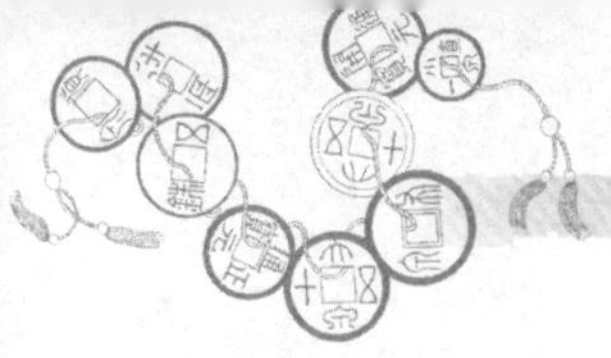

❽❹黃典權，《臺灣南部碑文集成》第五冊〈萬泉寺重修捐題碑記〉，頁五八〇。

❽❺周凱，前引書，卷十五〈風俗記・俗尚〉，頁六四五。

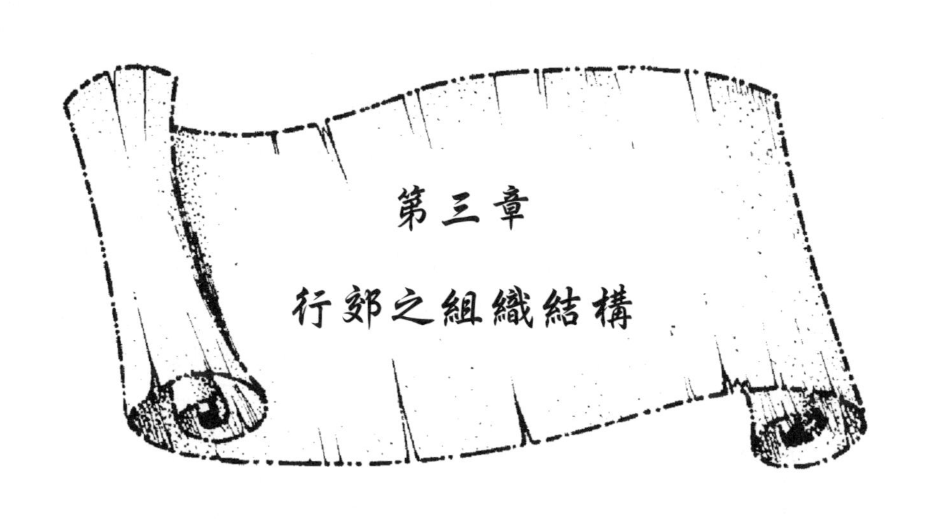

第三章
行郊之組織結構

第一節　組織規制及權責

一個組織的成立有其「組織環境」，如上章所言，郊之源起有歷史、地理、社會、經濟等環境因素，而臺灣開拓形態以地緣關係（同祖籍）與血緣關係（同宗族）之群體為主，此種移民形態，更易促成團結與組織之出現。加以種種人間及自然環境之搏鬥，先民求神祈福之心特熾，因此宗教信仰與宗教組織二者相互為用，造成臺灣宗教團體與其他各種民間組織之特別盛行，易言之，臺灣民間組織幾乎都具有不同程度之宗教色彩，俗云「有會必有神」，即是指此。郊為臺灣民間組織之一，亦不例外，故其組織制度、組織名稱，皆含濃厚神明會之形式，是以行郊兼有地緣性、業緣性、宗教性及少許血緣性之性質。

行商組織「郊」，商人雖不受入郊之強制，但實際上均加入郊，以謀求群己利益。郊員稱為爐下、爐丁，或爐腳，須遵守郊規。執掌該郊事務者為爐主，又有董事（俗稱頭家）一職，爐主係專責辦理祭祀事宜，董事則執掌經常會務，時或以爐主兼掌董事之職，故二者有時混合，難以區分。其組織龐大時，便得僱用辦事員，如稿師、郊書（為各郊公事主稿行文，似今之秘書）、大斫（為各郊收稅收緣，並公事之執行，似今之總幹事）、局丁（處理雜務供使喚，似今之工友）等；或臨祭典繁忙期，則由正副籤首（亦作僉首）予以協助掌理郊務。惟有關郊行之重要事宜，平時為幾家大行商把持，除非有重大事件，臨時召集諸會員商討外，否則於每年崇奉之媽祖誕辰（農曆三月廿三日），或水仙王誕辰（五月五日），衆會員均須出席祭拜聚餐，祭主（即爐主）於聚餐時將一年來之收支詳細報告，會員有意見也於此時提出，其形式頗似今日社團之會員大會，然因平日會務爲數家大行商所把持，是否爲最高權力機關，實堪懷疑，茲再詳細分述之：

一、爐下

郊之組織，係由多數稱爲爐下（或爐腳、爐丁）之會員組成。爐下須守郊規，在緣簿上登錄住所、店號及經費負擔額，依郊之規約，或一次捐金，或按月按年，視其業務抽分捐納，或臨時按點攤派，不一而足。商號組織郊，商人不受入郊之強制，但彼爲謀求利益，保護權利，率多加入，並繳「插爐銀」（似今之入會費），至於新爐丁之加入，是否要經全體會員或爐主、董事之同意，文獻缺略、史無明文，闕之待考。而爐丁之退出，若是生理休業，移他處居住，須向爐主報明，聽從退出。若因是不遵郊規者，須公議論處，勒令退出。又爐丁須於每年奉祀主神之誕辰日，衣冠肅靜，出席祭拜聚餐，若有意見，此時可提出商討，惟因多數資本不大，會務受大行商之把持，財薄勢弱，受人支配，並無實權，有之，亦不過可輪流值東，擔任爐主之權利而已[1]。

二、爐主及董事

行郊組織，初時似無另設董事一職，而以爐主執掌一切郊務，如《淡水廳志》〈風俗記〉云：「統稱為三郊，共設爐主，有總有分，按年輪流，以辦郊事。」❷鹿港泉郊規約云：「以爐主統閤郊事務。」❸澎湖臺廈郊規約云：「凡值當爐主，所有大小事務，及收店租支用一切，各人經手辦明。」❹惟至後來，行郊規模愈大，組織愈龐，事務愈煩，交涉遂多，乃有改革應變之舉，或置爐主二名，分期執掌郊務，如澎湖臺廈郊「本郊崇奉天上聖母，每年輪當爐主二名，分上下期辦理。上期三月二十三日辦至九月止，下期十月初十日辦至本年三月一日止」，「值年爐主二名，該年三月過爐之日，聖母面前祈禱，就入郊之妥號擬選，以筶為准」❺。或將祭祀與俗務分離，爐主專責辦理祭祀事宜及經費收支，如澎湖臺廈郊規約云：「凡有捐緣、充公、罰款等項，務宜輪交值當之人收存，以妨公用。」❻新竹塹郊中抽分社規約云：「公議：每年值東之人，至聖誕之日，須辦正燕汗席四桌，不能減少，此照」、「每年值東之人，至除夕之日，應備花蚋（蠟）燭二對，到宮交住持人，以祝元旦佳節，若有玩誤不備者，查知革出，此照」、「每年值東之人，至聖誕之日，應備油香二大元，交住持人以為聖母之香貲，勿得需延，此照，」、「社內之戲，須當日夜兩枱，不能減少，倘有違議，公罰，此照」❼。臺南三郊「輪值爐主，各號挨次值東一年」、「值東應執公事，如佛生日宴會、鹿耳門普度、舺仔普度

及宴會，開港諸件，公費由三郊款內支銷」等[8]。另設董事一職，由數人擔任，執掌經常會務，如大稻埕廈郊金同順「郊置爐主及董事，並定生理條規」，其規約云：「公選爐主一人，董事四人，辦組合之事務及會計。」[9]爐主、董事二者有時混合難以區分，蓋因各地行郊規模大小不一，創立年代早晚不齊，時或以爐主兼掌董事之職，又有郊務爲一二大行商所把持，集頭家、爐主於一人，故參差稱謂，難以劃清。

爐主、董事爲郊之代表，領承衆爐下之公議以行事，不得專擅，如臺南三郊「三郊有急要公事，傳集各郊友於三益堂，公議妥行」、「地方公事，捐金濟用，由値籤者傳集各郊友齊到公所要議」[10]。鹿港泉郊規約云：「蓋公戳規例：若非我郊公事，無論郊內外有人托蓋，或籤稟，或批信，以及大小事件，該値年爐主必將事情逐一向衆集議，妥則允蓋，登記號簿，以便稽查，不致混淆干礙。此係至公無私，並非一人所能自主也。」[11]其他各郊規約書中之「公議」云云及「問衆」云云等皆可證。爐主、董事之職權頗大，非有敏練幹濟之才，各商不敢承接，如臺南三郊之掌務：

> 三郊爲各商之長，三益堂所判公議，諸商無敢忤違。主議之人，歸値籤者爲之，然非有幹濟材，則不敢當此籤。當此籤者，上能應接官諭，下能和協商情者也。所掌事務，不外事上接下之事。何謂事上？如防海、平匪、派義民、助軍需，以及地方官責承諸公事。何謂接下？如賑卹、修築、捐金、義舉，以及各郊行調處諸商事。凡郊中公款出入收發，歸其節制；立

稿行文，歸其主裁；帳目銀項，歸其管理；收金收稅，管事用人，歸其執權。[12]

正因爐主、董事責任重大，常人不敢應接，遂由得一二大行商操縱，上下其手，把持郊務，不免有人不服，口是心非，不守郊規，不遵仲裁，況法積久而生玩，弊以巧而日滋，如鹿港泉郊規約云：「本館事無大小，以及議儎傳幫，凡有傳請，諸同人不論緩急，立傳立到，以便集議。幸勿推諉不前，抑或到館緘默，背後生議，擅與出海私相授受，舞弄奸巧，廢墜郊規，貽害公事。」「我郊諸號配貨，不准取巧變號，藉稱郊外，及與出海私相授受，隱匿抽分。」[13]陽奉陰違，不循規約，長此以還，年久月深，郊中公事，諸多窒礙；加之公款日絀，經費無從措出，而臨時捐金，按點攤出，則藉詞挨延，推諉不納，貽誤郊務，使値東之人，屢屢費力，多有辦公之難，況郊費浩繁，日日應需，致使値東，遇事墊費，於是乎「每逢過爐，均皆畏縮推諉不前，上行下效，郊中之事，幾成廢墜」[14]。鹿港泉郊規約云：「値年爐主筶東△△號，歲凡一易，歷聖母誕辰之日，請我同人各宜踴躍到館，齊集筶定新任。如有籍口不前，先以情諭，繼以理勸。若復堅延推諉，是以一忤衆，則以違規稟卸，務祈自愛，勿傷和氣。新東既定，接篆速聽自擇，緩盡五月爲期。如復挨延，移東易西，又非合議，公訂自六月初一日起，凡有大小事宜，一切歸新東辦理，無干舊任之事，不得以未接篆籍詞。此苦樂相承，一年一換，是老例所不能移也。愼之！愼之！」「爐主統閣郊事宜，第恐費繁利鈍，入不供出，萬一有虧，小則爐主墳用，多則結帳請議，就號先需。其需之項，俟鳩用盈餘，照額領回，俾任者踴躍辦理，則郊運隆興可指而待也，倘有一二阻撓不遵者，問衆公誅。勉之！勉之！」[15]等皆是。

爐主與董事均爲義務職，不支薪，任期一年，於每年大祭典時（媽祖誕辰日，農曆三月廿三日），衆郊友爐下齊集神前；或由神籤押定，或以擲筶決定之，年年交替，不得連任，爐下皆有機會輪流擔任爐主。

董事則由衆爐下推薦公舉，以誠實老成，妥洽衆望者舉之，其額數不一，各郊不同，任期亦爲一年，若有缺故，另薦他人代之。惟實際上率多爲郊中大行商擔任，渠等有財有勢，一般行商不能望其項背，況郊務浩繁，開支甚大，非有財勢者，亦不敢應接。臺南三郊甚至規定須九品以上職銜者，方有資格被推選[16]。

三、籤首、稿師、郊書及局丁

行郊組織龐大時，便得僱用辦事員，或臨祭典繁忙期，則由正副籤首，予以協助掌理郊務，如鹿港泉郊金長順「粵稽我郊，開自乾隆之間，前哲創有爐主籤首之稱，……以爐主統閤郊事務，以籤首掌各船鳩分，協力贊襄，同心共濟」[17]。爐主由神前之香爐名之，籤首由神籤名之，爐主任期一年，籤首任期一月。故籤首於大祭之日，預定順序，按月輪流執務，如臺南三郊「設立大籤三枝，爲各郊行輪流值東辦事之執掌，俗曰值籤」。「同治元年，大籤合行輪值，月當一次，……值籤者則曰大籤，……光緒五年，每月值

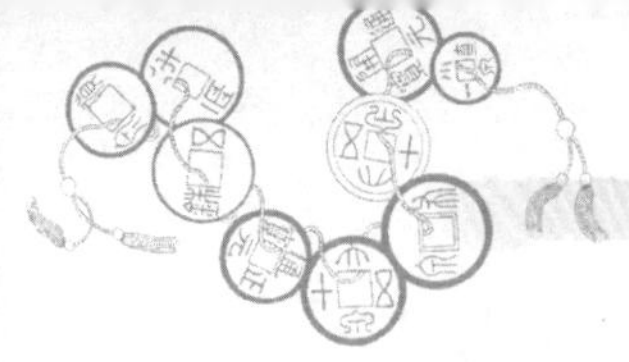

大籤者三人，以郊商二十餘號按月輪流」，「各管公事，以值大籤者主裁其意」，「地方公事，捐金濟用，由值籤者傳集各郊友齊到公所要議。按各號生理之大小均派，照股攤出點聲，以應公事」[18]。

一般必置爐主，而籤首可置可不置，或有改置顧問，或兼聘顧問，如稿師、郊書之流，協襄助理公務。稿師似今之秘書，為郊中公事主稿行文，有如師爺專理對內事務，後則擴張至外交幫辦，或協調人事[19]。惟其稱呼，各地不一，如新竹塹郊之稱「郊書」[20]是也。

另有局丁乙職，俗曰大斫，為各郊收稅收緣，並公事執達，傳集落供[21]。上述各職均為有給職，每年辛金（薪水）由公款支銷。又稿師、郊書之流，均有功名，蓋便於與官府交涉，兼孚衆望使人信服，如進士施士洁之擔任臺南三郊稿師[22]，舉人吳士敬之擔任塹郊郊書是[23]。

茲將行郊組織結構，製圖於後以明之：

祭典大會 —— 祭主（爐主） —— 籤首 —— 職員 —— 爐下

平時 {爐主／董事（頭家）} — {籤首／稿師（郊書）} — {職員／局丁（大斫）} — 苦力

圖3-1　臺灣行郊組織結構表

第二節 會議商討及會所

行郊係由作同一地區貿易之商賈或同業，相謀設公會訂規約，以增進共同利益爲目的，勢必需有一辦公處所，其處所，或稱會館，或稱公所，如道光七年（1827）臺南三郊於西門外外宮後街，設三益堂於水仙宮邊室，俗曰三郊議事公所。三益堂公所任用有稿師一名，大斫一名，爲三郊辦事之人，每年辛金由公款支銷。又設立大籤三枝，爲各郊行輪流值東辦事之執掌，俗曰值籤。又置有公秤、公砣、公斗、公糧，爲各商交易評量之準，俗曰公覆[24]。復如鹿港泉郊金長順之設有泉郊會館；又如澎湖臺廈郊「設有公所，逐年爐主輪值，以支應公事，遇有帳條爭議，必齊赴公所，請值年爐主及郊中之老成曉事者，評斷曲直」[25]。公所在媽宮街水仙宮，後改稱臺廈郊實業會館。

郊行辦事處雖有設會館、公所者，然多數附於寺廟內，或以爐主之厝充之，如大稻埕廈郊金同順「郊置爐主及董事，並定生理條規，……所有本街事情，不論大小強弱，皆率而廈郊公斷，或在爐主店中，或媽祖宮內，皆係廣衆之場，俱顯大公之念」[26]。再如鹿港廈郊金振順之會館設於王宮之內，前殿奉祀蘇王爺，後殿充爲廈郊辦公處[27]。艋舺北郊金萬利之設辦事處於龍山寺後殿，新竹塹郊金長和之辦事處設於長和宮等皆是。

行郊之大會，原則以一年一次，或於媽祖誕辰日（農曆三月廿

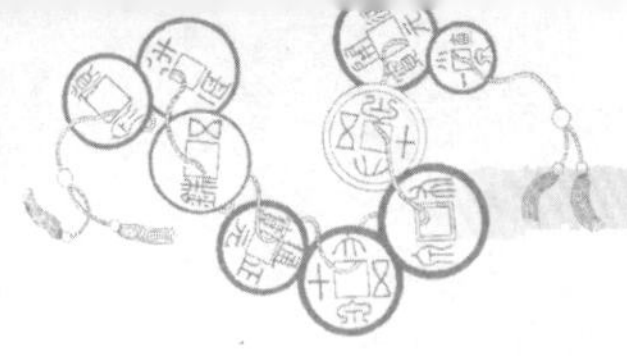

三日），或於水仙王誕辰日（農曆五月五日），設筵同會，屆時全體爐下均應出席祭拜聚餐，祭主（即爐主）於聚餐時將一年來之收支及郊中要事詳細報告，爐下有意見者也於此時提出，其形式頗似今日社團之會員大會。會中最重要之事則爲筶選新任値年爐主及推舉諸董事，排定正副籤首輪値月表，惟其後爐主難爲，辦公多有窒礙之處，每逢過爐，均皆畏縮推諉不前，深懼當選，郊中之事幾爲廢墜。

除每年媽祖、水仙王誕辰之大祭典外，其餘各神明聖誕，郊中演戲設筵，衆爐下可任意出席，並無強制。郊中諸事，平時由爐主、董事或値籤者裁決，若有大事，非得逐一問衆集議不可，則臨時召集討論，如臺南三郊「各管公事，以値大籤者主裁其意，有急要公事，傳集各郊友於三益堂，公議妥行」[28]。鹿港泉郊「本館事無大小，以及議儀傳幫，凡有傳請，諸同人不論緩急，立傳立到，以便集議」[29]。大稻埕廈郊「組合會議，臨事隨時或會於爐主之厝，或媽祖宮內」[30]。澎湖臺廈郊「凡有會議之日，定於午後二點鐘，値當之人通傳一次，各自趨赴，無復加矣！倘有大關緊要，勿拘時間，切勿推東託西，畏縮不前」[31]。

第三節　經費來源與開支

行郊乃由同鄉、同業、同族等以共同信仰爲中心而組織之團體，其目的在於同業互相扶持，解決困難，排解紛議，保持商譽，維護商品品質及行商間之聯絡情誼，並且在官衙力量不足之處，協助官府維持地方，建設地方；凡此莫不需要經費之開銷，爲求生存、發展、壯大，經費之來源，事關重大。

經費之來源，各郊不同，略別之，亦不外乎；捐款、課稅、置產、罰金四途。

以捐款而言：有入郊之會費，俗稱插爐銀，如澎湖臺廈郊規約云：「凡在街開設生理要入郊，著出插爐，逢神誕慶祝，俱各照份均攤。」[32]或依郊之章程，衆爐下一次捐金，或按年月，視其業務抽分捐納。又，於神佛誕辰及宗教慶典，或地方臨時有公益、傜役時，則由所屬各商號爐下樂捐攤派，如臺南三郊規約云：「地方公事，捐金濟用，由値籤者傳集各郊友齊到公所要議，按各號生理之大小均派，照股攤出點聲，以應公事。」[33]鹿港泉郊規約：「凡遇地方以外公事，應否捐需，或多或寡，照號公平勻攤，分別派出抵款。俾公事有濟，不得藉詞挨延，貽誤地方。」[34]又如澎湖臺廈郊規約云：「凡會議一年一次，定以五月水仙王祝壽，逢便設筵同會，所費用照份均分，以垂永遠，宜全始終。」[35]此爲行郊平日經費之來源。

以罰金言：行郊訂有規約，內中公議詳定各種商事規約，凡不遵守者，輕者罰金，重者除名退出。如臺南綢布郊規約云：「各埠號有掛欠我郊帳項。未見設還，而彼備金別採，若被債主察出眞情，不論該號何人親到，以及寄項若干，悉聽債主擋住。該接承之號，務必將銀信或單底賫出公覽，以存炳據。及該號有欠幾家之數，有出聲明者，須並就帳現出共觀，同堂阻擋，以待二比策直，

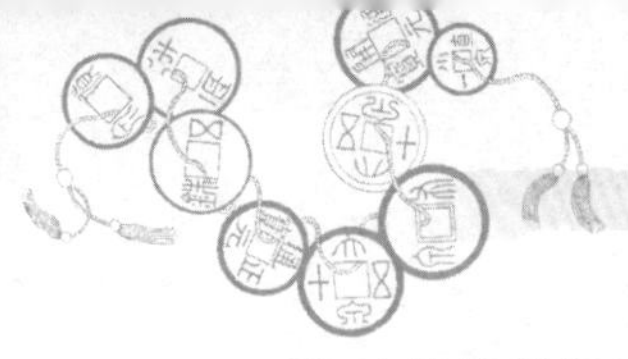

方任交關，違者罰金五十圓。倘承接之號，若貪圖些利，私將單信改易匿混，再罰金六圓，均充本郊金義興祭費之款。」[36]澎湖臺廈郊規約：「凡船頭水客及行配倚兌各貨，無論輕重儎，兌出以九七扣仲，其餘……，公議如斯，各宜遵照約章，違者罰金一十二元，不得徇情。」「凡有會外之人，不遵會章，……自今公議禁止，倘買客不遵，會衆不許交易。如我會內之人，以私廢公，密與往來交易，偵知罰金一十七元。」[37]此爲行郊不定期經費來源。

以置產言：行郊爲求生存發展，需有一固定穩當之基本收入，故多置有田產店厝爲其產業，將所置立田產租贌，積貯放生，權衡母子，俟其利息之蕃，專供祭祀及其他事務用。如臺南三郊「因是三郊集諸商，公議捐金爲公款，置買房屋收租，以濟各郊宴會諸費」[38]。澎湖臺廈郊「本郊建置公店，逐月收店租，以資神誕過爐，及廟中油香、祭祀、修繕器椇等件，公議酌辦。除收入之項以外，不敷照份均分」[39]。新竹塹郊中抽分社規約序文云：「竊維我塹於道光間，建造聖母廟宇及聖母靈像，恭奉有年，即名曰長和宮。……爰即邀集諸同人買得田業一所，庶幾哉歷年久，屆聖誕之期，免得措手無資，諸費有賴。」[40]

以課稅言，可分爲貨物稅、船稅二種，爲郊中經費之主要收入。如臺南三郊「又議定出入港之貨物，預設捐金抽釐；每糖一簍，捐金一尖；每貨一捆，捐金一尖。年徵捐金約有四、五千元，歸掌印董事收管，預備接濟地方公事」[41]。又如大稻埕廈郊規約云：「各郊戶每年配運貨物，應照舊例，就本抽分，以爲供奉聖母經費，不得推延，違者公同議罰。」「抽分無論貨物多寡，應以配運號簿為準。每年稽查兩次，……屆期各將配運號簿，公同面算，抽的繳交值東，登記在簿，以作經費，而昭公允。」[42]茲以澎湖臺廈郊之規定貨物釐金為例[43]：

表3-1　澎湖臺廈郊貨物釐金率表

入口貨物	釐金率	出口貨物	釐金率
白糖	每擔均釐壹拾文	生茌（油粈）	每千擔均釐壹百文
大青（青糖）	每件均釐貳拾伍文	生茌粈（花生之油粈）	每擔均釐貳百文
小菁（染料）	每籠均釐壹拾文		
芝簽（蕃薯簽）	每擔均釐貳文	生粈	每包均釐五文
米、麻、麥、豆	每包均釐肆文	花生	每石均釐貳文
生油	每擔均釐壹拾文	生油	每擔均釐壹拾文
糖水（糖蜜）	每擔均釐參文		
倚兑（委託販賣）	每元均釐貳文		

餘如艋舺行郊之有菁秤一款，每籃抽錢六文，計觔一千，抽銀一角，以充學海書院膏火[44]。臺北三郊之洋藥（即鴉片）抽分每箱四圓五角，滬尾出口帆船，每艘課徵二角，及竹塹船戶抽分之半，共充為艋舺及竹塹育嬰堂經費等均是[45]。

課稅為行郊經費之最大來源，泰半用於地方公事，故其開銷亦大，稅釐不免稍重，如鹿港泉郊規約訂「每辨船，如四百石，加抽分一百石」，又訂「泉郊諸號船，每百石貨額，訂抽銀一元，以作公費」[46]。郊商負擔一重，遂有走漏隱匿抽分者，如鹿港泉郊規約十三條中，嚴禁走漏隱匿抽分者，竟有七條之多，亦可想見走漏抽

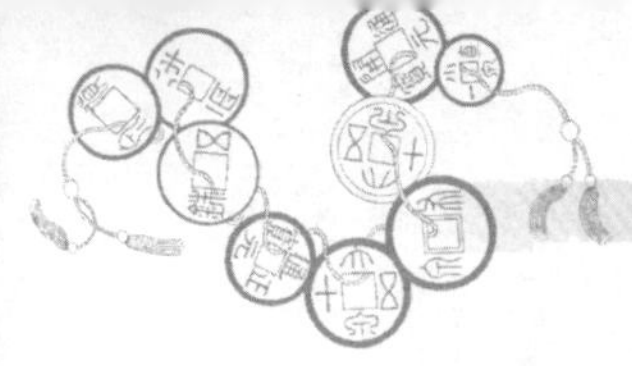

分風氣之盛之弊，其舞弊手腕如：取巧變號，藉稱郊外，及與出海私相授受，隱匿抽分；諸船進口，不到館預先聲明，假藉詐稱，越港攬儎，故意亂規；或隱匿緣單號批，無從稽查，遂得走漏抽分等是[47]。

抽分課稅爲行郊之最大宗收入，行郊之生存發展幾全賴其維繫，郊商既然不擇手段，大肆走漏隱匿，上行下效大受打擊。加之抽分課稅純屬私規，若有官府出面阻撓，影響更大。如光緒十六年（1890）臺南知府吳本杰，欲徵臺南三郊出入貨之釐金，與三郊稿師施士洁發生爭執，士洁力爭不可，見事不可爲，憤而辭去三郊稿師職務。三郊爲免官府之藉端興事，索性停止收出入貨件之抽收緣金，每年減少五千元之緣金，僅賴產業孳息苟延度日。公款日絀，凡接濟公事，多有不足之虞，地方公益事業則賴臨時募捐應付，故不久陷於一蹶不振境地，遂將三郊公戳及大籤寄存三益堂內，各商無人敢承接擔當[48]。

除上述四類經費來源外，另有官署將公帑或地方公益事業（如書院、育嬰堂、義渡等）款項，交由郊商存放郊中生息，郊商之私人部分暫不論，以行郊言，此筆公帑數目必定不小，若一遇市面光景歉薄，商業不振，生息甚艱，反爲所累，如鹿港泉郊規約序文言「無如，國帑帶累，年年生息」，第五規約云：「自昔遺下所欠國帑一千七百兩，每年繳納生息利銀，必須年清年款。如逢列憲要追母項，嚴行急切，議就各號先需繳完，不得推諉。此係國帑關重，各宜自愼。」[49]

郊中經費來源略如上述，其開支項目則以祭祀事宜、地方公事、職員薪資及其他雜項爲主。

以祭祀費用言，行郊之組織形態爲神明會，故特重祭祀，如臺南三郊規約明定「值東應執公事，如佛生日宴會、鹿耳門普度、舢仔普度及宴會、開港諸件，公費由三郊款內支銷」[50]。大稻埕廈郊規約云：「每年郊中演戲設筵，自過爐落馬開設大筵，至三月二十二日聖母誕開設大筵。其餘各神明聖誕，演戲四次，就牲醴設筵一席。爐主頭家散筵，每次應開費若干，登記在簿。」[51]澎湖臺廈郊規約云：「本郊建置公店，逐月收店租，以資神誕過爐，及廟中油香、祭祀、修繕器具等件，公議酌辦。」[52]有關祭祀事宜，全由爐主專責辦理，如塹郊中抽分社規約定：「每年值東之人，至聖誕之日，須辦正燕汗席四桌，不能減少」、「每年值東之人，至除夕之日，應備花蠟燭二對，到宮交住持人，以祝元旦佳節」、「每年值東之人，至聖誕之日，應備油香二大元，交住持人以爲聖母之香貲」[53]。

以地方公事言，可分爲社會公益事業之捐輸及地方官責承之傜役公事。如臺南三郊「年徵捐金約有四、五千元，歸掌印董事收管，預備接濟地方公事」[54]。惟此情形殊屬特例，一般多爲臨歸召集郊友，按生理大小攤派，以應公事，如臺南三郊於光緒十六年爲臺南知府吳本杰諭止捐金後，接濟公事，則臨時捐金，按點攤出，而昔日舉辦之各項社會公益事業也因公款困絀，隨之停頓[55]。又如鹿港泉郊規約云：「凡遇地方以外公事，應否捐需，或多或寡，照號公平勻攤，分別派出抵款，俾公事有濟。」[56]有關行效捐輸地方公益事業，事例繁多，不勝枚舉，容另章撰述，於此不擬舉例說

明。

以職員薪資言，郊中既聘有稿師、郊書、大斫、苦力、局丁等辦事員，其辛金乃由公費支出。如臺南三郊「每年辛金由公款支銷，以是爲郊例之慣，流傳至今」[57]。爐主、董事雖爲義務職，不支薪，然其下之籤首，或有支薪者，如鹿港泉郊會館規約明定「正籤月訂薪水四元，副籤月訂薪水貳元」[58]。

以雜項言，舉凡如辦公處所之茶水、點心、紙札等開銷均是，如臺南綢布郊規約云：「凡有集議公事，値籤之處，應備點心、煙、茶及工役等費若干，登明公帳，候設抵或捐分付償，俱無不可。」[59]行郊置有公產，如田園店厝等，須向官衙繳納雜稅錢糧，亦歸雜項，如塹郊會所長和宮之每年開銷項目中有「完隆恩地基去銀四角，完納隆恩去銀一十八元七角，每年完納錢糧去銀一十九元九角三點三釐」[60]。其他如郊友爐下之向郊中借公款周轉，官衙之應酬費，官帑之生息納款亦可歸屬雜項。各郊之特殊開支，如臺南三郊每年疏濬河道由公款支出，歸之雜項，似無不可。

郊中既置有財產，復有銀錢款項之往來收支，爲求徵信及管理財產之有所依循，勢必設立帳簿及登明議約，以杜絕糾紛，防止侵呑。如臺南香舖芳義和之設有公緣薄，詳記公項之收支細目[61]，大稻埕廈郊之設有配運號簿，其規約明定：「抽分無論貨物多寡，應以配運號簿爲準，每年稽查兩次……屆期各將配運號簿，公同面算抽的，繳交値東，登記在簿，以作經費，而昭公允。」「每年郊中演戲設筵，……爐主頭家散筵，每次應開費若干，登記在簿。」「每次開費若干，就號頭簿塡本若干，以開費均分，每萬元應抽銀多少，公同結算」[62]。

郊中爐主係逐年憑筶輪換，辦理年例致祭事務，而有關之經費收支保管及財產管理處分，由其經手辦理，每年媽祖誕辰，祭祀宴會之日，公佈一年內收支帳項，以備衆爐下之察核，而郊中財產所有之田契、丈單、租單與謄本及出租公款之單據，均於過爐時移交新爐主保存。倘偶災異遺失，宜將事實告知爐下，隨時稟報官府存查。如臺南三郊之「各郊公款歸爐主掌管。如遇過爐，公款移交新爐主收管」[63]。澎湖臺廈郊規約訂：「凡有捐緣、充公、罰款等項，務宜輪交值當之人收存，以妨公用。如有應用之款，會議而行。」[64]塹郊中抽分社規約云：「每年值東之人向佃人支取租穀六十石，……倘佃人抗拒不前，傳單公議。」「每年值東之人須向經理人參議，或租穀自己運回，或由佃人依時結價，俱皆兩可，倘有穀價多寡，此皆爐主造化，不能將應用之物增多減少。」「每年值東之人，須當將簿印交付新爐主收存，不可將簿印私自隱匿；若是隱匿者，查知公罰。」[65]其中亦有例外，如鹿港泉郊之經費錢財由副籤首看管，其規約云：「一以正籤管傳船幫，副籤管看銀錢，至月滿，副籤即將銀錢繳交正籤核符。」[66]郊中財產之契券交由專人看管收執，如塹郊中抽分社規約定「契券交在振合號，永遠收執，不論何人不能私向取出」[67]。

總而言之，行郊之經費來源以置產生息及抽分課稅爲主，其支出以祭祀事宜及地方公事爲多，經費之收支設有帳簿登記，主要由爐主經辦保管；公產之契券亦由爐主收執，其處分須經衆人公議決定，並於每年過爐時，公佈開支細項，以備察核，而後移交新爐

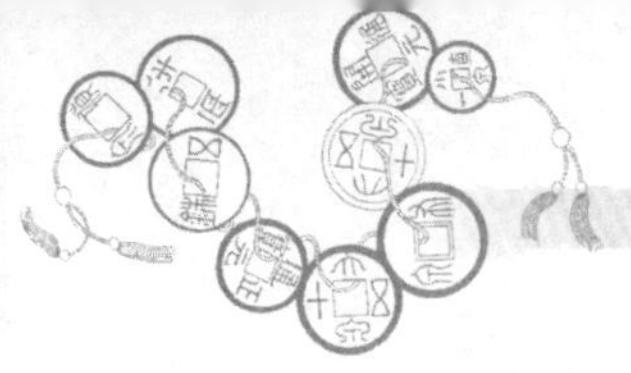

主。

《臺灣私法附錄參考書》收有臺南三郊之歲出入經費表，詳列收支項目金額，茲轉引於後以爲本節例證[68]。

表3-2　臺南三郊經費表

名目	金數	備註
歲入款		
捐金徵收額	五千餘圓	光緒十六年廢止。
田園店家徵收額	二十餘圓	（按：二十疑爲一千餘圓之誤）
歲出款		
神福宴會費	一千二百圓	三郊媽三座，每年神誕慶賀宴會一次，約四百餘圓。
僱人薪水額	一百八十餘圓	三郊先生原年金一百圓，改爲一百二十圓，局丁薪水六十圓。
開滬土費額	一百餘圓	年開港一次，由公款支銷，其有不足者，捐金充補。
生息款納利額	三百圓	海東書院借母銀二千五百圓，年應納官銜之款。
三益堂紙札茶炭額	一百餘圓	
鹿耳門普渡額	二百餘圓	
舢仔普度額	二百餘圓	
官銜應酬費	臨時捐金	原由出入港貨件捐金抽釐項下支銷，自捐金止，由臨時捐金濟用。
地方公事接濟費	臨時捐金	同上。

第四節　郊規訂立及仲裁

行郊商設郊之目的，除共謀同業間之利益外，並充爲街民自治之協議所，聘請地方有識人士裁判訴訟，或懲戒不法商人，維持風紀，或鳩資修廟，輪流主持廟宇之祭典，進而從事公益事業，凡此在在均需有一組織章程、議事章程等之規定，遂有郊規之訂立。

郊有郊規，郊規爲其自治規範，規定各種商事規約，郊員須恪守勿違，倘敢抗違，嚴以責罰。郊規內容，除有關郊員之加入、退出、除名及其他權利義務、爐主與董事之輪值、推舉及其執務準則外，尚規定各種商事規約，如關於竹筏工錢之議定、銀碇價格之決議、運費工錢之決定、買賣地區之限制，爐下生理倒號之處理，司傳之僱用與交易上之各種議定。而各郊往往有聯合組織，例如臺南三郊、鹿港八郊、臺北三郊等皆是，而此種聯合組織，其所議定之章則，各郊員均應遵守，固不待言，其效力往往及於「郊」外之商人。此外在公所內（多附於寺廟內），置有公秤、公碇、公斗、公量等，爲各行商交易秤量之標準，經其秤量，稱爲公覆，不許異議[69]。

又，今存郊規條約，多收錄於《臺灣私法第三卷附錄參考書》內之第四編第一章第三節「郊」[70]，以行郊種類言，僅有臺南三郊、臺南綢布郊、鹿港泉郊、大稻埕廈郊、澎湖臺廈郊等，餘無聞焉！以訂立時間言，率多爲日據初期所訂，其前清領時期，僅有鹿港泉郊規約一件，立於同治年間。晚近則有發現光緒年間艋舺北郊

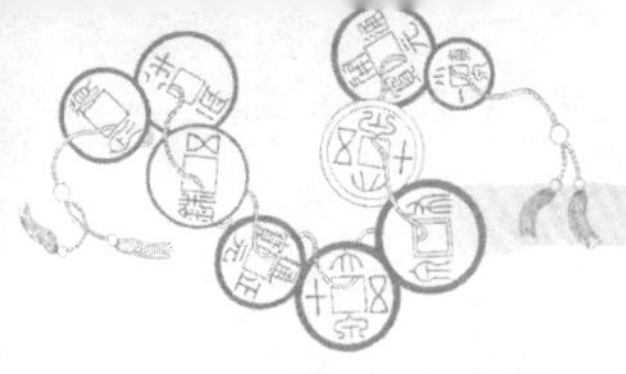

郊規一件（見**附錄一**），則似乎清代臺灣行郊未必均訂有郊規，有之，則爲晚起之事，殆因行郊初創，參加者多爲同鄉同族之人，人數不多，利益同沾，況我國商人素重然諾、守信義，僅爲口頭約定即可，不必立約訂規。其後規模日大，組織愈龐，參加者既衆，競爭轉劇，且有不守約定，故違舞弊，不能和衷克諧者，遂有訂立規約之必要，如臺南綢布郊規約云：「茲我布郊金義興，客歲孟冬議定布價，立定條規，……但布友衆多，人心不齊，時或陽奉陰違，私自削價奪客，致害大局。如是若不認眞舉約，未免功虧一簣，以廢前章。爰是再集諸君相妥議。」「只因本郊所訂諸章，係謂被欠一節起見，致不得不重新議約，以絕僥呑。……爰再集共議，由此後，我郊諸號不得帶貨到埠發售，並不得假手傭爲四處走鬻，陽奉陰違，倘有此情弊者，照前章加倍重罰。」[71]鹿港泉郊規約云：「同立合約。泉郊金長順爐下等號，爲重新規約，以杜弊竇事。竊維立綱陳紀，政令所當先，……迨乎法積久而先玩，舊章不聞，弊以巧而日滋，往制誰復？興言及此，良可嘆也！用是，咸集重新妥議，……願諸同人恪守良規，勿朝議而暮改，毋口是而心非，則郊運隆興可計日而待也。謹列條章，公諸同鑒，是爲約。」[72]大稻埕廈郊規約云：「竊謂：創始規模，原乃先志。重新整飭，出乎衆心。惟我廈郊自開闢伊始，……是以先輩議設廈郊金同順，定立條規，歷年以來，俱各照章辦理。無如年久月深，兼之去年地方匪亂，所有廈郊公事，諸多窒礙，……郊中之事幾成廢墜。推原其故，皆由不循舊規，……爰即邀集衆等，公同妥議，再定章程，約立條規，開列於左，俾得遵循。但願諸君，各宜踴躍，共襄義舉，以垂久遠勿替，云爾。」[73]是其明證。

郊有公所、田房、財產，有其代表機關，設有公戳，有獨立目的，實已具今日財團法人之性質，能獨立爲法律行爲，爲訴訟行爲。郊在實際上，對郊員，甚至對地方一般商號，具有優越地位，而官署亦承認其地位，凡關於商事之爭執，命郊予以調處，並就地方行政事務賦予相當權限。惟至後來，行郊勢力日益龐大，不僅掌握商權，且幾近成爲一變相下級行政機構，其所掌事務，上需應接官諭，下要和諧商賈情感，以事上言，如奉諭防海、攤派義民、平匪守城、組織保甲團練、捐助軍需，及地方官責成之諸公事；接下諸事，則如賑恤、修築、捐金之義行，以及調處諸商糾紛之事均是。

郊對違反郊規之爐下有裁決權與處罰權，輕則罰酒筵、分檳榔、罰燈彩、罰戲，重者開除郊籍，嚴重者送官究辦。郊之處罰，稱之公罰，其處罰乃基於其自治規範，故官署亦予承認。郊所調處案件，主要者爲爐下間、爐下對其交易之商號間之爭執，如《澎湖廳志》云：「臺廈郊設有公所，逐年爐主輪值，以支應公事。遇有帳條爭議，必齊赴公所，請值年爐主及郊中之老成曉事者，評斷曲直，亦省事之大端也。」[74]其規約亦訂有「凡值當爐主之人，各專責成辦理。凡鄉村有帳目不直相投，爲其論理解勸了事」[75]。此外有時爐下間交易以外之爭執，或對郊外商號有交易以外之爭執，甚至郊外商行之商事爭執，民間一般民事爭執，郊亦加以調處。茲以後臺南三郊調處程序爲例，以作說明[76]：

凡爭執者，如同意前往三郊聽其調處，則向局丁具陳案情，各當事人陳述自己主張，由局丁轉達於爐主，爐主邀集老成曉事之爐下若干人，聽雙方主張，秉公調停。倘衹一方當事人前往三郊，申請調處時，爐主可命另一方到公所聽處，但不得加以強制，因須雙方到齊，甘願息訟，方能執行調處。有時官署亦命兩造前往三郊，聽其調處。此時，兩造非前往三郊不可，任何一造不到，或不聽調處者，官署即斷該造爲敗訴，而加以收管。

調處人聽兩造主張，審查事實後，加以評斷。原則上應滿足直者一方之要求，但有時因損害輕微，或不能以金錢估價時，則罰戲、分檳榔、罰燈彩等。調處原無絕對拘束力，受調處人可以再爭較或告官，但就實際言，再爭較或告官者少。至於三郊奉官命加以調處者，兩造例不許再告官，縱再告官，官亦不予受理。

第五節　組織結構之檢討

一般而言，領導權力之使用，組織形態之特性，工作目標之性質，在在影響組織結構。就組織形態言，行郊兼具有業緣性、地緣性、宗教性與血緣性，可謂爲一商業公會、同鄉會、神明會、宗親會之綜合體，頗爲複雜矛盾，從而影響組織結構，如領導形態、授權模式、層級節制體系或溝通之層級、法令規章制度，乃至於人員組成結構與素質、管理階層之專業素養等等。

以領導形態暨授權模式言，行郊置有爐主、董事統閤郊事務，其領導權威則經由神祇之選擇（擲筶）而來；其領導權力之基礎來源，乃全體郊員所託付；其影響力則端視爐主董事自身之能力聲望是否妥洽衆望而決定；至於其職務權責重大，須事上接下，似乎頗能符合領導功能所要求之：協調、團結、激勵、計劃、授權、指導、溝通、考核、公共關係等。

以層級體系及溝通協調言，郊中設有爐主、董事、籤首、稿師（郊書）、大斫、局丁等層級，各有其分工權責。爐主董事爲郊之代表，需常「公議」、「問衆」，領承衆爐下之決議以行事，不得專擅；平時則執掌郊中諸事，調解商事爭執，遇有大事則臨時召集衆郊員討論，並於每年大祭典日衆郊員可聚餐共議，推舉董事，筶擇爐主等。

以法令規章制度言，郊有郊規，郊規爲其自治規範，郊規內容，除有關郊員之加入、退出、除名，及其他權利義務、爐主董事之輪值推舉，及其執務準則外，尙規定各種商事規約。其所議定章則，郊員須恪守勿違，倘敢抗違，嚴以責罰。

以人員組成結構與素質言，郊戶多爲同籍同宗之人，藉財力與神權統治同業，是以行郊兼有地緣性、宗教性與業緣性，換言之具有神權主義（宗教）、鄉黨主義（同鄉）、操縱市場（同業）之特色，於是乎其優點在組織強固密切，行動一致，但其流弊則不免安於現狀，墨守成規，作風保守，成爲改良進步之妨害。

綜上述而論，除管理階層之專業素養，恐稍有未逮外，則似乎

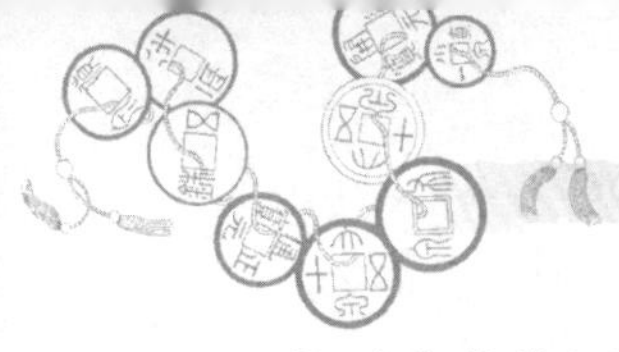

行郊組織具有完整法規制度、層級節制體系、獎罰制度、永業化、專業化等組織特性，其組織結構應相當完美理想，而揆之實際則恐怕不然。

行郊之爐主董事，職權繁重，責任艱巨，非幹練之才，雄資巨富者，常人何敢擔當應接，久之不免爲一二大行商所把持，衆人易滋生不滿情緒，馴至造成權力鬥爭。而郊中諸事平時由爐主董事裁決，遇有大事則集衆公議。所謂「裁決」之標準何在，「大事」之認定爲何，端視自由心證，則不免受本身因素（如價值觀念、理念趨向、心胸寬狹、認知差異、目標異同、能力高低、道德矛盾等）、外在因素（如工作環境、地位體系、角色衝突等）之影響，易有求神問卦、訴諸權威、直覺判斷等非理性決定，降低領導效率，倘有私心，決策偏歧，調處不公，則衆人不服，故每有集議，「推諉不前，到館緘默，背後生議」，寖假「舞弊奸巧，廢墜郊規，貽害公事」，況會議之「大事」，殆多抽分課稅、攤派捐輸之事，衆郊員更是「推諉不納」，致使値東爐主，遇事墊費，屢有虧損，遂乃藉口挨延，拒接値東。

行商組織「郊」，純爲自發性，官府放任不管，未加以干涉或輔導，故商戶入郊並未受到強制，不加入，自是不受郊規之約束。而行商加入，固然須遵守郊規，然違規結果，亦不過罰酒筵、分檳榔、罰燈彩，及罰戲，重者開除郊籍。雖云開除後，郊中規定同盟絕交，衆郊員不得與該號往來交易，事實上衆郊員不可能皆執行遵奉，況行郊未擁有壟斷市場之經濟統制權，退名開除之郊號，生理雖受影響，尙不至於倒閉歇業，從此無法經營，甚且可能不擇手段，打擊原來郊行。換言之，郊員若不認眞遵守郊規，陽奉陰違，鑽取郊規漏洞，行郊亦無可奈何，年深月久，弊竇叢生，郊員離心，不能克諧和衷，致使組織散漫癱瘓。

綜括上述，行郊組織結構有下列數項缺憾：(1)層級化程度不大。(2)權力並無強制性。(3)政策之決定，表面上由全體郊員集議，實則易走上寡頭形態，致使決策權集中少數人之手。似此簡陋之組織結構，欲求其發揮組織功能，進而發展組織，堪稱因難，時日一久，組織必趨向老化僵硬。行郊之沒落式微，其內在因素——組織結構不健全，過於簡陋，不能隨政治、社會、經濟環境之變遷，而改變適應，設法達成組織目標與任務，行郊之成爲外力衝擊下，成爲新企業下之傳統犧牲品，乃是必然結果[77]。

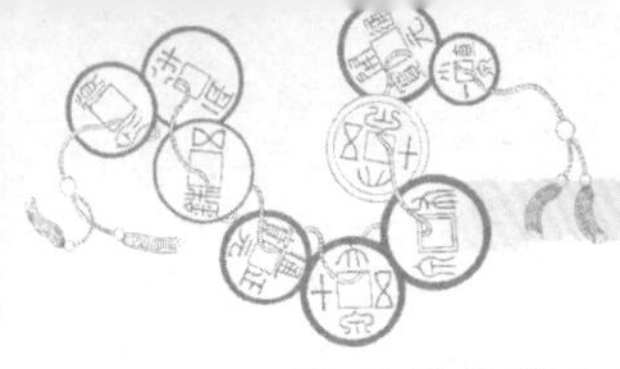

註釋

❶參見《臨時臺灣舊慣調查會第一部調查第三回報告書》之《臺灣私法第三卷》上卷第四編第一章第三節第三款「郊之組織」，頁一六二，日明治四十四年一月印行。

❷陳培桂，《淡水廳志》卷十一〈風俗考・商賈〉條，頁二九九（臺銀文叢第一七二種）。

❸詳見《臺灣私法商事編》第一冊第一章第二節所收「鹿港泉郊郊規」，頁二四（臺銀文叢第九一種）。

❹同前註前引書所收之「澎湖臺廈郊郊規」，頁三三。

❺同前註。

❻同前註。

❼詳見《臺灣私法物權編》第八冊第四章第四節所收之「塹郊中抽分社之條規」，頁一四四九（臺銀文叢第一五〇種）。

❽同註❸前引書所收之〈臺南三郊之組織、事業及沿革〉，頁一一～一七。

❾同註❸前引書所收之「大稻埕廈郊郊規」，頁三十。

❿同註❽前引文，頁一六。

⓫同註❸。

⓬同註❽。

⓭同註❸。

⓮同註❾。

⓯同註❸。

⓰石萬壽，〈臺南府城的行郊特產點心〉，《臺灣文獻》卅一卷四期，頁七七，民國六十九年十二月。按此說承黃師典權賜告有待商榷，「規定」云云，殆為不成文之習慣，蓋有職銜者便於與官府交涉應酬，況三郊有一套頂戴，董事可穿著見官。

⓱同註❸。

⓲同註❽。

⓳同前註。

⓴詳見《淡新檔案選集行政編初集》第一冊所收第六三號案卷「新竹知縣方，飭郊戶金長和、郊書吳士敬選舉夫首」，頁七〇（臺銀文叢第二九五種）。

㉑同註❽。

㉒顏興，〈臺灣商業的由來與三郊〉，《臺南文化》第三卷四期，頁一四，民國四十三年四月出版。

㉓同註⓴。

㉔同註❽。

㉕林豪，《澎湖廳志》卷九〈風俗・服習〉，頁三〇六（臺銀文叢第一六四種）。

㉖同註❾。

㉗張炳楠，〈鹿港開港史〉，《臺灣文獻》第十九卷一期，頁三八，民國五十七年三月出版。

㉘同註❽。

㉙同註❸。

㉚同註❾。

㉛同註❸。

㉜同註❸。

㉝同註❽。

㉞同註❸。

㉟同註❸。

㊱同註❸前引書，〈臺南綢布郊金義興郊規〉，頁十八～十九。

㊲同註❸。

㊳同註❽。

㊴同註❸。

㊵同註❼。

㊶同註❽。

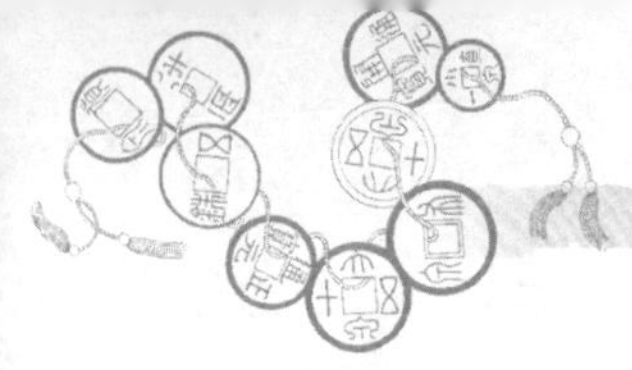

㊷同註❾。

㊸同註❶前引書，頁一六七。

㊹同註❷前引書，卷五〈學校志・書院〉之「學海書院租息」條，頁一四〇。

㊺同註❷前引書，卷四〈賦役志・卹政〉「育嬰堂」條，頁一一六。

㊻詳見臨時臺灣舊慣調查會編印之《臨時臺灣舊慣調查會第二部調查經濟資料報告下卷》所收之「鹿港泉郊會館規約」，頁三〇〇～三〇一，日明治三十八年（光緒三十一年，西元一九〇五年）印行。

㊼同註❸。

㊽同註❽。

㊾同註❸。

㊿同註❽。

51同註❾。

52同註❹。

53同註❼。

54同註❽。

55同註❽。

56同註❸。

57同註❽。

58同註㊻。

59同註㊱。

60詳見《新竹縣制度考》所收之「北門外長和宮、水仙王宮香油銀」案卷，頁一一二（臺銀文叢第一〇一種）。

61詳見註❸前引書，所收之〈臺南香燭郊芳義和之緣簿〉（内含郊規），頁二〇～二三。

62同註❾。

63同註❽。

64同註❾。

65同註❼。

(66)同註㊻。

(67)同註❼。

(68)《臨時臺灣舊慣調查會第一部調查第三回報告書》之《臺灣私法附錄參考書》第三卷上，頁五三，日明治四十三年十一月。

(69)參見前註前引書所收錄之諸郊規。

(70)同前註。

(71)同註㊱。

(72)同註❸。

(73)同註❾。

(74)同註㉕。

(75)同註❹。

(76)詳見註❶前引書，頁一七三～一七四。

(77)本節中有關「組織結構」、「組織功能」、「組織發展」等等觀念，參考自：一、彭剛力，〈組織發展的面面觀〉，《幼獅月刊》第三七九期，頁五六～六十，民國七十三年七月出版。二、《行政學概要精要》，臺北，必成出版社，民國七十三年出版，茲為節省篇幅，不另行一一分註。

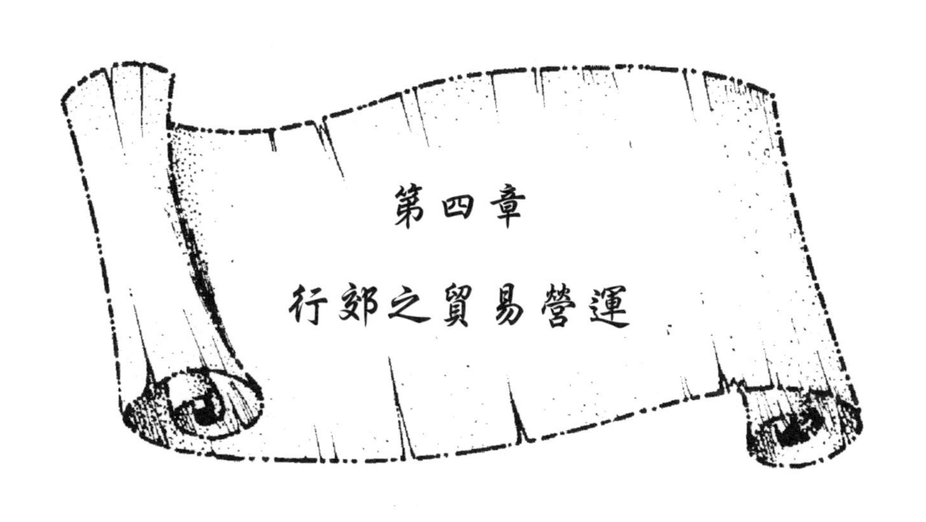

第四章

行郊之貿易營運

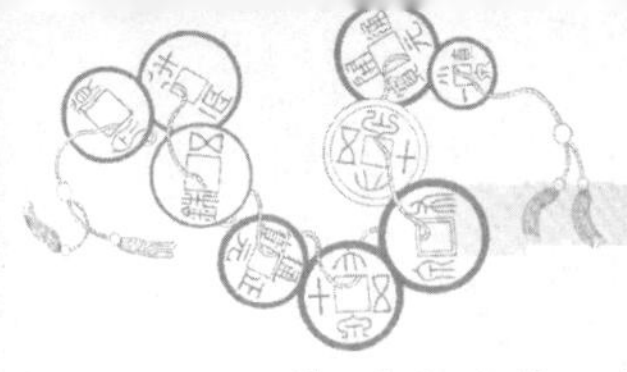

第一節　貿易地區及販售貨品

康熙末年，臺灣開發已有相當成果，戶口激增，墾地日廣，移民之生產能力暨消費需求均已大量提高，工商百業隨之蔚起，自給式之經濟形態已無法滿足民衆需要，於是有郊行以從事販運。此商業集團以其販運地區之不同而分爲三類：從事臺灣與上海、寧波、天津、煙臺、牛莊等處之貿易者，稱北郊，以其在臺灣（或謂上海）之北；販運金門、廈門、漳州、泉州、香港、汕頭、南澳等處者，稱南郊，以其在臺灣（或謂上海）之南；在臺灣各口岸間來往採糴者，稱港郊。其中專事對泉州貿易者稱泉郊，對廈門貿易者稱廈郊，澎湖媽宮之行郊因來往臺灣、廈門，獨稱臺廈郊。

臺灣經濟之發展，深受土地資源及地理環境影響。以地理環境言，臺灣孤峙海中，國人移民臺灣有賴舟楫交通；在開發程序上，先以河口港岸爲主，再沿河岸向兩旁發展，復因河川縱橫，地區間多阻隔，陸路交通反較水路不便。以土地資源言，生產以農業爲主，可爲交易之貨不多，有賴大陸支援，故形成一區域分工，爲典型海島經濟。而臺灣港汊紛歧，各口岸殆皆可從事販運，是以修於康熙五十六年（1717）之《諸羅縣志》云其時之各港岸之貿易情形：猴樹港「商船輳集，載五穀貨物」，笨港「商船輳集，載五穀貨物」，笨港「商船輳集，載五穀貨物」，海豐港「商船到此，載脂麻粟豆」，三林港「商船到此，載脂麻粟豆」，鹿仔港「商船到此，載脂麻粟豆」，其他如崩山港、後壠港、中港、竹塹港、淡水港、東港、鹹水港、汫水港、茅尾港、麻豆港、灣港、竿寮港、直內弄港、西港仔港、含西港等等均有商舶販運往來[1]，遍及臺島南北。商船之販貨，率多土產，以米、糖及染料爲大宗，《續修臺灣縣志》記：

> 貨：糖爲最，油次之。糖出於蔗，油出於落花生，其渣粕且厚值。商船賈販，以是二者爲重利。靛菁盛產而佳，薯榔肥大如芋魁，故皀布甲於天下。水藤出內山，長條遠蔓跨山嶺，採者得一莖，窮其本，即可數百觔。麋鹿、獐皮皆邑產，今少有焉。[2]

《續修臺灣縣志》修於嘉慶十二年（1807），其前後之臺灣諸方志所記販運貨屬，雖略有增刪，亦不外乎上引諸項，是知販運多農業土產。而商船輸入之貨品，有大陸各地土產，則以民生用品爲主，《赤嵌筆談》云：

> 海船多漳、泉商賈，貿易於漳州，則載絲線、漳紗、翦絨、紙料、煙、布、草席、磚瓦、小杉料、鼎鐺、雨傘、柑、柚、青果、橘餅、柿餅。泉州則載磁器、紙張。興化則載杉板、磚瓦。福州則載大小杉料、乾筍、香菇。建寧則載茶。回時載米、麥、菽豆、黑白糖、餳、番薯，鹿肉，售于廈門諸海口，或載糖、靛、魚翅，至上海小艇撥運姑蘇行市，船回則載布匹、紗緞、枲棉、涼暖帽子、牛油、金腿、包酒、惠泉酒。至

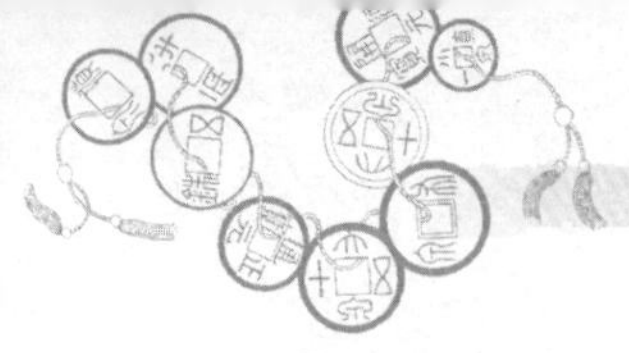

浙江則載綾羅、綿綢、縐紗、湖帕、絨線。寧波則載棉花、草蓆。至山東販賣粗細碗碟、杉枋、糖、紙、胡椒、蘇木；回日載白蠟、紫草、藥材、蠶綢、麥、豆、鹽、肉、紅棗、核桃、柿餅。關東販賣烏茶、黃茶、綢緞、布匹、碗、紙、糖、麵、胡椒、蘇木；回日則載藥材、瓜子、松子、榛子、海參、銀魚、蟶乾。海壖彈丸，商旅輻輳，器物流通，實有資於內地。[3]

惟上述多為早期事實，流衍至後，自是略有變化，況臺灣各地郊行林立，成立時間不一，規模大小參差，端視市場發展程度與市場類型而定，故其貿易地區及販售種類又有不同。

以臺南言：

臺南地區古名臺灣縣，開闢最早，清領臺後，鹿耳門為臺灣與大陸交通唯一正口，赴大陸貿易之船隻皆須取道鹿耳門，商業繁盛，雍正年間遂發展成立大商業團體，即著名之臺南三郊，嗣後道光年間復有其他行郊成立，一時種類繁多，冠稱全臺，惟大別之，可分為臺南三郊與諸貨郊，蓋其餘諸郊皆由同業商人組成，規模較小，如藥郊、絲線郊、布郊、碗郊等，顧名思義，即知其販售貨品種類。諸郊中以三郊為各商之長，北郊以糖為主，交易之地如天津、寧波、上海、煙臺、牛莊等處。南郊以油、米、什貨為主，交易之地如金廈兩島、漳泉二州、香港、汕頭、南澳等處。港郊採糴臺灣各港之貨物，以備內地之配運[4]。三郊輸出貨品稱「重儎」，輸入貨品稱「輕儎」，玆將三郊輸出入貨品臚列於**表4-1**，以明梗概[5]。

表4-1　臺南三郊輸出入貨品表

配運輕儎、重儎什貨如下：重儎者自臺灣出港，輕儎者自大陸出港

北郊輸出重儎	輸入輕儎	南郊輸出重儎	輸入輕儎	港郊輸出重儎	輸入輕儎
白糖	寧波綢緞	苧	漳州生原煙	漳州豆粩	豆粩
福肉	上海縐紗	豆	泉州棉布	泉州豆粩	豆粩
薑黃	蘇杭絲帶	痲	龍岩州紙類	紙（本地）	紙（嘉義）
樟腦	四川藥材	菁子	福州杉木	米（本地）	米
	浙紹簸貨	米	香港洋布什貨	青糖（本地行郊）	青糖
	中莊膏藥、火腿	筍乾	廈門藥材磁器	筍乾（香港）	筍乾
	江西紡葛	青糖	永寧葛布	菁子（泉州）	菁子
	寧波紫花布	魚膠	汀州條絲煙	麥（本地）	麥
	上海哖羽	魚翅膠	漳州絲線		痲
	香港大、小塗	豆粩	深滬鹽魚		
	天津棉花什物		浦南什貨		
			香港哖羽		
			廣東什貨		
			泉州磚瓦石		

以笨港言：

笨港位居臺南之北，相傳明天啓二年（1622）漳人顏思齊曾率衆入墾築寨。清康雍年間，笨港因地當笨港溪口（或稱三疊溪、山疊溪，即今北港溪），具有對泉、廈、福州及臺灣西岸南北各地貿易條件，此後隨周緣墾殖之發展，擁有廣袤腹地，於是商業興盛，大小船舶輻輳，百貨駢闐，貿易之盛爲雲邑冠，俗稱小臺灣[6]，其

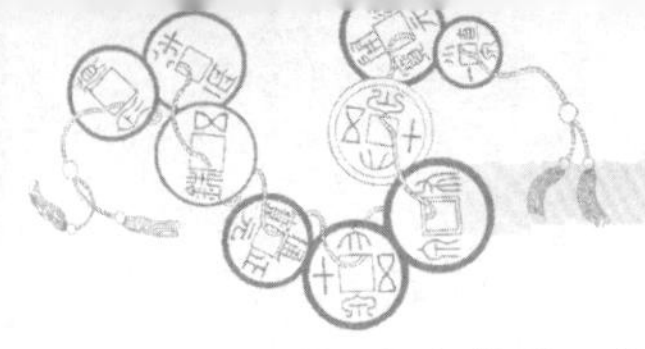

繁榮曾一度淩駕鹿港，而有「一府二笨三艋舺」之美稱。惟後來經乾隆十五年（1750）笨港溪氾濫，分笨港街市爲南街（後稱新港街）與北街（後稱北港街），嗣後續有嘉慶八年（1803）、咸豐七年（1857）之洪水氾濫，北港溪改道，致使街衢屢被河道截斷侵蝕，失去港口機能而中衰。

笨港郊行林立，廛市毗連，歷年之行郊有布郊、籤郊、杉郊、貨郊、笨南北港糖郊、其中以笨港三郊（泉郊金石順、廈郊金正順、龍江郊金晉順）最爲出名。笨港諸郊至光緒二十年（1894）猶未衰微，倪贊元《雲林縣采訪冊》〈大槺榔東堡〉「街市」條曰：

> 北港街：即笨港，因在港之北，故名北港。東、西、南、北共分八街，煙户七千餘家。郊行林立，廛市毗連。金、廈、南澳、安邊、澎湖商船常由内地載運布疋、洋油、雜貨、花金等項出港銷售，轉販米石、芝麻、青糖、白豆出口。又有竹筏爲洋商載運樟腦前赴安平，轉載輪船運往香港等處。百物駢集，六時成市，貿易之盛，爲雲邑冠，俗人呼爲小臺灣焉。[7]

同書〈海豐堡〉「海豐港」條云：「港口水深丈餘，商船每於此避風寄椗……交易則赴北港，以麥藔無大郊行故也。」[8]既無大郊行，則應有零散之小郊行，其「物產」項言芝麻「多黑色，可作油、醬。金、廈、南澳商船每來販運」[9]。是知貿易不盛，以北港爲主。斗六街亦有布郊、米郊、藥郊、 籤郊等，同書〈斗六堡〉「商賈」條曰：「採貨販賣，多自鹿、笨二港來。斗六街貨物甲於他堡者，前惟紙錢、紙銀一項，現縣城移駐是間，四處風從，萬商雲集，頓改舊觀。」[10]其〈物產〉項「貨之屬」有「糖（有黃、白二種，又有冰糖）、苧（內地多購以織夏布，其用甚廣）、蔴（資繩索等用）、銀紙、筍乾（即蔴竹筍曬乾）、福圓（即龍眼乾）、粗紙、火炭」等[11]。

以鹿港言：

鹿港原名鹿仔港，居臺灣南北之中，與府城、艋舺共扼臺灣北中南三個出入口脈，其地理位置正對峙福建泉州之蚶江，腹地囊括大肚、西螺二溪間之大小城鎮市場，故自昔發達甚早，康熙五十六年（1717）前已有商船到港載運脂蔴粟豆，雍乾年間街市逐漸形成，爲水陸碼頭，穀米聚處。惟時鹿港尙屬島內港口，不能直接與大陸貿易，船隻必取道臺南鹿耳門，極不經濟，遂有不少商船不顧禁令，直接往返廈門與鹿港，販運米穀贏利。乾隆四十九年（1784）乃正式開港，與福建之晉江縣蚶江口對渡，從此成爲臺灣中路要津，舟車輻輳，貿易發達，嘉道年間盛極一時，有「一府二鹿三艋舺」之稱。島內貿易地區囊括南北，鹿港俚諺「頂到通霄（今苗栗通霄），下到琅璠（今屛東恒春）」，即其寫照。

鹿港行郊素有八郊之稱，即泉郊金長順、廈郊金振順、布郊金振萬、糖郊金永興、簸郊金長興、油郊金洪福、染郊金合順、南郊金進益。對渡於泉州之蚶江、深滬、獺窟、崇武者曰「泉郊」；斜對渡於廈門者，曰「廈郊」[12]；「南郊」則往來廣東之汕頭、澳門、香港、蔗林等處[13]。道光五年（1825）運米北上，赴天津糶濟民食，嗣後才遠及天津、錦州、蓋州，擴大貿易範圍，《彰化縣志》云：

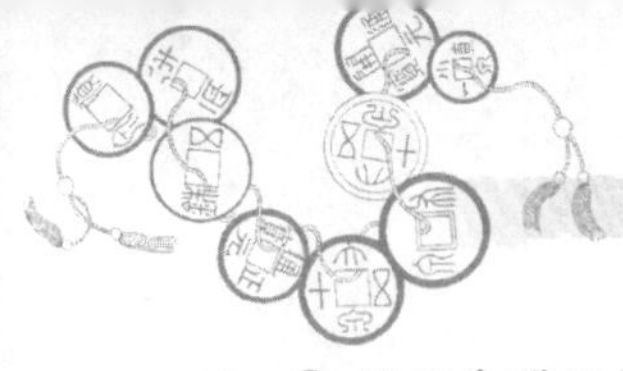

> 鹿港向無北郊，船户販糖者，僅到寧波、上海，其到天津尚少。道光五年，天津歲歉，督撫令臺灣船户運米北上。是時鹿港泉、廈郊商船，赴天津甚夥，叨蒙皇上天恩，賞賚有差。近年四五月時，船之北上天津及錦蓋諸州者漸多。[14]

其販貨，以米、糖、粟、油爲主，種類約有「糖、冰糖、油（有芝麻、菜子、落花生、草麻油數種），籸（油之糟粕也，用以糞田）、藤、麴、紵、麻、炭、灰、茶、薯粉、鹿肉脯、麂腿、鹿皮、獐皮」等[15]，若澎湖船「則來載醃鹹海味，往運米油地瓜而已」[16]。《彰化縣志》稱：

> 鹿港泉、廈商船向止運儎米、糖、籸、油、雜子，到蚶江、廈門而已。近有深滬、獺窟小船來鹿者，即就鹿港販買米、麥、牛骨等物，儎往廣東、澳門、蔗林等處。回時採買廣東雜貨、鰱、草魚苗來鹿者，名曰南船。[17]

茲據張炳楠先生〈鹿港開港史〉，將鹿港行郊貿易情況製表如**表4-2**[18]。

以新竹言：

新竹古名竹塹，清乾嘉年間，竹塹附近漸次由閩粵人士拓墾，形成街市村莊。墾殖有成，人口增長，需求遂多，商人隨之日增，貿易商業趨於繁榮，道光初年乃有「塹郊金長和」之成立。咸同以還，墾務政務，蒸蒸日上，區域開拓，發展至速，塹郊亦發達壯大，積極參與地方事務。光緒年間，因對外交通之竹塹港、香山

表4-2　鹿港八郊貿易表

郊名	所屬商號數	貿易地區及貨品種類
泉郊	道咸年間最盛達200家，清末約100家。	與蚶江、深滬、獺窟、崇武對渡，從事泉州地區貿易，大宗的進口貨有石材、木材、絲布、白布、藥材。
廈郊	約100家	與廈門、金門、漳州地區貿易，出口較多，有的兼營布郊、糖郊、染郊。
南郊	約100家	與廣東、澎湖等地貿易，多輸入鹹魚類。
簸郊		從事日用雜貨。
油郊	40~50家	輸出花生油、麻油。
糖郊	18家	輸出糖，道光四年後遠達天津、上海等處，然不及臺南北郊多
布郊	70~80家	輸入捆布
染郊	30~40家	

港、紅毛港，三港淤塞，航運不便，商業迅即萎縮衰退，塹郊隨之沒落。

新竹行郊又稱「塹郊」、「金長和郊」，或簡稱「長和郊」，爲水郊之一類，光緒廿四年（1898）修之《新竹縣志初稿》載：

> 商賈：行貨曰商，居貨曰賈。貨之大者，以布帛、油、米爲最、次糖、菁，又次麻、豆。内山則以樟腦、茶葉爲最，次苧及枋料，又次茄藤、薯榔、通草、粗麻之屬，以上各件，皆屬土產，擇地所宜，僱船裝販。……近則運於福、漳、泉、廈，遠則寧波、上海、乍浦、天津以及汕頭、香港各地，往來貿

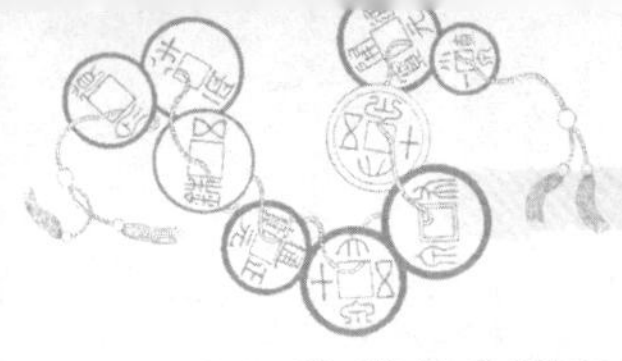

易。[19]

其附近之樹杞林物產亦由新竹轉口運出，《樹杞林志》記：

樹杞林堡爲新竹轄地，無港口往來船隻，故無郊。然該地所出之栳、茶、米、糖、豆、麻、苧、菁等項，商人擇地所宜，雇工裝販，由新竹配船運大陸者甚夥，運諸各國者亦復不少。布帛、雜貨則自福州、泉、廈返配，甚至有遠至寧波、上海、乍浦、天津、廣東，亦爲梯航之所及者。……惟樟腦、茄藤、薯榔、通草、藤、苧等件，樹杞林堡離山未遠，故此物最盛，各商販若遇價昂，爭相貿易。[20]

光復後新修之《臺灣省新竹縣志》所記略有出入，志言竹塹港之貿易地區係大陸對岸各地，以泉州爲第一，福州、廈門、溫州次之；主要輸出品爲苧麻、水產物、綿織物；輸入品爲苧麻布、黃麻布、紙箔、陶器、木材等。咸豐四年（1854）後，行郊多設棧於此，船舶往來日見增加，該港開發日見興盛，其貿易地區自對岸各地，擴及天津、牛莊，更進而至日本、朝鮮、呂宋、暹羅[21]。續敘紅毛港，則謂咸豐十一年（1861）於該港設釐金卡，徵收釐金。該港出口貨，以樟腦、米穀、茶葉爲主，入口貨爲棉花、布匹、酒類、陶器、木材、石材、獸骨等，多由對岸及中南部輸入，供應竹北二堡、中壢等地[22]。

要之，新竹行郊以竹塹港（又名舊港）爲進出口，與泉州貿易特盛，輸出苧麻、米、糖等，輸進苧布、棉布、陶器、鐵器、紙張

表4-3　新竹行郊貿易表

貿易地區	輸出貨品	輸入貨品
泉州（爲主）	布帛、油	苧麻布
福州、漳州	米、糖、菁	黃麻布
廈門、香港	麻、豆、苧	紙箔、陶器
寧波、上海	樟腦、茶葉	木材、棉花
乍浦、汕頭	枋料、茄藤	布匹、酒類
天津、牛莊	薯榔、通草	石材、鐵器
廣東	粗麻	紙張、獸骨
日本、朝鮮	水產物	
呂宋、暹羅	綿織物	

等。茲綜合上述，製表如**表4-3**。

以臺北言：

臺北之郊，以艋舺創立爲最早，其初與新莊合稱，有新艋泉郊金進順，嗣因淡水河淤淺，船隻來往不便，新莊隨之沒落，商業中心移轉至艋舺。艋舺行郊，先有泉郊，繼有北郊，迨咸豐年間，大稻埕建街後，廈郊隨之復興，合稱爲「淡水三郊」。嗣後鹿（港）郊及香港郊（別稱南郊）相繼成立，合稱臺北五郊。艋舺之泉郊公號金晉順，北郊稱金萬利，大稻埕之廈郊稱金同順。香港郊與廈郊後來合併，稱爲香廈郊。

臺北三郊之貿易情形，據同治十年（1871）之《淡水廳志》〈風俗考〉記：

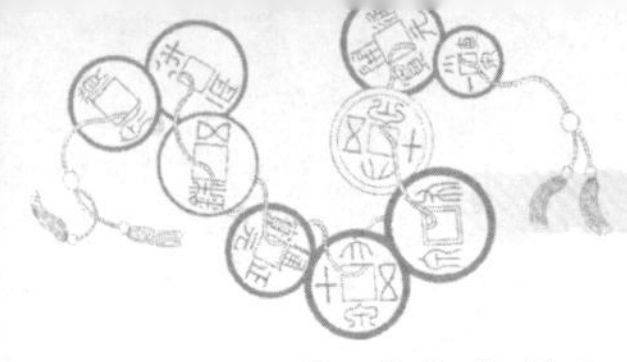

> 估客輳集，以淡水爲臺郡第一。貨之大者，莫如油、米，次麻、豆，次糖、菁。至樟栳、茄藤、薯榔、通草、藤、苧之屬，多出內山；茶葉、樟腦，又惟內港有之。商人擇地所宜，僱船裝販，近則福州、漳、泉、廈門，遠則寧波、上海、乍浦、天津以及廣東，凡港路可通，爭相貿易。……有郊户焉，或贌船，或自置船，赴福州江浙者，曰北郊；赴泉州者曰泉郊，亦稱頂郊；赴廈門者曰廈郊，統稱爲三郊。……其船往天津、錦州、蓋州，又曰「大北」，上海、寧波曰「小北」。[23]

光復後新修之《臺北市志》又記：泉郊係以對閩省泉州之貿易爲主，出口貨以大菁、米、苧麻、糖、木材等爲主，入口以金銀紙、布帛、陶瓷器、鹹魚、磚石爲大宗。北郊轉運貨物，出口概以大菁、苧麻、樟腦及木材類等爲大宗，而進口則多爲布帛、綢緞類[24]。廈郊則未明言，以理測之，亦不外乎油、米、糖、菁、茶葉、樟腦等之輸出轉運。茲據上述，綜合製表如**表4-4**。

以宜蘭言：

宜蘭昔名噶瑪蘭，在臺灣東北，地最荒遠，社番所居，不通中國，故記載均未及之。自嘉慶年間，引入版圖，建城設汛，文武分職，政體所關，次第修舉，土田日闢，商賈日集，使甌脫之地，漸有都會之景觀。

噶瑪蘭開發雖遲，與大陸口岸之貿易亦相當發達，通商港口以烏石港、蘇澳港爲主，在道光六年（1826）正式開設爲正口前，每年春末夏初，南風當令之時，有臺屬之鹿港、大安、八里坌、雞籠

表4-4　臺北三郊貿易表

郊名	貿易情形
泉郊（又名頂郊）金晉順	以泉州貿易爲主。出口貨以大菁、米、苧麻、糖、木材爲主；入口以金銀紙、布帛、陶瓷器、鹹魚、磚石爲大宗。
北郊金萬利	往天津、錦州、蓋州的船，曰「大北」；往上海、寧波，曰「小北」。出口以大菁、苧麻、樟腦、木材等類爲大宗；進口多爲布帛、綢緞之類。
廈郊（又稱下郊）金同順	赴廈門貿易。初成立於艋舺，咸豐三年「頂下郊拼」（即頂郊與下郊彼此分類械鬥）後，下郊失敗，遷移大稻埕，同光年間成爲最重要的郊。出口可能爲油、米、糖、菁、茶葉、樟腦等。

等處小船，載民間日用百貨，進港貿易。並有內地之祥芝、獺窟、永寧、深滬等澳採捕漁舟，入口售賣鹹魚、魚脯，換載食米回內，其船每隻僅可裝米二、三百石[25]。或每年三月杪至八、九月，常有興化、惠安漁船，遭風到口，前來寄碇，散賣鹽觔，返載噶瑪蘭米穀。自設官招商後，一面疏通土產米穀，一面順載日用貨物，於噶瑪蘭之加速發展，大有裨益[26]。

噶瑪蘭行郊因文獻缺略，組織不詳，規模不大，郊行生意反以店口零售爲主，兼售彩帛、乾果雜貨，「揆厥所由，淡、蘭米不用行棧，蘇、浙、廣貨，南北流通，故水客行口多兼雜色生理」[27]。至於其貿易情形，《噶瑪蘭廳志》記：

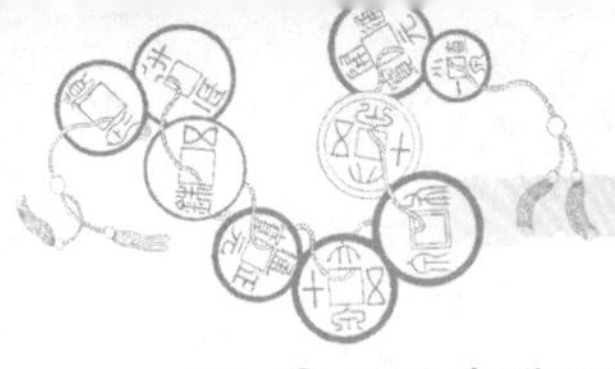

蘭中惟出稻穀，次則白苧，其餘食貨百物，多取於漳、泉。絲羅綾緞，則資於江、浙。每春夏間，南風盛發，兩晝夜舟可抵浙之四明、鎮海、乍浦，蘇之上海。惟售番鏹，不裝回貨。至末幫近冬，北風將起，始到蘇裝載綢匹、羊皮、雜貨，率以爲恒。一年只一二次到漳、泉、福州，亦必先探望價值，兼運白苧，方肯西渡福州，則惟售現銀。其漳泉來貨，飲食則乾果、麥、豆，雜具則磁器、金楮，名輕船貨。有洋銀來赴糴者，名曰現封，多出自晉、惠一帶小漁船者。蓋內地小漁船，南風不宜於打網，雖價載無多，亦樂赴蘭，以圖北上也。其南洋則惟冬天至廣東、澳門，裝賣樟腦，販歸雜色洋貨，一年只一度耳。[28]

同書〈物產〉續詳記之：

海船多漳、泉商賈，而泉尤多於漳。貿易於漳，則載絲線、漳紗、翦絨、紙料、煙、布、蓆草，磚瓦、小杉料、鼎鐺、雨傘、柑、柚、青果、橘餅、柿餅。泉則載磁器、紙張。興化則載杉板、磚瓦。福州則載大小杉料、乾筍、香菇。廈門諸海口或載糖、靛、魚翅、海參。至上海小艇，撥運姑蘇行市，船回則載布匹、紗緞、枲棉、涼暖帽子。至浙江則載綾羅、棉綢、縐紗、湖帕、絨帽、紹酒、蘭腿。寧波則載棉花、草蓆。大抵內地每三、四月南風盛發，則大小各船入蘭販米，爭至各港。至九月北風漸起，則皆內渡。因此歲有半載，商旅輻輳，則蘭雖彈丸，而器物流通，實有資於北艇也。[29]

所謂北艇，即北船，蘭地俗別商船，凡往江、浙、福州者，曰北船，而蘭地郊商船戶，年遇五、六月南風盛發時往江、浙販賣米石，名曰「上北」，又其所云北船，惟至江、浙而已，概屬「小北」，非如府城之「天津船」，遠達天津、錦州、蓋州[30]。往廣東者曰南船，復有蚶江、祥芝、古浮小船來港，即就港內販載米石、樟腦，運到廣東、澳門、柘林諸處，回時採買廣貨、鏈、草魚苗來港者，亦名南船，然歲亦僅一至而已[31]。往漳、泉、惠、廈者，曰唐山船。

總之，噶瑪蘭郊行貿易地區以閩、江、浙、廣爲主，輸出多爲米穀、油籾、麻苧、樟腦，輸入以民間消費之布帛、器物等日用品爲大宗，茲表列如**表4-5**，以明詳細。

以澎湖言：

澎湖爲海上偏陬，舊附於臺灣府臺灣縣，土性斥鹵，不植五穀，民鮮蓋藏，乃窮荒之島。惟因地理位置優越，四面距海，無所不通，爲臺廈中流鎖鑰，作漳泉之外捍。歷年既久，居民日以熙攘，海隅漸以式廓，而時既昇平，海疆富庶，宦賈臺灣者相望，往來之艘，皆泊澎湖。況守土者又曲意加惠商人，招致其來，以裕民用，故舟楫紛來，商賈輻輳。

澎湖之郊名臺廈郊，廈郊公號金長順、臺郊公號金利順，以通商臺廈爲主，《澎湖廳志》載：

街中商賈，整船販運者，謂之臺廈郊。設有公所，逐年爐主輪值，以支應公事。……然郊商仍開舖面，所賣貨物，自五穀布

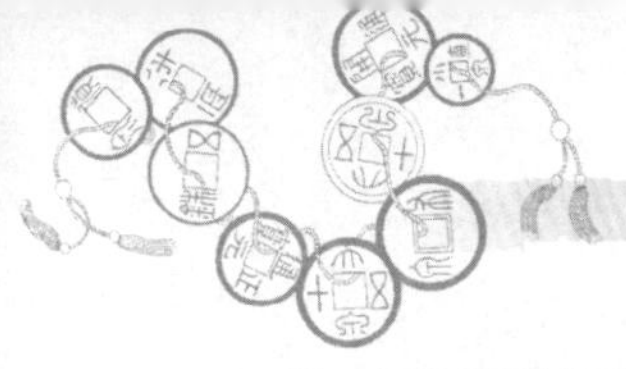

表4-5　宜蘭行郊貿易表

貿易省區	貿易地點	貿易貨品
福建	泉州、漳州、福州、廈門、興化（莆田）	輸出：米穀、油粈、白苧、麻苧、桔子 輸入：絲絨、布匹、紙料、煙、磚瓦、杉料、乾果、麥豆、紗絨、磁器、金楮、鼎鐺、雨傘、海產物、草蓆
浙江	四明、鎮海、乍浦、寧波	輸出：米穀、白苧 輸入：絲羅綾緞、湖帕、絨帽、紹酒、蘭腿、棉花、草蓆、西北口羊皮、綿綢、青絲
江蘇	上海、蘇州、松江	輸出：米穀、白苧 輸入：綢匹、羊皮、雜貨、枲綿、帽子、吉貝、棉花
廣東	澳門、柘林	輸出：米穀、樟腦 輸入：廣貨、魚苗、雜色洋貨、西洋布

帛，以至油、酒、香燭、乾果、紙筆之類，及家常應用器，無物不有，稱爲街內。其他魚肉生菜，以及熟藥、糕餅，雖有店面，統謂之街外，以其不在臺廈郊之數也。[32]

窮荒孤島，百物不產，凡衣食器用，皆藉臺廈商船、南澳船，源源接濟，以足於用。同書續記：

澎地米粟不生，即家常器物，無一不待濟於臺廈。如布帛、磁、瓦、杉木、紙札等貨，則資於漳泉；糖、米、薪炭則來自臺郡。然而舖家以雜貨銷售甚少，不肯多置，故或商舶不至，則百貨騰貴，日無從購矣。富至大賈，往往擇其日用必需者，積貨居奇，以待長價。而澎地秋冬二季，無日無風。每颱颶經旬，賈船或月餘絕跡，市上存貨無多，亦不患價之不長也。惟火油豆粈，則澎湖所產，販往廈門、漳、同等處。然亦視年歲爲盈虛，無一定之數也。[33]

油粈魚乾出息頗夥，故南澳船販運廣貨來澎，而購載花生仁以去[34]。農家以其易於售賣，悉種花生，以其可作油與粈（油渣謂之粈，可以糞田），終年用度，胥恃有此。再，除上述貿易地區外，鳳邑之打鼓港，東港諸海口，亦爲澎湖採糴商漁泊船之處[35]。茲列表如**表4-6**加以說明。

表4-6　澎湖行郊貿易表

貿易省區	貿易地點	貿易貨品
福建	廈門、同安、泉州、漳州	輸出：花生仁、油、粈、魚乾 輸入：布帛、磁器、瓦料、杉木、紙札
臺灣	臺南（安平）、打鼓港（今高雄）、東港、鹿港、北港	輸出：花生仁、油、粈、魚乾 輸入：糖、米、薪炭、雜糧、竹藤
廣東	南澳	輸出：花生仁 輸入：廣貨

綜上所述，吾人可得二點結論：

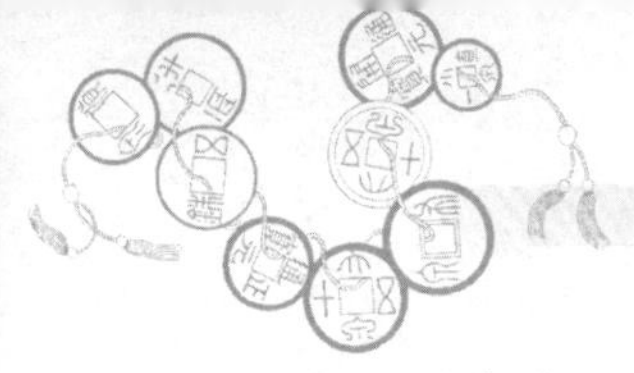

第一，以貿易地區論，臺灣各港埠行郊雖有大小之別，而其貿易地區大多略同，遍及大陸沿海省份，如廣東、福建、浙江、江蘇、山東、河北、遼寧等是，舉凡著名口岸，莫不有諸郊商船之蹤影，其中則以泉、漳、廈三地最爲重要，蓋郊商原本即三地人士。其海道航線，非直接對渡，皆回內地各澳，再沿海岸線前進，並兼及大陸各口岸及臺灣各港埠間之貿易，可見其貿易地區之廣袤及我國近代航運之發達。又，貿易地區有南北之分，又有大北、小北之別，其中界點，或謂臺灣，或謂廈門，或謂長江，有謂上海，要之，皆爲概略之詞，似未有明確分界線。

第二，以販貨種類言，臺灣行郊以批發躉售爲主，二百餘年之貨品種類，一直未有大改變，輸出以米、糖、菁、油等經濟作物爲主，輸入以絲綢布帛及雜貨器具等日用品爲大宗，可知臺灣農業之不斷進步，與手工業之持續不振。惟自臺灣開港後，輸出轉以茶、糖、樟腦爲主，輸入以鴉片及西洋雜貨爲大宗，此一時期臺灣之生產貿易有大幅度之發展，其利權則爲洋行所操縱，渠一方面掠奪臺灣之農業特產品與工業原料（如米、糖、茶、煤、樟腦及硫磺等），一方面向臺灣傾銷其過剩之工業產品，其中尤以鴉片最爲毒害，列強經濟勢力之入侵，行郊無能抗衡競爭，遂導致行郊之式微。再則，輸出貨品，南北略有不同，南部自昔即以米糖爲主，北部則因新開發地區及天候土壤關係，開港後以茶葉及樟腦爲主。

要之「臺灣出產甚饒，米、糖、油、靛，販鬻半天下，其綿、絲、綢、布，日用所需，則皆內地運往」[36]。但這種高度仰賴貿易的經濟特徵，從咸豐十年（1860）開始，在天津、北京兩個不平等條約規定下，開港通商，使得臺灣外貿結構發生巨大變化。臺灣的進口貨品，開港前幾乎完全來自中國大陸的日用手工藝品，開港後的進口貨品雖以消費品爲主，但項目已有很大改變。鴉片是最大宗的進口品，棉貨、毛貨其次，種類繁多，呈現多元化，反映由外貿擴張所帶來的民生富裕繁榮。而輸出品由昔年的米穀轉爲茶、糖、樟腦等經濟作物。因此貿易地區由開港前以中國大陸爲主，轉變爲以世界市場爲主，捲入了世界經濟體系的運作之中。其次外貿結構南消北長，使得開港前臺灣繁榮城鎭平均分布於沿海地區，開港後集中於打狗（高雄）、淡水兩港，更由於北部貿易的後來居上，人口大量集中，產生許多新興城鎭，使臺灣之發展，重心從此北移，南北易位，直至今日。至於交通運輸的成長改進，鐵公路及電報、郵件等的設立，更不待言了[37]。

第二節　行銷暨市場體系

清有臺後，初期之交易多爲剩餘農產之市集交易，交易方式或以物易物，或以貨幣爲媒介；交易市場則分露天及店舖兩種，多集中於交通頻繁之街衢城門或寺廟廣場；交易品爲穀類、油、禽畜、魚類、青果、炭薪等，及其他農產品與手工藝。嗣後由於移民增多，不僅農業生產有進一步發展，商業貿易亦隨之日隆，商人爲保障利益壟斷貿易，各港埠遂有行郊組織，專事經營米、糖、油等貨之出口，以及綢緞、布匹、棉花、雜貨等之進口，彼等爲經營對外

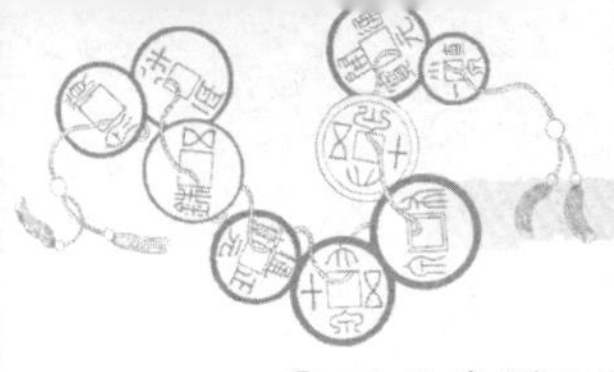

貿易之躉售商，從內地各港輸入商品，就地批售，而收買地方產物輸往大陸，似今之進出口貿易商然。

組織郊者，多爲「行舖」，故皆名「××行」，諸行由內地各港口批入商品，躉售於「割店」，再由「割店」批售于「文市」或「販仔」，而零售於一般消費者。茲詳述其行銷路線及市場體系：

1.行郊：行郊即總批發商，港埠或貨物集散地均有之。由對岸我國各港埠之大商人，獨家辦入臺灣所需資材及雜貨等，而分類批發與各地割店以及文市商，又由臺灣各地農村，獨家採購各種產品，集中後，出口售與對岸各港埠大商人，故可稱爲進出口商，俗或曰「頂手」。

行郊又可分爲內、外郊，內郊僅對島內各地貿易，故稱內郊；從事與大陸各口岸貿易者爲外郊。郊行種類有二，一爲「九八行」，一爲「船頭行」，凡資本雄厚，自備船隻，獨家採購，自運自售者，稱爲「船頭行」。資本小者，無自備船隻，大都承受人家之委託代爲售賣，抽取傭金，稱之爲「九八行」，所謂「九八行」，即由受委託銷售貨品所得之款額，抽其百分之二爲仲錢（即傭金），以九十八分給貨主。惟有時視貨品種類之異，有抽百分之三者，不可一概而論[38]。

2.辦仲：辦仲係於各鄉鎮街市開設店舖，位於生產者與行郊或洋行之間，爲糖、米、茶、油、福肉等重要物產交易之媒介。有時對於生產者，具有權利與義務，不似現在之掮客，或可視為批發商之一[39]。

3.割店：割店係設店於各市街，經營各種貨品批發之店舖，行郊為總批發商，割店為中盤批發商，通常行郊之貨品經由割店轉售批發於文市，割店因居其間，故對行郊稱「頂手」，對文市、販仔則曰「下手」。然其後行郊多有兼割店者，兩者難以劃分。割店又有二類，其一為「籤割」，即日用雜貨（如南北貨、海產、鹹魚、乾脯等）之割店；其一為「蕃割」，即平地人而能操蕃語者，往高山區交換物產之割販，或設店於街市，如嘉義、埔里等地之山產割店[40]。

4.文市：文市乃開設店舖於街巷，或市場內攤位，羅列貨品，直接零售與消費者之小賣店。文市亦稱「門市」或「下手」，對上述行郊、辦仲或割店稱為頂手。其他如自購原料製成商品販售者，如香舖、銀紙店等，亦算文市，又名「工夫店」。或有加工之手工業者，如染房、金銀樓、裁縫舖之類，也屬文市，名之「手藝店」[41]。

郊商亦有兼營文市者，如噶瑪蘭、艋舺兩地郊行：

臺灣生意以米郊為大户，名曰水客。自淡艋至蘭，則店口必兼售彩帛，或乾果雜貨，甚有以店口為主，而郊行反為店口之稅户，一切飲食供用，年有貼規者。揆厥所由，淡、蘭米不用行棧，蘇浙廣貨南北流通，故水客、行口多兼雜色生理。[42]

澎湖亦是：

街中商賈，整船販運者，謂之臺廈郊……然郊商仍開舖面，所賣貨物自五穀、布帛以至油、酒、香燭、乾果、紙筆之類，及家常應用器，無物不有，稱爲街內。甚他魚肉、生菜，以及熟藥、糕餅，雖有店面，統謂之街外，以其不在臺廈郊之數也。[43]

5.販仔：爲更小之批發商，由割店採購乾物雜貨等貨品，肩挑至各街莊，轉售於該地小店舖者，是一種肩挑之行商。販仔不設店舖，偶有躉貨寄棧，任其信用購買商品販買之，然後才付款給割店，類似掮客，別名「走水仔」。

或有直接售與各地消費者，俗稱「小販仔」，又名「出擔」、「搖鼓擔」，一面行走，一面手搖一小鼓啷，以招徠顧客，無小鼓者則用口呼喊，以引起注意，所售多是日用雜貨與化妝品、針線等物，最受婦女歡迎。

此外尚有「路擔」，是擺設於路旁之攤販。其擺設地點多在廟前或城內附近路旁等人衆聚集之處，俗稱「露店」，多販售點心、乾果等飲食類[44]。

6.整船：整船又稱「船頭」，自備帆船，載運自己貨品，或受託貨品，運至各港交易。如其船屬於他人者，該商人則另稱爲「水客」[45]。

以上所述，又可分爲二類，一是整貨批發之商人，俗稱「武市」，或稱「大賣」。一是零售商，俗稱「文市」，又稱「小賣」。武市是經營批發生意，有大、中盤之分，大盤商爲貨物生產

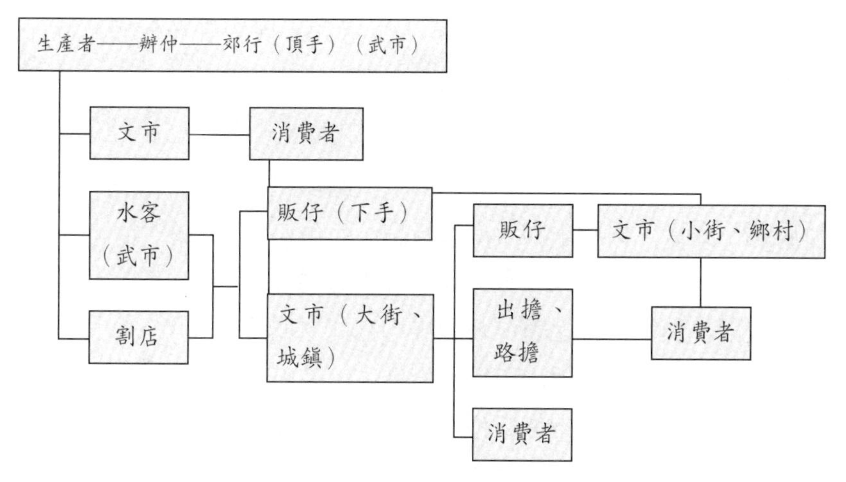

圖4-1　臺灣行郊行銷體系表

或進口後，運送至各城鎭銷售，如郊行：中盤商則爲城鎭內之批發商，專事批發給各零售商者，如割店是。文市爲零售商，直接銷售貨品與消費者，其下有小販子、搖鼓擔、路邊擔等，另有走水仔、整船、水客等，由中盤商批購貨物，運至各地，批售於小店，或直接售與消費者。茲將各級商販交易情形，製圖如**圖4-1**。

第三節　郊行的營業與管理

透過上述之行銷路線及市場體系，將大陸與臺灣各地之貿易聯結爲一體，疏通有無，富裕民生。茲再專述郊行之商業經營管理狀況：

郊行從事大宗買賣，貨源多，生意大，擁有許多屋舍，除了供本身住家及辦公用外，另有部分供苦力、婢女和倉儲用。且爲便於貨物之起卸裝運，屋舍多集中於碼頭區，式樣則爲店舖住宅形態，戶戶緊臨，成一長條形之住商合一的街屋形態商業聚落。以郊行店舖平面言：街屋平面皆爲狹長型，後房爲貨物進出口，爲貨品貯藏所在，有店夥一人或數人管理。中房爲客廳，其一隅爲帳房，一切帳薄、生意往來之書信及記帳均在此，爲重要場所，故除「家長」、「記帳」外，他人不得隨便進入；客廳之後方又有一小房，爲庫房，貯藏銀錢及重要證件，管銀者多於此寄宿，禁止他人隨意出入；要之，中房爲郊行營業最重要所在，常人不得隨意進入。前房爲店貨陳列場所，分上、下層，其中樓板挖有樓井（樓洞）以利採光，可以上下垂直搬運貨品，上爲閣樓，有一二店夥宿臥；臨街面設有亭仔腳，店門口設於正中，兩側有店窗，由多片木板組成，背面有編號（多用乾×坤×），利於取下拼上，並有平板（亦稱檔板）支撐可供擺置商品。此外，進出院落之走道稱爲「巷路」，巷路可設於中央，亦可設於一邊。兩進之間的院落稱爲「深井」，廚房（灶腳）多設於此。此爲大概情形，也有後房充爲住宅，中房充爲記帳及貯藏場所；前房爲販售搬運所在者[46]。郊行店舖過於狹小，無法貯藏貨品者，則另有專營棧房、棧寮寄託者，可將貨品寄託之，繳納一定銀錢，棧房則給予交棧單（俗稱碼子單，詳記貨品種類、品質、數量、時間等），至其領取時（或由買主領取），則有出棧單（又稱收棧單、收棧碼子單）以憑之，兩相符合，才可領取，惟棧房多設於南部，北部則少聞焉[47]。

郊行之組織，有頭家、家長、記帳、管銀及店夥、雜工。家長又稱掌盤，似今之總經理，掌理店中一切事務，爲實際負責人，可以使喚指揮其他夥計。但在個人獨資經營或規模較小之郊行，則由店主自兼。記帳或稱帳櫃，又曰帳房、帳戶，即記帳人，似今之會計。管銀者或稱銀櫃，又曰掌櫃，管理金錢出納。店夥負責接洽客戶，採購、推銷、接送貨物，及催收賒欠帳款等事務，人數不等，視郊行之大小及業務繁簡而聘用。雜工則供使喚，負責貨物之包裝及搬運配送。行棧、貨棧之看管亦需要管理。夥計之待遇，稱薪金（或辛金），頭家僱用夥計時，例須供應食宿，每月給予若干薪金，年底則給獎金，昔稱「鞋價」或「鞋錢」[48]。

經營商業自然需要帳簿，郊行帳簿可分爲貨薄及帳簿兩類，有進貨簿、出貨簿、存貨簿、櫃頭簿、現採簿、現兌簿、棧房簿、日清簿、總簿等九種，茲說明如下[49]：

進貨簿：又稱上水簿，顧名思義，此帳簿專門記載購入之貨品名稱、數量。

出貨簿：又名支貨簿，凡貨物之售出均詳記之，此簿平時掛放棧房。

存貨簿：亦名貨底簿，爲財產之登記目錄，於年末結帳時就現存貨物作一總清點登載。

櫃頭簿：復曰號頭簿，乃現存貨品之登錄，貨品均有字號大小代之。

現採簿：係往鄉鎮採購各地特產品時記載其品目、數量及價格，即日人所謂「當座仕入帳」。

現兌簿：每日於店頭賣出貨品及金額時記入。

棧房簿：貨品之送出運入棧房時記載之，又可分爲收棧簿與出棧簿。

日清簿：逐日記載每日交易之商品種類、數量、款額以及各種雜費與來往錢鈔。另有草清簿，隨時記銀錢之出入，爲流水帳，係日清薄之草稿本，於每日打烊後，轉寫總結於日清簿，出入分明，不再刪改塗抹，以爲憑據。

總簿：總簿是對交關主顧之店號、姓名分別記載於頁頭，其下爲來往帳條分類，詳記各主顧所來往貨、鈔之帳目，乃由日清簿轉抄於此。南部郊行之合股者總簿略有不同，又名辛金雜費簿，頁頭記載出資股東之姓名字號，分「借部」及「貨部」，列記股東之出資額及得利額，開銷銀額，另有「財本簿」作基本清冊，記載店夥支薪、紅利、股息，以及股東出入款項與分紅帳目。

郊行兼營零售經紀業者，另有日清簿、草清簿、兌清簿、暫浮簿、小兌貨簿、採清簿、水客簿（又名外水總簿）、出貨簿、府治簿（內行總簿，又名埠頭簿）、出貨蓋印簿、收帳簿等十一種類。

上述帳簿，每年換新一套，各種俱備，新春開帳。帳簿形狀，高約六寸，橫約八寸，內容兩欄紅格子，天寬、地短，帳簿邊頁記碼。表皮以藍布粘貼，簿面另貼一葉紅簽條，有兩段，上記該帳簿屬何種類與自己店號，下簽記載設立歲次月令日子，年以年號或干支表示，月令通常正月稱端月或元月，二月爲花月，依次爲三桐、四梅、五蒲（或稱蘭月）、六荔（或荷）、七瓜、八桂、九菊、十陽、十一葭、十二月爲臘月。至於帳簿之用法，年份首記在帳簿首，內頁才記月日，貨物之「出、入」改曰「去、來」，其種類品名分記於帳簿上下段。現款數目均大寫，餘則用商場俗字，即「碼子」為「〡〢〣〤〥〦〧〨〩〇」，更講究些用「正、元、斗、羅、吳、立、化、分、旭、士」為記商品之數字，取其開頭或偏旁字形像「一、二、三、四、五、六、七、八、九、十」也；「兩、錢、分」略為「刄刃卜」等字，金額及數量單位書於數字之下，另有專門術語之略字或略詞，並須詳細記錄收付貨幣之性質（如其元數、秤量、單個、總價等），瑣碎麻煩，帳房如非老手，恐怕不易勝任，故老帳房咸稱「先生」，略稱「老先」以示尊重[50]。

第四節　交通運輸工具

郊商貿易營運，海上有賴船舶之運輸，陸上則恃人力之挑運、牛車之載運。

茲先述商船，略分通販港口、船制大小、造船規定，查驗律例，種類名稱、船上人員、海道險阻、港口駁載等項。

以通販港口言：

臺灣與我國大陸僅有一海之隔，朝發夕至，自古即有海上交通往來。清領有臺灣後，由於臺灣日漸開發，商業日盛，交通日熾，帆檣畢集，歲往來貿易者以髮計。時出入諸港，至道光六年（1826），有臺江，鹿港、八里坌、五條港（又名海豐港）、烏石港等為正口，皆准通販，以為商船貿易之便。其他如雞籠港、竹塹

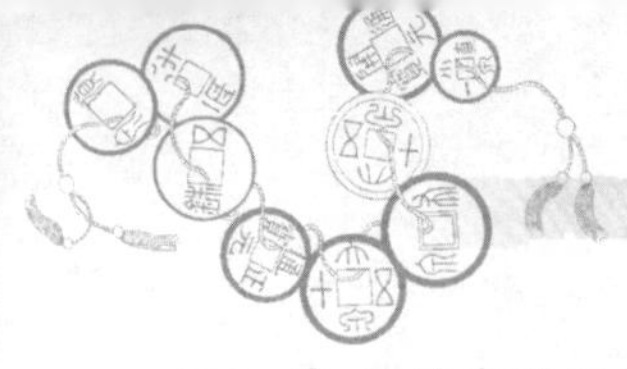

港、香山港、後壠港、梧棲港、笨港、東石港、鹽水港、茄藤港、彌陀港、打狗港、萬丹港、東港……等等小港，亦可通舟船，此等小港因自然變遷，屢有興廢，且非正口，不准私越，茲不多述。

以船制言：

商船之大小以樑頭計，以一丈八尺爲率，自樑頭一丈七尺六寸至一丈八尺者爲大船，樑頭一丈七尺一寸至一丈七尺五寸者爲次大船，樑頭一丈六尺至一丈七尺者爲大中船，一丈五尺六寸至一丈六尺者爲次中船，一丈四尺五寸至一丈五尺五寸者爲下中船，其樑頭一丈四尺五寸以下者爲小商船[51]。初康熙年間定例，出洋海船，不論商漁，止許使用單桅，樑頭不得超過一丈。至康熙四十二年（1703），商船改許使用雙桅，樑頭不得過一丈八尺。降及乾隆年代，以臺灣海峽風浪險惡，爲求航行安全起見，需有較大船隻，乃特准使用「横洋船」及「販艚船」，其樑頭得在二丈以上，《廈門志》云：

> 商船，自廈門販貨往來內洋及南北通商者，有横洋船、販艚船。横洋船者，由廈門對渡臺灣鹿耳門，涉黑水洋。黑水南北流甚險，船則東西横渡，故謂之「横洋」。船身樑頭二丈以上，往來貿易，配運臺穀以充內地兵糈，臺防同知稽查運配廈門，廈防同知稽查收倉轉運。横洋船亦有自臺灣載糖至天津貿易者，其船較大，謂之糖船，統謂之透北船。……販艚船，又分南艚、北艚……船身略小，樑頭一丈八、九尺至二丈餘不等，不配臺穀，統謂之販艚船。[52]

迄嘉慶十一年（1806）以商人多私造大船資盜，議定商船樑頭以一丈八尺爲率，已造之船既往不咎，新造者不得過一丈八尺。後又仍照舊例[53]。

海船之形制構造，據《海東札記》言：

> 海舶長約十丈餘，闊約二丈，深約二丈。舶首左右刻二大魚眼，以像魚形。舶腰立大桅高約十丈，圍以丈計，購自外洋來者，曰「打馬木」，亦曰「番木」。又舶首立頭桅，丈尺殺焉。帆，編竹爲之，長約八丈，闊四、五丈。尾舵長約二丈餘，巨半之。以鹽木製者爲堅。柁前相距二丈餘，設板屋，廣約丈餘，深如之，左右置四小龕爲臥室，曰「麻離」。板屋後附小龕，高約三尺，橫闊約五尺，置針盤其中，燃燈以燭。板屋前左置水櫃，深廣約八尺，以貯淡水。又前則爲庖室。碇以鐵力木爲之。頭碇重七、八百筋，以次遞殺。巨舶四碇，次三，次二。鉛筒以鈍鉛爲之，形如秤鍾，高約三、四寸，底平，中剜孔寬約四分，深如之，繫以棕繩，約長六、七十丈。舟人用以試水，繩盡猶不至底，則不敢下碇。鉛筒之末，塗以牛油，下繩沾起泥沙，輒能辨至某處。又載一杉板船，以便登岸。出入悉由舶側，各水仙門。[54]

次敘造船定則及稽查律例：

造大船需費數萬金，而服賈者以販海爲利藪，對渡臺灣，一歲往來數次，初則獲利數倍至數十倍不等，故有傾產造船者。商船之製造，應先請料單，詳報興造，具呈該州縣，經嚴查確是殷實良

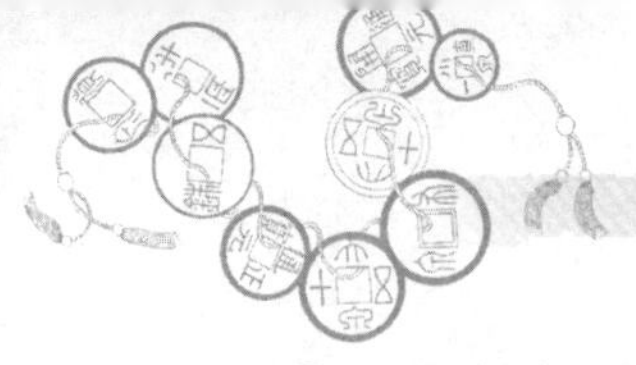

民，親身出洋船戶，取具澳甲、里族各長並鄰右，當堂畫押保結，然後准其成造。成造竣日，仍赴州縣稟請驗量樑頭長短，廣深丈尺，該州縣親驗烙號刊名，仍將船甲字號、名姓以火書深刻於船桅及船旁，並取具澳里族鄰行保結狀，將船戶年貌、姓名、籍貫及作何生業，開塡照內，然後給照，聽其駕駛出洋貿易，以備汛口查驗。或有別縣造就駕回，或有頂買，例應通詳；如遇朽壞及遭風被劫，亦即通報銷案[55]。雍正九年（1731），以出洋船隻往往乘機劫奪，令出洋等船，大桅上截，自船頭至樑頭分油漆飾，福建船用綠油漆飾，紅色鉤字，廣東船用紅油漆飾，青色鉤字；其篷上大書州縣船戶姓名，每字俱徑尺，船頭兩舨刊刻某省某州縣，某字某號字樣，易於識別，故福建船俗謂「綠頭船」，廣東船俗謂「紅頭船」[56]。又船照一年一換，如有風信不順，寬限三月，如逾限不赴原籍換照，不准出洋，拏家屬聽比；如在他口，押令回籍，不許掛住他處。而船戶屆期換照，須查明人船是否在籍，察驗舊照相符無弊，方准換結。如有代替請換者，嚴查人船著落拏究[57]。

商船出洋，核對人口多寡，往返程期，每人每日准帶食米一升五合。康熙初年定例，出洋海船無論商、漁，止許用單桅，樑頭不得過一丈，水手不得過二十人，故商船往來臺廈，每船只許帶食米六十石，以防偷越。如敢違禁多帶，嚴加究處[58]。商船出入掛驗，須經海防同知稽查舵工水手之年貌、箕斗（即指紋）、籍貫、旅客之姓名及貨物種類，此中又有文口、武口之分。所謂文口，是文職海防人員，專司查驗船籍、船員、搭客及載貨等，初設臺江之西定坊，後移安平口。所謂武口，乃武職之水師汛弁，專於船隻出入之時，臨時抽驗，設於臺江口外之鹿耳門。在廈門，則文武口均設城南玉沙波。《重修臺灣府志》云：

> 商船自廈來臺，由泉防廳給發印單，開載舵工、水手年貌並所載貨物於廈之大嶝門會同武汛照單驗放。其自臺回廈，由臺防廳查明舵水年貌及貨物數目，換給印單，於臺之鹿耳門會同武汛點驗出口。臺、廈兩廳各於船隻入口時，照印單查驗人貨相符，准其進港。出入之時，船內如有夾帶等弊，即行查究。其所給印章，臺、廈二廳彼此匯移查銷。如有一船未到，及印單久不移銷，即移行確查究處。[59]

復云：

> 臺屬之艕仔、杉板頭、一封書等小船，頒給臺、鳳、諸三縣船照，周年換照，三邑各設有船總管理。惟彰化縣只有大肚溪，小船僅在該港裝載五穀貨物，係鹿子港巡檢查驗，按月造冊申報臺防廳查核。臺、鳳、諸三縣各船若往南路，俱由臺邑之大港汛出入，係新港司巡檢掛驗，仍報臺防廳查考。如赴北路，俱由鹿耳門掛驗出入。其各船往南北貿易，船總、行保具結狀一紙，填明往某港字樣，同縣照送臺防廳登記號簿，給與印單，以水途之遠近，定限期之遲速。該港汛員查驗，蓋戳入口。在港所載是何物及數目，填明單內，查對明白蓋戳，聽其出口。回郡到府之日，將印單呈繳鹿耳門文、武汛查驗單貨相符，蓋戳聽其駕進。府澳各港汛員，仍將出入船隻，每五日折

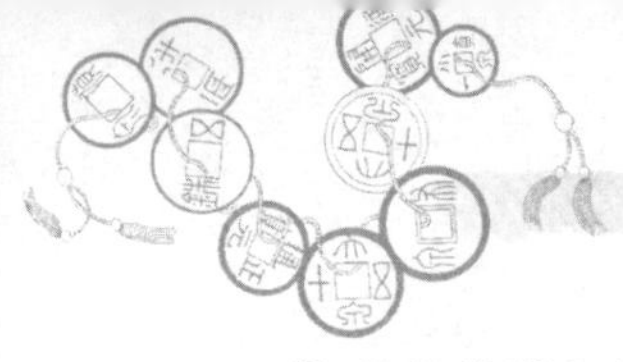

報，聽臺防廳稽查。如違限未回，嚴比行保，並行各港汛員挨查，以防透越之弊。

乾隆四十九年（1784），增開鹿港爲正口，對渡泉州晉江縣之蚶江口，乃於翌年設北路海防同知，由前設彰化縣城之北路理番同知兼掌之，改臺灣府治者爲南路海防同知。乾隆五十七年（1792），開放八里坌，准與福州之五虎門、泉州之蚶江來往，於淡水同知監督下，由留駐當地水師，負責查驗。道光四年（1824）另闢彰化縣之五條港（即今海豐）及噶瑪蘭之烏石港（即今頭城）爲正口。同年，五條港乃在北路海防同知監督下，由駐地水師專責查驗，對航蚶江。越年，烏石港乃在噶瑪蘭通判監督下，由頭圍（即頭城）縣丞職責查驗，對渡五虎門。上述諸港商船出入掛驗之手續定例均雷同，茲不贅述。

以船上人員言：

南北通商，每船出海一名，舵工一名，亞班一名，大繚一名，頭碇一名，司杉板船一名，總舖一名，水手二十餘名或十餘名[60]。造船置貨者，曰財東；領船運貨出洋者，曰出海；司舵者，曰舵工；司桅者，曰鬥手，亦曰亞班；司繚者，曰大繚；相呼曰兄弟[61]。此外另有倉口，主帳目；有押儎者，所以監視出海；餘如水手供使令，廚子（即總舖）主三餐[62]。船上人員如許之多，人性複雜，不可不防，故航海通販，必擇船擇人，並擇載。以擇船言，船欲其大，又欲其堅，大則可以禦風潮，堅則可以抵沙石。以擇人言：舵工、水手必諳港道、明針路。舵工尤爲緊要之人，使舵工非十分熟練，於水性、風潮、港道、砂線，稍一差失，磕響一聲，船即齏粉。是以凡負債太重，極窮無賴，樂禍幸災者，不可不防。船大而固矣！舵工老幹矣！而貨物僅能載七八分，其先不必急，俟出海請登舟乃行；其後不可緩，船抵港門下碇，即僱小船登岸[63]。押儎之利，或江或浙，可以擇利而行，相機而動，出海無所售其欺。出海未可輕信，遂有押儎監視，而押儎亦復不可信。押儎之弊，或以少報多，將無爲有，以私飽其囊，甚而將抽豐之項，販貨回返，擇其時尚者托爲己有，以私易公，既佔便宜，又或浮開貨單，十止八、九之價，到港憑信原單，雖相好者照買貨物必加售其一、二，輾轉營私，侈然得計[64]。如前所述，有押儎，爲郊戶貨額所派，以掌理其所配運之貨物；後又有「親丁」，爲船主所派，以監視出海者也。是則利之所在，亦難保不無鑽營毫末，是舉船之人皆不可信也。

再敘海道險阻：

商船航行，有風信海道之險，復有港澳礁石之險，《廈門志》云：

> 廈船遠渡橫洋，因畏颶風，又畏無風。大海無櫓搖棹撥之理，千里萬里，只藉一帆風力，湍流迅駛，倘順流而南，則不知所之矣。操舟者認定針路，又以風信計水程遲速，望見澎湖西嶼頭、花嶼、貓嶼爲准。若過黑水溝，計程應至澎湖，而諸嶼不見，定失所向，急仍收泊原處，以候風信，若夫風濤噴薄，悍怒激鬥，瞬息萬狀。子午稍錯，北則墜於南澳氣，南則入於萬

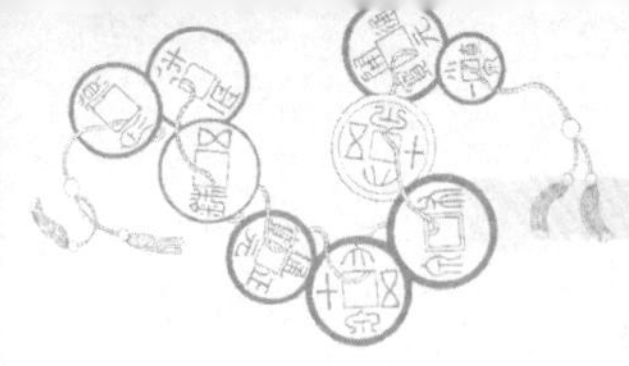

水朝東，有不返之憂，或犯呂宋、暹羅、交趾諸外地，亦莫可知。海風無定，而遭風者亦不一例，常有兩舟並行，一變而此順彼逆，禍福攸分，出於頃刻。此廈船渡臺海道之險阻也。如海船乘風已抵鹿耳門，忽爲東風所逆不得入，而門外鐵板沙又不得泊，又必仍返澎湖；若遇月黑，莫辨澎湖島澳，又不得不重回廈門以待天明者，往往有之。鹿耳門海底皆鐵板沙線，橫空布列，無異金湯。內門浩瀚之勢，宛似大海，港路迂廻，舟觸沙線立碎。南礁樹白旗，北礁樹黑旗，名曰盪纓，又曰標子，以便出入。潮長水深丈四、五尺，潮退不及一丈，入門，必懸起後柁乃進。此廈門海舶入臺之艱難也。[65]

以船舶種類言：

船舶之種類名稱，異地而不同，除上述之糖船、橫洋船、販艚船外，又以貿易地區而有別，如廈門船之簡稱廈船，蚶江之稱蚶江船，五虎門之稱五虎船，廣東之稱南澳船，宜蘭之稱北船、南船、唐山船，府城之稱糖船爲天津船等均是。此外，臺郡另有澎仔、杉板頭、一封書、鮎仔等小船，赴南北各港販運，不能橫渡大洋，《重修臺灣縣志》云：

船制大小不等，名目各異。一曰澎仔船；平底單桅，今多雙桅者，可裝穀四、五百石至七、八百石。一曰杉板頭船：單桅、亦有雙桅者，可裝三、四百石至六、七百石。一曰一封書船：雙桅、檣蓋平舖，前後無艙，可裝二、三百石。一曰頭尾密船：單桅無艙，中設拱篷，可裝百餘石至二百石。皆往來南北

> 各港貿易所乘。一曰大舶仔船：單桅拱篷，亦名大鎮渡船，可裝百餘石，渡人載貨往安平鎮，或駕駛內港運載。一曰小舶仔船：在嵌腳渡人載貨登岸。一曰漁船：即龍艚船，亦鎮渡船之類。一曰划仔船：每船止容三人，往各港採捕。一曰當家船，又名蛋家船：漁人眷屬，悉住其中，無登岸結廬者，浮家也；皆往來各港採捕，並鹿耳門、安平鎮生理。[66]

雖曰限赴南北各港販運，不得橫渡大洋，然利之所在，趨險如鶩，甘冒風濤之險，透越私渡，同書復云：

> 邇來海不揚波，凡彭仔、三板頭等小船，每由北路笨港、鹿仔港等處，乘南風時徑渡廈門、泉州，自東徂西，橫過澎湖之北，名曰「透西」。例禁甚嚴，趨險者猶如鶩也。[67]

上述諸船，名目各異，實則異時異地，俗稱有別而已，依其形制構造，可大別為七種：曾仔船、艅舨、倚邊船、駁船、龍艚、手梯船及雙撐仔，其中曾仔船、艅舨為出洋渡海之船；倚邊船、龍艚為沿岸航海船；駁仔船、手梯船、雙撐仔為港內或河溪使用，茲再略加說明於後[68]：

曾仔船為南部稱謂，打狗港有稱之灣船或南灣船，東港或稱倚厝船。中部名之斗頭船，北部又名艚頭船。斛船及烏艚亦屬此類。此等船舶外形最大，三桅，專供運送貨物用，積量五百石至三、四千石。

艅舨即艅舨船，外形次於曾仔船，載量頗大，雙桅。

倚邊船爲南部稱呼，中部曰溪船，北部名按（或垵）邊船，乃臺灣沿岸航行使用，雙桅，吃水淺，載量二百五十石至七百石。又安平港之溪泊船，北臺之紅頭船，亦可歸屬本船種。

駁船，二桅帆船，載量三十石至二百石。另有仔船，載量二百石至五百石，行於東港、打狗港、安平港一帶。

龍艚，又名不黨仔船。東港之澎湖船、中部北部之網仔船亦屬之。爲沿岸漁船，惟漁期以外，於沿岸諸港間兼運載貨物。龍艚可裝百五十石至三百石，澎湖船可裝四十石至六十石，網仔船則可載二百石至七百石，操縱稱便，航行如飛，故別名飄身船。

手梯船，即舢舨船，可裝五十石至二百石，專於內港河川使用。

雙撐仔，以雙手或竹竿撐划，於港內渡人載貨上下岸用，可載十五石至二十石。另有闊頭船，或稱傳馬船，亦屬之。

海船至臺，或因港路迂廻，或因港灣淤淺，或因風信靡定，皆須守泊外港，均恃小船輾轉駁載入內港，故海舶必有腳船，名曰杉板船，凡樵汲送碇，渡人上岸皆資之，出入悉於舟側，名水仙門[69]。而近港舟人，以艍仔、杉板、竹筏等販載來往爲活，轉駁工價，視貨品種類、路程遠近，皆有定價，而郊商往往議定，以避紛爭，以杜糾葛[70]。竹筏之使用極其便利，成爲臺灣沿海港灣一項特色，彼能轉渡數里，出入於波濤之中，隨湧上下，不虞呑沒，Imbault Huart曾描述其形狀及製作：

……船舶一經停泊，立刻被一些叫做竹筏（Catamarans）的古

> 怪的船舶所靠近，而這種竹筏是值得一番短短描寫的：這是一種長約十尺，寬約三～四公尺的排（Radean），由十二或十四支最大的竹竿造成。這些竹竿都用火烤；烤到使那竹筏成弧線形，並用藤連成一塊；或用木條橫貫著，在一片固定在竹筏中央的厚木塊上，豎立著桅竿；而桅竿上掛著蓆子作的風帆。在這類奇特的船舶的構造上，不曾使用一枚鐵釘，每個人都有一件蓆子作成的屏風似的東西，用來保護行李，抵抗風和海的打擊。當人們不用它的時候，它便放在前面，並構成一種甲板，人們便將想要擱在乾燥之處的東西放在這種甲板上。[71]

安平一帶載貨接駁的竹筏則另在其上置放木桶以便坐人、堆放行李。形狀頗饒趣味，佐倉孫山《臺風雜記》記錄：

> ……獨安平港所用全異其制，聯結竹竿大如柱者數竿以爲筏，載之以木盤桶，使客乘之，舟夫在艫操之，其狀甚異。[72]

末述陸路之運輸：

陸路之僱運轉載，則有挑夫、苦力、牛車等，其腳價運資工銀，亦視貨品種類、路程遠近，而有定價。

以牛車言：臺地載貨多用牛車，蓋因臺地不產馬，內地馬又難於渡海，故市中挽用百物及民間男婦遠適者，皆用犢車。《臺灣縣志》記：

> 行遠皆用牛車，親朋相訪，三四人同坐，往來甚便。至於五穀、柴、炭之類，無非駕牛以運，連夜而行，人省永日之功，

牛無酷熱之苦。[73]

牛車之形制，《彰化縣志》云：

地平曠便於車行。輪高五尺許，軌轍畫一。一牛約運五、六百觔。編竹爲車籠，以盛五穀之屬。誅茅採薪，去其籠，捆束以載，行遠可乘三四人。重則另橫一木於右，縶靷加軌，多一牛以曳之，若馬之兩驂而缺其左矣。按今有一車而駕三牛者，更多則再駕一牛於轅前，名曰頭抽，其左曰左邊，右曰右邊。婦女乘，則置竹亭於上，或用布帷。凡引重致遠皆用車，漢莊番社，無不家製車而戶畜牛者。[74]

以挑夫言：挑夫俗稱苦力，貨物之上落岸及運載接送，均由渠等肩挑背負，港口起卸，一挑往返，議有定價。夫腳之僱，聽商民自便，原無定制，惟各工皆有主顧，初次一定，後來若欲更換，則必至糾纏不清[75]。且挑夫苦力率多血氣無賴之徒，往往各分氣類，結成幫派，劃定地段，各踞一街，包攬客商，塡街塞市，爭運貨物，動以血氣相逞，挾怨尋仇，聚黨鬥毆，致成社會問題。如宜蘭有夫匪林瓶等糾夥鬥殺一案[76]；艋舺有黃、林、吳三姓之分據渡頭，爭奪利權[77]；臺南大西門外有蔡、郭、黃、許、盧五大姓，分劃港口範圍，包辦挑挽貨物特權[78]；鹿港碼頭區有潯海施姓、錢江施姓之以王宮埕爲界，劃定勢力範圍。惟常因利益衝突，引起紛爭械鬥[79]。新竹地區郊舖船隻往來貨物及與郊舖交關往來之貨擔，原係由蕭姓包辦，引起官夫首之覬覦，爭擁其利，致紛爭不平，後由新竹知縣諭示，半歸蕭姓，半歸官夫首，同沾利益，遂得其平，乃息紛爭[80]。

綜上所陳，郊商販運，水路僱船，陸路僱夫，出洋有賴海船之運輸，入港則恃舢仔、竹筏、杉板等小船之駁載轉運；陸地則有苦力、挑夫之肩挑背負，牛車之載運輸送，遇有溪流，則亦用竹筏渡焉。是乃肩運、舟運、車運，三運而已！

第五節　餉稅關釐之稽徵

清代臺灣賦稅制度，初期多沿用鄭氏舊規，年歲既久，繁雜加甚，可粗別爲田賦（錢糧）、丁賦（丁銀）及雜賦（雜餉）三項。晚期開港後，則因海外貿易之興起，關稅收入日居重要，餘如釐金、鐵路、郵政及樟腦專賣等之收入，亦爲官府財政稅收之一。

雜賦亦稱雜餉，蓋承鄭氏之舊，當日或以籌餉爲名，故謂之餉，清仍其稱。雜賦分陸餉及水餉，前者包括厝餉、磨餉、廍餉、檳榔餉、番檨餉、瓦窯餉、菜園餉等名目；後者包括樑頭餉、潭塭餉、港滬餉、罟罾繒縺蠔蠔餉、烏魚旗餉等諸項；名目繁多，徵收過重，加之貪官污吏，利用雜賦紊亂，任意侵漁，藉端訛索，故百弊叢生，民夙苦之，茲述與行郊有關者。

以厝餉言：

厝餉，屋舍餉也，始於明鄭。閩人謂家室曰厝，謂屋舍亦曰厝，稱人所居，則係以地曰某處厝。厝有草、瓦之別，以其厝皆官

地，故沿鄭氏之舊徵之。郊商雖以批發躉售爲主，亦有設店開鋪者、設棧倉儲者，故列出。惟此餉僅安平、臺南及笨港一帶有之，他邑無之。《臺灣通志》云：

> 臺灣縣街市瓦屋，每間徵銀三錢零三釐八毫；草厝，每間徵銀二錢一分七釐。歷年既久，有片瓦寸草俱無，未邀除免，而星羅廈屋，終歲不出分文者。雍正初，復加查驗，凡得瓦厝七千九百餘間，按額勻攤，每間徵銀一錢五分零，給單爲據。如有倒壞，許執單繳驗註銷，另查新屋補其缺。嘉義縣只笨港有市厝，每間徵銀多寡不等。他邑無厝餉。[81]

以樑頭稅言：

樑頭稅即船稅，大半出於載五穀、糖、菁之商販[82]。船有尖艚、杉板、舶船、渡船、採捕船之分，其稅有以隻計者，有按其樑頭大小以擔計者，每擔以百觔爲則，每擔徵銀七分七釐。尖艚每隻徵銀八錢四分，杉板每隻半之。彰化舶船每隻徵銀一兩一錢五分五釐；渡船、採捕船每擔徵銀七分七釐[83]。

而其中又有重複課稅，極不合理者，船既有稅矣，入港亦復課稅，港稅以所計，有徵銀二百二十兩者，或六十、九十餘兩，少至一兩及四錢，分別大小徵納[84]，故周鍾瑄慨然興嘆：

> 而最重者，莫如船、港諸稅。夫船出入於港，而罟、罾、縺、�、蠔、蠓，則取魚蝦、牡蠣於港者也。乃既稅其船，又稅其罟、罾、縺、罟、蠔、蠓，且稅其港，蓋一港而三其稅焉！嗟

此蟹舍蚩蚩，有不望洋而興嘆，相戒而裹足者哉？[85]

又沿海雜稅，各有專司，船責成船總，塭潭罟網等責成港商，故陋規百出，既有吏役之需索，復有港商之科索，藍鼎元致巡視臺灣御史吳達禮〈論治臺灣事宜書〉有云：

船出入臺灣，俱有掛驗陋規，此弊宜剔除之。在府，則同知家人書辦掛號，例錢六百；在鹿耳門，則巡檢掛號，例錢六百。而驗船之禮，不在此數。若舟中載有禁物，則需索數十金不等。查六百錢之弊，屢經上憲禁革，陽奉陰違。蓋船戶畏其留難，不敢不從故也。重洋駕駛，全乘天時，若霽靜不行，恐越日即不可行，或半途遭風，至於失事；差之毫釐，謬以千里，敢愛六百錢乎？六百雖微，而六百非止一處。船戶履險涉遠，以性命易錙銖，似宜加之體恤。臺船每歲出入數千，統而計之，金以數千兩矣。一念留心，爲民間舒省數千兩，非小事也。[86]

陋規之外，復有定例之「規禮」，公然收之，如海防同知偕水師文職，稽查商船出入，以防夾帶禁物私渡，文口例銀五元，武口例銀三元，號稱以資巡哨、紙張、飯食等辦公費用，稱之「口費」或「口稅」[87]。更有地方官私收口費，充作津貼，與官府無涉，年收高達二千兩者[88]。餘如船隻打造烙印掛號，繳舊規二、三兩不等[89]。又如凡水道可通之處，不論竹筏小船，運載貨物，即按照抽貲等皆是[90]。横徵勒索，弊端叢生，皆由於雜稅紊亂，名目繁多，過

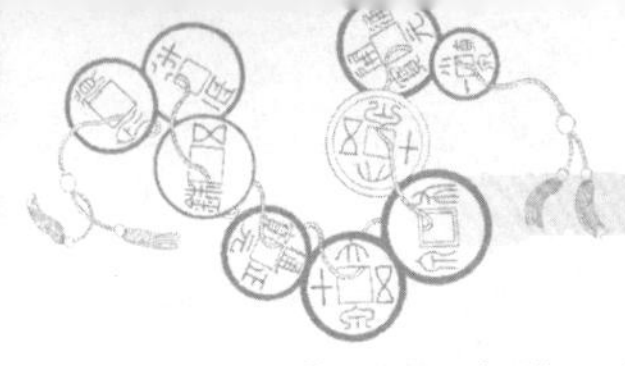

於苛細，得讓貪官污吏上下其手，影射牽連，苛求剝削，任意侵漁。承贌之制，亦為秕政，包攬者率皆土豪，先經向地方官預納承充之費，然後壟斷浮收，任其強橫，舐糠及米，「輸於官者十，取於民者百」[91]，窮民苦累實甚。

餉稅之徵，略如上述，繼述關稅：

清代關稅有二，一為常關，一為洋關，前者稱舊海關，後者又稱新海關。

常關乃就本國船隻裝載貨物徵收關稅，亦即國內貿易之稅關，其稅目有出口正稅、進口出稅、復進口半稅、一六平餘、耗銀、新增例款、例款平餘、罰款等[92]。臺灣未設行省前，係福建之一府，屬閩海關管轄，初無常關之設，僅由海防同知管理，只在廈門設關徵稅。廈關之設，凡外洋渡臺，南北商船出入，到關請驗，其外來洋船，由委員親臨封艙，按貨課稅；商船則遣人丈量淺深，計算多寡，分別徵餉[93]。貨物課稅，除米粟、書籍免稅外，餘皆照則例徵收，計分衣類、食類、用類等三大類，衣類又細分為：綢、緞、紗、羅、錦、絹、綾、呢、羽、吱、皮、絨、布、葛、氈、毯、苧、棉、棕、冠帽、鞭鞋、襪、領、帕帶、荷包、袖口、枕、蓆、被褥、帳、椅披墊、桌圍等；食類分為：醃魚、山海味、藥材、酒、茶、煙、糖蜜、乾果、油、燭等；用類細分：琥珀、珍珠、玉、珊瑚、瑪瑙、水晶、玻璃、燒煉、鏡、玳瑁、石器、磁器、螺器、牙器、角器、毛、樂器、人物、雜物、紙、花、扇、傘、燈、金、銀、銅、鐵、錫、顏料、香料、漆器、木料等[94]，項目極為瑣碎苛細，均有一定稅金科則，郊商自內地運貨來臺，皆須照稅則，逐件納稅。

臺灣洋關之設，源於咸豐八年（1858）之天津條約開放爲口岸。同治元年（1862），於淡水之滬尾口設立洋關徵稅，次年，雞籠增設分口，又越歲，臺灣縣之鹿耳門（即安平），鳳山縣之旗後口（即打狗），亦准設關。然所徵者洋稅，間有內地貨物附運前往者，爲數無多，中國商賈往來，不徵如故。惟各項買賣均應完納釐金。釐金之徵，始自咸豐六、七年間（1856-57），因太平天國之亂，軍用孔殷，爰仿商賈家每貨抽取十百中一、二，積爲公用規式，抽以助餉，釐者，極言其微，所以濟稅課之不足也。故從此華商販貨往來，逢關納稅，遇卡抽釐，而各省設有釐金總局，下設支局或子卡，主持釐務，惟各省規制，既不一律，稅率輕重，亦復不一。

臺灣之有釐金，始於咸豐十一年（1861），隸福建省釐金總局，初僅在艋舺設局，由臺灣知府洪毓琛督理，以候補知府程榮春爲委員，主持實務，至淡水辦理百貨釐金，比照舊船稅樑頭法，但計擔數，不論粗精，故抽收爲數無多[95]。旋歸分巡臺灣兵備道辦理，在淡水、安平、基隆、打狗及他處設子卡。釐金章程，臺地與內地大略相同，據咸豐十一年發布之「臺灣出口百貨行商釐金科則」，計分藥材類、雜貨類、水果類、糖類、木板類、樟腦類六款，凡一百零六目，復於光緒十二年（1886），增列四十二目，共計一四八目[96]。

臺地有釐無稅，所以恤華商，其稅自洋藥（即鴉片）而外，均由各口局卡按貨抽釐而已，「每百石定收洋銀一元四角，不問貨

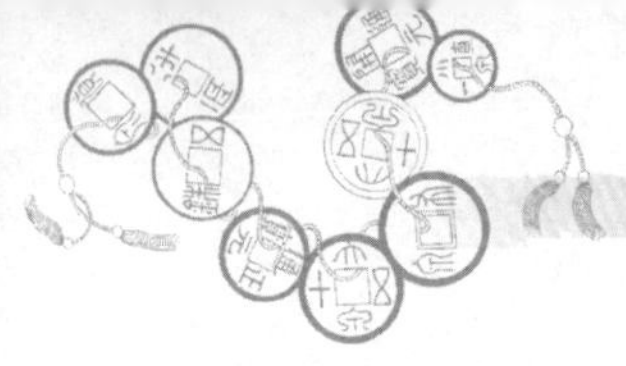

爲何物，亦不問精粗貴賤，統名船貨釐金，每計石照完」[97]。釐金以洋藥爲大宗，其稅特重，「向有隨收分治、育嬰、團練、郊行等費」[98]，故遞年徵收銀數屢有增損，《淡水廳志》云：

> 同治五年，淡水同知王鏞會同委員魯筠澤詳定：不論內地已抽、未抽，每洋藥一箱抽釐金六十圓，正、餘皆在內。華稅每箱二十八兩零，免其徵收，今仍之。每年抽無定額自五、六百箱至一千箱不等。總局設艋舺，向由府委辦理，今歸道署委員督收。[99]

惟釐金之徵收，績效不彰，事多費煩，未能起色，行之積年，所收無幾，而各貨時價，畸重畸輕，起驗未分，偷漏等弊尤難稽考，劉璈云：「竊查臺灣孤懸海外，人雜情浮，所有洋藥、茶腦、船貨各項釐金，前經官辦，章程不一，辦理互異，偷漏既多，費用又繁，以致徵數未能起色，甚至動生事端。豈盡委員之不力，亦由中外商民交涉、地勢聲勢皆有以限之耳。」[100]兼且「臺灣港汊紛歧，商販恒多繞越。所設局卡，因地制宜，隨時增損，不能一定，所收釐金，亦無常額。」[101]加之墨吏奸胥，任意侵漁，藉端訛索，官府爲省事端，仿承贌社港遺意，招商承領，按年繳稅，其名目及沿革據《臺灣通志》載：

> 一曰洋藥釐金：臺南自咸豐十一年始，至光緒元年改歸商辦：臺北自光緒七年始，即歸商辦。十三年裁，併入海關。一曰樟腦釐金：樟腦有防費，前已著之釐金者，取諸防費外者也。先

本贌商，同治九年，改官辦。光緒八年，與洋藥同歸商辦。光緒十三年，併入百貨釐金。一曰船貨釐金：始於同治二年，至光緒八年，與洋藥、樟腦，概歸商辦。光緒十二年，奉准停止，今所行者，曰百貨釐金，自光緒二十年六月始徵出口，不徵入口。[102]

釐金之招商承領，原意在杜胥吏之藉端科索，任意侵漁，後來交由地方紳商包辦，亦復弊竇百出，如新竹有所謂抽分稅，臺南有所謂斛船稅[103]，名目繁多，稅率不一，行之未善，徒供中飽。光緒十三年（1887），巡撫劉銘傳諭定，將全臺船貨釐金及抽分、斛船等項名目一概裁免，仿照內地按貨抽釐，以除風弊[104]。時於臺北設釐金總局，由布政使掌管，收歸官辦，統一稅則，抽釐課徵，以出口貨物爲限；進口貨物，除鴉片外，概予豁免。茲摘列其出口行商章程於後：

1.內地各省釐金，概係兩起兩驗。臺灣重洋遠隔，航海貿易，販運維艱，不得不從輕核議。茲定進口貨物除洋藥一項照舊抽收外，其餘進口百貨，一概免抽釐金，以示體恤。
2.內地各省貨物，無論肩挑販運，逢卡概須呈驗，方准放行。茲念臺地貿易初開，凡南北陸路各處，不設卡查驗，任商賈販貨，就地交易，挑運往來，不抽釐金，以省滋擾。惟貨物下船，方抽釐金。
3.此次議抽出口釐金，僅於海口設局驗收，體恤商情，可謂至矣。凡郊行儎貨下船，應將所發貨件斛兩開明，交駁船前赴

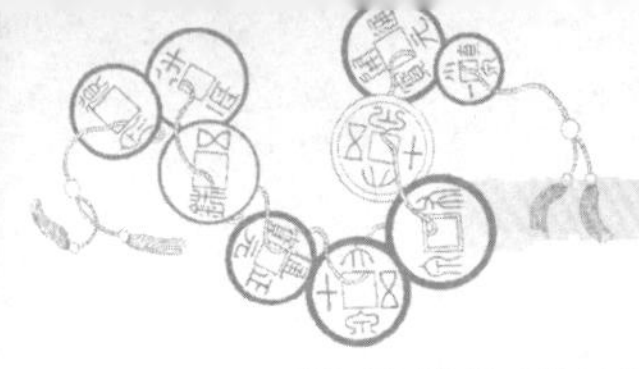

分局報明，由局逐一秤量，按則徵收，給與完單，方准盤上大船。倘不先赴分局報完釐金，擅行下船者，即以偷漏論，除令繳足正款釐金外，照應完之釐三倍處罰，以示儆警。

4.客商置貨，必有發票，運貨必有行單。於報釐時，將發票、行單隨時呈驗。如果票、單與貨物不符，照章議罰。若自置貨物並無發單，及自行運貨，並不投行，均按貨照章抽收，不得留難阻滯。

5.議按貨物抽釐，均照在地出產價值，從減徵收。凡貨物未及備載章程者，均照成章，每百圓抽釐五圓，與內地稅釐值百抽五之例相符。

6.按邊船儎貨出口，從前不納船貨釐金。然出口百貨既議徵抽，自當一律嚴徵，以昭平允。所有按邊船在本口局卡完納釐金後，准運到別口銷售，船抵該口，應該所發完單，呈進該口局卡驗明，方准起卸。倘貨單不符，即扣留究辦，以杜影射。

7.商船裝貨滿儎，完清釐金後，請牌出口，應將船牌呈請設口分局，於牌上蓋用「釐金完清」戳記，方准出口。倘有任意開駛者，即嚴行究罰，以重釐務。

8.釐金爲維正之供，例應徵紋銀。第臺例向來皆通用番銀，市間無從專收紋銀。茲議完納釐金，仍以七二番銀兌收，每百兩，繳補水銀六兩。無論輕殘破裂，均准交納，用七二庫秤兌收，以順輿情[105]。

總而言之，臺地無常稅海關，早期承鄭氏之舊，郊商販運，其時貿易未盛，稅項亦少，以納餉稅爲主，其項目有厝餉、港餉，而以船稅爲重，按其樑頭大小以擔計，由文武兩口稽查徵收。開港後因太平天國之亂，徵賦爲難，故有釐金之課，按貨抽釐，由釐金局卡查驗徵收，僅限出口貨物，稅率甚輕，官府之體恤郊商至矣！至若胥吏之藉端訛索，陋規百出，與夫招商承贌，任彼強橫科索，中飽侵吞，商賈病之，多請裁撤，歸併海關，而朝廷不聽。則其秕政矣！除官府稅釐之徵，而郊商亦有私徵，以充廟祀義舉之款，然必稟官出示，以杜紛爭，其詳見第三章第三節，此處不贅。

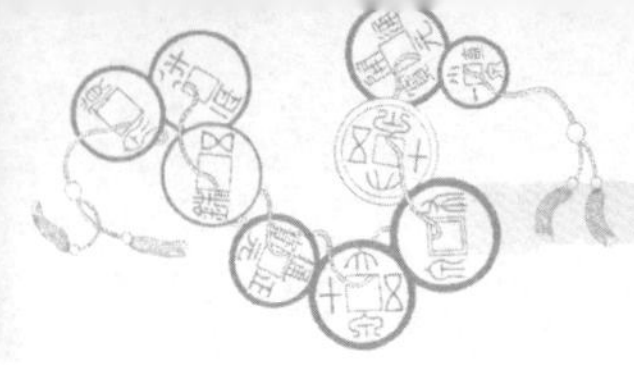

註釋

❶詳見周鍾瑄，《諸羅縣志》，卷一〈封域志・山川〉，頁一二～一七（臺銀文叢第一四一種）。

❷謝金鑾，《續修臺灣縣志》，卷一〈地志・物產〉，頁五二（臺銀文叢第一四〇種）。

❸黃叔璥，《臺海使槎錄》，卷二〈赤嵌筆談・商販〉，頁四七～四八（臺銀文叢第四種）。

❹詳見《臺灣私法商事編》第一章第二節之〈臺南三郊之組織、事業及沿革〉，頁一三（臺銀文叢第九一種）。

❺同上註。

❻余文儀，《臺灣府志》，卷二規制〈街市〉之「笨港街」，頁八七（臺銀文叢第一二一種）。

❼倪贊元，《雲林縣采訪冊》，〈大槺榔東堡〉「街市」，頁四七（臺銀文叢第三七種）。

❽倪贊元，前引書，〈海豐堡〉「港」項，頁八二。

❾同上註，頁八五。

❿倪贊元，前引書，〈斗六堡〉「風俗」，頁二九。

⓫同上註，頁三二。

⓬周璽，《彰化縣志》，卷九〈風俗志・商賈〉，頁二九〇（臺銀文叢第一五六種）。

⓭見蔡嵩林，〈往昔之鹿港〉，《民俗臺灣》第三卷第三號，頁十六～十七（日本昭和十八年三月五日發行）。

⓮周璽，前引書，卷一〈封域志・海道〉，頁二三。

⓯周璽，前引書，卷十〈物產志・貨〉，頁三五七～三五八。

⓰同註⓬。

⓱同註⓮，頁二四～二五。
⓲詳見張炳楠，〈鹿港開港史〉，《臺灣文獻》第十九卷一期，頁一～四四（民國五十七年三月出版）。
⓳陳朝龍，《新竹縣志初稿》，卷五〈風俗考・商賈〉，頁一七七（臺銀文叢第六一種）。
⓴見《樹杞林志》，〈風俗考・商賈〉，頁九八（臺銀文叢第六三種）。
㉑見《臺灣省新竹縣志》，第六卷七篇五章四節「港灣」，頁六六～七三，暨第十篇第五章「海港」，頁二一一～二一六（新竹縣文獻委員會，民國四十六年五月編纂，六十五年六月付印）。
㉒同上註。
㉓陳培桂，《淡水廳志》，卷十一〈風俗考・商賈〉，頁二九八～二九九（臺銀文叢第一七二種）。
㉔詳見《臺北市志》，卷一〈沿革志〉，頁三三（臺北市文獻委員會，民國五十九年六月卅日出版）。
㉕詳見陳淑均，《噶瑪蘭廳志》，卷七〈雜識・紀文〉，頁三五二（臺銀文叢第一六〇種）。
㉖陳淑均，前引書，卷二〈規制・海防〉，頁四二。
㉗詳見柯培元，《噶瑪蘭志略》，卷十一〈風俗志・商賈〉，頁一一七（臺銀文叢第九二種）。
㉘陳淑均，前引書，卷五〈風俗・商賈〉，頁一九七。
㉙同前引書，卷六〈物產・貨幣之屬〉，頁三二七。
㉚同前引書，卷五〈風俗・海船〉，而二一七～二一八。
㉛同上註。
㉜林豪，《澎湖廳志》，卷九〈風俗・服習〉，頁二〇六（臺銀文叢第一六四種）。
㉝同上註。
㉞同上註。
㉟同前引書，頁三〇八。
㊱丁紹儀，《東瀛識略》，頁二四（臺銀文叢第二種）。

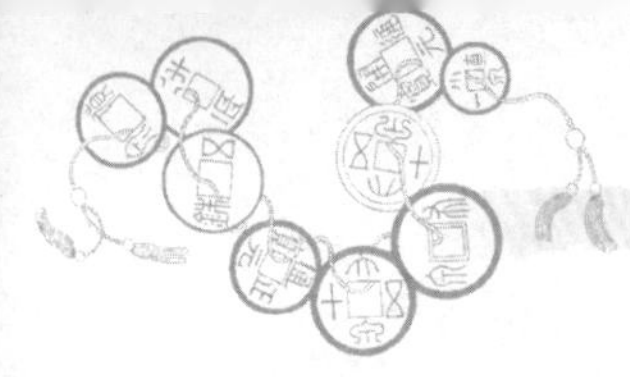

㊲参見林滿紅，《茶、糖、樟腦業與晚清臺灣》一書，臺灣銀行經濟研究室，民國六十七年五月出版（臺灣研究叢刊第一一五種）。

㊳詳見《臨時臺灣舊慣調查會第一部調查第三回報告書》之「臺灣私法第三卷」上第四編第二章第四節「商人之種類」，頁二一二，日本明治四十三年十二月印刷。

㊴同前引文，頁二一三。

㊵同前註。按，陳朝龍《新竹采訪冊》卷七〈風俗〉「生番風俗」略謂漢人原住民之交易，以物易物，稱「斗換」，仲介之漢人，謂之「番割」。

㊶同前引文，頁二一四。

㊷同註㉘。

㊸同註㉜。

㊹同註㊶。

㊺同上。

㊻詳見註㊳前引書，第八節「店鋪」，頁二二六。

㊼詳見前註前引書，第五章第八節第四款第三項「棧之寄託」，頁四八一～四九四。

㊽同註㊻前引文，頁二二七～二二八，暨《臺灣省通志》卷四〈經濟志・商業篇〉，第一章第二節第二項「商業習慣成例」，頁五～六，臺灣省文獻委員會，民國五十九年六月。

㊾詳見《臺灣私法》第三卷，第四編第二章第十節「帳簿」，頁二三一。

㊿詳見《臺灣省通志》卷四〈經濟志・商業篇〉，頁四～五。

51見范咸，《重修臺灣府志》卷二〈規制・海防〉，頁九〇～九一（臺銀文叢第一〇五種）。

52周凱，《廈門志》，卷五〈船政略・商船〉，頁一六六（臺銀文叢第九五種）。

53同前註前引文，頁一七一。

54朱景英，《海東札記》，卷二〈記洋澳〉，頁一五（臺銀文叢第一九種）。

55同註52。

(56)同前註前引文，頁一六八。
(57)同前註。
(58)同前註。
(59)范咸，前引書，頁八九～九〇。
(60)黃叔璥，前引書，卷一〈赤嵌筆談・海船〉，頁一七。
(61)周凱，前引書，卷十五〈風俗記・俗尚〉，頁六四五。
(62)同註㉓。
(63)陳淑均，前引書，頁四五。
(64)同註㉗。
(65)周凱，前引書，卷四〈防海略〉島嶼港澳「臺澎海道考」，頁一三七～一三八。
(66)王必昌，《重修臺灣縣志》，卷四〈賦役志・雜餉〉，頁一二一（臺銀文叢第一一三種）。
(67)王必昌，前引書，卷二〈山水志・海道〉，頁六一。
(68)詳見《臺灣私法》第三卷第八章第二節第一款「船舶之種類」，頁三七九～三八二。
(69)同註(60)。
(70)如臺南三郊之議定「竹筏運資決議書」、「運費率」等，見《臺灣私法商事編》，頁二七～四一。
(71)Imbault Huart, *Lite Formose Historire et Description*，頁三三，黎烈文譯（臺灣研究叢刊第五十六種）。
(72)佐倉孫山，《臺風雜記》，頁二五～二六（臺銀文叢第一〇七種）。
(73)陳文達，《臺灣縣志》，〈輿地志・風俗〉，頁五八（臺銀文叢第一〇三種）。
(74)周璽，前引文，頁二九二。
(75)陳淑均，前引書，頁一九六。
(76)詳見陳淑均，前引書，卷四〈武備・武功〉，頁一八五~一八六。
(77)詳見廖漢臣，〈艋舺沿革志〉，《臺北文物》第二卷一期，頁一五（民國四十二年四月十五日出版）。

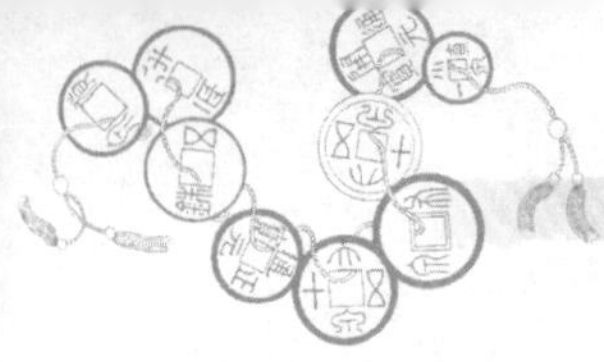

❼詳見林咏榮，〈臺南古運河〉，《臺南文化》第三卷四期，頁一七（民國四十三年四月卅日出版）。

❼詳見林會承，〈清末鹿港街鎮結構研究〉，《臺灣文獻》第卅一卷四期，頁一〇二～一〇三（民國六十九年十二月卅一日出版）。

❽詳見《淡新檔案選錄行政編初集》第三七~四三號有關文件，頁四〇～四七（臺銀文叢二九五種）。

❽《臺灣通志》，〈餉稅〉之「雜餉」，頁二三一（臺銀文叢第一三〇種）。

❽周鍾瑄，《諸羅縣志》，卷六〈賦役志・餉稅〉，頁一〇四。

❽同註❽前引文，頁二三二。

❽同上註。

❽同註❽。

❽見藍鼎元，《平臺紀略》，附錄「與吳觀察論治臺灣事宜書」，頁五一（臺銀文叢第一四種）。

❽陳培桂，《淡水廳志》，卷七〈武備志・海防〉，頁一八五～一八六。

❽見《新竹縣制度考》之「口費」，頁九九（臺銀文叢第一〇一種）。

❽同註❽。

❾同註❽前引文，頁二五一。

❾同前註。

❾詳見鄭孝胥，《福建通紀》，十一〈賦稅志・雜稅〉，頁七三二（臺北，大通書局，民國五十七年十一月）。

❾周凱，前引書，卷七〈關賦略・稅口〉，頁一九七。

❾詳見周凱，前引文之「關稅科則」，頁二〇二～二二四。

❾陳培桂，前引書，卷四〈賦役志・關榷〉，頁一一三。

❾詳見周憲文《清代臺灣經濟史》，〈賦稅〉之「釐金」，頁一〇九（臺銀研叢第四五種，民國四十六年三月）。

❾唐贊袞，《臺陽見聞錄》，卷上〈籌餉・茶釐〉，頁七一（臺銀文叢第三〇種）。

❾詳見劉璈，《巡臺退思錄》第二冊之〈稟臺南北各商承辦洋藥、茶腦、船

貨稅釐情形由〉，頁一〇七～一〇八（臺銀文叢第二一種）。

❾❾同註❾❺。

❶⓿⓿同註❾❽。

❶⓿❶《臺灣通志》，〈茶釐〉，頁二五六。

❶⓿❷同前註。

❶⓿❸詳見《新竹縣志稿》，卷二〈賦役志・釐金〉，頁八三。

❶⓿❹同前註。

❶⓿❺同前註。

第五章

行郊之組織功能

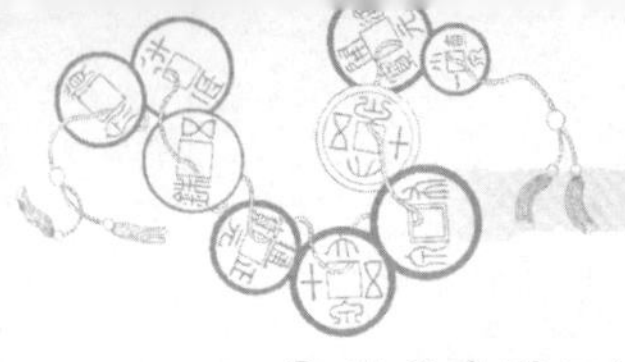

第一節　經濟功能

港埠設郊之目的，對內言，在於同業互相扶助，解決困難，排解紛議，避免競爭，保持彼此情誼；對外言，於商情之困苦，稟請官衙使能溝通，以謀求共同利益及商業之發展。行郊因具有監督商業道德、商人行爲、保持商譽、左右同業、操縱物價及壟斷市場等等經濟功能，故須訂立規約明定之，以便管理。郊規之內容，除有關郊員之加入退出、除名及其他權利義務，爐主與董事之輪值、推舉及其執務準則外，尚規定各種商事規約。行郊所議定之章則，各郊員均應遵守固不待言，其效力往往及於郊外之商人。茲分述如後：

第一，壟斷市場，操縱物價：臺灣在清領初期，經濟形態即爲自給自足。嗣因大陸商業發達，臺灣拓墾日廣，大量資金逐漸流入本島，遂有行郊之組成，從事各項商業貿易，惟因行郊之組織居於獨佔地位，支配市場，不無壟斷市場，窒息商業自由發展之嫌。緣行郊之組成，一方阻止其他商人插手經營，一方操縱某些物品供應來源，自會壟斷市場，如《淡水廳志》言煤之「買賣俱令投行，官爲查察調度。如有不就行郊，自向煤礦買運，以違約論」[1]。行郊既能擁有貿易獨佔權，壟斷市場，於短期物價之協定，長期物價之波動均能控制。蓋透過「包商」之制度，「買青」之借貸，取得產品購買控制權，肯勒生產業者，時而造成生產過剩或不足，掌握產銷利權，操縱市價[2]。郊行不僅能操縱市場價格，餘如勞工工資、運輸費用等亦能左右之。故諸郊郊規中明定各種商事規約，如磅工和苦力之工資、竹筏運費、銀砣標準、船貨捐分、船舶配運及限定口岸不得越港攬載、司傳之僱用與夫交易上之各種議定等，均有明確之規定以資操縱[3]。

第二，統一度量，防杜作弊：清代臺島之幣制、度量衡極爲紊亂，商業交易迭起糾紛。故諸郊於寺廟或會所內，置有公秤、公磅、公斗、公量等，爲各行商交易秤量之標準，經其秤量，稱爲公覆，不許異議[4]。除此並於郊規中嚴禁不道德之行爲，如私自削價、惡性競爭、摻雜作弊、惡性倒閉、逃漏抽分、舞弄郊規等[5]，以維持信用，保護商譽。

第三，保衛財富，仲裁糾紛：由於郊商貿遷有無，博取贏利，財富不尠，成爲不法歹徒之目標，有時身懷鉅款，出外交接，常有匪徒伺機劫掠滋擾，故有訂立保衛條規，無事則各安恆業，有警則互相救援，協定究追盜劫[6]。諸郊不僅有郊規之釐定以維持商譽，發展商務，於同業間之糾紛亦可仲裁。郊對違反郊規之郊員有裁決權與處罰權，輕者罰銀（充公費）、罰酒筵、分檳榔、罰燈彩、罰戲碼，重者開除郊籍，同盟絕交不與往來，嚴重者送官究辦。郊之處罰，稱之公罰，其處罰乃基於其自治規範，故官署亦予承認[7]。此外，有時郊員對其交往之商號或有交易以外之爭執，甚或郊外商行之商事爭執、民間一般民事爭執，郊亦加以調處。此時爐主邀集老成曉事之爐下若干人，聽取雙方之詞，秉公調停。調處原無絕對拘束力，受調處人不服，可以再爭辯或告官，惟事實上，再爭辯或

告官者甚少。

第四，溝通官衙，協調商困：郊在實際上，對郊員，甚至對地方一般商號，具有優越地位，而官署亦承認其地位，凡關於商事之爭執，命郊予以調處，並就地方行政事務，賦予相當權限。故地方官員對郊中董事「以禮相待，很少有任意指喚的情形發生」，「董事的權力甚大，地位也相當崇高，足可和地方官員平起平坐」[8]。故行郊往往視商情之艱困與官府交涉溝通，唐贊袞《臺陽見聞錄》記：

> 光緒十二年間，開辦稅釐，准各行郊興用報票，給發運照，外來土貨，由出口時完納釐金一次。先後（在）東石口、布袋嘴、港仔寮，添設分卡，就此產貨之區，一律按則抽收。嗣因各行郊具稟：一則以現錢不便攜帶，一則以運貨晉府完過釐金出口，又須完釐，一貨重抽，商民苦累，是以議給運單報票，准由府城出口完釐一次。濟餉之中，仍寓體恤之意也。[9]

臺灣行商組織「郊」，對經濟發展有其消極與積極作用。以消極言，有壟斷市場、操縱市價之嫌，阻礙經濟發展、商業進步；就積極言，於抵制客商、洋商、維持產品水準上，甚有貢獻。要之，行郊經濟功能不外乎：(1)對外保護同業，抵制客商，壟斷市場，操縱物價。(2)對內釐定郊規，檢定商品，維持商譽，避免同業間惡性競爭與仲裁商事糾紛。且同業間倘市面欠佳，經營不善，或擴大營業，周轉困難，可給予融資借貸，渡過難關。(3)溝通官衙，稟呈商情艱困，以發展商務，保護商權。可知其操縱民生經濟之勢力。

至於港埠行郊之成立，使得巨賈雲集，舟車輻輳，百物駢集，其所在地廛市毗連，闤闠鼎盛，形成鬧市街衢，促使社會繁榮，民生富裕，也未嘗不可視爲其經濟功能之流亞。

行商組織「郊」，其目的應在促進共同之商業利益，然其後竟兼理宗教、行政、社會、文化諸事，成爲一高度功能普化之組織，原有之經濟功能反屈居於後，實已失其本意。至嘉道年間，行郊愈分愈多，小郊紛紛成立，如布郊、綢緞郊、紙郊、藥材郊、絲線郊……等，一方面表示臺島工商業之發達，再則顯示專業分工日密，行數日增。如成立於光緒年間之大稻埕茶郊永和興，其組織雖採爐主制，惟其辦公地點非在寺廟，而是在爐主宅，已較無宗教氣息；郊員之加入均爲大稻埕之華人茶商，並無籍貫之分野；而對於從事茶業之工人，如茶工、鉛工、箱工等予以保障救濟，病者爲之延醫施藥，死者爲之購棺埋葬，其經費則由茶葉交易時抽課；其他如注重產品贗假之預防與懲罰，提供度量衡標準等，在在無不顯示其功能之專業化及組織之進步——化除神權主義及鄉黨主義，故其成立後，於產品品質之管制，業者彼此間之和諧，工人之保障救濟，對官府之建議均斐然有成[10]。觀此，亦可知行郊愈到後來，已能重視健全本身行業，改善其組織，以求專業化，提升其經濟功能。

第二節　宗教功能

宗教爲人類社會生活之不可或缺，宗教信仰之所以如此悠久普及於人類社會中，乃因宗教於人類社會之存在有其重要之功能意義。研究宗教行爲之人類學家，認爲宗教存在於人類社會有三大功能，即生存功能、整合功能與認知功能。所謂生存功能是指宗教信仰可彌補安慰人類在與自然奮鬥以求生存之過程中所產生之挫折與憂慮；所謂整合功能即藉宗教之信仰使人類社會生活更爲充滿和諧；而認知功能是指宗教信仰維持人類認知過程之持續發展[11]。人類宗教信仰之發展，常因時代環境之變遷而轉換其功能，或者在某時期、某社會，某一因素占較重地位，因此其發揮之功能則較明顯；或者三種因素同居重要，因而就共同發揮三種功能。換言之，從宗教之流布區域及進行途徑上，可看出此三種功能發展之始末輕重，甚至可看出一個國家社會之興衰隆替。而臺島之開發拓墾中，寺廟之興建衍傳過程爲一極佳之例證。

臺島寺廟之興建可分爲四期說明[12]：

第一期是寺廟萌芽期，約爲清初以迄乾隆中葉。此期中，閩粵居民迫於社會動亂，人口增漲，生活困苦，相率覓食於臺，遂遠涉重洋，歷經風濤來臺，抵臺之後，蠻煙瘴雨，土性浮鬆，復遭瘴癘之氣，水土不服，而旱潦、暴風、山崩、地震等天災地變，歲時有之，再則居民五方雜處，分類械鬥，強食弱肉，又須躲避番害，覓地重墾，在如此極不安定環境下，禳災求福，祈神庇佑之念特熾，於是或掛香火於田寮、公厝、住屋等，朝夕膜拜，待經濟能力稍可，醵資粗造小祠，以爲答報神恩。故此時期寺廟之興建，其規模則因陋就簡，分佈稀疏，純屬宗教之生存功能。

第二期爲寺廟奠基期，時爲乾嘉年間。此時防番略見功效，開墾稍有成就，村莊基礎初奠，漢人漸形定居，寺廟漸多，分佈稍密，故此時期以土地祠之普設爲特徵。由於墾民慘澹經營，蹤跡所至，莫不設有簡陋土地祠，「田頭田尾土地公」，常爲墾民祈求五穀豐登、合境平安，是以此時期猶偏重宗教之生存功能。

第三期爲寺廟發展期，乃道咸年間。此期承前期之趨勢，村莊基礎愈形穩固安定，開拓事業之大展，使村莊愈形發達，形成街肆，闤闠鼎盛，諸神崇祀隨之增加，寺廟林立，盛極一時。由於集群而居，社會日趨複雜，寺廟發揮了整合群體、鞏固社會規範之功能，是爲整合功能之重要時期，惟此時生存功能未廢。

第四期爲寺廟推廣期，爲同光年間之時。此時期文治武備燦然而具，各地村莊由街肆更發展成市鎮。自是商業鼎盛，人文薈萃，於是寺廟益多，分佈日廣，規模愈具。此期之宗教特色有：(1)文廟、城隍廟、社稷壇、節孝祠等官方寺廟之興建。(2)文昌祠之興建。(3)齋堂之興建。(4)職業行神之隆盛。(5)家廟宗祠之興建。是知寺廟之興衰與社會發展息息相關，而隨著市鎮機能之轉變擴展，不同性質之寺廟亦隨著有所興衰。從此期特色，知此時期偏重認知功能、整合功能，而生存功能極其微末。

從以上臺島寺廟興建衍遷之發展過程中，吾人可得三點認知：

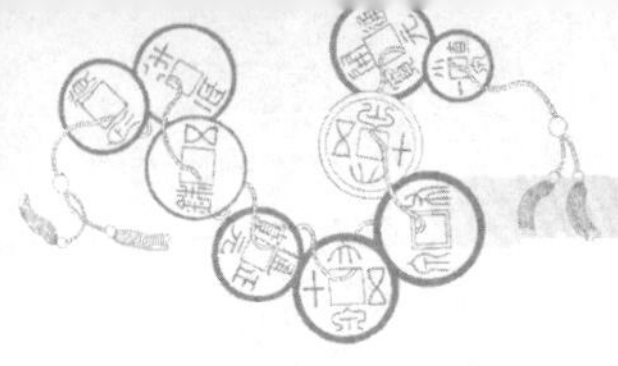

1.宗教三功能之發展順序，是由生存、整合，而後認知而來，其決定因素是以開拓之早晚與社會之繁榮爲主，易言之，從宗教功能之發展偏重，亦反映了當時國家之隆替與社會之興衰。

2.宗教之三功能，可單獨具有，也可同時兼具，或重或輕，或先或後，端視當時社會環境及人文發展而決定，但生存功能則似乎無時不有，只有輕重之別，並未隨社會之發達而淘汰。

3.凡愈具認知功能者，表示其國家社會愈是安定繁榮，人文薈萃，教育普及；反之愈具生存功能，若非該國家社會尙屬初創始啓時期，便是正處於動亂不安時期。

臺灣寺廟除具有上述宗教之三功能外，尙具有其他世俗功能。清代臺灣社會，因臺島荒蕪初啓，天災疫害頻仍，加以官府力量薄弱，兵燹屢屢，民間互助合作之風氣特盛，常有結社組織，多由同鄉、同族或同業組成，以共同信仰神明爲中心而結合之，因之促成寺廟之興建發展。故臺灣廟宇不僅是民間信仰中心，同時也成爲聚落自治及行會自治之中心，具有自衛、自治、涉外、社交、教化、文化、娛樂等多元化之社會功能，舉凡地方之治安、產業、交通、教育、聯誼、娛樂……等，莫不透過寺廟以推行。明乎此，實知寺廟之與地方發展息息相關。我拓臺先民往往運用寺廟推進地方建設，興辦慈善公益事業，進而教化百姓，平定變亂，維持社會秩序，促進商務繁榮[13]。是以臺灣寺廟除宗教功能之外，又具有其他多種世俗功能，且爲配合當時社會環境之發展，必須經常調整運轉其功能，否則即會慘遭淘汰或沒落。故臺灣之宗教，雖是社會生活中不可或缺之部分，卻經常淪爲其他社會制度，特別是政治與經濟制度之附屬品，具有濃厚之功利主義色彩[14]。

郊商既爲經營臺灣與大陸間省區貿易之躉貨批發者，海上貿易，胥賴海船往返臺灣海峽，當時航海術未臻發達，船隻設備簡陋，遠涉重洋，風濤險惡，爲祈路途平安，人貨兩全，贏利而回，是以對職司「航海」之神明奉爲守護神，尊崇特加。而媽祖與水仙王皆爲航海守護神，故爲郊商海客所崇信，尊爲安瀾之神。故媽祖及水仙王爲臺島各地行郊奉祀之行神，至於關帝聖君、眞武大帝、觀音佛祖之奉祀，其數較少，且爲後來之事。茲志諸位神明略歷於後：

天上聖母：俗稱媽祖、馬祖、媽祖婆、天妃、天后，或以分祀來源之不同，有湄州媽（莆田縣）、銀同媽（同安縣）、溫陵媽（泉州）等別稱。相傳聖母爲福建莆田湄洲嶼林氏女，歿而靈爽昭著，沿海各省士民奉之爲救苦救難之海神。歷代均見加封，宋、元、明封爲天妃，清代封號天后，歷朝每有賜額表彰，而臺灣各地亦先後建祠。往時大陸徙臺移民，飄泊海洋，於驚濤駭浪中，祈禱媽祖，往往應驗，故渡海者、營商者多捧持神像香火來臺，並奉置船中，信仰誠篤。非但海難常賴神庥，其後竟變爲無事不佑之萬能女神，崇祀極爲隆盛，成爲全臺民間所共奉之神祇。每年農曆三月廿三日神誕，號稱「媽祖生」，或秋季出巡遊境，祭典極爲隆重，熱鬧非凡[15]。媽祖原是我國沿海居民所共同尊奉之神祇，臺島居民

既亦奉之為共同神明，顯然表示臺灣社會內地化之趨向，而尊奉媽祖為共同神明之形成，亦可視為臺灣社會消除舊有移墾原籍地域觀念之一重要里程碑[16]。

水仙尊王：或簡稱水仙王，為保護航海平安之神，乃沿海居民、舟夫及郊商海客所崇信。臺灣之水仙王廟有單祀一尊，有並祀五尊者。一尊者，即禹王，蓋以其治水有功，故奉為水神，其神像作面貌莊嚴之帝王像。五尊者，或云即禹王、伍員、屈原、王勃及李白五人，或云是禹王、伍員、屈原、項羽、奡，也有易奡為魯班，項羽為項籍，諸說不一，要之皆與水或海有深厚關係之古聖先賢，而其中以禹、伍、屈、王、李五人之說最盛。俗傳禹平水土功在萬世；伍子胥浮鴟夷以遁；屈子憂國投汨羅；王勃省親交趾溺於南海；李白鄙視塵俗沉於采石，歿而為神，理頗近焉。前人相傳有「划水仙」一法，於海舶倘遭狂颶，危不可保時用之。其法，在船諸人，各披髮蹲舷間，或執食箸或空手作撥棹勢，假口作鉦鼓聲，如五月競渡狀，雖檣傾柁折，亦可破浪穿風，疾飛抵岸，雖云屢有徵驗，揆之實情，必無其事，純屬無稽迷信。往昔每年農曆十月十日水仙王誕辰，祭典盛大，人山人海，惟早期固為郊商所崇奉，其後則為媽祖所取代，於今則冷落孤寂，民間甚且有不知該神者[17]。

關帝聖君：即漢壽亭侯關壯繆，俗稱關公、關羽、關老爺、關帝爺、帝君爺。其事蹟家喻戶曉，忠義大節，為後世所崇仰，茲不贅敘。惟其附會特多，民間信仰複雜多歧，例如：(1)以其武勇絕倫，護國佑民，而奉祀為武神，號稱關聖帝君、武聖君或武聖帝君。相傳昉於宋代，經元、明而不衰，清代尤盛，封號忠義神武靈佑仁勇威顯關聖大帝，又將關帝廟號稱武廟，一則貶抑岳飛地位，減低民間抗清思想，一則獎勵武人忠誠義勇之氣，俾與文廟並駕齊驅。且又尊號爲文衡聖帝，列爲五文昌之一，民間或稱關夫子、武聖人、山西天子、山西關夫子等。(2)佛教徒以其義氣足以護法，竟附會說：關羽殉節後，曾顯聖湖北玉泉山，承普靜禪師說法，歸依佛教，故稱護法爺、伽藍神或蓋天古佛。(3)通俗道教附會言：受命於玉皇大帝，把守南天門，監察凡間善惡，尊稱爲崇富眞君、協天大帝、三界伏魔大帝、翊漢天尊、武安尊王、恩主公、關恩主等，近年更有謠傳升格爲玉皇大帝，原玉皇大帝禪位。(4)民間俗信，商賈以爲帳簿係其首創，又因慕其義氣，而奉爲商戶之守護神。正因爲其爲三教及民間俗信所崇拜，成爲主要祀神之一，故在臺灣，關帝廟之成立，爲期較早，創建於明鄭時，蓋臺灣昔爲海外荒陬，需藉關帝威武以鎭番疆。其後隨地方之開發，有司之倡率，其祀愈隆，主要城市皆有建置，極爲普遍，一如媽祖廟然[18]。要之關帝在我國傳統觀念上，是被視爲義與信之象徵，因此商人每每以之爲保護神，關帝廟之普遍建立往往與該地區之經濟繁榮、市鎭興起或文治發達有關，故臺灣社會普遍尊奉關帝，非僅意味著宗教觀念之統一性增強，實亦顯示出中華文化之在臺普及與成長，與夫臺灣社會內地化之成功[19]。

觀音佛祖：尊號大慈大悲救苦救難觀世音，簡稱觀世音菩薩、觀音菩薩，臺灣民間則俗稱觀音媽、南海觀世音、聖宗古佛、妙善夫人，據謂尚有送子觀音、千手千眼觀音、白衣大士等三十八體（法相）稱呼。以其救苦救難，濟度衆生，信仰獨盛，歷久不衰。

祭典除農曆二月十九日誕辰外，有於六月十九日、九月十九日、十一月十九日亦舉行例祭[20]。

除此外，各行各郊又有其特別崇祀之神祇，或稱行神，或稱祖師爺，如香舖、絲線郊之祀九天玄女（即女媧娘娘，或稱九天娘娘、仙祖媽、連理媽），布郊、綢緞郊及染行之祀葛府仙翁（即葛洪），藥郊之祀華陀仙師、保生大帝（即吳眞人）等是。其他如理髮業者祀呂仙祖（即呂洞賓），屠宰業者祀上帝公（即玄天上帝），木匠之祀巧聖先師（即魯班），北管之福路派祀西秦王爺，北管之西皮派祀田都元師等等均是，茲不多舉。

我拓臺先民既以宗教爲其一切活動之中心，於是同一港埠之商賈自有其共同之宗教信仰，共同之宗教活動，從而養成共同思想，進行共同事業，解決共同問題，遂有「郊」之成立。固然「郊」之結合有其諸多動機因素，然不可否認，共同之宗教信仰給與相當之助力與約束力。郊商往來兩岸，其海洋風險明顯偏大，而商業活動的風險遠較其他行業變數更多，因此郊商對寺廟的修築，與各種迎神賽會的參與特熾，以祈求神明的回報。總之，宗教活動使參加之地區商賈發生社會關係，彼此互識結交，進而彼此互助互持，促進了「郊」組織之發展。

郊之組成既淵源於宗教，利用共同之信仰神明以召集團體，統治會中諸行號，推進本郊業務，而行郊領袖往往即爲主祭者，每年於行神之聖誕日例有大祭，屆時全體會員出席，祭後即舉行會議，商定本郊公共事宜，或改選爐主，或議定貨價，或處罰犯規者等等，咸在神前舉行，以示其神聖尊嚴與公平無私。最後共用神胙，並獻戲娛神，兼且自娛，藉以聯絡感情，加強團結。似此神權統治，帶有濃厚之宗教性質，是以其組織名稱多為宗教名詞，如會員之稱爐下、爐腳，執掌郊務及祭祀者稱爐王（由神前之香爐得名），其下有籤首（由神籤得名）協助辦理。而其改選則於每年神誕祭典日擲筶決定，稱之「過爐」。行郊之組織形態為神明會，故特重祭祀，其歲出經費率以祭祀事宜之支出為要，明訂於郊規，如臺南三郊規約明定：「值東應執公事，如佛生日宴會、鹿耳門普度、舺仔普度，及宴會、開港諸件，公費由三郊款內支銷。」[21]要之，行郊奉祀神明之主要用意，乃在求同業間之和樂相處，團結一致，禁止惡性競爭，如臺北大稻埕廈郊，在其郊規中，將崇奉天上聖母列為首章，依次各條款方再要求各會員之守信互助等事[22]。

舉此犖犖大端，可知行郊與宗教之密切關係，而寺廟在其間則扮演了一重要媒介角色，以推動其功能。

行郊係由同一行業之商賈組成，奉神明，設幫會，訂規約，以時集議，內以聯絡同業，外以交接別途自需有一集會辦事處。此辦事處或稱公所，或名會館，惟此多見於大陸各地行會，臺島少見，有之，亦不過鹿港之「鹿港泉郊會館」，澎湖之「臺廈郊實業會館」，餘者概是附屬於寺廟，或逕建寺廟以充聯誼自治之所，是寺廟成為行郊自衛、自治、議事、涉外之組織，兼為郊商之社交、教化、娛樂場所，充分發揮其社會功能。故臺灣各大寺廟之創建與修，各地郊商莫不踴躍捐輸且由郊商總其責，並兼任寺廟之董事。清代臺島寺廟何止千計，以文獻可徵者，舉例言之，有：淡水泉廈郊之與「福佑宮」，艋舺泉、北郊與「水仙宮、龍山寺、保安宮、

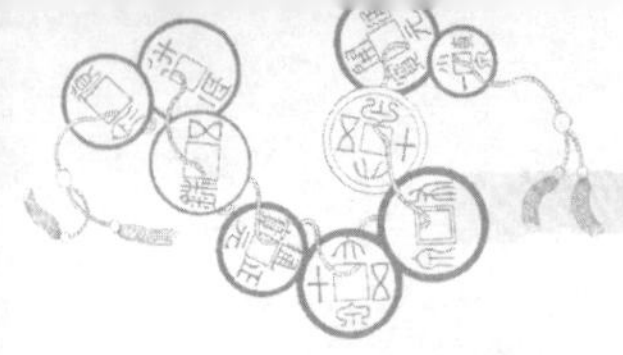

劍潭寺、新興宮」，大稻埕廈郊與「慈聖宮」，新竹塹郊之與「文廟、龍王廟、長和宮、水仙宮、大衆廟」，鹿港八郊之與「聖母宮、文武兩祠、龍山寺、天后宮、觀音亭」，梧棲水郊之與「眞武宮、朝元宮」，笨港諸郊與「朝天宮、奉天宮、水仙宮」，臺南各郊與「興清宮、彌陀寺、福德祠、關帝廟、開基武廟、旌義祠、普濟殿、雙慈亭、景福祠、大天后宮、藥王廟、元和宮、北極殿、天公壇、廣安宮」，鹽水港糖、布郊之與「護庇宮」，屏東港郊與「萬泉寺」，澎湖臺廈郊之與「水仙宮、無祀壇、西嶼塔廟、節孝祠、觀音亭、關帝廟、眞武廟、城隍廟、天后宮」等等均是[23]。其中多有一地修建寺廟，他地郊行郊商共同捐輸襄建者。而郊商既兼寺董，復爲當地之地方領袖，故寺董之決議，頗能改易執政者之決策。如光緒十年（1884）法軍進犯獅球嶺，當道擬欲南遷避其攖鋒，艋舺人士聞訊，群情鼎沸，諸寺董邀集衆紳商郊戶，聚議龍山寺後，決計協助官軍死守臺北，議決書附蓋龍山寺圖章，面呈防務大臣欽差劉銘傳，銘傳喜，從其議。翌年，劉銘傳由欽差大臣轉任臺灣巡撫，勵精圖治，大事興革，擬於艋舺料館口築通新莊大橋，橋之東端，適沖豪族黃川流之大門，氏恐沖其宅風水，僞造輿論，言該地不宜築橋，偷蓋龍山寺圖章，私自遞呈，劉不知其詐，竟如所請，改建於下游之大稻埕，即爲一例[24]。

至此，行郊之宗教功能可知矣！

第三節　文化功能

行郊之文化功能以建學宮、捐學租爲主。

自古興賢育才，教學爲先，風俗之醇，人才之盛，端賴學校化陶之，是以歷朝郅治，皆以學校爲要圖。清領臺灣近二百年，其文教設施，無非建設學宮，加廣學額，輔以書院，勤以訓課。他如義學、民學、社學，或官立或私立，遍佈全臺，凡此在在均有郊商紳富之參與，或倡謀捐建，或慷慨醵輸，或董理經營，茲志於後：

《淡水廳志》說「學海書院」：

在艋舺街南，原名文甲，道光十七年同知婁雲議建草店尾祖師廟北畔，未果行。是年，復據林國珖捐獻地基在下嵌莊，即今所。……二十三年同知曹謹續成之。[25]

其後之「學海書院租息」續記：

菁秤一款，道光二十六年總理張錦回獻充。本係艋郊私抽，每籃抽錢六丈。計觔一千，抽銀一角。二十六年，艋舺縣丞馮鳴鶴稟稱：每年出入得息，約七百千文，除雇工外，約剩四百餘千。同知黃開基諭董事蘇袞榮收繳。咸豐十一年，同知秋日覲改諭泉、北郊商爐主經管。同治六年，董事張書紳繳收。七年張書紳賤人定價銀四百圓。[26]

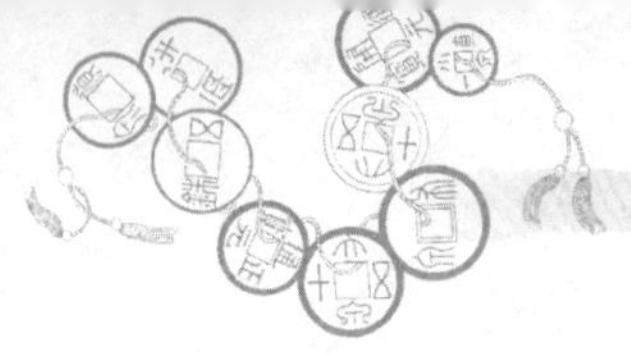

行郊自來即有抽收貨物稅釐，以充郊中公費，菁稅爲艋郊私抽中一款，交由學海書院作學租。而官府亦以書院每年款項盈餘，交由艋舺泉北郊貸放生息，子母相權，以充教育經費。此等事例甚多，如《臺灣教育碑記》一書附錄明志書院案底，卷二有光緒廿一年正月十一日士林舉人潘成清稟，文曰：

爲舉妥接保懇准立案事，緣光緒十八年，有董事金興文即陳獻琛、張鳳儀、陳儒林等辦理興直、擺接、八里坌等處院租事務，歷年將所收租項撥繳淡水學海書院，新莊山腳舊明志書院，並新明志書院。書院各款經費，當時係清保充，經選張振昌號即張春濤，保家具結在案。茲張春濤既已身故，振昌號生理甚不如初，現今董事各款，雖無欠繳，又不可不計於後。請將原保張振昌號之保家註銷，一面選舉妥保承接，以重公款。茲得艋舺街郊户德記號即例貢生賴成籌，殷實可靠，生理正旺，實堪擔保。[27]

在此稟後爲「臺北府正堂管批」之核准立案，隨後之「札淡水縣立案（札新竹縣同）」，內容雷同，茲不具錄重複。

《澎湖廳志》卷九〈風俗・服習〉條云：

花生既熟，鄉民每零星負運到街售買，而衙門人役之梟健者，勾連奸民，設一公斗以量，謂之斗牙。每量一抖，抽取三四文，實則藉此名色，合貲包買。……鄉民受虧而不敢爭論也。往者蔡通守麟祥深悉此弊，議令紳商設一公斗，舉一穩妥之

> 人，經理其事，每斗議抽兩文，除辛金雜費之外，以餘貲充入書院。此事從前嘗有行之者，以奸民阻撓而罷。然考淡水郊户，亦設菁舫公量，抽其微貲，爲學海書院膏火，然則仿而行之，亦興學除弊之一事也。[28]

文中之書院即爲澎湖文石書院。該書院建於乾隆三十二年（1767），咸豐以降，廢弛倒壞，光緒元年（1875）經地方官員、紳士及郊戶職員黃學周與其他郊戶殷戶共同捐貲重修，延聘主講[29]。無奈勸募有限，經費支絀，膏火猶薄，故有此議。

又如同治六年（1867）淡水同知嚴金清倡建義倉，勸諭紳商業戶公捐，於同年在竹塹及艋舺各建明善堂爲義倉，附以義塾，另撥捐穀充爲義塾經費，以興養立教。竹塹明善堂（即義倉）在新竹城南門內，係購城內義倉口街金姓舊屋改築，參與此役之捐輸者，多爲塹郊金長和中之聞名郊商。附設之義塾，直至光緒十七年（1891），方由知縣葉意深移入明志書院，自爲塾長，另爲發展[30]。

要之，清代臺灣各府縣之儒學、書院、義學、社學及祀孔等經費，概由學租與捐款支付，其來源固由鄉紳郊商捐獻，而膏火盈餘之賃放生息亦委由郊商辦理。他如民學義塾之設立，及經費籌措施，郊商之出力更不待言。

學租之獻，郊商既能樂予捐輸，則學宮之建，自無置身其外之理。《臺灣南部碑文集成》（以下簡稱《南碑集成》）之「重修臺灣府學明倫堂碑記」云：

> 臺陽平定，已及百年，詩書絃誦，人文蔚起，而郡學之明倫

> 堂……歷有年所，風雨侵蝕，勢不能免，數十年前曾有起而新之者，今則棟樑榱桷，漸就剝落，麟等講學其中，甕不自安，爰請府憲萬公，共謀修築……飭材庀工，始於庚子仲春，成於初秋，凡六閱月而工竣，自堂內外，莫不煥然一新……而臺中紳庶所有樂助捐輸者，咸勒於石，誌不忘云。[31]

碑末即爲捐輸者姓氏，前三名捐獻最多，也即是「北郊蘇萬利捐銀二百元、南郊金永順捐銀二百元、糖郊李勝興捐銀二百元」。

另《明清臺灣碑碣選集》（以下簡稱《臺碑選集》）收有「修造臺澎提學道署初記」及「修造臺澎提學道署再記」，二碑立於同治三年，碑文有「是役也，計糜餅紋逾萬，出於紳商樂輸者多」，「是役也，需金逾萬，官帑不足，捐諸紳商，急公可尙也」[32]，碑末雖未開列捐輸者芳名，但以此需金逾萬之重大工役，且「捐諸紳商」，以理度之，郊商自無不樂輸捐獻，共襄盛舉之理。

又如新竹文廟之建，據「文廟碑」載：

> 是役也，倡謀捐建，不憚勤勞者，正總理則有林璽、林紹賢等，副總理則有鄭用錫、郭成金等；若吳振利、羅秀麗、陳建興、吳金吉、莊炳文共董其事，亦與有力焉。糜金三萬一千六百有奇，不費公帑一絲。肇工於嘉慶二十二年十二月十五日，告竣於道光四年四月初十日。……捐貲之姓氏數目，則更勒一碣云。[33]

其中如鄭用錫、吳振利、陳建興、吳金吉等皆爲塹郊之知名郊商。碑末云另有一碣記捐貲者之姓氏，惜今已佚失，而《新竹縣采訪冊》及《淡水廳志》二書均未將碣文納入，否則當有更多之佐證。其後光緒十三年新竹試院之創建，亦有郊商林恆茂、李陵茂、王瑤記等之捐貲襄助，茲不另述[34]。

行郊亦有「郊籍」之泮額。光緒十八年（1892），蔣師轍奉命來臺襄校試卷，著有《臺遊日記》，四月九日記：

覆試二府童文，俗所謂總覆也。……俗以隸籍黌舍爲大榮，每覆試榜出，爆竹鼓吹之聲，喧鬧竟夕。聞謁聖後藍衫肩輿，鼓吹前導，遍拜親故，往往經歲不已。……閩、粵之外，又有番籍。（下略）[35]

「閩粵」二字下，原註云：

乾隆五年（1740）巡視臺灣御史兼學政楊二酉奏，粵民流寓入籍，均有户册可稽，閩童恐其占籍，攻擊惟嚴，應另編爲新號應試。照小學例，四色通校共取進八名，附入府學。又有郊籍，亦附府學，臺灣府二名，臺南府三名。

蔣氏初來臺島，不知「行郊」，乍睹「郊籍」不知所以，不免「不解所謂」[36]。故例府縣泮額應視錢糧爲差，郊籍之由來，據連横《臺灣通史》〈教育志〉云：

及蔡牽之役，臺人士義勇奉公，郊商亦捐餉助軍。事後，奏增泮額，並定郊籍三名，附於府學，以爲郊商子弟考試之途。[37]

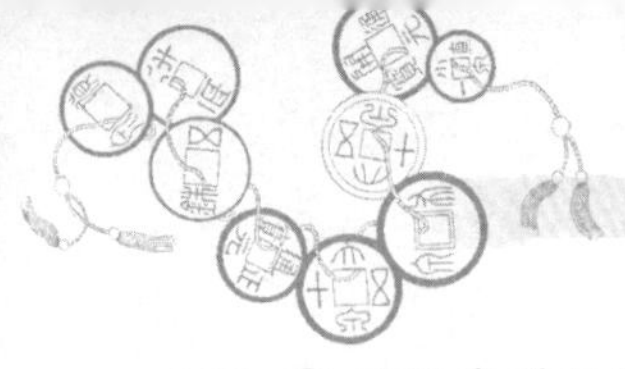

是知郊商於蔡牽之役，捐餉助軍有功，獲得泮額三名，爲子弟取得科舉及出貢資格之捷徑。惟光緒十三年建省，移臺灣府縣於今臺中，原有郊籍泮額亦隨之移轉二名，蔣氏所稱之「臺灣府二名，臺南府三名」恐有誤，應爲「臺灣府二名，臺南府一名」，故臺南俗云「三郊可出一名秀才」[38]。郊商既取得郊籍泮額，是以家道既殷，稍有餘資，無不巴望子弟讀書入仕，以光大門楣。惜其子弟私行遊蕩，沾染惡俗，「遇試則供倩代，閒居則事刀筆，子弟以爲勝己而親之，于友善輔仁之道何取焉？」[39]而巨賈列肆居廛，子弟受此家風影響，以金帛貨貝相傲，視學途爲迂而無用，於師道不予尊重，「延師課子，以薦主爲重輕，一子從學，而有德色，或智過弟子，則師徒不相得，即父兄禮意寖衰，不終年輒去」[40]。故卒業於學者，十不得一焉。我國習尚，強宗豪族向以博取科舉功名爲維持其地方勢力之一法，行郊之沒落，其因固繁，然後繼無人，郊商子弟隳墜放蕩，不重科舉，不營仕途，遂不得藉功名以維持其勢力，或與此相關耶！

第四節　政治功能

郊爲商業公會，以謀求自身之商業利益爲主。惟至後來，行郊勢力漸趨龐大，不僅掌握商權，且幾成爲一變相下級行政機構，所掌事務，上需應接官諭，下要和諧商情。以事上言，如奉諭防海、平匪、派義民、捐軍需，及地方官責成之諸公事，接下諸事則如賑恤、修築、捐金，以及調處諸商糾紛，實已擔當市政之大部分工作，隱然具有行政功能。茲舉例說明之：

一、平匪治安

《臺灣私法商事編》之〈臺南三郊由來〉有云：

> 凡臺灣諸義舉皆以蘇萬利、金永順、李勝興爲董事，而諸商從之。乾隆五十一年末林爽文亂，三郊醵金，募招義民，給頒白布旂號，爲國家除暴出力，平林爽文之亂，俱有勞績，因此户部掛名賞給軍功。嘉慶十二年蔡牽亂，地方官長札諭三郊募集義民，時三郊公號僅存蘇萬利、金永順、李勝興之公戳記。各郊各管董事者，則有陳啓良、郭拔萃、洪秀文，以三人爲三郊之義民首，平蔡牽亂，而三郊之名著於臺灣。[41]

此事另有相關史料三件，《安平縣雜記》載：

> 及嘉慶乙丑（十年）、丙寅（十一年）間海寇犯郡城，岸賊應之，白甲旗復出，賊見白甲義民則走。而三郊旗陳啓良、洪秀文、郭拔萃輩領之。油車旗蘇麗水領之，名聞於海上。蔡牽募有能獲陳啓良等者，予千金。[42]

既云「白甲旗復出」，前記三郊曾助平林爽文之亂可確證。郊首之英勇，使賊見旗驚走，竟致懸賞募人行刺，官軍之無能無用亦可知。《續修臺灣縣志》又記：

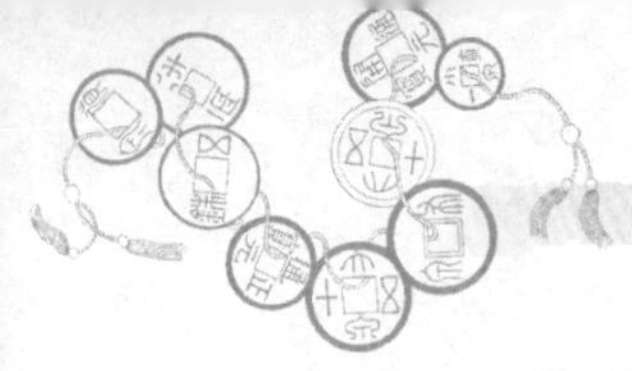

> 義民者，以旗得名，古所謂義旗者是也。勇而爲賊所懼者，其旗著。嘉慶乙丑、丙寅間，海寇犯郡城，岸賊應之……而三郊旗（陳啓良、洪秀文、郭拔萃輩領之）、油車旗（蘇麗水領之），名聞於海上，蔡牽募有能獲陳啓良、郭拔萃、洪秀文者予千金。……洲仔尾居水陸之交，賊所盤據，三郊、油車諸旗，卒破賊巢，而焚洲仔尾。凡斯勞績最著者，前後節經入奏，獲邀旌賞有差。[43]

此其二。第三件史料爲《臺南市南門碑林圖志》（以下簡稱《臺南碑林》）所收之「重建義民祠碑記」勒云：

> 郡城鎭北坊有義民祠，自乾隆五十一年林逆謀爲不軌，郡人趨義，戮力疆場，不顧身家，隨軍殺賊，蕩平後，大憲奏請褒獎，建祠崇祀……凡義民之歿于王事者，俱入列焉。……迄今貳十年來，棟宇傾欹，庭階坍損，修而葺之爲難。去歲冬間（按爲嘉慶十年），蔡逆不道，勾結陸匪倡亂，自鳳邑失事後，四面皆賊，日夜攻撲郡城。臺人咸起義旗，同心剿禦……民之死於義者，殆難悉數，義民之功大矣！然而義民之死苦矣！三郊義首職員陳啓良、郭子璋、蔡源順、洪秀文等，深憫義民之死，而商之入祠，又目擊斯祠之日漸損壞……慨然倡始捐建重修，邑人士咸踴躍樂輸，不數月間，楹角煥然，堂廡式廓，雖仍厥舊址，而規模宏敞，頓異曩時湫隘之觀。[44]

此碑立於嘉慶十一年仲秋，爲臺灣縣知縣薛志亮所撰。同書收有「重建旌義祠捐題碑記」之副碑，全為捐輸者姓名，其中有：

> 三郊蘇萬利、金永順、李勝興共捐佛銀六百大員，三郊職員林廷邦捐銀一百六十員，三郊職員陳啓良捐銀一百二十員，三郊職員郭拔萃捐銀一百員，三郊職員陳本全捐銀一百員，三郊職員郭邦傑捐銀一百員，三郊職員石時榮捐銀六十員，三郊職員郭子璋捐銀六十員，三郊職員蔡源順捐銀六十員，三郊職員洪秀文捐銀六十員，三郊王宗本觀、順源、順記、順合號，共捐銀八十員。[45]

碑末為「嘉慶十一年仲秋，三郊董事軍功職員陳啓良、郭子璋、蔡源順、洪秀文同勒石」，按三郊董事之軍功，乃由平蔡牽之亂得來，謝金鑾《續修臺灣縣志》卷三〈學志・軍功〉條，有詳細列載，茲不贅引[46]。

至此足可確證三郊先後平定林爽文、蔡牽亂役之事實。關於蔡牽亂役始末，《臺灣釆訪冊》之「兵燹」有詳盡記載[47]，文長，茲不引錄。此次亂事為府城飽受戰亂最久，財產損失最巨之一次。滿清官兵之腐化無能完全暴露，郊商為自保計，不得不募團練，遂致團練逐漸替代官兵，成為防守府城之主要武力。要之，此役前後三閱月中，三郊實際負責府城之攻防任務。蔡牽之敗遁，與臺南城之免於浩劫，三郊義民厥為首功，而三郊亦因此次守城義舉，名震全臺。

此後府城治安之維持有賴三郊，如組織保甲以防奸細，訓練義民以衛鄉梓，設冬防夜警以揖盜賊等是[48]。道光四年（1824）十

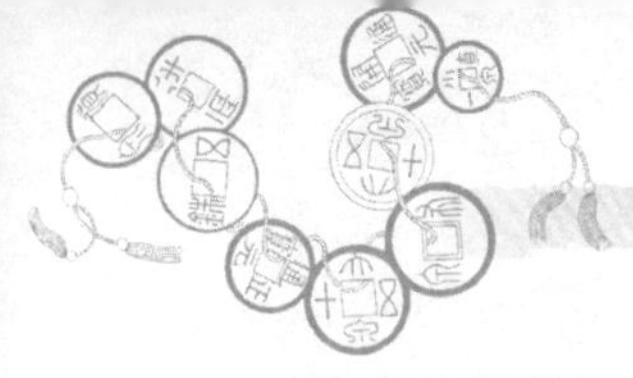

月，鳳山許尚、楊良斌舉事，營兵外調，維持府城治安遂交由三郊負責，咸豐三年（1853）林恭舉事，五月二日夜襲府城，亦由郊商緊急調集各船水手及商舖夥計奮勇力敵，保全府城[49]。餘如對兇橫胥吏、不法差役之肆擾百姓，則可協同救援，呈請官府重究。至若販賣人口、錮婢不嫁、奸拐婦女等不法惡俗，亦一再稟請官府示禁[50]。故地方潑皮膽敢爲非作歹，三郊一遞名片，便要身入囹圄；再如臺南府城西區之港道碼頭，各有工人把持，爲爭地盤，屢起械鬥，幸有工頭配合三郊加以控制，所以鬧事不至於過劇[51]。似此，三郊隱然爲地方行政機關，擁有政治權勢。

平定匪亂之事，他地郊行亦有。同治元年（1862）春，彰化戴潮春起事，一時臺境土匪並起，民心惶懼，顛沛走避。時有竹塹紳商林占梅其人，獨力籌維危局，集竹塹城中衆紳商郊戶，勸諭衆人，踴躍輸將出資，籌團練、備器械、討軍實，保障北臺。二年春，潛結郊戶楊至器，裡應外合，二月遂得克復牛罵頭、梧棲等汛。是知戴潮春之役，官府之得以戡平，郊戶與林占梅之力，厥功多矣[52]！

復如乾隆五十一年林爽文之變，南北俱陷，臺南戒嚴，各鄉多辦團練、出義民，以資戰守。而鹿港郊商亦募勇自衛，故無害[53]。

行郊維護地方治安之事，亦見於臺北。《臺灣私法商事編》中〈臺北三郊沿革及其事業〉內記：

> 迨至清曆前年間（指光緒十年），法人鬧臺，地方盜賊搶奪四起，均賴林右藻（按即臺北三郊金泉順總長）設法極力防護，地方始得安靖，功德實屬不少。[54]

二、抵禦外患

上述泰為防內之事，而禦外則尤烈。

臺灣素稱寶島，資源豐富，又為戰略要地，海通以來，常啓列強覬覦，外交兵禍相逼而來，郊商為保衛鄉土，抵抗外患，不惜傾家紓難或召募練勇，或捐助餉糈。如《澎湖廳志》卷十一〈舊事〉「紀兵」條記：

> （同治）四年春，臺澎道丁曰健檄澎湖廳舉辦團練，設保定局，令貢生郭朝熙，生員郭頭勳、郊戶黃學周為媽宮市團總，率練勇四百五十二名防守港口。
>
> （同治）十三年夏，日本國與臺灣生番滋事，臺澎戒嚴。欽差大臣沈葆楨渡臺視師，閱澎湖海口……檄通判劉邦憲舉辦團練。……分飭十三澳紳衿，就各澳社，設為分局，挨抽壯丁，造冊過點，共二千餘名。無事各安生業，有警合力守禦，就地勸捐，以作經費，媽宮紳士黃步梯，郭朝熙等，捐募三甲壯勇二百名，備置號甲送點；郊戶黃學周等，亦募勇七十名，在媽宮市設局訓練。[55]

前述臺南三郊既負起地方行政，自是於抵抗外侮時，亦踴躍捐餉助防。如鴉片之役，官府為防範英人入侵，曾分段募勇守禦府城，又由郊商負責經費。然三郊經此一連串之防禦及捐輸，財力已感困絀，再加上臺江浮覆及疏浚河道等大筆費用之支出，日趨衰

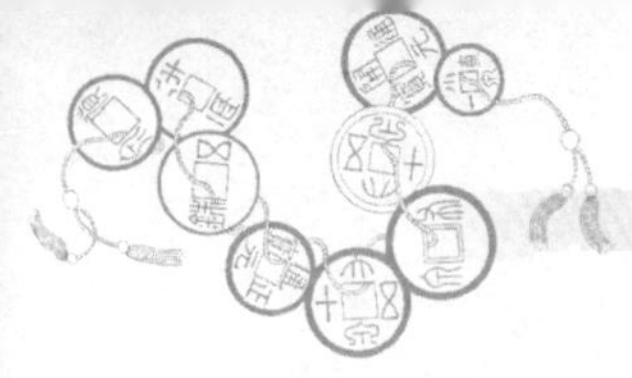

微，負責維持治安地區日小。官府知悉，雖曾力謀對策扶持郊商，如同治以後，將釐金事宜委由三郊包辦，以挽救其經濟，解決因之引起地方自衛武力頹弱之問題，但仍無法挽回其沒落之困境[56]。

其後光緒十年中法戰役，三郊於困頓下，猶能自行捐貲，召募練勇，以保衛鄉梓。《安平縣雜記》載：

> 光緒十年，法防之設，即以培元總局為團練總局，就安平一縣而論，城內分為五段，段設練勇六十名，城外三郊商户及南北段亦雇練勇三百名，一切費用均由紳商捐貲，總局按月遣人催收，定期散發，每練勇一名，月給銀四元八角。[57]

培元總局原即爲團練總局，光緒七年（1881）由兵備道劉璈改名，以擴大其職能。其總辦由道府札委，下置紳董，由巡道委派紳士任之，多爲當時郊商。其職責乃助理一切善舉，凡清溝、修道、救恤、施醫等皆是，三郊之所以協理市政者至矣！

中法戰役，法軍侵臺，南北封口，臺地兵力有限，器械不精，餉需尤亟，而內地交通，復封鎖，幾同斷絕，接濟已窮，在此困苦險惡情況下，防務大臣劉銘傳，號召臺人輸力輸財，通力合作，衛國保家。籌餉之法分捐借兩法，捐納之分配爲：彰化縣四十萬兩，淡水、嘉義兩縣各三十萬兩，臺灣、鳳山、新竹、宜蘭四縣各二十萬兩，其他縣廳免派，另定南北兩府郊商各課十萬兩，分爲十月均繳。而捐借此對象爲家產一萬兩以上者，不及者暫免捐借，其捐納率及借款率之本息均有所規定，由官府償還，並從優獎敘[58]。自是防務日固，兵餉得以無缺。

光緒二十年，臺灣有事，募兵購械，需費頗巨。旋割臺事起，臺民血書呈稱，誓不從倭，清廷不採，仍棄之，臺民遂佈告自主，建「臺灣民主國」，設內部、外部、軍部諸部，復設議院，集紳士為議員，以議軍國大事，內中郊商富紳多參加。時劉永福駐臺南治軍，設官票局於府治，以郊商莊明德辦之，權發銀票[59]。要之，我臺人本慷慨好義，況於內亂迭興，外患交侵之下，富紳巨郊輸力輸財，捐資募勇，衛國保家，貢獻特多。

三、協運兵餉

清人據臺，雖開海禁，而商船渡臺者須領照，凡商船赴臺貿易者，準其樑頭，配載米穀，謂之臺運。蓋清人得臺，分駐班兵皆調自福建，三年一換，乃賦其穀曰正供，以備福建兵糈。乾隆十一年（1746），巡撫周學健奏定分配商船，運赴各倉，此臺運之由來，亦郊商之負擔。另臺南府置有太平船二艘，專以運送兵丁骸骨並附客柩，招募郊商舉充，旋棄廢，至咸豐年間又復議之[60]。

臺灣商船，皆漳泉富民所造，有糖船、橫洋船，材堅而巨，大者可載六、七千石，渡海貿易，頗操其利。其後派運臺米，配載班兵、臺廠木料、臺營馬匹、兵穀臺餉、往來官員人犯，船戶苦之。設有遭風失水，賠累甚鉅，既有跋涉之勞，復有賠墊之憂，故郊商屢有偏困之嘆，《廈門志》卷六〈臺運略〉云：

按臺運之法，以臺地之有餘，補內地之不足。……其往來商

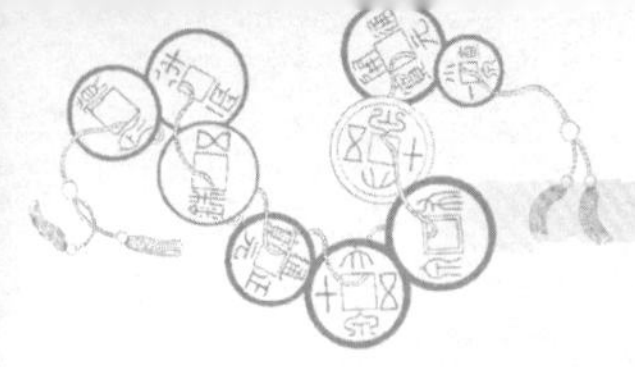

船，皆內地富民所製。……販運一次，獲利數千金，配百餘石之官穀，又加以運腳銀兩，小民急公奉上，安之若素。因往返重洋遲速不一，又夏季南風司令，在臺各船往往載貨至寧波，上海、膠州、天津，遠者或至盛京，往返半年以上，官穀在艙日久，懼海氛蒸變，故在臺配穀時，私自易銀置貨。其返也，以折色交倉；不可，然後買穀以應，倉吏挾持爲利，而臺灣各口，亦有以銀折穀配運。折運則價或不足，折交則價必浮多，且實穀配運，盤量折耗已多賠貼；若折運，則以臺地之價易內地之穀，更屬不敷，船戶苦之至，嘉慶十四年，署臺灣府徐汝瀾，請按照樑頭配穀之議起，於是船戶取巧規避，捏報樑頭以大作小，蚶江之船，至有樑頭四尺數寸者造船換照，出口入口胥吏之挾制需索更甚，臺運之積壓益多。不得已，爲官雇商船委員專運之舉。載民貨一石，水腳銀三錢至六錢不等，官穀例價，每石六分六釐，大運由司捐廉，酌加二分，合計每石止八分有奇。每船以二千石爲率，船戶僅得運腳銀一百餘兩，不敷舵水飲食、工資、修理篷索之需；加以兵役供應犒賞，行商之賠累甚鉅。[61]

毋論配運、專運，皆成秕政，使胥吏有機可乘，挾制需索。其後商船趨避日巧，而運愈不足，積壓愈多，議又加配，形成郊商鉅大負擔。續以蔡牽之亂，俶擾海上，凡十數年，互市時歇，百業蕭條，商船多毀，泛海日少，於是至者日稀，臺穀不能依時運輸，積滯益多，形成一大問題。雖官府每逢雇運，予行商及通港之船，有若干科派津貼，而郊商仍不免賠累，久形疲敝，中有一二實心任事之循吏，諗商困，欲革之，議請改徵折色，奏罷臺運，而司道議論橫生，以為不可，遂有淡水盧允霞其人，先是赴巡撫衙門呈稱，疏通淡港，允許蚶江，廈門船隻交通淡水之八里坌港。再又假控革陋規之名，設立公館，徵各船戶錢為訟費，然府城及泉、廈商船未從，獨鹿港泉郊附之，乃入京上控，求罷商運，事下督撫議，司道議停止商運，臺地供粟，半本半折，改解折色，既可免一領一解之煩，又可省運費。事聞，臺地官民大譁，以為利商病民，草率更易舊章，皆謂商運不可罷，至是仍雇運焉。

道光七年（1827），議定不計樑頭之大小、船之名目，凡廈船配穀百五十石，蚶船大者百石，小者八十石，橫洋船百八十石，糖船三百六十石。思務以清積滯，而積滯猶故，蓋非一時可以運竣。於是奏請折色，自是年起，每石易紋銀一兩，令各兵眷自行買米，商船便之，郊商稍得喘息[62]，而八十一年來之陋規弊政幸得以革除。

四、興築城垣

中國自古即有城垣之設施，惟其規制，隨地而異，有時僅造土堆，或植木柵而已，其址位居交通要衝，城內並建文武衙署，商賈麇聚，為政治之中樞，文運之淵源，故城垣之興築修建，因其城工浩繁，役費鉅大，官府籌募，不免攤捐紳商，如前述臺南府城於道光十三年至十六年整修城垣，將外城改建為磚城，由三郊負擔全

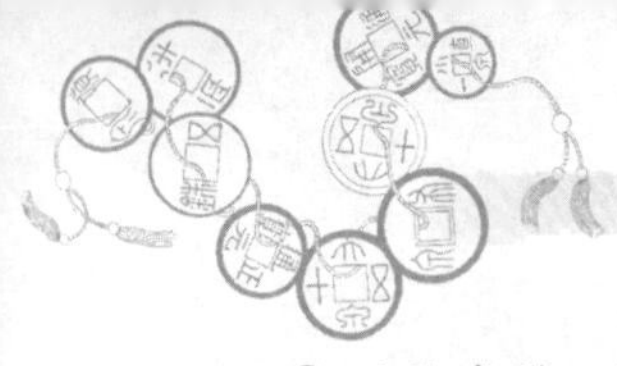

部經費[63]。嘉慶年彰化縣城之建，由郊商王松、賴應光、林文浚、楊泰山等聯名呈稟請建，並聯同其他殷戶、業戶、郊商負責全部經費，不支任何公帑。動工期間一切捐輸出入，給發工價，俱由渠等公舉董事，自行經理。除此，城外之彰化縣倉，一併移入城內，移建工費，一併由彼等捐辦[64]。再次，道光年間鳳山城之移建，「通臺廳、縣及紳士、郊行、業戶等統共捐派銀十七萬□□（原缺）」[65]。

有關臺邑築城案卷，率多散佚無存，今存可資查考者，唯有《淡水廳築城案卷》詳記其顛末。淡水廳城（即新竹城）之改建石城，先由鄭用錫、林平侯等及舖戶恆利、逢泰、益吉……等具呈籲請建城[66]，於道光七年六月十日興工，九年八月二十日竣工，官民及舖戶、業戶、佃戶等捐釀共計銀十四萬七千四百九十八兩有奇，此役之總理者有鄭用錫、林國華、林祥麟等。城工完竣，官府諭紳董購買新舊北門內業戶王世傑公地，創建瓦屋十一間，僉舉鄭恆利（即用錫）、林恆茂、鄭恆升、李陵茂、翁貞記、吳萬吉等六郊戶輪年管收賃稅店租及生息，以備歲修城工之費，亦即是，由鄭恆利等六郊戶掌修城工店稅，擔任城工董事，負責城垣之修葺補復[67]。

又如臺北府城之興築，郊商助捐甚大。臺北府城自光緒七年（1881）籌劃，八年元月興工，中間迭經波折，直至十年十一月竣工[68]。先是光緒五年臺北知府陳星聚籌劃設府，惟因城工費用浩鉅，遂先進行衙署與公共建築之工事，乃先勘定城基街道，出一告示：「爲此示仰紳董、郊舖、農佃、軍民人等知悉：爾等須知新設府城街道，現辦招建民房，務宜即日來城遵照公議定章，就地起蓋。」[69]惜築城與招建工作均成效不彰，應者寂寂，僅少數紳商，且多是與官方有密切關係之紳董[70]。其後光緒七年福建巡撫岑春煊，渡臺籌防，督修城池、砲臺、河隄各工程，爲興築臺北府城，協議諸紳商攤派，然因役事頻仍，不免衆紳商推諉觀望。直至光緒九年，雖賴三縣紳民捐助，猶未能克竟全功，臺灣道劉璈曾上一稟說明：

> 再林紳維源城捐一事，前稟擬捐十萬，而林紳仍推病不出……因陳紳霞林與林紳挾有世仇，漳泉因之分類……職與陳守商酌，傳集漳泉各紳富來郴，面同勸諭，令其公議。陳紳總謂林宜多捐，泉人和之；林紳以城工應照前撫憲歷辦晉賑、堤工、城工三次捐案底冊，照數公捐……漳人亦和之，……只得憑公酌議，勸令淡水中上各户，仍照前案底冊，一體匀捐，下户免派。……新竹，宜蘭只捐上户，其中下户皆免。仍由府出示曉諭。各紳均願遵從，當面出具承捐期票。……捐案既定，城工自可剋期告成。[71]

據此稟可知：臺北城工捐獻，淡水、新竹、宜蘭三地諸紳民均有派捐，且不僅一次；更可斷言其中必定有郊商。至於稟中所敘漳泉分類之畛域觀念，阻礙城工興築之事，殆爲推諉之藉口，漳泉雙方互唱雙簧罷了，實由於「歷辦晉賑、堤工、城工三次」，輸耗過多。他如《明清臺灣碑碣選集》所收之「修建臺灣縣捕廳衙署記」中捐助人有臺南三郊之「北郊蘇萬利、南郊金永順」[72]，則官衙之修建，郊商亦有參與，凡此種種，似乎官府之一切公差，行郊無役

不從，亦可想知軍需公益官役之攤捐，數加無已，此種無盡無止之捐輸，時日愈久，負擔愈重，久之，行郊焉能不疲敝，郊商焉能不推諉。

五、襄理自治

清代地方行政組織，最小者爲州縣，統理一州或一縣事務，惟轄區地廣人衆，部屬員額復少，不免事繁而雜，治理不便。其下雖有里甲、保甲之設，但僅爲徵賦，編查戶口，無多大功能，況常廢置不顧，政治結構顯見散漫不周全，是以僻處邊陲之臺邑，各地械鬥、盜匪、民變迭起，遂有賴地方士紳出面領導，以維持社會之安定，其後嘉慶以降，推行總理制，將地方基層領導人物納入官方控制之一，並強化其處理公務之效能，使清代臺灣地方基層政治結構有一新發展，逐漸形成日後正式之地方基層行政組織[73]。

清代臺灣總理制之設置，大致始於嘉慶年間。道光年間，遂逐漸普及臺島各地，惟各地設立時間不一，名稱統屬亦不一致，轄境也廣狹不等，要言之，此一鄉莊組織中有總理、董事、街莊正副、聯甲頭人、大總理、總籤首與籤首等，其職務主要爲調節民間糾紛，管理公共事業，維持地方治安和宣導政令等四項，其任用資格，大抵需品格端正、有家有室，素孚衆望，而又富於辦事能力，由地方紳衿、耆老、街莊正、墾戶、義首等社會領導人物推舉，然後由官方驗充，發給諭戳，即可辦理公務[74]。據此知行郊亦可保舉街莊城門之總理董事，甚至內舉不避親，推薦郊戶擔當者。

《淡新檔案選錄行政篇初集》（以下簡稱《淡新檔案》）中第三二五號至第三四二號文件爲塹郊金長和僉舉郊商擔任塹城北門總理之相關文案。如第三三〇號爲道光二十三年（1843）五月十一日「郊舖金長和等向淡水廳僉舉郭尚茂頂充已故北門總理鄭用鍾之缺」，僉稟文略謂：

> 具僉稟本城郊舖户金長和等，爲僉舉頂充事。緣本城北門總理鄭用鍾因病身故，現在無人承頂，未便久延，和等爰就各郊舖公同選舉。玆查有舖民郭尚茂，爲人誠實，有室有家，街眾素所信服，堪以頂充北門總理之缺，與之奉公，不致有誤。理合取具認充，加具保結，稟懇伏乞陞憲大老爺恩准驗充，給戳辦公，以專責成，均沾，切叩。計稟繳充、保結各一紙。[75]

但翌年五月初九，郭尚茂因染病重聽，退辦總理一職及戳記[76]。五月十六日遂由南、東、西三門總理暨塹郊長和號保結王禮讓爲北門總理，文曰：

> 具保結狀，臺下：總理陳大彬、林揚芳、林承恩暨眾郊舖長和號，今當大老爺臺前，保結得藍生王禮讓一名，充當北門城內總理遺缺，小心奉公，不致違誤，不敢冒結，合具保結狀是實。[77]

而據其後王禮讓之供詞，渠「現住本城北門內，開郊行生理」[78]，是知郭尚茂、王禮讓均爲郊商，甚至其前之鄭用鍾亦爲郊商，要之，保舉者與被保舉者，均同屬郊戶。《淡新檔案》一書中，有

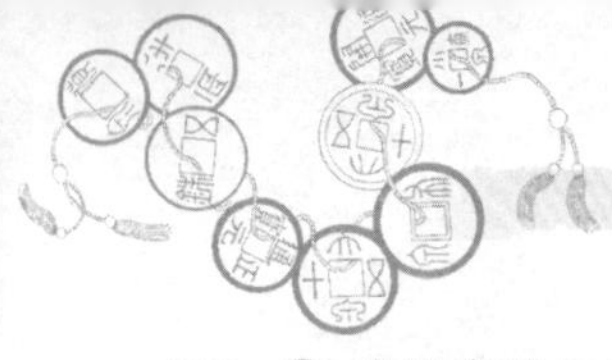

關例證尚多，茲不多引[79]。

此外，塹郊金長和亦曾為地方人士作保具結，以息訟訴。如同治九年（1870）新竹香山港口浮出大枋兩塊，民人爭奪，有舖戶陳恆裕號，以浮出大枋為其所有，「投明香山總理蕭合興，及該地郊舖人等，公同查驗」[80]。又如光緒十三年，有稟生陳春元因其先人曾購置田業，充為北門外聖母祀田，其印契經先人交由曾鎰吉收存，不意事久年湮，曾鎰吉子孫無從覓出粘結，遂稟請官府給照，經新竹縣正堂批示「取具郊戶金長和，並左右田鄰林其回、林延黃各結，續稟前來」[81]。

除此，丐院之丐首亦須郊舖保舉，堪稱奇聞。清代本省較大市鎮例有丐院之設，以收容乞丐，公立者如棲流所、留養局，或附設於養濟院等；私立者或為私人施捨，或為丐人自聚為寮，俗稱「乞食寮」；每間乞食寮均有乞食頭以統治眾丐，此「乞食頭」為俗稱，眾丐則稱之為「頭家」或「大頭」（蓋其底下尚有「二頭」、「次手」或「二顯」之副手），官方則名為「丐首」。官方之管理取締方法，通例將各市鎮劃分若干區域，每一區域設置丐首，發給諭戳，賦與監督懲戒眾丐之權，而眾丐之行為悉責成丐首，簡言之，倘其所部乞丐有不法犯罪，則唯丐首是問，須負連帶法律責任，或加以笞刑，或加以責備。然各地乞食頭非由眾丐推選或內部升遷，率由地方紳商豪富舉薦。如光緒五年（1879）淡水縣鄧宗堯知縣蒞任後，正式發下諭戳告示，其「諭下寮丐首黃恆秀」，文載：

欽加同知銜署臺北府淡水縣正堂鄧，爲給發諭戳以專責成事。照得淡北艋舺地方，原設丐首貳名，分爲下寮、頂寮，約束各丐。先經各郊舖公舉林有湖充當頂寮丐首，管理龍山寺邊丐院；又黃恆秀充當下寮丐首，管理料館口丐院。茲據業户黃萬順等以廳治改設縣分，自應另頒戳式……據此除批示照章分充，並出示曉諭外，合行給發諭戳。爲諭仰下寮丐首黃恆秀知悉，即將發去戳式一顆刊刻奉公。嗣後務須約束下寮諸丐，毋許吵擾街莊，倘有冒丐窺竊，以及殰乞滋事，許即據實指稟赴縣，以憑拘究。[82]

第五節　社會功能

臺灣行郊諸多功能中，以社會功能最爲重要，貢獻也最大，舉凡造橋、修路、建燈塔、浚河溝、施義渡、置義塚、濟民食、移風化俗、作保具結、保護塚墓、懲治胥役等等均是。茲分公益、慈善、矯風三項分述之。

一、公益事業

(一)以義渡言

清代臺島道路不修，交通不便，兼之野水縱橫，河流不一，每

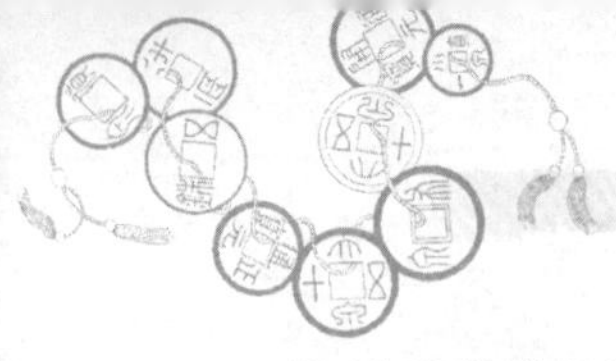

逢大雨，淺者固易架橋，深者非渡不爲功，故除在路旁建置路亭、觀音亭以供行旅暫息奉茶外，各大河溪多有官民捐置之義渡或橋樑，以供旅人之便利。《臺灣私法物權篇》收有淡水同知婁雲爲設立義渡向上級報告之稟呈，文謂：

> 欽加知府銜福建臺灣府北路淡水同知婁，爲設立議渡，詳情立案，以垂久遠事。……臺地南北袤長，山溪叢雜，溪之小者，或涉水以行，或搭橋以渡；溪之大者，非船筏不足以利其行旅，而刁捍不法之徒，藉以渡載爲由，任意勒索，稍不遂意，即兜留包裹，以待備錢取贖。……卑職三渡臺陽，過歷全臺南北地面，留心察訪，頗知其弊，必須設立義渡，以杜其害。……爰是召集向義紳士及郊行人等設立捐簿，推誠布公，廣爲勸諭。……現經好義之紳士鄭用錫，林祥雲、周智仁、勤獻廷，暨艋舺泉、廈郊行，大甲、大安、中港、後壠等處業户、紳民、行舖人等陸續題捐番銀，置買田園四段（下略）。[83]

此道光十六年（1836）事也。《新竹縣采訪冊》卷五〈碑碣〉亦收有關於此事之「義渡碑」二，其一云：

> 余嘗三至臺瀛，從事於師徒戎馬間，周歷南北，見夫曲溪陂澤，不可以梁，病於濟涉之處甚多。……惟大甲溪塊石層疊，支派雜流，水勢西衝，直入大海，遇春夏盛漲，極目汪洋，誠險道也。此外如中港、房裡、柑尾，雖險阻稍減，然或溪面

> 廣闊，或急湍洶湧，皆迫鄰海汊，亦危險莫測者也。此數處非無駕舟待濟之人，大率土豪撐駛，藉索多貲，少不如願，即肆剝掠者有之，行旅之受害也久矣。義渡其容緩歟？……爰集紳士郊商耆庶而諭以意，且先捐廉以爲之倡，乃無弗踴躍樂輸。……更於四要溪外，若井水港、鹽水港，一律設渡，共凡六處。又于塹南之白沙墩，塹北之金門厝，每於九月間各設浮橋以濟，是又因地制宜者也。其捐項爲置莊田，歲收租息以資經費（下略）。[84]

其二爲捐戶姓名之碑，其中有「新艋泉廈郊、塹城金長和」等，塹城金長和即是後來之塹郊金長和。

《臺碑選集》亦收有「永濟義渡碑」，此碑勒於光緒五年（1879），有二，一立於南投名間鄉濁水莊福興宮前，一立於竹山鎮社寮土地祠前，隔濁水溪而對峙，碑曰：

> （上略）況桑梓之鄉，濁溪之險，一水橫流，方人病涉，苟不給值勞，誰肯刺舟以待客。如彰屬之沙連保濁水渡者，當內山南北溪流之衝，湍激漲急，加以春夏之間，久雨纏綿，山水暴至，溜急似箭，浪湧如飛，舵工稍一鬆手，即翻船觸石，凶占滅頂。論者謂臺灣一小天地，濁水之勢與黃河等，非虛語也。……協力勸銀，共得銀貳仟八百元，買置美田十段，歲收子粒四百石，逐年完租納稅，給發工貲，修理船具，議定章程，臚列于左（下略）。[85]

捐款名單中有「藥郊金合興損壹佰大員」，另有「藥鋪陳存德等六人各捐拾貳元」，想是藥郊公捐外，私人另再輸捐，盛義可感。他尚有「鹿港衆販商陳瑞祿等廿人各捐拾元」，但不知是否爲鹿港郊商耶。

(二)以造橋言

《新竹縣采訪冊》卷五〈碑碣〉收有「湳子莊萬年橋碑」，碑立於道光二十二年（1842），曰：

> （上略）塹城北門外有孔道焉，自水田尾至湳子莊，綿亙不止一里。所有從前修築，俱用零星小石亂雜堆砌。雖險雨注濕，尚無泥濘。而歷落崎嶇，不免傾跌之慮；今則歷久愈壞，而其間兩頭斷截，爲田間水道所通流，當時設有木橋，亦經朽爛。爰集同人倡義捐修，即日興工砌造（下略）。[86]

碑末之捐戶首列「塹郊金長和捐銀九十八元」，餘之「鄭用鍾、鄭用哺、吳奠邦、李錫金、陵勝號、源泰號、鄭文謨、鎰泰號、協裕號、德隆號、泉吉號、萬成號等多爲塹郊之郊商郊戶。此橋歷久又壞，屢壞屢修，塹郊商民糜資修葺，耗貲不少，遂於同治七年（1868）由各紳郊共襄資徹底改建石橋，《新竹縣采訪冊》卷五所收之〈重修湳子莊萬年橋碑記〉[87]即記此事，碑末之捐戶芳名除「金長和捐銀一百大元正」爲最多外，餘之「林恆茂、李陵茂、陳振合、吳萬吉、鄭恆升、翁貞記、恆隆號、金泉和、集源號、恆吉號、義榮號、振榮號、怡順號、錦泉號、利源號、和利號、鄭吉利」等亦爲郊商或郊戶。關於此橋始末，同書卷三〈橋樑〉之「萬年橋」條，言之最詳：

萬年橋：舊名湳子橋，在縣北二里湳子溝，爲南北往來孔道，縣城通湳子舊社各莊之所，長一丈八尺，寬八尺。嘉慶間，竹塹社屯千總錢茂祖創建木橋、並於橋南北各砌石塊爲路，共計長一里許。道光二十二年，舊橋朽壞，郊舖金長和，紳士鄭用鍾、李錫金、鄭用哺等鳩捐重修，並于橋南北石路中間改用石板、兩旁夾以石塊。同治七年，同知嚴金清、紳士林恆茂、林福祥、鄭永承，郊舖金長和等鳩捐重修，仍其舊址，纍石爲圓洞橋，橋上翼以石欄，更名萬年橋。光緒十三年，紳士鄭如蘭、吳逢沅等重修。[88]

再如《臺南碑林》收有〈重建安瀾橋碑記〉，碑記：

是橋也，亙古造創，行人接踵，舢艇出入，送往迎來必由孔道，而不知更易者幾何？乾隆甲戌春（十九年，1754），經又圯頹。董事侯宗典籌募南濠、南勢行眾，從新再造，迄今二十餘載。堅木復見成灰，所以爰集同人重建，立碑錄前人造作之功，啓後者繼美之心焉，是爲序。旹（古歲字）乾隆甲午（卅九年，1774）仲春穀旦，北郊蘇萬利立石。[89]

嘉慶九年（1804），安瀾橋復被水刮壞，乃爰集同人，捐貲重建，並勒石記之，仍曰〈重建安瀾橋碑記〉[90]，碑末所列捐輸行號，雖未指明爲臺南三郊郊行，「爰集同人」一語推測，應是

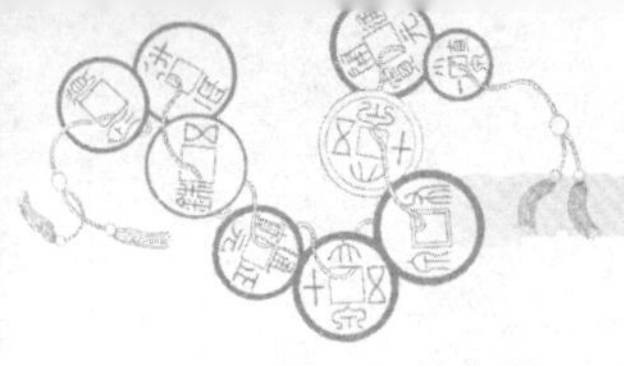

郊商，然則何以不列三郊公號，令人費解。此橋分別於道光五年（1825）、廿七年（1847）重修，同治四年（1865）續再更新，勒石曰〈重修安瀾橋碑記〉以志之[91]，碑末捐款名單中所列諸行號銳減，捐款又少，異於他碑，殆是工役不大。

同書復有〈重修望海橋碑記〉[92]，此碑立於同治十二年（1874），橋在三嵌店，爲昔時臺、嘉孔道，原爲木橋，因歲久傾頹，經「臺中郊戶等僉請當事，鳩金重建」，斯役糜金凡三千餘兩，董事爲三郊蘇萬利、金永順、李勝興等，且愼重其事，自泉廈運石至臺建造。碑末捐獻名單中有「臺郡三郊蘇萬利、金永順、李勝興合捐艮（銀之俗體簡寫）五百元」，糖郊李勝興又單獨「捐艮壹百元」，此外尙有「月港布郊金綿發捐艮貳十」及許多船戶名號。値得特別注意者，名單中也有「洋行怡記」，足見同治年間洋行勢力已侵入臺南，且參與地方公益事業。

(三)以修路言

《臺南碑林》收有〈修造老古石街路頭碑記〉，碑立於道光二年（1822），文曰：

> 竊謂除道成梁，人歌雅化，造橋修路，世重陰功，此一勞而永逸，實千秋而不朽。今老古石渡口，爲商旅往來之地，人民輻輳之區。凡船入港，距岸尤遙，深厲淺揭，不無顚躓之尤，手胼足胝，惟覺塗泥是患。爲想病涉堪傷，乘輿難濟，惟是肇基有願，徒杠可成，遂即捐題銀項，共壹千伍佰有奇，爲集腋成

裘之舉，未幾鳩工告竣。[93]

此役非僅修造老古石街路道，尙包括在老古石渡口建造石橋、重修泊岸、立界五支、新修公地等，捐輸名單首列「三郊蘇萬利、金永順、李勝興」，另有「臺郡油車」，餘多是船戶，洋洋大觀，蓋此時爲臺南郊行最盛時期。

(四)以浚河道言

《臺南碑林》中〈西門城邊半路店間河溝挑浚碑記〉，碑立於光緒十七年（1891）孟春，文記：

> 辦理安平各口税釐總局福建候補縣正堂劉，爲剴石事，余於庚寅冬間（光緒十六年）調解辦安平釐局，見由半路亭起至西門城邊一帶河溝淤塞，船簰運貨，進出諸多不便。爰與各郊商妥議，集貲挑浚。稟蒙各憲批准，由釐金項下首捐百元，以爲之倡。各郊商於是乎踴躍輸捐，合共得有銀貳千壹百餘元。即由郊董等經手雇工，分段挑浚，長萬餘丈，寬十丈餘，深三尺有奇。工竣後，船簰往來稱其便。爲是役也，賴本局友歐陽拙菴及郊董莊珍潤……等，不辭勞瘁，慷慨樂助，以成此美舉。未便湮沒弗彰，合將諸君芳名付剞劂于石，以垂不朽。計開……以上所捐浚河經費，均係行董利源、晉豐等經手收發，合上登明。[94]

是役挑浚之河溝「長萬餘丈，寬十丈餘，深三尺有奇」，可見

工程之浩大及河道淤積之嚴重，而僱工及經費之收發開支全由郊董經手，足見郊商受官府之尊重。碑末捐獻名單有「郡藥郊」、「郡衆油車」及諸多行號，獨未見三郊之名，乃其時臺南三郊組織渙散，日暮途窮，僅賴產業生息維持，有事臨時捐募攤派，往昔舉辦之各項社會公益事業不得不陸續停辦。另值得一提者，名單中首列捐款最多者爲「怡記、邦記、瑞記、唻記、慶記」等，均爲洋行。方豪先生曾論及臺南諸郊衰退之原因爲臺江淤積、外商入侵[95]，臺南諸郊之式微，於此碑可得一確證。

按，臺南郊商之疏浚河道，實出於形勢所迫。緣由道光三年（1832）七月之一場暴風雨，造成臺江浮覆，及鹿耳門港口之淤塞，阻扼府城對外之航道，致使海船需遠泊於百里外之國賽港。三郊爲維護航道之暢通，不得不整修從國賽港至四草湖（又稱竹筏港）之河道，引海船停泊於四草湖。復整治四草湖至五條港區之河道（即舊運河），以竹筏將四草湖卸下之貨物運入五條港區。此次災變，不獨使郊商增加不少運費，且爲整治竹筏港、舊運河及五條港等港道，及日後之疏浚維護費用，不僅使郊商負擔沉重，亦使三郊公庫款項幾乎爲之耗空[96]。臺南三郊之衰落，此爲一極重要原因。惟三郊耗貲開鑿運河疏浚河道，雖是形勢逼迫，然一般士民均能共用，亦係利人利己之公益事業。

(五)以建燈塔言

臺島港口，港路紆廻，沙汕橫阻，礁石遍佈，假使舵工水手非十分熟練水性風潮、港道砂線，稍一差失，磕響一聲，船即畜粉，而每遇黑夜，迷津莫辨，尤增險阻，是以郊商海客，多於諸港口設立燈塔，以資照應。如《社寺廟宇ニ關スル調查》收有淡水福佑宮〈望高樓碑記〉，碑立於嘉慶元年（1796），文曰：

> 仝立望高樓泉廈郊出海户尾董事等，爲設立守望以便利涉事，竊惟淡江港口係諸舡出入要津之所，其東北勢旁有假港一處，每遇黑夜，沙汕障蔽莫辨眞假，前經一、二舡隻，誤認做港致遭不利，爰是邀船户，相議捐資建立望高樓一座，在假港水津，付與福佑宮住僧廣西倩工守護，每夜明燈照應諸船，由燈下南勢進港，可保無虞，其建立費項，業經在港諸船，先捐銀壹大元外，再到本港者，每次出銀四錢，以爲守樓工資、油火辛費，願我同人玉成其事，捐金不替，則衆生無迷津而諸船皆利涉矣。嘉慶元年端月□日公立。[97]

《澎湖續編》〈藝文紀〉輯有澎湖通判蔣鏞於道光三年（1832）爲重修西嶼燈塔及塔廟所撰之「續修西嶼塔廟記」，略謂：

> 西嶼塔燈始於乾隆四十三年（1778），前郡伯蔣公元樞暨前廳謝維祺醵金建造，募僧住司燈火，爲臺廈商艘往來之標準，亦本地商漁船出入之瞻依。……嗣因屢遭風災，塔前廟宇傾圮，照管乏人，以致玻璃損壞，塔燈興廢不時，有名無實。道光三年春，鏞商請前陞協鎮，現任水師提憲陳元戎籌款，即就原基重修廟宇（下略）。[98]

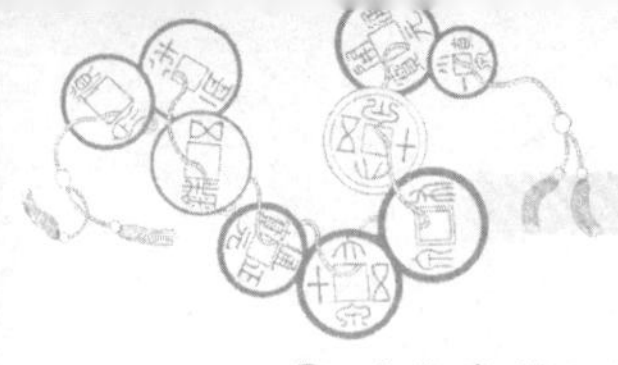

文末附記捐資銀數及園地畝數，其中有「臺郡各郊行共捐番銀二百元」及「澎湖舖戶、商船、尖艚、漁船共捐番銀二百四十元」。「臺郡各郊行」所指為臺南諸郊行，非是臺灣各地郊行，可見全臺各地郊行時有互助之舉。「澎湖舖戶」殆即澎湖臺廈郊金長順中之諸舖戶，澎湖行郊，文獻所見，率稱「郊舖」、「郊戶」，不稱「郊行」，一則澎郊純為同行諸舖戶所組成，再則其組織不大，貿易販運少，僅往來臺、廈也。

二、慈善事業

行郊之慈善事業可略分為助葬、賑荒、救恤三類。

茲先言救恤：

清人奄有臺澎，於社會行政無專設機構，當時所謂恤政，惟依遵清律，由縣廳地方官長督行之，其機構則有養濟院、普濟堂、棲流所、留養局、恤嫠局、育嬰堂等。至於機構之創立經費及維持費用，如屬公立，則多船舶入港稅及鴉片煙稅支助，不足，或假以募捐；其私立者，則多出自地方紳商之捐輸，官府亦每予補助。綜觀本省清代之救恤機構，多為官紳郊商醵資合營，為臺省救恤事業之特色。茲舉例志之：

《澎湖廳志》卷二〈規制・恤政〉條記：

> 媽宮街金興順、郊戶德茂號等，鳩貲買過蔡天來店屋一間，為失水難民棲身之所，址在媽宮左畔……現經修理堅固，床灶齊

> 備，門首大書「失水難民寓處」六字，逐年輪交大媽宮金興順頭家執掌。嘉慶二十四年（1819），經於前廳陞寶任內稟官存案。[99]

此即澎湖棲流所，連横《臺灣通史》言：

> 澎湖棲流所：在媽宮。嘉慶二十四年，郊户德茂號等捐款置屋，以爲難民棲宿，稟官存案。[100]

又，澎湖普濟堂曾於道光九年（1829）由「闔澎士民共捐二百一十元，交課館連金元生息」[101]，以惠孤寡廢疾貧民，以理度之，自當有澎湖郊商之贊助。

《臺碑選集》收有〈重修廣慈院碑記〉，碑立於道光廿六年（1846），文曰：

> 竊廣慈院自康熙三十一年（1692），時有諸羅縣張諱玾建蓋，籌充嘉邑犁頭標大道公營田，年徵香租粟六十五石，節次損壞，修葺有人，閱今又數十年矣，益見棟宇傾頽，神像損濕，每欲倡捐興修，而慮其不繼，玆幸紳商士庶同心樂助，圮者修而缺者補，氣象煥然一新。[102]

碑末捐獻芳名，洋洋大觀，有「三郊蘇萬利、金永順、李勝興」，另有「衣舖、杉行、籤舖、銀舖、餉典、餉磨、彰邑販戶」等諸行舖，茲不具錄。

《淡水廳志》卷四〈賦役志・恤政〉項載：

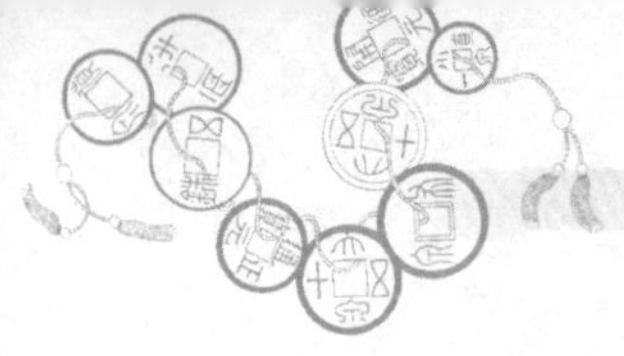

> 育嬰堂：一在塹城南門內龍王祠右畔，購汪姓屋改造。一在艋舺街學海書院後，購黃姓地基新造：俱同治九年（1870）官紳倡捐合建。艋舺詳定撥三郊洋藥抽分，每箱四圓之半，塹垣亦撥船戶抽分之半，以充經費。[103]

關於二地育嬰堂創建始末，有關記載甚多，如《臺灣省新竹縣志》、《新竹縣志初稿》、《臺北市志》及《臺灣省通志》等均有，茲不一一引述。臺灣育嬰堂亦爲郊商創建，連橫《臺灣通史》記：

> 臺灣育嬰堂：在縣治外新街。咸豐四年（1854），富戶石時榮倡建，自捐家屋充用，並捐五千圓，生息以爲經費。又勸紳商集款數千圓，稟官批准，凡安平出入商船，抽稅充用，而富戶亦各捐田園舖屋，入款頗多。其後巡道黎紹棠以爲義舉，更勸紳士辦理，並以洋藥釐金提撥充用。及光緒八年（1882），巡道劉璈乃廢其例，以司庫平餘及鹽課餘款千餘圓撥爲經費。[104]

石時榮即臺南三郊鼎美號之郊商。除上述臺南廣慈院，臺南、臺北、新竹三地育嬰堂及澎湖棲流所有明確記載爲郊商捐助倡創外，其他各地之育嬰堂、棲流所、養濟院等，多有「紳商富戶」之捐獻，以常理揣度，應皆有郊商襄助，惜未明確記載，姑闕之。

次述助葬：

臺島孤懸海角，昔爲土著所居，我先民離鄉背井，來臺拓墾，一遇災異兵燹，苟有不幸，則客死他鄉，其停棺之所，葬身之地，及運柩回籍之籌謀，在在多為問題。況乾嘉以降，本省開闢漸廣，流寓益多，問題更形嚴重，故救濟設施，不容忽焉。清代之助葬事業，有供給土地於貧民埋葬，或合葬無主枯骨，或寄託旅櫬，或協助埋葬等，略別之不外乎為義塚、殯舍、萬善同歸三類。

萬善同歸或稱萬全同歸，蓋為掇拾枯骨叢葬之所。《澎湖廳志》卷二〈規制・恤政〉條記：

> 媽宮澳西城之東北以至五里亭一帶，廢塚累累，舊有萬善同歸大墓二所，一為前協鎮招成萬建，一為晉江職員曾捷光建，皆在觀音亭邊。光緒四年（1878），同安諸生黃廷甲招各郊戶捐修，又在石厝東西畔修建男女室各一。[105]

同書卷二〈規制・祠廟〉之「無祀壇」條載：

> 一在媽宮澳海旁邊，土名西垵仔。廟中周歲燈油，俱協營捐辦。祠左右一大墳，即埋瘞枯骨之處。建於康熙二十三年（1684），高不過尋，寬不及弓。乾隆十五年（1750），前廳何器與協鎮邱有章等，公捐增修廓大。……嘉慶二十五年（1820），右營游擊阮朝良同課館連金源、郊戶金長順等捐修（下略）。[106]

義塚由官建置者有之，紳民貢獻者有之，任人埋葬不收地價，勒石定界，以垂永遠，並嚴禁牛羊踐踏，亦有自組團體，設有基金，以為管理者。《彰化縣志》卷二〈規制志・養濟〉記：

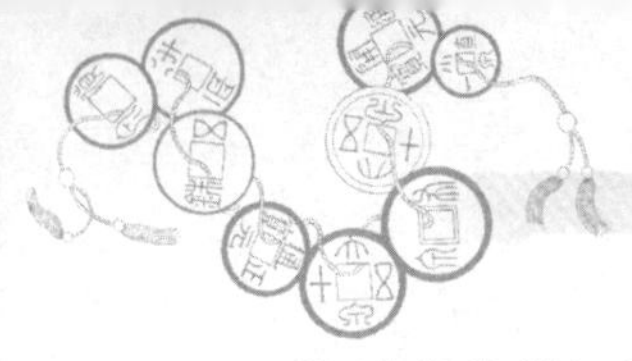

> 敬義園：在鹿仔港街。乾隆四十二年（1777）浙紹魏子鳴同巡檢王坦首捐倡，率紳士林振嵩及郊商等捐貲建置旱園，充爲義塚。仍以贏餘捐項，置買店屋租業，擇泉、廈二郊老成之人，爲董事辦理。逐年以所收租稅。作敬拾字紙、收斂遺骸、施捨棺木、修造義塚橋路之用。[107]

魏子鳴曾撰「敬義園碑記」詳述其創始，茲不引錄[108]。至道光十三年（1833），因生齒日繁，費用日廣，全年租稅不敷應用，遂由鹿港郊商再捐貲充之，王蘭佩「重捐敬義園序」云：

> 鹿港敬義園，浙紹魏先生子鳴所倡建也。……顧立法之初，綱紀粗張，施澤未遠，計年得息，量入爲出，固嘗見其有餘。而流傳既久，生齒日繁，費用日廣，則又見其不足。非重捐建業，倍加生息，勢恐中阻難支也。幸林君三子文濬，克承父志，即於嘉慶乙亥（廿年，1815）倡捐鳩金二千餘員，塡馬芝大路，以顧鹿港龍脈，置琅琊厝園，以恢葬地，買茄冬溝租，以充諸費。是年董事蔡國敏，亦捐鹿街地稅錢，年收四十千。自是置業多，而出息愈大，行善久，而功德愈宏。不獨鹿中義舉所必爲，即外莊之橋路，或造或修，亦肩其任。此敬義園之功德，所由可久而可大也。迨本年夏間（道光十三年），風雨驟至，橋路多崩，以敬義園歲所出息，給費不敷，安得不再爲籌議乎？於是文濬五子孝廉廷璋，念祖父之遺績，又倡捐貲，泉、廈郊户襄之，共得白金千員。乃修街尾長濟橋、刺桐腳長安橋、屋口厝慶豐橋，及通邑大路。塚中暴骨，次第經理。尚

有贏餘，仍將再置旱園，以充葬地，而敬義園之功德，不誠千古不朽哉，是爲序。[109]

是敬義園乃由鹿港泉廈郊捐助，初爲收遺骸置義塚，其後擴及拾字紙、修橋樑、平道路，不獨鹿港在地義舉必爲，即外莊橋路修造亦肩其任。惟似此由郊商贊助，專設機構負責，究不多見，餘率多零散，或偶一爲之，並無組織。

新竹縣義塚之建置，郊商亦率多貲助，如《新竹縣志初稿》卷一〈建置志．義塚〉項中可明確證實爲郊商捐獻者有「大衆媽山塚、山仔坪塚、小坪山塚」等[110]，多爲乾嘉年間獻捐，惟其後骸骼骨罐，愈積愈多。道光十六年（1836）之「義塚碑」謂：

余去冬奉檄渡臺，分防竹塹，訪諸父老，即稔南門外大眾寺每於秋間有普度之舉。近日公餘稍暇，詢其巔末，始悉二十餘年以來，遠近民人寄停骸罐，竟積三百餘具之多。其間罐破骨殘者有之，頭顱暴露者有之，或男或女，爲壽爲夭。生前居處室家，各安其所，歿後飄零流落，環集於斯。碧磷青草，聚哭天陰，亦可悲已。……再查大眾寺旁有公山一區，平原爽塏，可以卜葬。然一切經費，籌款維艱。緣出薄俸以爲之倡，尤喜幕中諸友贊成捐助，尚冀文武同寅，此方善士，共襄義舉（下略）。[111]

其第二碑即爲「義塚捐名碑」，其中有「新艋泉郊金進順捐銀三十元，艋舺廈郊金福順捐銀二十元」，及「鄭用鍾、吳振利、

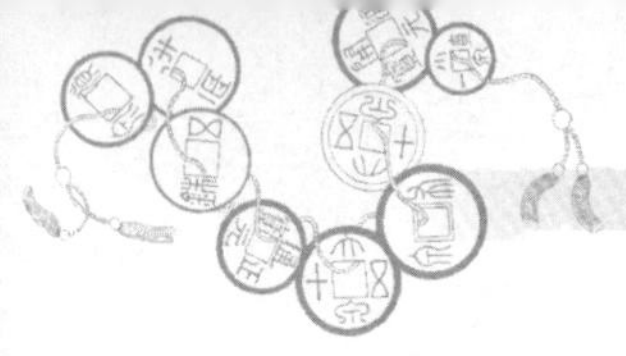

羅德春、逢泰號、陵茂號、源泰號、益三號、鎰泰號、協裕號、德隆號」等塹郊之郊商郊戶。惟此後糾紛疊起，緣由道光十四年（1834），竹塹金廣福墾號開始拓墾後，墾戶屢屢混界殘害塚墓，滿山遍野破罐露骨，致使訴訟不斷。咸豐元年（1851），乃有諸紳士及郊行舖戶等向同知朱材哲稟請，具呈金廣福等之弊害，朱氏乃差官屬前往查勘，其後遂勒石嚴明境界，設禁以防佔混踐踏。光緒年間，南門口巡司埔附近時有毀塚墓、私營田園，或任牛車亂駛，毀塚墓尤甚，致暴露棺骸，七年（1881）諸紳士耆老及郊行舖戶等再度稟請官府，又至南門城門建碑示禁。此後凡義山之開墾必須受官衙之准許，其例持續至清領臺灣末期[112]。

畜養野放，踐壞墳墓之事，北部特多，艋舺行郊也曾出面稟請官府禁止。伊能嘉矩《臺灣文化志》中卷第六篇第十一章〈墳墓之保護〉，收有咸豐二年（1852）十一月，保護劍潭古寺墓園之佈告一則，文曰：

> 署臺灣北路淡水總捕分府加十級紀錄十次張，本年十一月初八日據艋舺街永和郊總理張錦回稟稱：「緣淡水劍潭古寺……於今百餘載。……前因該地奸民希圖獲利，擅將寺後龍身行節處所，剖取石片，殘害龍骨，以致該廟被風蟻損蛀倒壞，諸神無處供奉。回等爰是邀同紳衿，郊舖人等，共相集議重興廟宇，旋即告成，茲因日久弊生，奸念復萌，該地奸民，再行剖石，戕傷廟宇，計及該寺前後墳墓，亦被放畜羊牛，踐踏損壞，屍骸暴露，風雨毀傷，實堪痛恨，忍心不過，轉思莫何，合亟瀝

> 情叩乞恩准，迅飭差諭止，一面出示嚴禁剖石，無許放畜牛羊，以損墳墓，幽明均沾，公侯萬世，切叩。」等情，據此，除飭差諭外，合行出示嚴禁（下略）。[113]

末敘賑荒：

災荒救濟，清代統稱爲荒政。臺灣於有清一代，水利未善，災荒頻見，重以醫藥不昌，疾癘流行，戰禍頻仍，饑饉連歲，是以清代臺灣之救荒事業，視爲大政。災荒救濟，非食糧不可，而其儲藏，非倉廒不爲功，清代臺灣之倉廒，有常平倉、義倉、社倉、番社倉四者。

義倉者，當年歲凶荒之際，貧民告糴無由，則開義倉之穀給民糴。故義倉實具有調節物價、救恤貧民、賑濟災荒三大作用。義倉初由官營，故又稱鹽倉，迨嘉慶時，改爲民營，而仍由官方監督之，實半官營之性質也。義倉之錢穀，率由官府勸捐粟穀而成，無異對各富紳之攤派，若有違勸弗捐，則有不可之勢。《淡水廳志》卷三〈建置志・倉廒〉項，言淡水義倉：

> 義倉三所：一在竹塹南門內，同治六年（1867）同知嚴金清諭業户林恆茂、鄭永承、紳董吳順記、李陵茂、鄭恆升、鄭吉利、鄭同利、翁貞記、陳振合、何錦泉、陳沙記、鄭利源、恆隆號等捐建，計十二間。一在艋舺舊倉，六年捐修，何長潤督造，計十九間。一在大稻埕，六年捐建，未成。[114]

艋舺之義倉捐獻者未有明確記載，姑缺之，茲述新竹義倉。新

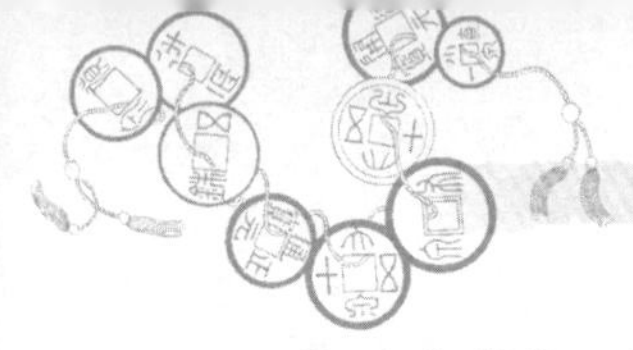

竹義倉，係道光十七年（1837）淡水同知婁雲創始，但未置倉廒，捐穀即由捐戶收儲。同治六年（1867）同知嚴金清復倡，捐廉俸銀一千圓，購穀一千石，並勸諭紳商、業戶捐穀四萬九千石，於同年在竹塹及艋舺各建明善堂爲義倉，附以義塾，另撥捐穀三千六百石爲義塾經費，以興養立教。

竹塹明善堂（即義倉）在新竹城南門內，係購城內義倉口街金姓舊屋而改築，計屋十二間。同治六年興工，翌年四月竣工。此役主要捐輸者有業戶林恆茂、鄭永承、郊行吳順記、李陵茂、鄭恆升、鄭吉利、翁貞記、陳振合、何錦泉、陳沙記、鄭利源、恆隆號等，大多竹塹著名郊商。無如其後世風不古，有遇青黃不接之時，告糴者聚而請，收儲者置罔聞，明善堂之舉，於是有名無實。義倉至光緒十六年（1890）改爲電報局，附設之義塾至翌年由知縣葉意深移入明志舊院，自爲塾長，另謀發展[115]。

其他如澎湖廳義倉，係於道光十一年（1831）澎湖通判蔣鏞倡設，總理由紳董舉充，以杜私弊，下迄光緒十九年（1893），鹹雨爲災，澎湖歲饑，始再舉義倉，除官方倡捐外，並勸諭本地紳富襄贊，計得銀二千兩，以爲社倉資本，其中「郊戶黃學周勸諭三郊合捐一百六十三兩零」[116]，至是而澎湖義倉始成。

賑災助貧，糶濟民食，郊商亦不落人後，《明清史料》戊編第十本收有道光五年（1825）六月二十三日「戶部爲內閣抄出福建巡撫孫奏移會」奏文乙件，文曰：

福建巡撫臣孫跪奏：爲遵旨查明臺灣招商運米赴津糶濟民食，

> 分別請給頂戴職銜及酌量獎賞……奉上諭：此次運米原船帶回貨物，官給印照，所過關津，加恩一律免其納稅。其臺灣商人急公應募，遠歷海洋，運米至一十四萬石之多，著該撫孫爾準秉公查明……伏思此次運米赴津各商民……自應查明各商民眞姓的名，及運米確數……此次遵旨招募商民買米一十四萬石，販運天津，風帆不順，收入江蘇上海等口船隻扣除不及外，實在到津之船，計共七十隻，運米一十三萬餘石。……又臺灣行商蘇萬利、金永順、李勝興等買米二萬石，鹿港廳行商金長順買米三千一百七十四石，廈門行商金永順等買米二千五百八十二石。但論各行商公共辦運，出資多寡不等，合計雖在一千五百石以上，分計則不及一千五百石，未便議給頂戴，應請各給予匾額，在於各該行公所懸掛。其餘不及一千五百石者，應請查照府廳冊報各商運米數，如在一千石以上者，酌量賞給花紅（下略）。[117]

奏中所言行商，即是臺南三郊蘇萬利、金永順、李勝興及鹿港泉郊金長順。《彰化縣志》卷一〈封域志．海道〉項記：

> 鹿港向無北郊，船戶販糖者，僅到寧波、上海，其到天津尚少。道光五年，天津歲歉，督撫令臺灣船戶運米北上，是時鹿港泉、廈郊商船赴天津甚夥，叨蒙皇上天恩，賞賚有差。[118]

據此，足可佐證此事。賑災濟民，所在多有，不勝枚舉，茲再舉一例，《彰化縣志》卷八〈人物志．行誼〉記鹿港郊商林文濬：

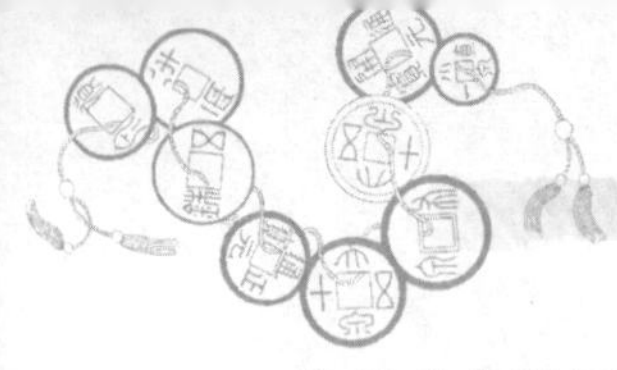

> 林文濬字金伯，泉州永甯衛人。……少長渡臺，代父理生計。父歿，喪葬盡志，奉母尤謹。初，振嵩在臺時，急公向義，素爲當道推重。文濬克承先志，力敦義舉，嘗爲宗族母黨置祀田，恤族中寡婦無改適，且爲延師教其孤，鄉人德之，在彰尤多建立倡造。縣城改建，文昌閣重新，白沙書院學署新建，鹿港文開書院、天后宮、龍山寺及鹽水港眞武廟，各處津梁道路，或獨建或倡捐，皆不吝多貲以成事。而功德最大者，莫如賑饑一役，嘉慶丙子（二十一年，1816）春夏之交，穀價驟昂，饑民奪食，文濬領率郊商殷户，請於官，立市平糶，設廠施粥，沿海居民，全活者以萬計。觀察糜公獎以額，曰「績佐撫綏」，非虛譽也。[119]

他如澎湖於咸豐元年（1851）大風霾、下鹹雨，民食維艱，除官府恤濟外，另有「臺郡紳商林春瀾、石時榮、蔡芳泰、黃瑞卿等，共捐銀一千六百四十餘兩」[120]。同治五年（1866）夏大旱，秋颱風，下鹹雨三次，民大饑，在地紳商捐湊十九萬四千餘觔薯絲給發，並由「紳商黃步梯、鄭少蟾、林瓊樹、黃應宸、黃學周等辦理賑務，多方籌辦，墊錢五百餘千文」[121]。十二年，連年水旱，官府勘災賑恤外，「鳳山縣苓仔寮商民陳順和捐買薯絲五百擔、陳順源捐絲三百擔，先後到澎續賑，並運米平糶」[122]。光緒七年（1881），颱颶交作，下鹹雨，粱黍失收，災情慘重，各地捐款募糧並至，以撫慰饑民，且有以輪船渡載饑民赴臺覓食，其中散賑接濟者有廈門郊商及「鳳山縣郊商陳順和捐薯絲一千擔」等[123]。

是知郊商平日之救恤貧困，賑濟災荒，死喪相助之義行美德矣！

三、矯風事業

有清一代，郊行之矯風義行，隨處有之，惜文獻缺略，已難考知，茲志其有跡者。

《臺碑選集》收有〈奉憲嚴禁告示碑〉，碑立於道光二十七年（1847），文曰：

> 簽墾示禁以靖市鎮等事：據嘉屬鹽水港街總理武生黃忠清……郊户李勝興、金順利、金寶順、金綿發、金和順暨舖户人等，赴府僉呈詞稱……近因奸棍蝟集，俗變剽悍，每藉冒差役名目，日在該街內外，竊伺來往孱民，不論有無被控，並無文票簽單，或藉庄鄰有案，擄跟酷索：或擄索不遂，憑空赴分司衙造局扭稟；或先擄禁事發，臨時藉案添誣，種種兇橫，難以枚舉，盤踞市中，擇肥而噬，三五成群，肆擾無忌，以致庄民裹足，商旅寒心，故數年以來，街衢舖户寂靜，生理倒罷者多。清等目擊，心傷感愧，無力拯救，伏覩憲臺念切民瘼，必不忍聽此成群之狼，噬我赤子，爰敢懇乞鴻慈，出示嚴禁，不論何等差役棍徒，俱不許當街截拏人民，雖命盜要犯，准其拘拏，亦應傳同總董查獲籌辦：其餘細故等案，一概不准在街拏掠，庶庄民敢以如舊到街貿易，市鎮可以重興。……合將事宜條款

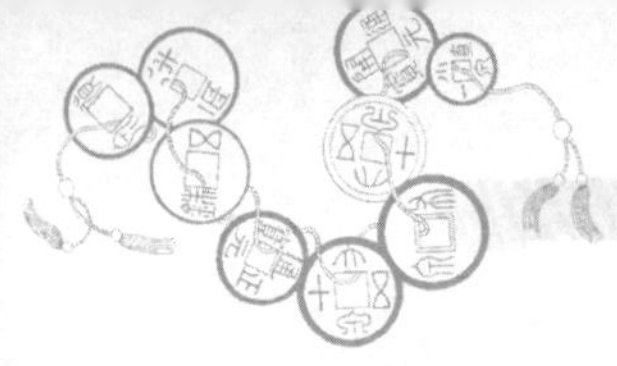

> 粘後，相率叩乞恩准，檄示嚴禁（下略）。[124]

僉呈自無不准之理，碑末開列八條款，並附公約二條以昭示禁恪遵。八條款中之一爲「並無文票僉單，擅自恃黨，藉端混拏良民，准該紳衿總董及郊商街衆，協同救援，並即呈請重究，倘係棍徒假差妄拏，許即獲送赴官，從重懲辦，以儆凶頑。」

同書之〈義祠亭碑記〉亦有類似情事記載。此碑立於同治十一年（1872）十月，碑文內容乃詳記同治二年戴潮春之亂而死事者，爲其造祠奉祀事由，惟碑末另有一段不相關之記載，云：

> （上略）本年十一月初七，據本城内生員葉大倫……港郊李勝興、課館合同號、爐主成興號，職員丁節南暨舖户等，僉稱本城内各轎店，將民間婚娶，挨次輪流抬勒轎價，屢鬧婚○（原缺），○（原缺）曹前主定價，夫頭藉爲勒索之由。本年二月間，阿公店局紳控吳前縣示禁，毋許輪抬勒索，並諭各里設立公轎，以使婚娶人家擇○（原缺）抬，杜勒價之苦，經各里遵設公轎，而夫頭陳月等不遵……會黨截鬧，折壞公轎，庄眾出較……查前據阿公店局紳王佐才等，以轎店各夫頭將嫁娶倩轎一款，挨次輪流分地索，甚至用車代轎者，亦被迫勒貼費，爰公議共置花轎鳥轎數乘，俾婚娶通用，以絕輪索等情，呈准吳前縣示諭在案，自應遵照辦理。……自此次之後，務宜永遠遵行，該轎店夫頭倘再仍蹈故轍，一經訪聞，或被告發，定即提案究懲，決不稍寬（下略）。[125]

同書亦收〈嚴禁販賣婦女告示碑〉，碑有二，立於光緒十五年（1889），文曰：

> 出示嚴禁事，光緒十五年五月二十一日。據芙蓉郊董事職員張大琛等稟稱：竊琛等前稟販運婦女等情，蒙批：如稟轉詳，通飭嚴禁，惟此奸徒怙惡不悛，而近月奸風最熾，形同化外，琛等目睹心酸，是以仰懇迅先示禁，以便購線密拏懲辦，庶無依女子免流離失所之苦，而奸徒知法隨令行之警。再郡城有等紳富買用碑女，其至念歲以上仍使其市肆往來，閫外無分，遇有輕浮之徒，當眾調戲，稍爲面熟，即有貪利之婆勾引成奸，所謂奸盡則出殺由，禍害更甚。琛等以風化攸關，可不請以示禁！……琛等心存義舉，仁憲必有權衡，是否有當，不揣冒瀆陳情再叩，仰祈俯賜轉詳通飭，勒石嚴禁等情到縣。據此卷查，先據該董事張大琛具稟奸徒販賣人口一案……本縣查錮碑不嫁最爲惡俗，該職員所稟係爲杜絕奸拐，整頓風化起見，似可俯如所請，除詳請道憲通飭一體示禁外，合行出示嚴禁。[126]

芙蓉郊即鴉片郊，爲臺南販土之商合設，乃臺南後起之大郊（售煙者曰芙蓉舖，另有公會），姑不論其職業是否道德，能爲販賣人口，錮碑不嫁、奸拐婦女等不法惡俗，一再稟請官府示禁，義風可佩，況其運銷洋藥，每箱徵費二圓，以充義舉，亦是善行。

《新竹縣采訪冊》卷五〈碑碣〉，收有同治十二年四月之〈示禁碑〉，文謂：

> (上略)案據職員林汝梅……暨郊舖金長和等僉稟:「淡疆風俗,原係樸美之區,一切兇橫強悍之習,素所未聞,邇年人心不古,詞訟繁興。分而觀之,其弊不一,約而舉之,其害有四:如母家藉女病故索擾、賣業找盡纏訟、總董誣良爲盜、命案任意牽連。凡此四端,皆爲害中之最,僉請示禁」前來。查核所稟各情,實爲地方惡習。此係應禁之條,亟宜嚴行禁革,以杜訟源而肅法紀。除稟批示外,合行示禁(下略)。[127]

郊行之舉措亦有人情味者,如臺南三郊於每年除夕夜,在水仙宮廟前,演戲達旦,凡欠債被債主催討者,相率至該處觀劇,債主則不敢過問索債,以免犯衆怒致毆打,俗稱避債戲[128]。行郊原即爲神明會組織,故每於祀神誕日,演戲慶賀,以酬神謝佛,所演戲碼,均爲忠孝節義故事,此種廟會演戲,幾爲昔年農業社會之惟一娛樂,而其潛移默化之社教功能,固不可道里計,尤有甚者,郊行有進一步組織戲團者,如臺北艋舺之字姓戲,參加社員率多郊行子弟,其費用初由船郊支持,於咸光年間,盛行一時。是知忠教節義傳統道德觀念之建立,亦有賴神道設教以移風化俗,則行郊側面襄贊之功亦不可忽也。

綜上所述,郊行之參與地方公益、慈善、矯風等事業,皆僅據有文獻者而言,其中因史籍缺略,而不見記載者,尚不知凡幾也,以理度測,恐不止倍蓰。總之,我國風尚,向以急公好義、恤助貧困爲美德,本島初啓,致力未及,而水旱不時,疫癘間作,鰥寡孤獨之無告,則鄉里聚居,必爲之盡心力,相扶相持,其社會福利事業，應所多有，而行郊自始至終，趨善慕義，設養濟恤，力行不怠，其社會功能大矣哉！惜史闕有間，無能遍知，碣殘碑斷，僅知一二，不能周全以譽揚其美德懿行。

第六節　功能檢討

臺灣之「行郊」多集中沿海或內河之各港口，其起源有其特殊歷史，地理、社會、經濟、宗教之背景。其組織結構有爐下、爐主、董事、僉首、稿師、局丁等分工負責。組合之主要目的，略言之，消極上因競爭加劇，爲求互助聯誼，維持同行既得利益，各依種類地區自由組合；積極上則加強其勢力，謀掌握商業獨佔權，以壟斷某一營業，影響其他同業，進而協商抵抗官府加諸業者之橫徵苛索、不法壓迫，以擁有經濟實權。換言之，臺灣行商組成「行郊」之組織，對內進行勞動管制，強化其統制力、支配力，對外要求獨立，提高政治勢力、社會地位，以發揮其組織功能。

行郊之經濟功能、宗教功能、文化功能、政治功能、社會功能已略如上述，茲續作一檢討與申論，以爲本章之結束。

臺灣行郊在政治功能上之表現，不外乎組團練、募義民、捐軍需、平匪定亂、抵禦外患，並負責配載官差，協運兵穀、臺廠木料、臺營馬匹、班兵臺餉、往來官員人犯；餘如城垣、官衙等之修建，亦須渠等攤捐籌措，涉及層面似廣袤，而究之實際，義務負擔多，享受權利少。以平匪定亂言，乃爲自身謀算，蓋郊商擁資貿

易，為保身家財產及通商互市計，不得不大力捐餉助防，以求亂事早日平定，得以交易貿遷。行郊在政治上實無地位，有之亦不過參與地方基層事務、官府授權仲裁民事糾紛，至多擔任街莊之總董正副等。以總董之職權言，僅限於布達官方命令，調停和解爭議，斡旋地方公益捐輸，管理公共事業，管內之保安、保甲門牌之整理與團練冬防，以及關於保防聯莊之諸多事務，長官之送迎接待等而已。至若官府對郊中董事，以禮相待、平起平坐，實因其社會地位，或渠等早已是透過考試、軍功、捐納而擁有科舉功名之士紳，凡此均屬私人性、個別性，而非法制化，無關行郊團體組織之勢力地位，是知臺南三郊聘請進士施士洁擔任稿師，塹郊金長和之聘請舉人吳士敬為郊書，對外代表行郊應接官諭，有其必要與用意。行郊雖偶有使用抵制或呈情手腕，影響當道視聽，促使官府修改行政命令，然有成功有失敗，不能據一二成功事例以為行郊獲得政治勢力。事實上，即使富商郊戶參與市政，協理自治，幾乎未取得任何特權，況臺灣行郊之結社，純為自發性，並未得到官方之認可或特別許可。總之，臺灣行郊以自治為基礎，具有獨立性與實力，但此實力仍屬經濟之特性，而非政治勢力，因此不具有法定特權地位，換言之，在官方眼中行郊恐始終僅為一保護商人、發展商務之職業團體，至多承認其為一「社會領導階層」，擁有社會地位而已。

臺灣行郊之經濟功能，可從對外之獨佔政策與對內統治政策加以檢討。

對外而言，能否強制同行加入為一種重要表徵。西方之基爾特（guild）有官方認可之強制加入權，藉著此種權力強行獨佔政策。

但在臺灣行郊規約中鮮有記載此種強制加入例子，然這並不意味並無強制加入之事實，事實上必有精神壓迫、人情壓力、道德勸說，乃至實質脅制，如行郊不准郊員與郊外同業交易往來即是，況在激烈競爭中，若逢官府暴政、不當苛索、買賣糾紛時，有行郊力量作爲後盾，必可減免諸多紛擾，郊外行商實無理由拒絕加入。但行商組織「郊」，純爲自發性，官府既未加以干涉或輔助，故商人入郊不受強制，於是遂有行商不加入，不受郊規之約束，此等行商俗稱「散郊戶」，泛稱「郊外」[129]。此種事實足以影響行郊之獨佔性，在互爭勝算下，不免私自削價奪客，惡性競爭，影響衆人；甚至有郊中之人，取巧變號，藉稱郊外，與出海私相授受，隱匿抽分[130]。打擊行郊生理。

行郊對內管制之成敗，可從郊規之有無及內容探知。今存郊規條約，所見者均收錄於《臺灣私法第三卷附錄參考書》內[131]，其中僅有臺南三郊、臺南綢布郊、鹿港泉郊、大稻埕廈郊、澎湖臺廈郊等，餘無聞。訂立時間率多爲日據初期，其前清領時期，僅有鹿港泉郊規約一件，立於同治年間。近年幸發現艋舺北郊郊規一件，立於光緒年間（見**附錄一**），則似乎清代臺灣行郊未必均訂有郊規，此項事實，固可解釋爲臺島商人素重然諾、守信用，僅爲口頭約定即可，不必立約訂規。然揆之實際，恐難樂觀，一則現存郊規遺佚必多，二則臺民唯利是趨之重商傾向，均無法予以高估，吾人試一分析郊規內容即可覘知。郊規內容，除有關郊員之加入退出、除名及其他權利義務、爐主與董事之輪値、推舉及其執務準則外，尚規定各種商事規約，如關於竹筏工錢之議定，銀鉈價格之決議，運費

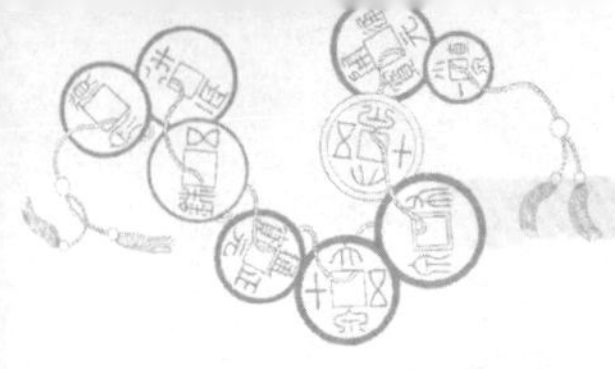

工錢之決定，買賣地區之限制，爐下生理倒號之處理，司傳之僱用與交易上之各種議定。此外在公所內，置有公秤、公磅、公斗、公量等，為各行商交易秤量之標準，經其秤量，稱為公覆，不許異議。郊對違反郊規之爐下有裁決權與處罰權，輕則罰酒筵、分檳榔、罰燈彩、罰戲，重者開除郊籍，嚴重者送官究辦。郊之處罰，稱公罰，官署亦予以承認。因此就度量衡、品質管制與價格協定，及對違反郊規者之懲治權等而言，行郊對內管制之經濟功能是可以肯定的——雖然仍有產品摻假、秤量作弊，及陽奉陰違、故違舞弊、鑽取郊規漏洞者。

行商組織「郊」，其目的應在促進共同之商業利益，然其後竟兼理宗教、行政、社會、文化諸事，成為一高度普化之組織，原有之經濟功能屈居其後，實已失其本意。其中社會功能特別突出（按宗教、文化功能也可歸屬之），幾乎使人懷疑「行郊」為一社會性之組合，而非經濟性之組合。此點實與郊商之財富有關，緣由郊商經營致富後，思以其財富取得社會地位，領導地方，故熱烈參與鄉梓事務，樂心公益，獲取美名；而官府民人，則因其雄貲鉅富，地方徭役、社會公益莫不盼望殷戶郊商捐輸，既可彌補官府能力之不足，復可減少行政費用支出，各謀所遂，相得益彰。

行郊之沒落式微，亦可從其組織功能之衍變得知。如上所言，行郊之組織功能，以社會功能居首，經濟功能次之，政治功能殿末，其所以致之，與行郊組織型態之不健全與當時社會經濟狀況有關。清領時期之臺灣，除少數外人投資之工廠僱用農村勞力外，實質上臺灣仍偏重自給性之農業，全島由許多隔離個別之市場所組成，經濟是自給型態。由於運輸不良與幣制混亂，市場狹小而分割，衛生、教育、交通、度量衡制度，及有效之金融與財政機構，均未產生，或僅具形式，是以在交通、運輸與財政上不作迅速改進，則行郊之聯合或擴充，幾爲不可能之事，易言之，行郊無法統籌全臺營運，聯合擴充，僅各擁有某特定市場範圍，散佈全省各埠頭、各口岸各自爲政；其經濟勢力無法充分支持其政治行動，不能取得政治上之地位勢力，實乃必然結果，盧允霞之代表行郊，入京上控，求罷商運之失敗即爲一例。

而行郊組織結構之不健全，其組織功能受其限制，宗教性、社會性遂重於經濟性。一般言，臺島行郊組織結構無一嚴格之組織規定，率多簡陋，以組織龐大之臺南三郊爲例，亦僅有爐主、董事若干人，下轄稿師一名、大斫一名及若干苦力，似此，焉能處理郊中衆多公事，進而應接官諭，爭取商權，推展商務。再則，郊員違反郊規，重者開除郊藉而已，雖曰開除郊籍後，郊中規定同盟絕交，衆郊員不得與該號交易往來，事實上衆郊員未必皆執行遵守，易言之，郊員若不認眞遵守郊規，暗中故違舞弊，「郊」亦無可奈何，時日一久，必定弊竇叢生，會員離心。凡此均與其組織不嚴密，執行不徹底及未取得政治上地位，經濟上獨佔權有莫大關聯。其後行郊組織雖有若干改進，惜非事先之全盤規劃改進，乃與時被動之應急演進，不能根本上改良其組織結構及行銷體系，其組織功能受舊有結構局限，停滯不前，殊難完全符合時勢要求。於是在行郊組織結構及功能，未能與當前政治、社會、經濟形態相配合下，重以官府當道又不肯全力輔導支持，行郊遂成爲外力衝擊下及新式企業下

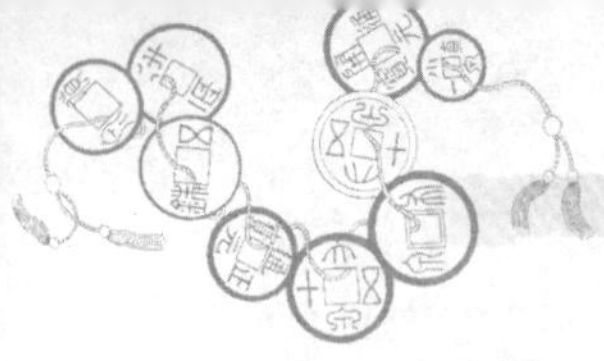

之傳統犧牲品；是則從行郊功能之衍變過程亦可知臺灣社會之變遷矣！

綜括上述，臺灣行郊實爲一特殊之商業團體，其所具有之功能已含括政治、經濟、社會、宗教、文化等多元功能，舉凡如地方上之徭役、公益、宗教、教育等事業，幾無一不由彼等倡捐、創建或重振。行郊之組織，不僅促進了臺灣商務之發展，安定了移民社會之秩序，更對社會建設，文教普及、經濟繁榮提供了鉅大之推動力量。

註釋

❶陳培桂，《淡水廳志》卷四〈賦役志·關榷〉「煤場」條，頁一一三（臺銀文叢第一七二種）。

❷陳培桂，前引書，卷十一〈風俗考·商賈〉，頁二九八。

❸參見《臺灣私法商事編》第一章第二節「郊」，其中所收錄之諸郊規，頁一七～四六（臺銀文叢第九一種）。

❹同註❸前引書，〈臺南三郊由來〉，頁一二。

❺同註❸。

❻《臺灣私法人事編》第一章第二節第三款第三神明會及父母會（二）神明會之規約，所收之「新港郊規約書」，頁二六一（臺銀文叢第一一七種）。

❼《臺灣省通志》卷三〈政事志·司法篇〉，頁五九～九〇（臺灣省文獻委員會，民國六十一年十二月）。

❽石萬壽，〈臺南府城的行郊特產點心〉，頁七七，《臺灣文獻》卅一卷四期，民國六十九年十二月。

❾唐贊袞，《臺陽見聞錄》卷上〈籌餉·釐金〉，頁六七（臺銀文叢第三〇種）。

❿林滿紅，〈晚清臺灣茶、糖、樟腦業的產銷組織〉，頁五三～五四（此文收入氏著《茶、糖、樟腦業與晚清臺灣》，臺灣銀行經濟研究室，民國六十七年五月，臺灣研究叢刊第一一五種）。

⓫李亦園，《信仰與文化》，頁一三（巨流圖書公司，臺北，民國六十七年八月）。

⓬以下分期乃採用劉枝萬著〈清代臺灣之寺廟（一）〉蛻化而來，《臺北文獻》第四期，頁一〇一，民國五十二年六月。

⓭拙著〈臺灣寺廟對地方貢獻〉，《臺北文獻》直字第三十八期，頁

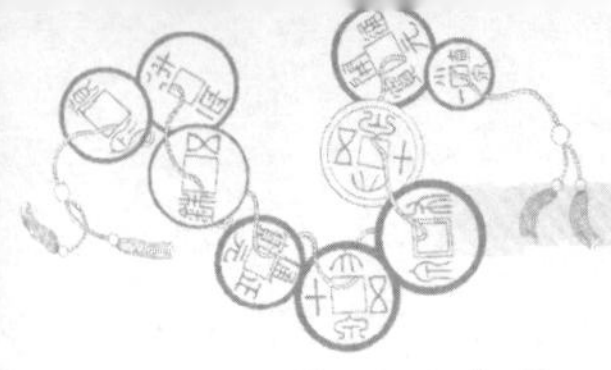

一八七，民國六十五年十二月。

⓮余光弘，〈馬公的寺廟與市鎮發展〉，頁四五一～四八〇，《歷史與中國社會變遷研討會論文集》，中央研究院三民主義研究所專刊（8），一九八二年。

⓯劉枝萬，〈清代臺灣之寺廟（二）〉，《臺北文獻》第五期，頁四五，民國五十二年九月。

⓰李國祁，〈清代臺灣社會的轉型〉，《臺北市耆老會談專集》，頁二六〇，臺北市文獻委員會，民國六十八年九月。

⓱同註⓯，頁五八。

⓲同前註，頁七七。

⓳劉三豪，〈關聖帝在臺灣〉，《幼獅月刊》第四四卷五期，頁三十，民國六十五年十一月。暨李國祁前引文，頁二六一。

⓴劉枝萬，〈清代臺灣之寺廟（三）〉，《臺北文獻》第六期，頁四八，民國五十二年十二月。

㉑同註❸前引書所收之〈臺南三郊之組織、事業及沿革〉，頁一一～一七。

㉒同前註前引書所收之〈大稻埕廈郊郊規〉，頁三〇。

㉓詳見方豪(a)〈臺灣行郊研究導言與臺北之郊〉；(b)〈臺南之郊〉；(c)〈鹿港之郊〉；(d)〈新竹之郊〉；(e)〈澎湖、北港、新港、宜蘭之郊〉，頁二五八～三三三（以上諸文收入氏編《方豪六十至六十四自選定稿》，民國六十三年四月），暨拙著（a）〈艋舺行郊初探〉，頁一八八～一九二，《臺灣文獻》第二十九卷一期，民國六十七年三月；（b）〈新竹行郊初探〉，頁二一三～二四二，《臺灣文獻》直字第六十三、六十四期合刊，民國七十二年六月。以上二文均已收入本書。

㉔《臺北市志》卷八〈文化志・名勝古跡篇〉，頁一七～一八，臺北市文獻委員會編印，民國五十九年十月。

㉕陳培桂前引書，卷五〈學校志・書院〉「學海書院」，頁一三九～一四〇。

㉖同前註。

㉗《臺灣教育碑記》附錄「明志書院案底」卷二「舉人潘成清稟」，頁九〇

（臺銀文叢第五四種）。

㉘林豪，《澎湖廳志》，卷九〈風俗．服習〉，頁三○七（臺銀文叢第一六四種）。

㉙林豪前引書，卷四〈文書．書院〉，頁一一一。

㉚詳見拙著〈新竹行郊初探〉，頁二三三。

㉛《臺灣南部碑文集成》第二冊所收「重修臺灣府學明倫堂碑記」，頁一二三（臺銀文叢第二一八種）。

㉜見《明清臺灣碑碣選集》之「修造臺澎提學道署初記」、「修造臺澎提學道署再記」二碑，頁三九四～三九六（黃耀東編，臺灣省文獻委員會，民國六十九年元月）。

㉝《新竹縣釆訪冊》卷五〈碑碣．文廟碑〉，頁一七四（臺銀文叢第一四五種）。

㉞同前註前引書之「創建試院碑」，頁一七七。

㉟蔣師轍，《臺遊日記》，卷一光緒十八年四月九日，頁一八（臺銀文叢第六種）。

㊱見前註前引書「七月二十八日」記「余前襄校臺南試卷，見有郊藉，不解所謂，今始恍然」，頁一二七。

㊲連橫，《臺灣通史》，卷十一〈教育志〉，頁二一七（臺灣省文獻委員會，民國六十五年五月）。

㊳此點承黃師典權賜知。

㊴謝金鑾，《續修臺灣縣志》，卷三〈學志．書院〉，頁一七二（臺銀文叢第一四○種）。

㊵周鍾瑄，《諸羅縣志》，卷八〈風俗志〉，頁八八（臺銀文叢第一四一種）。

㊶同註❹。

㊷見《安平縣雜記》之附錄，頁一○四（臺銀文叢第五二種）。

㊸謝金鑾前引書，卷四〈軍志．義民〉，頁三二八。

㊹見《臺南市南門碑林圖志》收錄「重建義民祠碑記」，頁五七（臺南市政府編印，民國六十八年）。

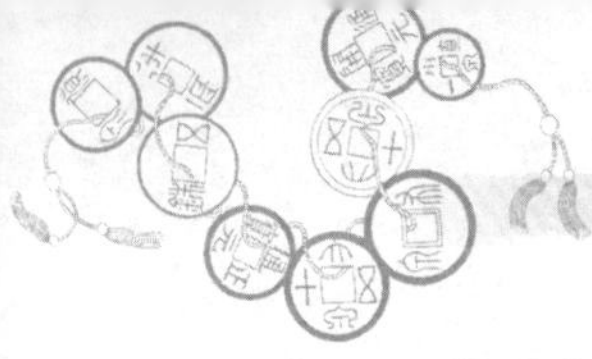

㊺同前註前引書，頁五九。

㊻謝金鑾前引書，卷三〈學志・軍功〉頁二二八。

㊼詳見《臺灣采訪冊》〈兵燹〉項，頁四六～五二（臺銀文叢第五五種）。

㊽顏興，〈臺灣商業的由來與三郊〉，《臺南文化》第三卷四期，頁一三，民國四十三年四月。

㊾石萬壽前引文，頁七九～八〇。

㊿詳見《明清臺灣碑碣選集》所收「嚴禁販賣婦女告示碑」，頁四一九，及「奉憲嚴禁告示碑」，頁四八〇。

51見臺南市文獻委員會編纂組之〈採訪記——西區採訪初錄〉第五雜紀之「黃柏卿先生的談話」，《臺南文化》第三卷四期，頁七三。

52連橫前引書，卷三十三〈林占梅列傳〉，頁六九一。

53連橫前引書，卷二十一〈鄉治志〉，頁四三四。

54同註❸前引書所收〈臺北三郊沿革及其事業〉，頁二八。

55林豪前引書，卷十一〈舊事・紀兵〉，頁三六三～三六四。

56同註㊾。

57同註㊷前引書，頁一〇五。

58連橫前引書，卷九〈度支志〉，頁一六五～一六六。

59同前註，頁一六八。

60連橫前引書，卷十九〈郵傳志〉，頁四一五。

61周凱，《廈門志》，卷六〈臺運略〉，頁一九一（臺銀文叢第九五種）。

62本段詳見連橫前引書，卷二十〈糧運志〉，頁四二一～四二六。

63同註㊾。

64詳見周璽，《彰化縣志》，卷二〈規制志・城池〉，頁一六；及卷十二〈藝文志〉所收「請捐築彰化縣城垣並建倉疏」、「請建彰化城垣批回札」、「請建豐盈倉牒」，頁三九六～四〇〇（臺銀文叢第一五六種）。

65詳見《淡水廳築城案卷》所收「署北路淡水同知稟」之第一稟，頁五（臺銀文叢第一七一種）。

66同前註前引書之「鄭用錫、林平候等呈」，頁一～二。

67詳見《新竹縣制度考》所收「城工店稅」文件，頁九二～九五（臺銀文叢第一〇一種）。

68尹章義，〈臺北築城考〉，《臺北文獻》直字第六十六期，頁一～二二，民國七十二年十二月。

69《清代大租調查書》第五章第三節第三十三例，頁九二二—九二三（臺銀文叢第一五二種）。

70劉篁村，〈北城拾碎錄〉，《臺北文物》第二卷四期，頁四五—四六，民國四十三年一月。

71劉璈，《巡臺退思錄》，頁二二五～二二六（臺銀文叢第二十一種）。

72《明清臺灣碑碣選集》之「修建臺灣縣捕廳衙署記」，頁二八八。

73蔡淵絜，〈清代臺灣基層政治體系中非正式結構之發展〉，《師大歷史學報》第十一期，頁九七～一一〇，民國七十二年六月。

74戴炎輝，〈鄉治組織及其運用〉，頁二〇（見氏著《清代臺灣之鄉治》，聯經出版事業公司，民國六十八年）。

75詳見《淡新檔案選錄行政編初集》中「郊舖金長和保舉郊商擔任北門總理」之第三二五號～三四二號文件，頁四一四～四二四（臺銀文叢第二九五種）。

76同前註。

77同前註。

78同前註。

79如「呑霄舖戶選舉呑霄總理」（第三四四號～三五一號，頁四二五～四三二），及「保舉陳存仁為竹南三堡董事」（第三六一號～三六四號，頁四四六～四四八）。

80同前註前引書，第二六三號～二七一號，頁三三〇～三四〇。

81見《新竹縣采訪冊》，卷五〈碑碣〉之「瀨江祀碑」，頁一八四。

82王詩琅，〈臺北乞丐考〉，《王詩琅全集》卷三《艋舺歲時記》，頁一八四（高雄，德馨室出版社，民國六十八年）。暨《臺灣省通志》，卷三〈政事志・社會篇〉頁六八。按二書引文互有出入，茲以王文為底本，據通志作一校補。

83《臺灣私法物權編》第四章第五節「慈善事業」所收第二三「稟呈」，頁

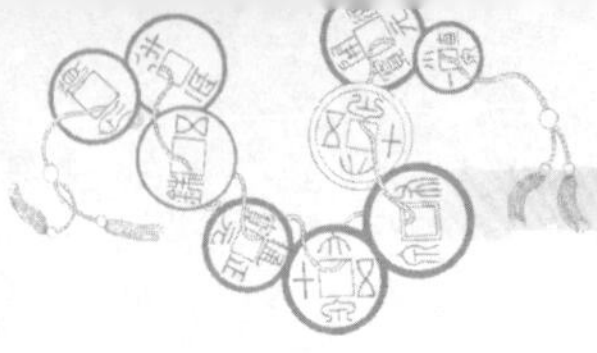

一五〇七（臺銀文叢第一五〇種）。
❽❹《新竹縣采訪冊》卷五〈碑碣〉之「義渡碑」，頁一九三～一九八。
❽❺《明清臺灣碑碣選集》之「永濟義渡碑」，頁一三〇。
❽❻同註❽❹前引書之「湳子莊萬年橋碑」，頁二〇三。
❽❼同前註前引書之「重修湳子莊萬年橋碑記」，頁二〇三。
❽❽同前註前引書，卷三〈橋樑・萬年橋〉，頁一一三。
❽❾《臺南市南門碑林圖志》之「重建安瀾橋碑記」，頁三七。
❾⓿同前註前引書之「重建安瀾橋碑記」，頁五五。
❾❶同前註前引書之「重建安瀾橋碑記」，頁一〇三。
❾❷同前註前引書之「重修望海橋碑記」，頁一〇七。
❾❸同前註前引書之《修造老古石街路頭碑記》，頁六七。
❾❹同前註前引書之「西門城邊半路店間河溝挑浚碑記」，頁一一九。
❾❺方豪，〈臺南之郊〉，頁二八五～二八九。
❾❻石萬壽前引文，頁七九。及盧嘉興《鹿耳門地理演變考》之〈清末鹿耳門及其附近變遷情形〉，頁一〇二（中國學術著作獎助委員會，民國五十四年一月）。
❾❼臺北廳《社寺廟宇ニ關スル調查》昭和十年，手抄本未編頁數。另本人親至現場抄錄，據以校補。
❾❽蔣鏞，《澎湖續編》卷下〈藝文紀〉之「續修西嶼塔廟記」，頁八四（臺銀文叢第一一五種）。
❾❾林豪前引書，卷二〈規制・恤政〉，頁七六。
❶⓿⓿連橫前引書，卷二十一〈鄉治志〉「臺灣善堂表」，頁四四〇。
❶⓿❶同註❾❾。
❶⓿❷《明清臺灣碑碣選集》之「重修廣慈院碑記」，頁三八四。
❶⓿❸陳培桂前引書，卷四〈賦役志・恤政〉，頁一一六。
❶⓿❹同註❶⓿⓿。
❶⓿❺同註❾❾。
❶⓿❻林豪前引書，卷二〈規制・祠廟〉「無祀壇」，頁六三。
❶⓿❼周璽前引書，卷二〈規制志・義塚〉「敬義園」，頁六三。

⑩⑧周璽前引書，卷十二〈藝文志・敬義園碑記〉，頁四七一。
⑩⑨同前註前引書之〈重捐敬義園序〉，頁四二五。
⑪⓪陳朝龍，《新竹縣志初稿》卷一〈建置志・義塚〉，頁三五～四十（臺銀文叢第六一種）。
⑪⑪《新竹縣采訪冊》，卷五〈碑碣・義塚碑〉，頁二二。
⑪⑫同前註前引書，卷三〈義塚〉，頁一三一；及卷五〈碑碣〉所錄之「憲禁塚碑」、「示禁碑記」、「員山子番子湖塚牧禁碑」、「員山子番子湖塚牧申約並禁碑」等，頁二〇八～二一九。
⑪⑬伊能嘉矩，《臺灣文化志》，中卷第六篇第十一章〈墳墓の保護〉第一例，頁三六八～三六九（東京，刀江書院，日本昭和三年九月）。
⑪⑭陳培桂前引書，卷三〈建置志・倉廒〉，頁五四。
⑪⑮參見《新竹縣采訪冊》卷二〈倉廒・竹塹義倉〉，頁六四；《新竹縣志初稿》卷二〈建置志・倉廒〉「義倉」，頁一六；及蔡振豐《苑裡志》，上卷〈建置志・倉廒〉，頁二三（臺銀文叢第四八種）。
⑪⑯林豪前引書，卷二〈規制倉庾・義倉〉，頁七四。
⑪⑰《明清史料》戊編第十本「戶部為內閣抄出福建巡撫孫奏移會」，頁九四一（國立中央研究院歷史語言研究所，民國四十三年八月）。
⑪⑱周璽前引書，卷一〈封域志・海道〉，頁二三。
⑪⑲周璽前引書，卷八〈人物志・行誼〉，頁二四七。
⑫⓪林豪前引書，卷十一〈舊事・祥異〉，頁三七三。
⑫①同前註，頁三七四。
⑫②同前註，頁三七五。
⑫③同前註，頁三七七。
⑫④《明清臺灣碑碣選集》之「奉憲嚴禁告示碑」，頁四八〇。
⑫⑤同前註前引書之「義祠亭碑記」，頁六三六。
⑫⑥同前註前引書之「嚴禁販賣婦女告示碑」，頁四一九。
⑫⑦《新竹縣采訪冊》，卷五〈碑碣・示禁碑〉，頁二二六。
⑫⑧赤嵌樓客，〈避債戲〉，《臺灣風物》第十六卷六期，頁四二，民國五十五年十二月。

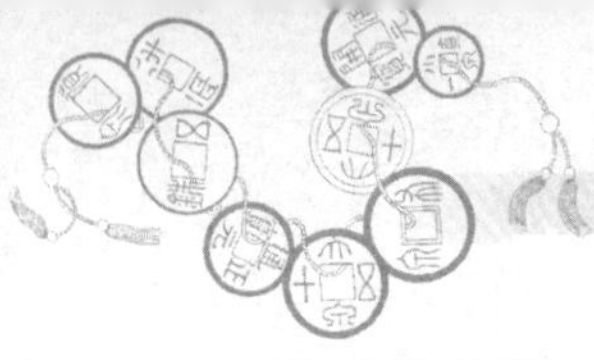

⑫⑨蔡振豐前引書，下卷〈風俗考・商賈〉，頁八三。

⑬⓪同註❸。

⑬①見《臨時臺灣舊慣調查會第一部調查第三回報告書・臺灣私法附錄參考書》第三卷上所收錄諸郊規，日明治四十三年十一月出版。

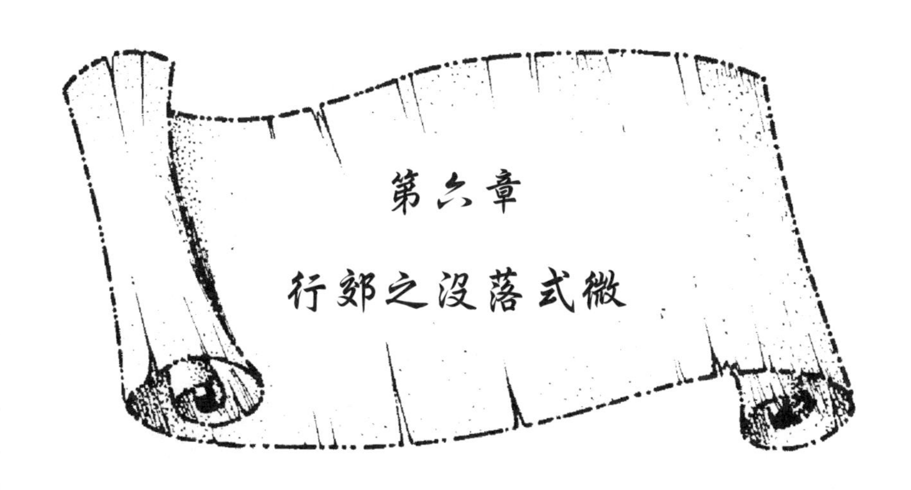

第六章

行郊之沒落式微

第一節　港口淤塞機能喪失

臺灣地形，南北狹長，四面環海，對外交通全恃舟楫，故海岸地形之變遷，影響航運之流暢。由於臺灣海岸直至今日仍在緩慢隆起，兼以河川之輸沙、磯浪之衝擊、砂丘之移動，沿岸河流之輸送等外營力，海岸平原之生成從未停歇。且我拓臺先民無防砂貯水，暨植林之觀念，致開發後之地面，缺乏貯水能力，每遇風雨，表層砂土即被流失，結果河床隆起，瀰漫各地，由河口流出之泥沙經潮流之輸送帶至沿岸各地，因而積累成新生陸地。在循環著由江灣—瀉湖—湖沼，繼而縮小，終於成爲海岸平原過程中，沿海汀線不斷後退，河口港或瀉湖屢被淤塞縮小是其特徵。

臺島之行郊，多集中於沿海或內河之各港口，如鹿耳門、打狗、笨港、鹿港、艋舺等是，其故有四：(1)最初由大陸來臺移民，必須乘船渡海，故首先建立之根據地必爲能泊碇船隻之海港或河港；(2)繼而來臺之移民，大都在已建成之港口上岸，逐漸形成聚落而有市集交易；(3)臺灣土產與農產品輸出及日用品輸入，均有賴港口轉運；(4)當時臺灣土地大都草萊未闢，陸運困難，各開拓地區之有賴水運溝通❶。惟因四百年來，臺灣西部海岸因受漂沙、海岸隆起、風暴等之影響，使得上述河口港淤塞不通，繼而縮小成爲海岸平原。這些早期被移民用來作爲貿易港，曾一度繁榮之河口港，相繼衰落，而退居距海遠處，隨著汀線之後退，新港口聚落之形成，以外港性質代替舊日鼎盛之商港。

港道出入之暢通與否，爲郊商貿易之命脈，港道之淤塞對郊商之生存爲極大之打擊，而今「一府二鹿三艋舺」或「一府二笨三艋舺」之譽稱早已消逝在無情歲月裏，其原因即在此，茲志諸港淤積情形於後，以明其影響性。

一、臺南

臺南爲臺灣府治所在，開發既早，商業亦發達，歷經雍、乾、嘉，至道咸年間達於鼎盛，其後終因臺江之淤積而式微。

臺江之淤淺早昔已有，且素以港路紆廻，航道艱險聞名。最嚴重者爲道光三年（1823）七月之大風雨，使曾文溪改道南流，注入臺江，造成臺江浮淺及鹿耳門港之淤塞，阻礙臺南對外之航運孔道。道光九年姚瑩之《東槎紀略》云：

> 道光三年七月，臺灣大風雨，鹿耳門內，海沙驟長，變爲陸地。四年三月，總兵觀喜、署道方傳穟、署府鄧傳安上議建炮臺于鹿耳門。其略曰：（中略）上年七月風雨，海沙驟長。當時但覺軍工廠一帶沙淤，廠中戰艦不能出入：乃十月以後，北自嘉義之曾文溪，南至郡城之小北門外四十餘里，東自洲仔尾海岸，西至鹿耳門內十五、六里。瀰漫浩瀚之區，忽爾水涸沙高，變爲陸埔、漸有民人搭蓋草寮，居然魚市。（中略）昔時郡內三郊商貨，皆用小船由內海轉運至鹿耳門，今則轉由安平

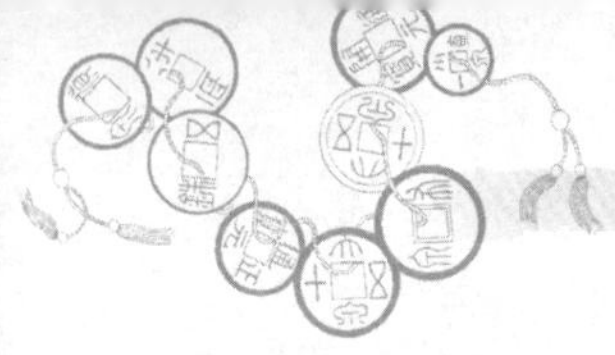

> 大港外始能出入。目前如此，更數十年，繼長增高，恐鹿耳門即可登岸，無事更過安平。❷

道光二十年姚瑩《東溟文後集》，於府城之安平大港口、四草海口、鹿耳門、郭賽港諸海口有進一步之說明，其文曰：

> 安平舊有紅毛城，已傾圮，其下正臨大港，水深不過一丈，港外稍西即四草，商貨入口仍易小船，南北兩路六、七百石貨船，亦由大港出入。即北去二十里之郭賽港，近雖可泊商艘，若至郡城，亦必易小船，由安平內港而行。（中略）四草海口：四草與安平斜隔大港，即北汕之首也。其外水勢寬深，臺灣大商船自內地來，皆停泊於此，俗名四草湖，遙望安平約十里，（中略）鹿耳門：鹿耳門距四草不及五里，在昔號稱天險，自道光二年淤塞，今口已廢，水深不過數尺，小船亦難出入。（中略）郭賽港：在鹿耳門北十里，爲臺、嘉二縣交界之所，本即北汕，爲水衝成港。口門頗深，近年大商艘多收泊於此。❸

是知鹿耳門已淤廢，安平亦淤淺，全賴四草海口及郭賽港出入轉運。同治十二年（1873）丁紹儀《東瀛識略》記：

> 臺灣孤峙海東，非舟莫達。初止鹿耳門一口……夙稱天險，百餘年來，淤沙擁塞，安平至郡已可陸行。海舶到臺，多泊百里外之國寨港，另易小舟，盤運而進……時值夏秋，風狂湧大，即國寨港亦不能泊。昔險今阻，不同如是。❹

國寨港即郭賽港，亦作國姓港、國賽港，在今臺南縣七股鄉。道光三年之一場大風雨，致使鹿耳門、安平淤廢，而有賴於距臺南百里外之郭賽港，其間交通不便，轉輸困難，自可想見，臺南三郊遂開鑿運河，以圖挽回噩運。盧嘉興在《鹿耳門地理演變考》一書中描述清末鹿耳門及附近變遷的情形說：

> 碇泊國賽港的船隻貨物均需另換小舟轉運安平，經郊商開鑿國賽港和鹿耳門間通行竹筏的河道，叫做竹筏港。再經鹿耳門至四草湖間，亦鑿一小運河，通至四草而達安平臺南。[5]

然而此舉並未成功，欠乏實益，反而因維護航道，需常時疏濬整修，年年耗費不少，使三郊公庫幾乎爲之一空。要之，臺江從「在邑治西門外，汪洋渟滀，可泊千艘，南至七鯤鯓，北至諸羅、蕭壠、茅港尾，內受各山溪水，外吞大海」[6]之盛況，而式微至有賴百里外之郭賽港出入盤運，已可推知臺南三郊之不振，更何況嗣後四草湖亦淤淺。光緒十八年（1893）蔣師轍《臺遊日記》載四草湖的淤淺情形說：

> 日晡，抵臺南四草湖泊焉。……湖距安平港尚十數里，近港水深才三、四尺，湖至亦僅僅五尺許耳……暇登舵樓縱眺，求鹿耳門所在積沙如雪，盪纓不搖，此險蓋失自道光之初（中略），不自近日始也，形勝已非，勳名猶赫！[7]

綜上引觀之，臺南三郊之沒落與臺江之淤積有關，自是明確。

二、鹿港

鹿港居臺灣南北之中，上與艋舺，下與府城，其扼臺灣北中南三個出入口脈，其地理位置正對峙福建泉州之蚶江，腹地囊括大肚、西螺二溪之間大小城鎮市場，故自乾隆四十九年（1784）正式開港以後，即成為臺灣中路要津，舟車輻輳，郊商雲集，貿遷發達，乾嘉年間盛極一時，惜因濁水溪氾濫，港口壅塞，貿易遂走下坡，諸郊於日據初期先後倒閉。

鹿港於清領初期即為一天然良港，可泊巨艦。惟因屬一河港，砂汕遷徙靡定，且未加以疏濬築港，易受河川流沙之影響，時為良港，時為砂壅，港道深淺變化無常。因此至康熙末年曾為砂壅，港口淺狹；而雍正年間，雖因潮漲大船可至內線，但已不能抵港，外線水退則去口四十餘里，不知港道出入，不敢進出。乾隆中葉至嘉慶年間，則港門寬大，水復深廣，帆檣麇集。至嘉慶末道光初，鹿港口門新被沙淤，下有暗礁，港路淺狹迂曲，復無停泊之所，是以商船視為畏途，每有收泊五條港者。因此嘉慶中葉，商船乃改由王功港出入；道光以後，王功港又淤，商船改由番仔挖出入，於是王功港乃成為鹿港之內口，而番仔挖則成為鹿港之外口。道光十年（1830）之《彰化縣志》云：

> 彰化港口，以鹿港為正口，然沙汕時常淤塞，深則大船可入，淺惟小船得到。如王宮、番仔挖，遷徙無常，近日草港、大肚

尾、五汊港等澳小船，遇風亦嘗寄泊。惟配運大船，則不能入耳。滄桑之變，類如斯矣！[8]

是知道光初年鹿港正口時常淤塞，已賴王宮、番仔挖二港，不旋踵王宮港復淤淺，道光二十年姚瑩《東溟文後集》言兩港情況時說：

番仔挖：在彰化縣西南五十里……北至王功港七里，又北至鹿港理番廳治二十三里。昔時鹿港口門最大，嘉慶中口門淤廢，商船由王功港出入。海寇不靖。建炮臺港內。道光以來，王功港口又淤，商船皆從番仔挖出入矣。番仔挖口闊水深，外有沙汕一道，迤邐自南而北，商船自此入口，由港內王功港而至鹿港。故以番仔挖爲鹿港外口。（中略）王功港：又名牽舷湖，爲鹿港內門。[9]

至同治年間，則番仔挖亦淤塞，丁紹儀《東瀛識略》記：

嘉義以北，以彰化縣屬鹿仔港爲正口……乾隆間……其時一、二千石大舟均可直抵港岸，商艘雲集，盛于鹿耳。近年沙汕漲坍靡定，漲則舟不能通，須泊二、三十里外；有時通利，亦沙線環繞，非小舟引道不敢行。鹿仔港西南爲三林港，俗稱番仔挖，再南爲海豐港，近已淤塞。[10]

光緒年間，則因咸豐、同治年間濁水溪氾濫，支流流向鹿港港口，流沙淤塞，大船不能出入，遂在港西二里處新設一港，名爲

沖西港，然水口沙淺，沙痕盤曲，港外沙積，實非良港，故巨舟難攏，商船漸少。光緒二十一年（日本明治廿八年，1895），日人據臺，復因濁水溪之氾濫，水深日淺，港口乃移至沖西港，而鹿港之廈郊、糖郊於日據初期先後倒閉[11]。二十四年，又因大洪水使得沖西港壅塞，乃在距鹿港街西北六公里處之洋子厝溪下游溪口，設一新港，名為福隆港。至日據末期，則沙洲貫連，低潮時為一片泥沙，小型船舶亦無法碇泊，成為廢港[12]。

三、笨港

今日雲林縣之北港鎮及嘉義縣之新港鄉即舊日之笨港，昔日之笨港一度是堪與鹿耳門、打狗、鹿港媲美之繁榮商港。相傳明天啓二年（1622），漳人顏思齊曾率眾入據笨港築寨，鎮撫土番，墾殖土地，形成漢人之河口港聚落。康雍年間，笨港因地當北港溪口（當時稱三疊溪或山疊溪、笨港等），具有對泉、廈、福州以及本省西岸南北各地貿易條件，首當漢人對臺灣墾殖之衝，成為本省最古老移民聚落之一。此後隨周緣墾殖之發展，擁有廣闊腹地，於是大小船舶輳集，郊行林立，百物駢集，貿易之盛為雲邑冠，夙有「小臺灣」之稱，其繁榮曾一度凌鹿港而有「一府二笨三艋舺」之譽詞。

笨港位居三疊溪河口乃一大潟湖之內側，其外圍有濱外沙洲，自荷據時期經明鄭主臺以至康熙末季約百年之間，一直擔當對大陸或與沿岸之井水港、鹽水港、鐵線橋、茅屋港、麻豆港，或與臺江潟湖內側諸港往來之重要港口機能。其後因地盤之隆起，入注河川之輸沙，潟湖終告淤塞，至康乾之間，笨港已離海岸相當遠，改以猴樹港為外港，彼與大陸間之貿易，須經由猴樹港、馬沙溝至鹿耳門轉接，此時已無法容納越洋大船。至道光中葉，猴樹港等陸續淤廢，乃改以下湖口為外港，勉強維持港街機能。至民國前十三年，日人曾指定為特別輸入港，然因港道年年埋沒，遂廢之，移稅關支署於北港溪口北岸之鵝尾墩（今口湖鄉境內），至民前五年七月撤除。

笨港發跡甚早，街市形成亦早，康熙年間笨港街肆已頗具規模。惟因北港鎮境內之北港溪，曲流地形頗為發育，有史以來不斷發生氾濫，歷經乾隆十五年（1750）、嘉慶八年（1803）、咸豐七年（1857）及民國六年（日本大正六年，1817）之洪水氾濫，北港溪改道，使笨港街區有頻繁之變化，或被河道截斷，或被侵蝕，漸失去港口機能。至十八世紀初葉，笨港與本省一般早起之老移民港口一樣，遭遇到港道淤淺，海勢西去，兼以風雨侵襲及漳泉械鬥等影響，成為一老朽市鎮，且完全失去港口機能，蛻化成為農業集散地與宗教性質之市鎮[13]。

四、臺北

臺灣之開發，北部最遲，漢族之拓墾臺北平野，大抵在明萬曆年間，至康熙初年，其地亦不過草寮數椽，人丁寥寥。康熙四十八年（1709）有墾號陳賴章申請來大佳臘堡開墾，遂招募漳泉兩地

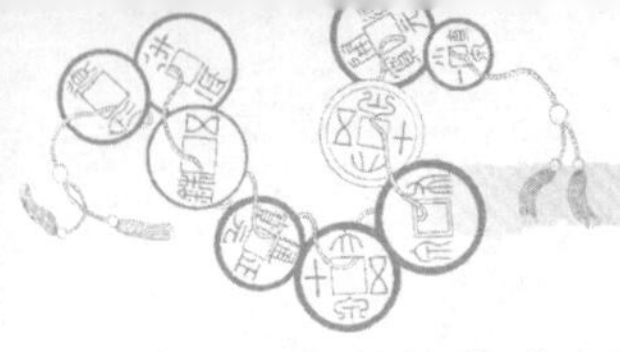

移民，著手開荒，漸由八里坌、士林、新莊，而及於艋舺。乾隆五十七年（1792）開放八里坌港，准與福州之五虎門、蚶江來往，於是北部淡水日趨繁榮，商船雲集，闤闠鼎盛，而淡水河上游之艋舺因水利交通之便，北部各郊行咸集該地，艋舺於焉繁榮，全臺形成臺南、鹿港 、艋舺三地商業鼎立之局，俗稱「一府二鹿三艋舺」，而艋舺一地且有駸駸乎後來居上之勢。及咸豐年間，艋舺港埠下游淡水河岸有大稻埕之興起，商業隆盛，乃合艋舺泉、北兩郊組成三大商業團體，號稱「淡水三郊」，公號金泉順。

艋舺形勢極佳，其地點適在新店溪與大嵙崁溪之交會處，昔年河寬水深，可泊大船，且可遠溯至新莊、大溪，無論由海口溯淡水河而上，或順河直出海口均稱便捷，且東北與城內、大稻埕毗連，西南直通板橋，腹地繁榮。惟咸豐以下，屢生械鬥，加之淡水河河床不斷隆起，向新莊方向傾斜，先民又濫伐山林，未加水土保持，豪雨帶來大量泥沙，於是乎，港道日漸淤淺，港勢變更，使得船舶靠岸困難，終於使大船於光緒年間無法駛抵艋舺，遑論新莊。艋舺市面日漸蕭條，郊商紛紛遷徙至大稻埕，艋舺遂趨衰微。

大稻埕之建街，始於咸豐元年（1851），其時人煙疏落，未成市集，迨頂下郊拼，下郊人戰敗，舉族播遷至大稻埕，刻意建設，容納洋商，加速發展，於是拓殖日盛，萬商雲集，不旋踵間，工商市況已淩駕艋舺之上，嗣後乃有廈郊金同順之組成。惟淡水河日漸淤淺，不適歐美新式輪船之出入，遂爲基隆港所取代。加以中法戰爭時，劉銘傳爲阻止法國兵艦駛入淡水河，於出海口港道沉船，戰後未能開挖疏濬，尤增淡水河航行之不便，於是大稻埕亦趨於衰微[14]。

臺北三郊兩百年來之滄桑，其榮枯固係於一水也！

第二節　列強經濟勢力入侵

列強經濟勢力之入侵是直接促成行郊沒落原因之一。

清道光二十年（1840），發生鴉片戰爭，結果締結南京條約，從此中國門戶大開。嗣後英法聯軍，於咸豐八年（1858）簽定天津條約，規定臺灣之安平港闢爲商埠。十年訂立北京條約，又增淡水爲商埠。同治二年（1836），再開放打狗（高雄）、雞籠（基隆）兩港，從此臺灣門戶洞開，列強經濟勢力侵入。

臺灣港口既已開放，英、法、美、俄、德、瑞典、挪威等國紛紛來臺貿易，外國船舶往來漸趨頻繁。其中尤以英、德、法商人雲集，派遣領事，劃租借地，開設洋行，建造倉庫。淡水、基隆、安平、打狗在英人總稅司管轄下設置海關，於是各港埠外商輻輳，貿易殷盛，原有郊行備受壓制，主權旁落。

列強一面透過貿易關係，以掠奪臺灣之農產特產品與工業原料（當時外商自臺灣運出各種土產，如米、糖、茶、煤、樟腦、木材及硫磺等貨），一面向臺灣大量傾銷其過剩之工業產品（如棉織、毛織品及毒品鴉片等物），同時並以龐大資本支配臺灣社會經濟活動，臺灣在外國資本操縱下，生產貿易，雖日趨發達，但經濟利益，多爲所奪。而除特產之貿易外，即臺灣航運，亦多由外商掌握，外國商輪進出臺灣港口，至光緒之初，已位居臺灣對外貿易之

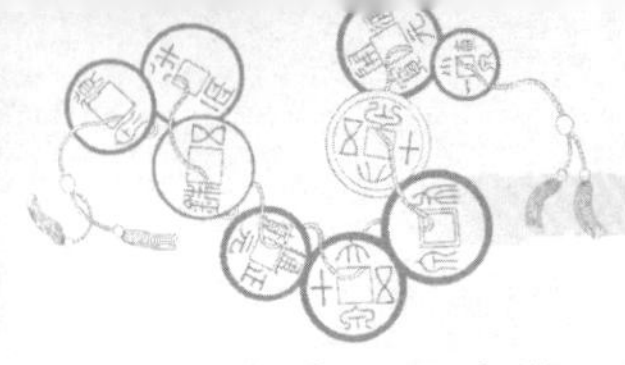

重要地位，各種商品多改由外國商船裝運，原有船頭行之運輸業務，為之剝奪，行郊勢力一落千丈。茲舉證數則為例說明如後：

一、以樟腦言

臺灣位居亞熱帶，森林茂盛，林產豐富，中有樟木一項，除用於造船外，並可煎製樟腦，故清時官採樟木為造船木料，並以製腦為副業，而禁私自煎熬。惟利之所在，居民趨之若鶩，禁而不絕。咸豐五年（1855）時，臺灣尚未開港，已有羅必涅洋行以協助道臺捕捉海盜為條件，換取臺灣樟腦經銷權及其他貿易特權。咸豐十年開港前夕，其特權轉讓英商怡和及鄧德洋行，此時洋行透過買辦在樟腦產地之口岸購買，就地運出，極為方便，博取巨利。

至咸豐十年臺灣開港，樟腦漸為重要輸出商品之一，遂將樟腦之收購及出售收歸官辦，其後委由料館包辦，直接售與外商，但外商罔顧我國法令，擅入山區採購，屢起糾紛。致同治七年（1868）引起「樟腦紛爭」案件，雖經調停，然被迫廢止樟腦官辦，此為第一次專賣期。

同治八年至光緒十一年（1869～1885）期間，外商得以恣意染指樟腦業，牟得巨利，而奸宄無賴滋事，官府操縱弛緩，私熬之弊又起。迨及光緒十一年臺灣建省後，巡撫劉銘傳鑒於樟腦硫磺之巨利，為除弊興利，恢復樟腦專賣，改由官辦。

光緒十二年至光緒十六年（1886～1890）為樟腦第二次專賣期，期間一八八六～一八八七年是由英商大和公司承包；一八八七年十月至一八九〇年六月由粵商恆豐號承包；一八九〇年六月至年底由華人林朝棟出名，實則德商公泰洋行承包。

樟腦改為官辦，厲行嚴禁私熬私賣，並嚴加查緝，竟引起外商反對，乃復於光緒十七年廢止官辦，改為民營。此時公泰洋行仍是規模最大之樟腦商，除公泰洋行外，另有臺北之魯麟洋行、瑞記洋行，安平之怡記洋行、馬尼克洋行經營樟腦業。直至乙未割臺，樟腦貿易主要是由外人控制。總之，臺灣樟腦貿易，其中外商控制樟腦業，以一八五六～一八六〇年，一八九一～一八九五年，最為顯著[15]。

二、以運輸言

運輸業最易為外國經濟力量侵入，輪船之輸入，取代了中國舊式大帆船之貿易運輸。中國舊式帆船，外人習稱戎克船（junk），雖有課稅輕之優待，但因船費貴、速度慢、無保險之缺點，終被外國輪船所取代，導致許多經營船頭行業者之虧損，據估計，洋商輪船自新加坡繞經呂宋、日本來臺，一年可來回卅六次，較郊商用舊式帆船行駛寧波、上海等地，每年只得來回二、三次，實相差懸殊[16]。何況洋船配有槍炮可防盜匪襲擊，故臺灣官府准許洋船前往各港口貿易，用意在保障臺灣產品的安全輸出[17]。

據光緒三年《海關貿易年鑒》記載之統計，該年臺灣以帆船裝運之貿易噸數，僅及光緒元年之半數，各種商品多改由外國商船裝運，足證由於外輪之插足臺灣，已侵佔原有帆船之運輸業務。例

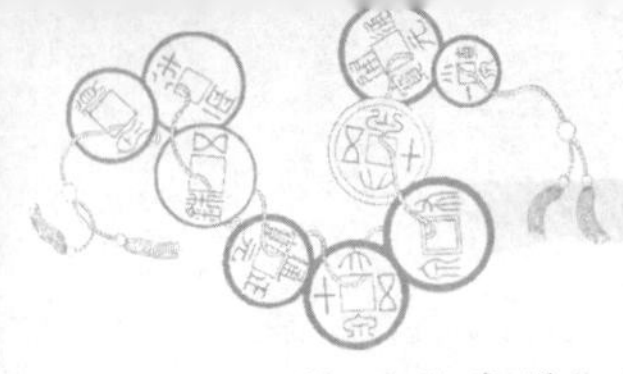

如以運輸茶葉言：一八六六年（同治五年）前，茶主要是由戎克船載出。一八六七年至一八七六年（同治六年至光緒二年），戎克船載茶量與外船載茶量之相對比例日減，不僅載運量大減，所載之茶又以劣茶居多。一八七七年以後，更因戎克船之貿易不重要，數量太少，海關報告不再有戎克船載貨量之統計報告[18]。再以糖言，至一八七六年（光緒二年）臺灣南部糖之出口，戎克船大為減少，外船進口額增加。至於承載之外船，南部運糖往往使用外國帆船，遲至光緒十三年（1887）才大量使用輪船[19]。而樟腦之運輸更不待言，同治九年（1870）以後，樟腦幾全由輪船載運，因戎克船載運速度較慢，耗損力高[20]。所以在航運利益上，戎克船數目逐漸減少，無法和洋輪競爭。臺灣開港十年，南部各港的戎克船生意，萎縮一大半。以經營船頭行為主的基隆船郊「新義順」，最後還是遭到淘汰，都是現實殘酷的例子。

三、以地位言

臺灣經濟無法自給自足，所以自昔對島外的貿易活動，佔有重要地位，所謂「臺民生路專恃商船」。開港前之臺灣經濟以種植米、糖及對大陸貿易為主，社會上最有地位者為地主及從事陸臺貿易之郊商。開港後由於對外貿易之擴展，形成「買辦」人物之躍起；買辦因與外商接觸，洞悉市場行情，常由受雇於外商轉而自行創業致富。再則由於茶、樟腦之增產，增加開山撫番之需要，原來擁有武力之豪紳遂乘時同起，渠一面協助清政府撫番平亂，獲授官職取得權勢，一面可優先取得茶、樟腦業之經營權而致富。至於行郊商人，因對洋商之排拒杯葛，尚能固守陸臺間之原有貿易範圍，至於和外國間之貿易較難問津，故其貿易範圍及種類，不若與洋商合作之買辦、豪紳大。是以開港後，買辦與豪紳因財富累積愈多，地位日高，突出於郊商、地主，成爲社會之新貴[21]。

而郊商賴以出口的米、糖，市場行銷產生巨變。糖郊因洋行僱用華籍買辦，直接購運砂糖出口，失去原有獨佔優勢。食米因人口激增，常無餘米可供外銷，販米的南郊受此打擊，損失慘重。艋舺的泉郊、北郊，以及大稻埕的廈郊，在臺灣開港後，受到洋人經濟勢力的壓迫，開始合作，合稱臺北三郊，名爲「金泉順」，公舉林右藻爲總長，以資對抗。

要之，鴉片戰爭前，臺灣貿易大權，掌握在郊商手中，同治開港後，列強經濟勢力入侵，這些洋行依恃雄厚資金及不平等條約，逐漸取得臺灣對外貿易之霸權，在臺灣雖有整體產銷量之增加，但因所得分配不均，集中在少數郊商與豪紳之中，於是洋行與買辦集團取代原有行郊，買辦和豪族取代郊商，成爲日據前臺灣社會上最有地位的人，行郊受此打擊，終告一蹶不振。

第三節　內亂外患連綿不絕

清代姚瑩嘗謂：「臺灣大患有三：一曰盜賊，二曰械鬥，三曰謀逆。」[22]短短數語，道盡了臺灣此一移墾社會動盪不安局面。

民間之分類械鬥，是由於狹隘之地緣意識所產生之排外鬥爭，我國閩、粵、湘、贛諸省皆有，而獨以臺灣爲盛，「七八年一小鬥，十餘年一大鬥」，即是其寫照。清代臺灣之民間械鬥，初時是閩、粵相鬥，繼則泉、漳相鬥，或漳人聯粵合而攻泉；或泉人結粵民聚而抗漳，馴至末期則有同籍異姓或同族，或職業團體之械鬥。械鬪發生原因廣泛，分析之，不外乎下列數點：(1)吏治之窳敗；(2)地利之爭奪；(3)習性之不同；(4)拜盟結黨之風盛；(5)遊民衆多惹事生非；(6)民情強悍好訟鬥勇；(7)地主集團之紛爭；(8)清廷之分化政策。其中則以經濟因素爲主，蓋人口愈趨飽和，耕地日益減少，造成彼此間經濟利益之衝突與爭奪，不免引發一場械鬥。械鬥發生後，官府往往任其自生自滅，僅有少數官吏介入，或約禁於未然之先，或勸息或調處或彈壓於已發之後；末流者，甚至朋比情偏；使械鬥愈演愈烈[23]。

有清一代，統治臺灣凡二百十一年，期間共有四十一次分類械鬥發生[24]，平均每五年便有一次，且僅是就史書上有記載者統計，若加上未記載者，其次數更多，可見當時械鬥之劇烈。每次械鬥，短者數日，長者數月；少者數人，多者萬人；或殺人劫財不可勝計，或焚毀街莊無一倖免，結果造成社會之動盪不安，長期下來，破壞地方之治安及建設，阻礙臺灣經濟建設與成長。於是乎，在此惡風慘禍下，民變之迭起，匪徒之蜂湧乃爲當然之事。

民變與械鬥常互爲因果，械鬥造成民變頻仍，民變亦使械鬥屢生，是以清代臺灣民變亦多，二百十一年間，至少有反清事件七十五次，番社變亂十七次[25]，其中重大民變則有四十二次[26]，且多是稱孤道寡、陷城殺官之劇變。

考民變發生原因，有其種種因素，以社會原因論，有(1)由於會黨天地會之傳入，造成助長發生民變之組織勢力；(2)由於常有變本加厲之分類械鬥，足以釀爲民變之潛藏武器與武裝力量；(3)由於無業遊民衆多，相聚爲盜惹事生非；(4)移墾社會，男多女少，遂使民氣浮動，好勇鬥狠，動輒思變；(5)過份重視地緣，常以籍貫分類，易糾衆倡亂；(6)地主勢力特大，富悍思亂，亦有助民變之滋長。以政治原因論：(1)官吏貪虐不肖，甚於內地，爲激變之大原因；(2)軍務廢弛腐敗，將吏懦怯無能，致爲人民所輕，敢於作亂。以地理原因論：(1)由於外隔重洋，內絕深山險壑，叢林密樹，易爲亂民嘯聚竄伏，加以當時交通不便，通訊遲滯，處此環境，亦爲屢生亂萌原因；(2)由於海洋風信靡常，波濤險惡，文報與外援稽遲，又爲臺民多敢造亂與附亂原因[27]。

械鬥、民變之多，史不絕書，一旦事變，則濫捕殘殺，良善者被戳，強者走山林，於是哀鴻遍野，農商並廢，民無以爲生，淪爲盜賊，匪徒之紛起固當然耳！盜匪之起，有迫於生計，自投爲匪者，有歆慕暴利，被邀入夥者。彼等結群成黨，殺人劫財，甚且勾結洋盜，騷擾沿海，劫掠商船，其中則以海寇蔡牽之亂，最稱慘重。

蔡牽爲福建同安人，素爲盜，因犯法亡入海，於是嘯聚黨徒劫殺，沿海商號大遭損折，而臺灣尤甚。蔡牽入寇臺灣始於嘉慶五年（1800），首度進犯鹿耳門，擄掠商船。八年六月，劫得臺米數千石。九年四月，連掠鹿港、鹿耳門二地，飽載而去。同年十一月，

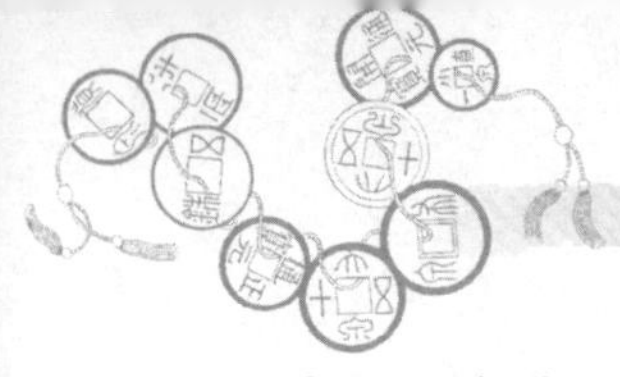

三犯鹿耳門，飽掠軍艦商船悠然而去。十年十一月，攻佔滬尾，同月四犯鹿耳門，攻佔府城重鎮洲仔尾，連敗官兵，而大小棣榔、鹽水港、蕭壠、北埔等地山賊俱起響應，府城岌岌可危。十二月牽攻府城，爲三郊義軍所敗。翌年二月，三郊義軍北攻洲仔尾，牽遁去。同月，牽北攻噶瑪蘭，不得逞，南走南海。五月，牽五犯鹿耳門，爲王得祿所敗，至十四年八月，爲王得祿所困，自沈舟而死，亂平，前後達十四年之久，期間曾勾結南北陸匪，犯北臺滬尾、艋舺、宜蘭，及中南部彰化、臺南、鳳山，横行恣肆，爲害甚大[28]。

蔡牽之亂，烽火蔓延廣泛，所至焚殺擄掠，官軍兵將傷亡慘重，商舖爲之罷市，而郊商擁貲貿易，商船多被劫掠淨盡，或忍痛議價贖回，或助餉募勇自衛，在此次變亂中，各地郊商蒙受損失重大，臺灣社會經濟尤受創傷，故姚瑩云：「臺灣昔時地方殷實，紳商頗多，每逢警變，莫不捐輸效力。……自蔡逆騷擾海上，商力大虧，生業消敗，三十餘年矣！……紳民縱肯急公，多苦捐資無出。」[29]

內亂頻仍，而外患亦至。

鴉片戰役，爲清代盛衰之分野，英夷在東南數省得逞，獨數寇臺灣，爲姚瑩擊退。戰爭失敗，清廷被迫簽訂南京條約，割香港、開五口，而達洪阿、姚瑩二人則在英人壓力下，造成冤獄，被迫離職。鴉片之戰，影響深遠，中國從此多事。

在南京條約中，並無臺灣開港之約，但英人垂涎已久，此後常有英船巡弋臺海。道光二十七年（1847）英人甚至登陸雞籠，調查煤層，認爲質地佳良，富開採價值，企圖欲供其遠東航船燃料。

三十年英使文翰（S. G. Bonham）正式向兩廣總督徐廣縉、閩浙總督劉韻珂請求開採雞籠煤炭，爲二人所拒，英人又計謀以臺灣代福州爲通商口岸，事未得逞。英人之後，美國繼來。道光二十八年，美國商人建議美國派軍佔領臺灣東部，咸豐四年（1854），美國遠東艦隊司令伯理（Matthew Perry）派艦來雞籠調查港口煤礦，主張以武力佔領或金錢購買雞籠地區。幸是時美國國內黑奴問題嚴重，無暇外擴領土，才告作罷。然此風一開，英法德各國均有佔領臺灣論調，使臺灣地位日趨複雜，憂患叢生[30]。

咸豐六年，英法聯軍之役爆發，嗣後津沽淪陷（咸豐八年）。清廷又作城下之盟。八年訂天津條約，同年與美俄簽約，均霑利益；十年再與四國簽訂北京條約，其中約定臺灣爲通商口岸。於是同治元年（1862）淡水開禁；翌年，雞籠（今基隆）開港；越年，安平、打狗（今高雄）繼之，臺灣門戶大開。臺灣正式開港貿易，各國商船紛紛而來，傳教士亦隨之而來。彼以勝利者之驕態來臨，自視高我一等，漠視條約，往往侵入通商口岸以外之地方收購物產，或從事布教，使臺灣官民同感憤恨，遂不時發生糾紛及教案。

同治十三年（1874）又有牡丹社事件。初同治十年臺灣發生「生番」（原住民）殺害琉球難民事件，日本藉口懲辦殺琉球難民「生番」，一面向清廷抗議，一面出兵臺灣，於十三年率軍南侵，佔牡丹社。清廷派沈葆禎來臺統籌應變事宜，一面與日在京訂約三款，承認日本此次出兵爲保民義舉，並補償日本銀五十萬兩，無異默認琉球之宗主權爲日本。牡丹社事件結束，清廷弱點全暴，外亂紛起乘之，警聞頻傳，臺海一夕數驚，其犖犖大者，有中西（西班

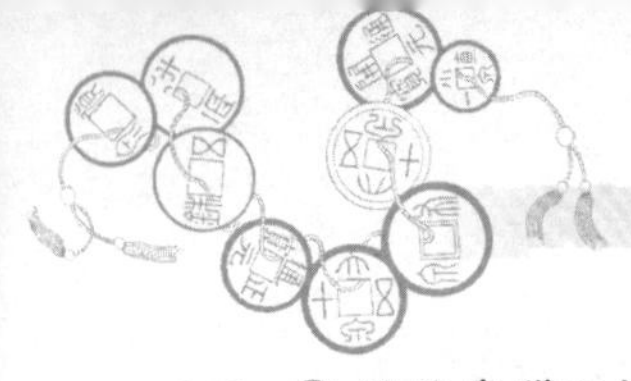

牙）商船案所引起者，中俄伊犂案所引起者，中日琉球案所引者[31]。

光緒九年，中法爲越南之爭爆發戰爭，閩海成爲主戰場，臺灣戒嚴，清廷分調劉璈、劉銘傳守南北。十年六月法將孤拔（Anatole Courbet）率艦進攻基隆，銘傳親臨指揮，大敗之。七月法軍二度犯基隆、滬尾，不勝而去。九月，法軍改採封鎖政策，於五月宣布封鎖臺灣海口，範圍北自蘇澳，南至鵝鑾鼻，凡三百三十海哩，禁止船艦出入。臺灣海峽爲之封鎖，各國商船通航不便，臺灣之接濟阻斷，臺地郊商，一聞警信，無不驚惶，風謠一日數起，富紳多舉家逃走[32]。十一月正月，法軍攻佔基隆，被阻於五堵、七堵；二月，孤拔再攻佔澎湖，臺灣更形危急。適法軍連敗於越南諒山等地，戰事日久，雙方俱感疲憊，中法乃締約停戰。三月，法軍解除對臺灣封鎖；四月，孤拔病死澎湖；五月，法軍撤離基隆；六月撤離澎湖，戰爭結束。

此一戰役，自光緒十年六月至翌年六月結束，整整一年之中，臺海封鎖期高達七閱月。期間，臺閩文報不通，互市停息，百業俱歇，物價昂貴。而法艦巡弋，飄忽無常，往來無定，或截援船，或犯閩港，各商船洋艘聞訊悚慄，視爲畏途，即有萬金當前，莫敢前往。其後雖重賞之下必有勇夫之策，以重價僱英商船包運，轉運軍裝餉項，然只肯到澎湖，不肯前進。抵澎後，須另僱民船（多是漁船）乘夜霧潛渡入臺。凡此自可想見臺民之困頓，商務之擾攘。

而法船殘虐，撞遇商民船，肆行轟掠，慘酷萬分，神人共憤，《法軍侵臺檔》收錄有「督辦福建軍務左宗棠咨報往來臺澎漁商各船被法船轟擊情形」（以下簡稱左文）及「閩浙總督楊昌濬咨報法船在臺灣洋面殘暴情況」（以下簡稱楊文），詳述法船之殘暴手段，關於新竹一地，左文中載：

> 十一月初五日，有法船一隻停泊新竹油車港，並拖帶商船一隻。又見商船一隻，已被法船開礮轟壞，擱在淺水之中；船上血跡淋漓，並有青菜、酒罈等物。嗣據泅水逃走水手蔡連升供稱：「該船名『陳合發』，載運木板等物，自福建來臺；在紅毛港被法船轟毀，焚燒殆盡。人盡死亡，僅存船底而已。」
>
> ——新竹縣稟報（新竹團練林紳士稟同）
>
> 十一月十七日未刻，有法船一隻遊弋紅毛港上之泉水空港。適遇竹塹郊行商船一號（船名「金妝成」）由泉州運載麵線、紙箔雜貨；又有頭北船一號，均被法人開礮，尾追莫及。又見隨後有商船二號，已被法船趕上牽去。而法船又將龍皀漁船兩隻，內有捕魚者共十六人盡行擄去，而空船放還。
>
> ——新竹縣稟（紳士稟同）
>
> 十二月初七日，有法船一號在距城八、九里之拔仔港外遊弋。適逢兩隻商船進口，內一隻名「柯永順」，由頭北裝貨來臺；被法開礮，貨客林三娘受傷。尚有一隻躲避不及，係被牽去；船名及人數，無從查悉。
>
> ——新竹縣稟

左文中又有轉記「泉州轉運局稟法船焚害民船情形」，載泉州諸船在新竹口外之悲慘遭遇：

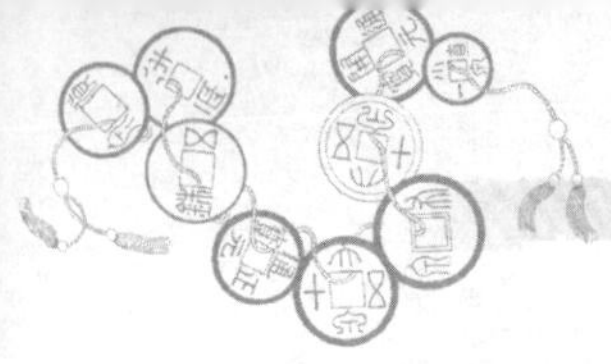

一、惠安小樜地方陳細糞之船，於十一月初間由省出口，至十一月十二日駛至竹塹口外：遇法人兵船，被放火箭，射中大帆，該船急沖沙汕，船工、水手登岸脫逃；後法開大礮，該船被焚。

二、惠安獺窟澳地方張草圭船，於十一月初四日在獺窟揚帆駛至觀音澳，於十二日放洋，至十三日駛至竹塹地面；適遇法船，被其牽去滬尾口外。舵工、水手等人均被兜留，挑運沙泥；船貨放棄，漂流滬尾之南嵌地方，貨物被在地百姓搬空。

三、同澳地方曾雅舵之船，同日揚帆駛至竹塹口外，均被牽去。舵工、水手亦被兜留；其船放棄，不知漂泊何處。

四、晉江古浮澳地方金成利、金進發、金順興三船，在澳揚帆，於十一月二十一日早駛至香山之鳳鼻腳；忽遇法輪，均被牽去，其舵工、水手均禁在輪船上；將金順興船拖入基隆，金成利船被礮擊沉大額尾，金順發船擊沉八尺門之三灣鼻，至二十四日，法人將所拏去三船等人押在獅球嶺頂，令其挑運沙石，慘不可言。至二十五日，所有拏去諸人皆暗約申刻逃走；即於山崗上墜下，不顧生死，拼命奔走。嗣後法人知覺，追趕前來，被洋銃擊斃金進發、金成利二船水手蔡扶、凍走二名；尚有數名，不知名字。其逃至六堵官軍得以安全者，計有六十二名。

中部一帶，亦是慘不可言：

十一月二十五日，有嘉義縣新港莊駁船户曾挨、紀花獅、曾扁頭犂等駁船載運花生往郡，至國賽港外，被法船焚毀，人船俱沒。

——中路水勇營稟

十一月二十六日，有李九珠、林賞、林闖等駁船三隻載運雜物往郡，到四草湖外，被法寇將人船並牽，由西南而去，存亡莫知。

——中路水勇營報

臺灣南部，受創尤巨，楊文指陳：「詎上月（十一）二十日，又有法船駛至安平口外停泊，時向旗後暨南路一帶遊弋，撞遇民船，肆行轟擊焚擄，慘酷萬分。並據三郊團練紳商蘇萬利等僉稟法船在洋焚擄民船、無辜屠戮等情。」法人之殘暴並引起英國駐臺南領事之憤懣，楊文敘其與通商委員面稱：「法人在臺如此殘虐，實與公法不合，照請將法人自鵝鑾鼻起，至大甲溪止，洋面實有兵輪若干，足以見其是否實力封堵，並殘虐是何情形，一併知會。」

法人在南路之殘暴情形，左文載：

十一月十五日，金合興、晉江、金捷美等商船四、五號暨北路駁貨船，統計大小十餘號，在後南澳地方遇法船，盡遭焚毀，船中舵水、搭客無辜受戮，或遭剖腹，或遭割首等情。

——三郊團練董事稟

十一月二十一日夜，法人在旗後焚滅民船一隻。

十一月二十二日下午，法人又在旗後轟壞民船五隻；内本地駁

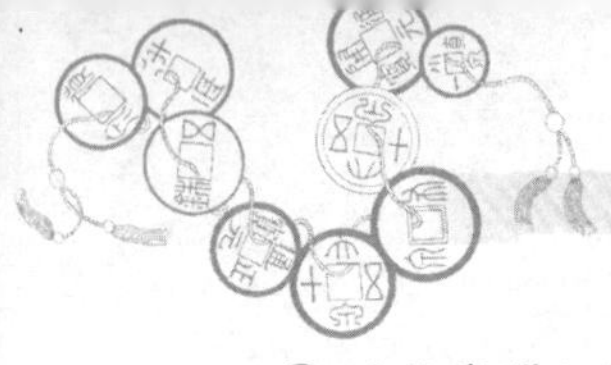

船三隻，泉州、南澳船二隻，所載皆木料、京果等貨。

——以上鳳山縣稟（旗後礮臺管帶稟同）

十一月二十三日早晨，有大號民船一隻，船上無人，隨風飄至東港對面之琉球島；聞船户已被法人擄害。

——鳳山縣稟（東汛弁稟、東港埠館委員稟同）

十一月二十三日未刻，東港崎仔頭莊洋面有漂流壞船一隻；往視船上，並無舵水，只有桅杆。水已滿艙，撈拾熟煙、藥料、洋布等貨。

——水勇營報

十一月二十四日早，有安平漁筏二、三十隻出海捕魚；法船連放大礮，未中。四草湖外，駛來民船一隻；法船開礮六響，未中。

十一月二十五日早晨，法船一隻泊南勢湖，截牽居民柴船二隻，舵水被擄上船；惟水手一名落水，附板登岸。該柴船盡行開礮打沉。

——鳳山縣稟（水勇營南路稟、屯兵營稟、枋寮司巡檢稟均同）

十一月二十五日未刻，法船在安平礮沉北路貨船五隻，人船俱沒。

——水勇營稟

十一月二十五日未刻，法船停泊龜山洋面；連放二十餘礮，轟擊入港民船二隻，係恆春城吉泉號炭船。其舵水人等，先已逃避。

——春營游擊稟

十一月二十六日早，法船駛至上古溪；見岸邊泊有商船，即駕舢板放礮燒壞，船中舵水均各泅逃。

十一月二十六日天明，法船到上古溪。該處有民船一隻，法船連發三礮不中；後放火燒船，其舵水早已泅水逃去。

十一月二十六日，有南澳船（牌名「金順太」）由南澳裝貨來臺；駛至東港中壇莊，被法船礮擊，風篷遭焚。各船水人立駕舢板將輕貨載逃上岸，船中尚有水火油、桐油等件，連船被焚。

十一月二十六日巳刻，法船駛至中芝莊，見南澳民船一隻，即放大礮將船燒壞，展輪往旗後而去。

——以上均鳳山縣稟（南路練參將稟同）

十一月二十七日辰刻，法船到旗後口，繫有民船一隻，泊大沙灣海面，放火燒沉安平民船二支、旗後民船一支。

十一月二十八日巳刻，旗後西北洋面有帆船一隻，煙霧沖騰，該船係被法船焚燒。

——以上均水勇營報

十一月二十九日，有黑底黃煙筒三桅法船一隻，駛過嘉祿堂海邊。有安平柴船三隻，就在該處被礮擊壞：又一隻柴船泊於北勢寮，亦被法人乘坐小煙輪駁近，用火藥焚毀。

——恆春縣稟

十一月二十九日午刻，有黑色二枝半桅法船一隻，在小琉球洋面；復駛至枋寮，使小輪船一號、杉板一條，用水雷燒壞在岸邊各民船。其時，舵水皆逃。

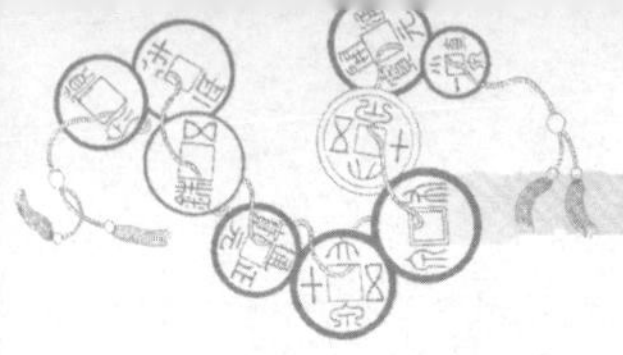

十一月三十日，法船赴國賽港轟擊民船。

——電報局報

十二月初一日，內地有商民船八號來安平，被法船擄去七號，逃走一號。其七號船繫在法船舵後，存亡未知。

——電報局報

十二月初二日，有內地商船金順和、金源來、金再吉、陳捲舵、蔡助舵等七船，在四草（湖）洋面被法船開礮轟擊，人船俱沒。

——三郊團練稟

十二月初三日未刻，法船在赤嵌壕仔寮洋面截牽篷船一隻，施礮攻壞。

——水勇營報

十二月初四日，有北船一號在四草湖洋面被法船開礮擊轟，人船俱沒。

——三郊團練稟

十二月初四日午刻，法輪在沙灣外開礮轟壞民船一號；船上水手、貨客，有礮傷者、有落水者，均經斃命。

——飛虎前營稟

十二月初五日辰刻，法船放火焚毀商船一隻。

——水勇營稟

十二月初四日，小琉球西北兩處洋面有商船二號，約可裝貨二、三千擔；船內無人，隨風飄流，顯係被法寇擄害。

——鳳山縣稟

十二月五日，據曾林氏稟稱：「氏夫新港莊堝户曾煨同子曾文，並堝户王加載，坐自置之船採買花杉；駛至安平，慘被法寇將船擊破，殺害。花杉飄於海中，身屍不知去向。」

——千總鄭超英稟

據上引諸條，足可見臺灣郊商損失之慘重，而法人之殘暴慘酷浮躍眼前，百年以後猶令人憤懣，況以上所述僅是十一月初五至十二月初五，一閱月時間而已，期間「聞在洋被害商船，甚多無人具報，候查明彙開」（左文），則其他五、六個月時間，尚不知我先民有多少人無辜被戮，有多少商漁船無端被焚。是可知：內亂迭興，外患交侵之下，臺灣社會經濟飽受創痛傷害，每次亂事一起，互市停止，百業俱歇。郊商擁資貿易，為保家衛國，輸力輸財，捐餉助防，募勇組團，輸耗巨大，虧損日益。內亂外患之連綿不絕，對郊商實具嚴重之打擊與影響，而其中以中法戰役，臺海封港，厥居第一。

第四節　航運風險秕政賠累

航運貿易，贏利可觀，然重洋遠涉，其風險亦大，故姚瑩慨嘆：「商船遭風，歲常十數，貨物傾耗，……昔之富商大戶，存者十無二三。」[33]蓋海洋風信靡常，海道又險，《問俗錄》云：

海道之險有三……雲天汪洋，方面難識，全憑舵工捧指南針，

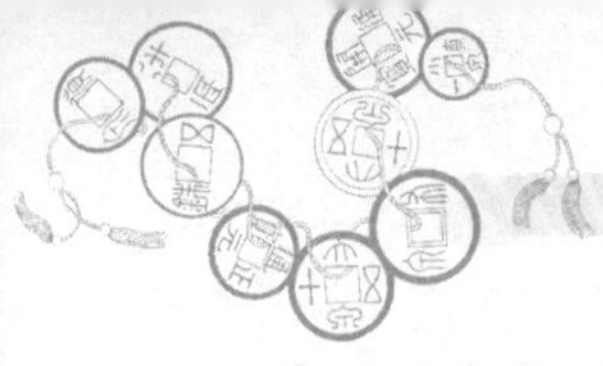

以候風信，定趨向。子午稍錯，南犯呂宋或暹羅、交趾，北則飄蕩不知所之，其險一也。舟至大洋，不遇颱風，可以無患，受患多在港口。如澎湖溝有岩石，鹿耳門左右夾鐵板沙，五虎門山風閃拂，八月後正月前即難行。番坨、王宮兩口不寬深，其地偏僻，海口皆有沙線攔截。舟至港門下碇，風帆未收，風浪突起，即被沙裂，其險二也。海洋中有紅水溝、黑水溝，海水皆碧，紅黑二色，終古不淆。而黑水溝尤險，廣百餘里，袤長莫溯其源，極深無際，波濤瀠洄，舟至此，桅篷俱動，其險三也。[34]

而商船不幸遭風，寄碇擱淺口岸，則又有匪類無賴，群起搜其貨，拆其船者，控案累累，廳縣幾視爲家常矣[35]！郊商船戶營運，風險既大，故郊規往往訂有失事賠償標準，如鹿港泉郊訂：

一、訂船户如犯風水損失，有救起貨額，船貨兩攤，其杉、磁、茶葉、藥材，此無可稽之貨，例應不在攤內，應與船另議，合應聲明。

二、訂船户遭風損失器具，惟桅、舵、椗三款，應就照貨若干，船主應開七分，貨客應貼船三分，其餘細款，胡混難稽，不在貼款，合應聲明。

三、訂船户擱漏，貨額濕損，缺本若干，貨客應開七分，船主應貼貨三分，船之修創，應費多少，船主應開七分，貨客應貼三分。[36]

商船遭風，郊商之貨物傾耗，固已不幸，又需貼賠船戶，其損失實重。是以劉家謀《海音詩》嘆吟：「鹿耳門前礁石多，張帆尚未出滄波，賒來水利重添載，一夜飄流付孟婆。」[37]而人心不古，復有出海昧心，故意沈失，遂致不復重整，商船屢屢失利，不免日漸稀少[38]。

又有若干漁船，短報樑頭，其大至與商船販艚等，而托稱出洋採捕，得魚則爲漁，無魚則爲盜，或則夾帶販貨，私口偷越，取巧規避，俗稱「偏港船」，影響所及，商船獲利日減，郊商日就凋危，《廈門志》載：

> 內地晉江之祥芝、永寧、圍頭、古浮、深滬各澳，惠安之獺窟、崇武、臭塗各澳，朦領漁船小照置造船隻，潛赴臺地各私口裝載貨物，俱不由正口掛驗，無從配穀，俗謂之偏港船。同一往來貿販營主，乃彼得巧避官穀，獲利倍於他船，無怪正口各船心懷不服。且臺灣開闢已久，地力漸薄，粵省之偷販尤多，故穀價亦貴，商船獲利日減，甚至折本；加以遭風失水，不能重整，大船漸造漸小，停駕者多，行商日就凋敝。[39]

此等漁船偷渡臺灣貿易，揑報遭風，避配官穀載貨，復可規避海關釐金，獲利倍於商船，久之，郊商自是難敵，商船多改爲漁船，爲船政之大弊，《澎湖廳志》記：

> 近有南澳船販運廣貨來澎，而購載花生仁以去者。查商船由廈門出口時，例規甚重，又有海關釐金諸費，而南澳船無之。所

辦貨物，率多賤售，於花生則原價收買，而生理中大局一變，郊商生計亦遜於前矣！[40]

郊商航運風險既大，損失亦重，再有漁船走私爭利，除此外，又有額外之負擔。臺地商船每有配載官差，如配運兵穀、臺廠木料、臺營馬匹、班兵臺餉、往來官員人犯，設有遭風失水，賠累甚鉅，既有跋涉之勞，復有賠墊之苦，郊商獲利雖鉅，然航運風險卻大，損失亦重，既有漁船走私與之爭利，又有海盜待機劫掠飽噬；除此外，再加上兵役之供應犒賞，出入口胥吏之挾制需索，故郊商屢有徧困之嘆，《廈門志》卷六〈臺運略〉云：

按臺運之法，以臺地之有餘，補內地之不足……其往來商船，皆內地富民所制。……販運一次，獲利數千金，配百餘石之官穀，又加以運腳銀兩，小民急公奉上，安之若素。因往返重洋遲速不一，又夏季南風司令，在臺各船往往載貨至寧波、上海、膠州、天津，遠者或至盛京，往返半年以上，官穀在艙日久，懼海氣蒸變，故在臺配穀時，私自易銀置貨。其返也，以折色交倉；不可，然後買穀以應，倉吏挾持為利。而臺灣各口，亦有以銀折穀配運。折運則價或不足，折交則價必浮多。且實穀配運，盤量折耗已多賠貼，若折運，則以臺地之價易內地之穀，更屬不敷，船戶苦之至。嘉慶十四年，署臺灣府徐汝瀾，請按照樑頭配穀之議起，於是船戶取巧規避，揑報樑頭以大作小。蚶江之船，至有樑頭四尺數寸者造船換照，出口入口胥吏之挾制需索更甚，臺運之積壓益多。不得已，為官雇商船委員專運之舉。載民貨一石，水腳銀三錢至六錢不等，官穀例價，每石六分六釐，大運由司捐廉，酌加二分，合計每石止八分有奇。每船以二千石爲率，船户僅得運腳銀一百餘兩，不敷舵水飲食、工資、修理篷索之需；加以兵役供應犒賞，行商之賠累甚鉅。[41]

毋論配運、專運，皆成秕政，使胥吏有機可趁，挾制需索，厥後商船趨避日巧，而運愈不足，積壓愈多，議又加配，形成惡性循環，成郊商一大負擔。況郊商對官府，需負責籌措軍費糧餉，募義勇，組團練，及其他公事；對地方又需舉辦各種公益慈善事業，久形疲敝，而軍需公益之捐攤，數加無已，此種無盡無止之捐輸，時日愈久，負擔愈重，行郊焉能不疲敝。

吏役之需索，橫徵朘削，陋規百出，弊端叢生，藍鼎元致巡視臺灣御史吳達禮〈論治臺灣事宜書〉有云：

船出入臺灣，俱有掛驗陋規，此弊宜剔除之。在府，則同知家人書辦掛號，例錢六百；在鹿耳門，則巡檢掛號，例錢六百。而驗船之禮，不在此數。若船中載有禁物，則需索數十金不等。查六百錢之弊，屢經上憲禁革，陽奉陰違。蓋船户畏其留難，不敢不從故也。重洋駕駛，全乘天時，若霽靜不行，恐越日即不可行，或半途遭風，至於失事；差之毫釐；謬以千里，敢愛六百錢乎？六百雖微，而六百非止一處，船户履險涉遠，以性命易錙銖，似宜加之體恤。臺船每歲入數千，統而計之，金以數千兩矣。一念留心，爲民間舒省數千兩，非小事也。[42]

陋規之外，復有定例之「規禮」，公然收之，如海防同知偕水師文職，稽查商船出入，以防夾帶禁物私渡，文口例銀五元，武口例銀三元，名爲「口費」或「口稅」，號稱以資巡哨、紙張、飯食等辦公費用[43]。更有地方官私收口費，充作津貼，與官府無涉，年收入高達二千兩者[44]。

此等陋規，概屬私徵，不獨臺島一地，舉目放眼，沿海口岸，所在皆是，在此再舉一例，以明其餘。

咸豐八年（1858），郭嵩燾奉派前往天津，協助參贊僧王（僧格林沁）津沽防務，不料因意見不合，終奉詔命離開天津，前往山東諸海口查辦正雜釐稅諸事，與僧王分道揚鑣。此行除辦理海商課稅外，兼察鹽法、鹽務，期盼爲國家開拓利源。郭氏在巡訪津沽魯東一帶，留下許多可貴考察記載，例如至煙臺，煙臺爲海舶雲集口岸，郭氏於咸豐九年十月初十日記道：

> 連日訪得實在情形，稅局取稅三釐爲率，每百金得銀三兩。縣官七成，巡檢二成，之罘（即芝罘山）汛外委一成。稅銀唯收買主，不收賣主。而閩廣船停泊者，但通貿易，即繳船稅，以船千石稅大錢六千。千爲差後，又詢知每船約銀六十八兩，此則官及差役並分之，不在稅則之中者也。……煙臺向無行户，閩廣船至，必投所相知者，乃攬以爲客，爲之代覓售主。買賣兩過，各得行用二分，所謂私充行户，包攬把持者也。官商綱利情形，略見於此。[45]

除此，沿途所經各地，探得稅局各種陋規，但一經查詢，又皆匿不肯言。又如至威海城，文武各官前來迎接，文登縣令許子孺，向郭氏報告課稅情形，說是此間以漁業爲大宗，每船運萬斤以上，則課稅十兩，次則豆餅雜糧之類，從福建、廣東運來的南貨，並不上稅。而郭氏則認爲許君語言頗猾，恐不足信。到達海陽，當地縣令告訴郭氏，海稅抽三分，以棉花、魚、豆爲大宗。從南方來的船隻，做成交易，先付海稅，再照貨物核繳各稅。每船縣衙門得二兩，捕廳得一兩，行店得一兩，書辦得五錢，門丁得五錢，海差及三小子，以及行店小札又大約得一兩。

凡卸貨船隻，都有此陋規，而且除此之外，尙有別種陋規。

再如渡五龍河到金家口檢閱稅簿，雖稅甚輕微，但每船規費須銀三兩八錢，又收進口費銀一兩五錢，浮於抽稅之數，而規費分贓細目則是：縣得三兩八錢，捕廳得二錢八分，巡檢得二錢五分，汎員得四錢，書辦得八十文，海差得二百文。洋藥稅得一百七十五斤，釐稅未收。

總之，此次山東之行，郭氏遍訪各海口，搜尋調查，得知各種陋規，概係私徵，並不上報，將來派員在各口經理，依彼估計，每年至少可得稅銀兩百餘萬[46]，可爲國家多增稅銀兩百萬，易言之，即是海商行戶要應付各種陋規需索，年損失兩百萬兩之贏利。

而郭氏日記中所記之閩廣船，自會包括經營大北航道之臺灣郊商船戶；舉此例彼，在臺灣、山東各口岸，陋規之需索朘削皆是如此，何況其他省份各口岸。交通運輸工具之不改進，陋規秕弊之不禁革，漁船走私之不戢止，與夫過重之捐輸及配載，行郊之式微良有以也。

第五節　刻薄巧詐敗壞商譽

臺灣郊行以道咸年間爲最盛，其後即逐漸衰微。由盛而衰，原因固多，而郊商自身之墮落，亦爲原因之一。如踵事奢華、重利盤剝、劣貨欺人、販售禁品、刻薄巧詐、放任子弟、結納胥吏、析產分金、興訟不已等是。徐宗幹之〈論郊行商賈〉云：

> 爾等遠涉重洋，貿易營生，爲身家謀養贍，爲子孫計長久，持籌握算，自無不精於會計者。乃昌盛者少，而衰敗者多。本司道蒞臺一年以來，隨時察訪，其故有三：
>
> 一則存心以生理謀利爲主，不覺流於刻薄；而稍有贏餘，便爲習俗所染，踵事奢華也。……或以劣貨欺矇遠客，或以重利滾折窮人，甚至以奇技淫巧及違禁害人之物販售漁利，損人利己，天理何存？……臺郡人情浮靡，華衣美食及一切糜費無益之事，無不以侈麗爲尚，各爭體面。而周貧濟困所以盡睦婣任恤之道者，又或一味慳吝，不庇本根。但貽子孫以有數之金錢，而不貽子孫以無窮之陰德。……如自恃巧詐爲得計，刻薄成家，理無久享，蘊利生災，此其所以易於衰敗者一也。
>
> 一則知人不明，用人不當，而又不能約束子弟也。合夥之人，但取浮滑爲能，不以誠實爲貴。或以結納刁劣生監，積蠹吏胥爲得計……與若輩相親，有損無益。稍有餘資，無不望子

> 弟讀書者。而子弟愈聰明，愈易敗壞，轉不如不讀書者，尚近純樸。其故由於家道既殷，匪人乘其在外就傅，設計相誘。臺地澆風惡俗，少年漸染尤易……私行遊蕩，甚至債累滿身，而父兄尚在夢中。雖銖累寸積，辛苦數十年，不足償其快樂一時之費用。久而品行卑污，性情浮薄，甚至剝喪短命，殊可嘆也！……外有奸夥坑騙，內有子姪消耗，此其所以易於衰敗者二也。
>
> 一則同夥分店，或一家析產，不能深思遠慮也。臺地與內地不同，海洋阻隔，家在彼而店在此，領本而來，寄利而往；以及先合後分，非無帳據中見可憑；然中證不能常存，數年、數十年而後，往往復起訟爭。有祖父爲子孫鬮分，極爲周密，乃屍骨未寒，訟端已起。雖百萬之富，一經結訟，骨肉成仇，未有不廢時失業，立見敗亡者。刁徒蠹役，從中唆撥，以眞帳爲僞帳，又以僞字爲眞字，故亂黑白，使糾纏不了，以爲取賄之地。地方官以錢債細故，帳目煩擾，又不能耐心細審，任意延擱，聽候調處，適中奸徒之計。如兩造目不識丁，任人簸弄，累月經年，防坐誣則令婦女出頭，慮笞辱或以生監代質，自殘骨肉，盡飽他人，負氣不平，俱傷兩敗，墮人計中而不知。甚至禍生不測，人命圖賴，無所不至。此其所以易於衰敗者三也。[47]

此文雖作於道光末年，實則此風由來已久，可嘆者，官長勸諭諄諄，多年以還，未見改善，仍有劣貨欺人，販售禁品、刻薄巧詐

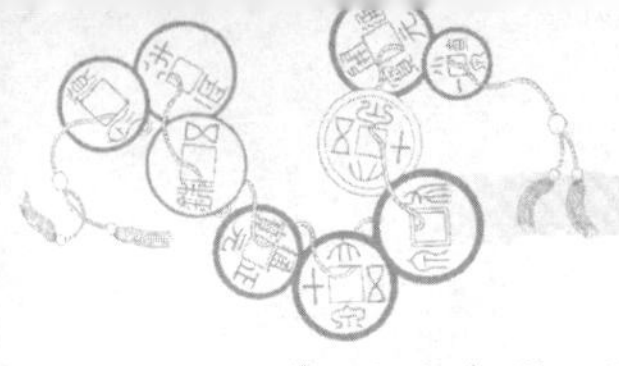

者，其末流，竟至與人生理往還之帳項銀錢，或拖欠不還，或恃勢圖賴，方豪先生於〈光緒甲午等年仗輪局信稿所見之臺灣行郊〉鴻文中所收之第二十三郊函記：

> 忝在故交，浮文恕敘。敬啓者：昔年寶號配寧（波）貨件，委敝代售，寶舟到寧，敝無不函力代爲辦理，而叨些微用，爲數幾何，原不堪侵欠，務如貴出海（按：即船中收攬貨物司帳者）林治官，以來貨無幾，兑項不足，船欠傭額，再四與敝商懇多辦臻傭，下趟便可清還。敝念交關之情，重以寶號聲望，必不致耽延，因許多辦貨項四百餘元，乃一去不回，分毫無見來還。偵採鹿（港）來諸船，皆云寶號生理如舊照做，意早晚船隻來寧，定必配還，故未使專人至鹿面索。乃共顧體面，格外留情，而寶號竟置之度外，全不論及，徒令年盼一年，渺然無蹤，前年曾修寸函，託施通舍帶奉，亦無見回音。近復聞黃昆仲分家折箸，船既不整，未知此項爲收存何地？今春敝鄉親黃炳灼官來寧，敝復探問情形，知寶號無意做此生理，特託其親自至鹿，向寶號取領此項。見啓務祈如數交其帶下，以完一帳，而存交關之誼。若仍藉作延緩，必欲使敝跋涉重洋，臨門面索，許時血本攸關，逐一加息，毋怪敝變臉不情也。合應預告，千祈俯察，勿復以泛泛視之也。餘不多瀆，耑此即請近安，諸祈原照弗宣。[48]

第二十四郊函記：

敬啓者：

敝昔年配金謙興寶舟，出海黃炳灼官，隨船貨物計本洋四百餘元，其貨到鹿交寶號發售。旋承覆示，欲爲配來。繼後炳灼官與寶號抽分，船隨歸閣下整理。延今多年，此項未見來還，殊覺相誤。去年弟歸里，適寶舟在泉，曾邀出海至舍面商，承許此趟到鹿，向東家道明，下趟不還，任憑阻扣。去後匝月，船復來泉，惟見惠賜香珠、線香，未見還來分文。當時弟在喪次，未便計較。今年黃炳灼官押偁來甯，弟欲將貨項扣抵，渠轉託施通舍出爲説情，云：此幫貨項，乃鹿港茂泰號託渠押來，僅得些辛金，若貨項被扣，渠何以回對東家，再四商懇，應許此幫到泉，親爲向閣下收還。特專修草函，附其帶呈。見啓務請將項如數交伊帶來，以完一帳。萬勿藉事耽延，拖累他人爲盼。餘不多及，專此即請臺安，諸祈原照弗宣。[49]

第二十五郊函記：

某某仁兄大人閣下：昔年黃出海跳官來寧，欠敝單尾銀一百二十元。去年弟返舍，曾飭夥專函收領。承先還來洋七十元，餘五十元，約至八月寄交舍下。近接家信，謂此項延至冬，無見來還，復差人至貴府面領，而閣下反云被施姓欠去，恃勢不還。讀之令人不解。素聞閣下爲人慷慨，忠厚爲心，必能自寄來還，故延數年，並不啓齒。顏色徒抱懷。[50]

是知此乃在寧波營商之泉籍商人，被鹿港某郊商故意拖欠帳

款，累年不還，以此例彼，舉此三函，足以窺知清季郊行之拖欠抵賴惡劣風氣，他如郊商私人向官府借款營商，偏遇邇年市面光景歉薄，致生理賠累；或其他行號向郊中借款經商，因生理倒罷而致拖欠公款等[51]，如此抵賴拖欠，結果影響商譽，打擊生理，郊行生意之不衰微者幾希哉！

第六節　會員離心弊竇叢生

行商組織「郊」，純為自發性，官府未加以干涉或輔導，故商人入郊並未受到強制。於是自然就有行商不加入，不受郊規之約束，買賣自主，有時不免不擇手段，打擊效行，賺取暴利，此等行商俗稱「散郊戶」或「郊外」[52]。而行商加入。固然受到郊規約束，然違規結果，亦不過罰灑筵、分檳榔、罰燈彩、罰戲，重者開除郊籍而已。雖云開除郊籍後，郊中規定同盟絕交，衆郊員不得與該號交易往來，事實上衆郊員未必執行遵守。易言之，郊員若不認眞遵守郊規，甚且鑽取郊規漏洞，陽奉陰違，「郊」亦無可奈何。加以爐主，董事雖由僉舉產生，實則多為富商巨賈包辦，一般郊戶，無緣問津，因而私下多所抱怨，若爐主董事之調處不公，或有私心把持郊務，衆人勢必更加不服，時日一久，會員離心，怨深恨結，不能克諧和衷。於是法積久而生玩，弊以巧而日滋，故違舞弊，產生許多弊竇，譬如：

1.惡性競爭，翻覆反價：如私自削價奪客，影響衆人，或私下違規帶貨到其他埠頭發售，亦有不親自出面，假手傭客四處走鬻，違反約定者[53]；或遇市疲，與船客勾結，私卸行仲，至街走兌，敗壞郊風者[54]；亦有船貨買賣，已價定言諾，結果一遇振跌，市價不同，便翻覆反價，較取多寡，甚且無賴退換者[55]，等等不一而足。

2.摻雜詐欺，惡性倒閉：如加重糖簍重量，或加蕃薯簽粉於糖中[56]，或於茶葉中混合粉末、劣茶等[57]，摻雜成色，詐取暴利。又有故意生理倒罷、私自休業，於是藉口生理廢止，侵欠之項不還，將詐欺所得之貨品，私發他處售賣之惡行[58]。

3.逃漏抽稅，舞弄郊規：課稅爲行郊經費之最大來源，泰半用於地方公事，故其開銷特大，稅釐不免稍重，郊商負擔一重，遂有走漏隱匿之舞弊，如鹿港泉郊規約十三條中，嚴禁走漏抽分者，竟有七條之多，實可想見走漏抽分風氣之盛。其舞弊手法如：郊中之人，取巧變號，藉稱郊外，與出海私相授受，隱匿抽分；復有諸船進口，不到館預先聲明，假藉詐稱，越港攬載，故意亂規；又有隱匿緣單號批，無從稽查，逐得走漏抽分等是，鑽取漏洞，舞弄郊規[59]。抽分課稅爲行郊公費之最大宗收入，行郊之生存發展幾全賴其維繫，郊商既然不擇手腕，大肆走漏隱匿，當然使行郊大受打擊。

4.拒接值東，廢墜郊務：郊中公款收入，幾全賴捐金抽分，由於走漏抽稅，使經費無從措出；而郊費浩繁，於是值東爐主，遇事墊費，入不供出，常有虧損。何況值東爐主，須幹

練之才，上能應接官諭，下能協和商情，一般人不敢擔當，於是每逢過爐，衆人皆畏縮推諉不前。如不幸被擇爲新爐主，則多方藉口挨延，移東易西。推諉期間，若遇有事宜，則又藉詞未接篆，推責於舊任，致上行下效，郊中之事幾成廢墜[60]。

第七節　乙未割臺局勢頓變

乙未割臺是臺灣行郊沒落並終告衰歇之一大關鍵。

我拓臺先民，於前清時代，遷臺奠居營商者，少作長久定居之計，尤多內地殷戶之人，出資遣夥來臺營商，更是如此。是故光緒乙未割臺，日人侵佔臺澎，自大陸來臺之郊商紛紛歸籍，逗留者僅部分小郊商，進退維谷，心存觀望，商業一時陷於停頓。兼之日軍侵臺遭受民軍抵抗，兵燹所及，十室九空，於此兵荒馬亂中，百行罷市，各郊商業均因戰亂，不得不停止。如臺南三郊：

> 明治三十年（光緒二十三年，1897）五月八日爲臺灣歸割之期，以前各郊商業各自停止，或收回清國，或貿易暫停，臺南營商寥落無幾，三益堂公所亦廢，以致三郊大籤輪值者，尚未定議，失所散亂，未免有流離之嘆也。北郊現行停止，南郊生理十存其二、三，港郊生理十存其四，現際公務惟吳瑞記暫行管理，以待後日之復興也。[61]

又如史久龍〈憶臺雜記〉記臺中一帶巨紳大商紛紛內渡：

一時街談巷議，壯氣勃勃，昔之蠻悍者，均變爲義雄矣。然巨紳大商，由鹿港、梧棲等口，乘商船逃赴漳、泉二州者，不一而足。米穀亦紛紛出口，不守禁示；而各巨室之藏鏹，亦即裝於米囊而去。人心不固，早知其議論多而成功少也。[62]

鹿港八郊中之廈郊、糖郊也於日據初期因貿易衰落而先後倒閉[63]。臺北三郊於日軍攻陷臺北後，所有大陸來臺郊商，無不歸其本籍，三郊總長林右藻亦返回同安，地方平靖後，其子望周再來臺灣，恢復廈郊金同順，企圖重振旗鼓。艋舺泉郊金晉順於日據後不久結束，北郊金萬利賴有一份公業之收益，苟延殘喘[64]。臺灣行郊經此浩劫，元氣大傷，郊行近乎絕跡。

日人竊據臺澎之後，日益加強經濟統制，欲使臺灣成爲日本之獨佔市場與產業原料之供應地，自然不願臺灣郊行再與大陸通商，於是嚴格規定，臺灣各處小船只准本島運載，不得擅往大陸，大陸船來臺限於淡水、安平、打狗三大口出入，例禁森嚴[65]。而自昔郊商營業區域幾全在大陸沿海口岸，經此限制，貿易線一斷，無口吞吐，焉能生存。行郊雖日趨式微，而日人猶懼郊行在民間之潛存勢力，莫不時加注意監視，對於原有之郊行，或迫其解散，或改爲新面貌之「組合」，如臺南三郊之改爲臺南三郊商業組合，簡稱臺南三郊組合[66]；或變其商業性質爲純宗教團體，如大稻埕廈郊金同順之變爲「大稻埕雜貨商同盟組合金同順」，繼又變爲「稻江香廈神郊金同順」，最後則強使金同順改爲「崇神會」[67]。經此一番徹底

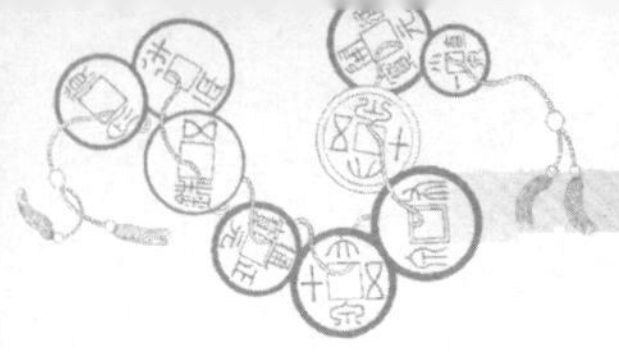

之控制改組，至是傳統之郊不復存在，幸或苟延，名存實亡，成為純粹之神明會。至今日，僅存留一二遺跡，徒供後人之憑弔，發思古之幽情。

第八節　餘論暨檢討

港埠設郊之目的，在於同業互相扶持，解決困難，排解紛議，保持商人間之聯誼，與今日商會頗為相似，而其中最大不同點，在於郊之組織形態及內聚力較為強固密切，蓋因郊戶多為同籍同宗之人，藉財力與神權統治同業。是以行郊組織兼有地緣性、宗教性和業緣性，具有神權主義（宗教）、鄉黨主義（同籍）、壟斷市場（同業）之特色，於是乎其優點固在組織強固密切，行動一致，但其流弊則不免安於現狀，作風保守，墨守舊法，成為改良進步之妨害。而其念舊排外之習性，於海禁開港後，不明時潮，阻撓排斥外人，造成對外競爭之不利，久之，行郊焉能不沒落。

行郊之沒落式微，有其外在社會、政治、經濟、地理諸原因，也有其內在組織結構原因，除上述犖犖大端外，仍有一二因素影響，綜括之，即當時社會經濟形態及行郊組織結構形態之不健全有以致之。清領時期之臺灣，除少數外人投資之工廠僱用農村勞力外，實質上臺灣仍偏重自給性之農業，全島由許多隔離之市場所組成，市場呈現高度集中化，產品則是低技術性，經濟完全是自給型態。由於運輸不良與幣制混亂，市場狹小而分割，衛生、教育、交通、度量衡制度，及有效之金融與財政機構，均尚未產生，或僅具形式。是以在交通、運輸與財政上不能作迅速改進，則行郊之聯合或擴充，幾爲不可能之事，易言之，諸郊不能聯合擴充勢力，僅各擁某特定市場範圍，各自爲政，不能隨政治、社會、經濟情勢之變遷而改變適應，行郊之成爲外力衝擊下，或是新時代企業下之傳統犧牲品，乃是必然之結果。

何況行郊初爲商業集團，其後才轉爲商業組織，彼雖有同業公會性質，究非聯營組織，故各地大小行郊林立，無法統籌聯合營運，又不願投資改良其組織結構及銷售業務，其組織功能受舊有結構限制，社會性重於經濟性，殊難完全符合時勢要求。再則由「賣青」之生產貿易方式，可知行郊與生產者之間關係乃建築在預先借貸資金上，未曾注意產品之品管，技術之改進，產量之增加。此種借貸關係，往往取其重利以牟其利，不在扶助生產者改良其生產方式，增添其生產設備，大多只在取得產品購買控制權，進而支配業者，操縱市價。而官府亦未加以輔助，縱有整頓措施，亦僅在防止郊商之不道德行爲，如產品摻假、秤量作弊等，至於所作各項貿易改革，復因對於產銷供求關係不甚瞭解，亦屬局部有限，官府甚且落井下石，與商爭利，如臺南知府吳本杰於光緒十六年下令諭止臺南三郊徵收貨物緣金，斷其主要經費來源，使其一蹶不振。於是在行郊組織形態及功能，未能與當前政治、社會、經濟結構相配合下，再則官府又未能全力轉導支持，行郊逐成爲外力衝擊下及新興企業之傳統犧牲品。

其次，臺灣地區屬海島地形，資源有限，有賴對外貿易，其

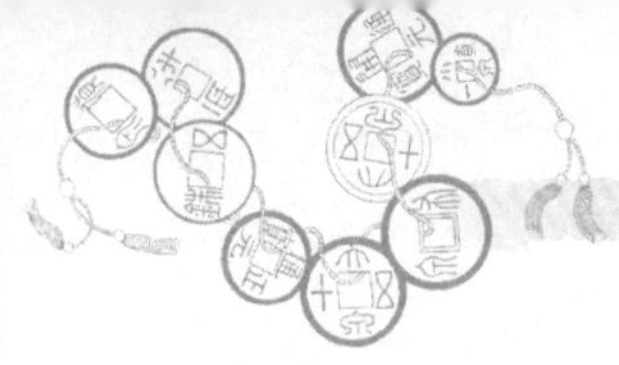

間因經濟作物對外貿易興旺，曾一度造成經濟繁榮，博得巨大商業利益。唯由於缺乏調節金融之有效機構，復加以交通運輸工具未求改進，海洋航運風險過大，及商業組織與經營方式過於傳統保守，此一因受貿易繁榮所帶來之巨利，雖曾在商業上形成初步資本累積外，未能累積成為有效資金，反而將資金轉為後代入仕資本，或投資購買土地不動產，甚且及身享受，使資金凍結、減少，不能靈活流暢運用，作多元之再投資，使臺灣經濟難有更進一步發展，致一旦經濟作物之對外貿易衰退，易形成社會問題，姚瑩曾言：「臺人所產米糖，惟以商販為利，比歲閩浙皆熟，米販不至。富人乏用，一切工作皆罷，遊手無業者，莫從得食，益有亂心。昔人言凶歲多盜，不知臺民固豐年亦多盜也。」[68]

加以同光後，外力入侵，控制利權，經濟發展為之錮閉為之操控，始終無法因某一種經濟繁榮，帶動全面之經濟起飛，故臺灣經濟於清領時期，始終為一單一平面之發展，缺乏活潑生動有力之近代形態。而傳統家族或少數人合股經營之企業，無法如近代西方公司制度之累積資金，更遑論郊商彼此間之爾虞我詐，各謀私利。與其歸咎各郊商觀念保守，安於現狀，知識落後，及迷信神權、財力統治之心態，毋寧委過我傳統社會經濟形態之歷史包袱，行郊之終於衰微沒落，之成為傳統犧牲品，乃勢所必然，殆無可奈何耶[69]！

註釋

❶詳見李瑞麟，〈臺灣都市之形成與發展〉，《臺灣銀行季刊》第二四卷三期，頁一五。

❷姚瑩，《東槎紀略》卷一〈議建鹿耳門炮臺〉，頁三（臺銀文叢第七種）。

❸姚瑩，《中復堂選集》中《東溟文後集》卷四〈臺灣十七口設防圖說狀〉，頁七四（臺銀文叢第八三種）。

❹丁紹儀，《東瀛識略》卷五〈海防〉，頁五一（臺銀文叢第二種）。

❺盧嘉興，《鹿耳門地理演變考》六〈清末鹿耳門及其附近變遷情形〉，頁一〇二（中國學術著作獎助委員會，民國五十四年一月出版）。

❻李元春，《臺灣志略》卷一〈地志・臺江〉條，頁九（臺銀文叢第一八種）。

❼蔣師轍，《臺遊日記》卷一「二十四日」條，頁一四（臺銀文叢第六種）。

❽周璽，《彰化縣志》卷一〈封域志・海道〉，頁二五（臺銀文叢第一五六種）。

❾同註❷。

❿同註❹。

⓫詳見張炳楠，〈鹿港開港史・臺灣文獻〉第十九卷一期，頁三十九。

⓬同前註。

⓭詳見洪敏麟，〈從潟湖、曲流地形之發展看：笨港之地理變遷〉，《臺灣文獻》第二十三卷二期，頁一～四二。

⓮詳見《臺北市志》卷一〈沿革志〉第一章第四節，頁三一～四〇（臺北市文獻委員會，民國五十九年六月出版），及拙著〈艋舺行郊初探〉，《臺灣文獻》第二九卷一期，頁一八八～一九二。

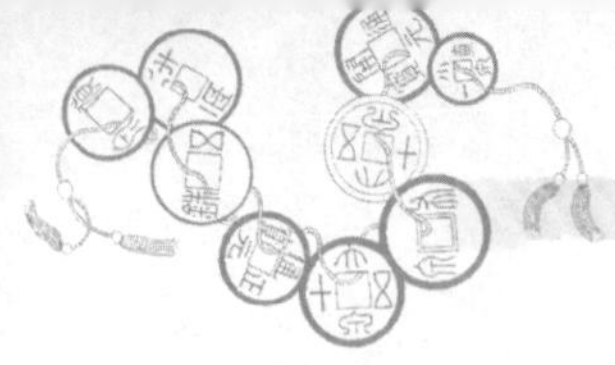

⑮詳見林滿紅，〈晚清臺灣茶、糖、樟腦業的產銷組織〉，頁五一（收入氏著《茶、糖、樟腦業與晚清臺灣》一書，臺灣研究叢刊第一一五種，民國六十七年五月出版）。

⑯顏興，〈臺灣商業的由來與三郊〉，《臺南文化》第三卷四期，頁一四。

⑰黃嘉謨，《甲午戰前之臺灣煤務》，頁九一。

⑱林滿紅，前引文，頁六二。

⑲同前註。

⑳同前註。

㉑詳見林滿紅，〈茶、糖、樟腦業對晚清臺灣經濟社會之影響〉，頁九一（亦收入氏著《茶、糖、樟腦業與晚清臺灣》一書）。

㉒姚瑩，《中復堂選集》中《東溟文後集》卷三，〈上督撫請收養遊民議狀〉，頁三九。

㉓參見樊信源，〈清代臺灣民間械鬥歷史之研究〉，《臺灣文獻》第二五卷四期，頁九〇～一一一，與黃秀政，〈清代臺灣分類械鬥事件之檢討〉，《臺灣文獻》第二七卷四期，頁七八～八六。

㉔有關械鬥次數，樊、黃二文略有出入，黃文以晚出收錄較全，茲採取黃文之統計。

㉕張菼，〈清代初期治臺政策的檢討〉，《臺灣文獻》第廿一卷一期，頁一九。

㉖據張雄潮〈清代臺灣民變迭起迅滅的因素〉之統計，《臺灣文獻》第十五卷四期，頁一八。

㉗同前註。

㉘參見連橫，《臺灣通史》卷三二〈列傳〉四「海寇列傳」，頁六四七（臺灣省文獻委員會，民國六十五年五月印行），及王世慶〈蔡牽〉，《臺北文獻》直字第六十一、六十二期合刊，頁一～一九。

㉙姚瑩，《中復堂選集》中《東溟文後集》卷五〈防夷急務第二狀〉，頁八六。

㉚詳見《臺灣省通志》卷三〈政事志・外事篇〉，頁四二～四七（臺灣省文獻委員會，民國六十年六月版）。

㉛同前註前引書，頁一一七～一一八。
㉜姚瑩，《東溟奏稿》卷二之〈雞籠破獲夷舟奏〉，頁三七（臺銀文叢第四九種）。
㉝姚瑩，《中復堂選集》中《東溟文後集》卷六〈上督撫言全臺大局書〉，頁一二一。
㉞陳淑均，《噶瑪蘭廳志》卷二〈規制・海防〉「附考」條引《問俗錄》，頁四四（臺銀文叢一六〇種）。
㉟陳淑均，前引書，卷五〈風俗・海船〉「附考」引《問俗錄》，頁二一七。
㊱詳見鹿港泉郊會館規約，據日本明治三十八年臨時臺灣舊慣調查會編印，《臨時臺灣舊慣調查會第二部調查經濟資料報告》下卷，頁三〇〇～三〇一。
㊲劉家謀，〈海音詩〉，《臺灣雜詠合刻》，頁二十（臺銀文叢第二八種）。
㊳周凱，《廈門志》卷五〈船政略・商船〉，頁一七二（臺銀文叢第九五種）。
㊴周凱，前引書，頁一九二。
㊵林豪，《澎湖廳志》卷九〈風俗・服習〉，頁三〇七（臺銀文叢第一六四種）。
㊶周凱，前引書，頁一九一。
㊷藍鼎元，《平臺紀略》附錄〈與吳觀察論治臺灣事宜書〉，頁五一（臺銀文叢第一四種）。
㊸陳培桂，《淡水廳志》卷七〈武備志・海防〉，頁一八五～一八六（臺銀文叢第一七二種）。
㊹見《新竹縣制度考》之「口費」，頁九九（臺銀文叢第一〇一種）。
㊺見《郭嵩燾日記》冊（一），頁二五四（長沙，湖南人民出版社，一九八一～一九八三）。轉引自汪榮祖《走向世界的挫折——郭嵩燾與道咸同光時代》（臺北，東大圖書公司，一九九三年十月），頁七一～七二。

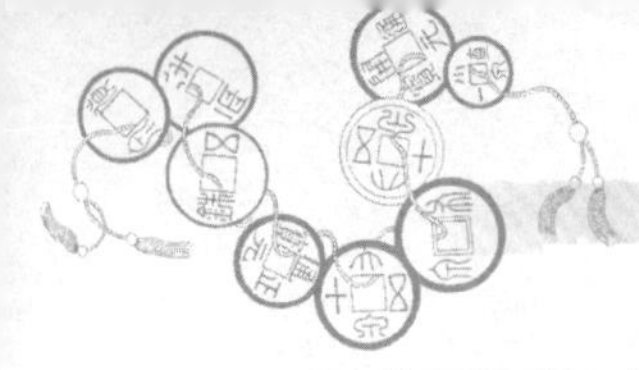

㊻詳見汪榮祖前引書第六章內文，頁六九～八十。

㊼徐宗幹，《斯未信齋文編》二官牘〈論郊行商賈〉，頁八五（臺銀文叢第八七種）。

㊽方豪，〈光緒甲午等年仗輪局信稿所見之臺灣行郊〉第廿三文郊函，頁三五九（收入氏著《方豪六十至六十四自選待定稿》，作者印行，民國六十三年四月初版）。

㊾同前註，頁三六〇。

㊿同上註。

51詳見拙著〈新竹行郊初探〉，《臺北文獻》直字第六三、六四期合刊，頁二二七。

52蔡振豐，《苑裡志》下卷〈風俗考・商賈〉，頁八三（臺銀文叢第四八種）。

53見《臺灣私法商事編》所收〈綢布郊金義興之郊規〉，頁一九（臺銀文叢第九一種）。

54見前註前引書之〈澎湖臺廈郊金利順、金長順之郊規〉，頁三五。

55同前註。

56見前註前引書之〈臺南三郊商業組合之整理砂糖訂約條規〉，頁四二。

57見茶郊永和興之結郊宗旨。文收入《臺茶輸出百年簡史》，頁一一（臺灣區茶輸出業同業公會編印，民國五十四年出版）。

58同註53前引書之〈澎湖臺廈郊與大稻埕廈郊之郊規〉，頁二八～三四。

59見前註前引書之〈鹿港泉郊規約〉，頁二三～二六。

60參見〈鹿港泉郊與大稻埕廈郊之郊規〉，頁二四～二七。

61見《臺灣私法第三卷附錄參考書》上卷，頁五五（臨時臺灣舊慣調查會，日本明治四十三年十一月發行）。

62史久龍，《憶臺雜記》，轉引自方豪前引文，頁三五五。

63同註⓫。

64同註⓮。

65同註52。

66同註㊽前引書，方豪〈臺南之郊〉，頁二九三。

⑰同前註前引書，方豪〈臺灣行郊研究導言與臺北之郊〉，頁二七二。

⑱姚瑩，《中復堂選集》中《東溟文後集》卷六〈與湯海秋書〉，頁一七一。

⑲本節觀念得自李國祁《中國現代化的區域研究：（一八六〇～一九一六）閩浙臺地區》一書之啓發，不敢掠美，謹此說明。

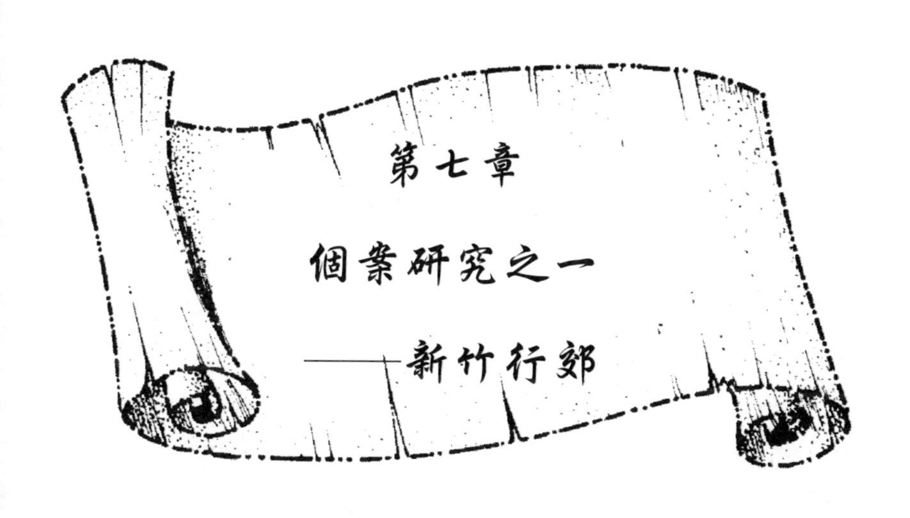

第七章

個案研究之一

——新竹行郊

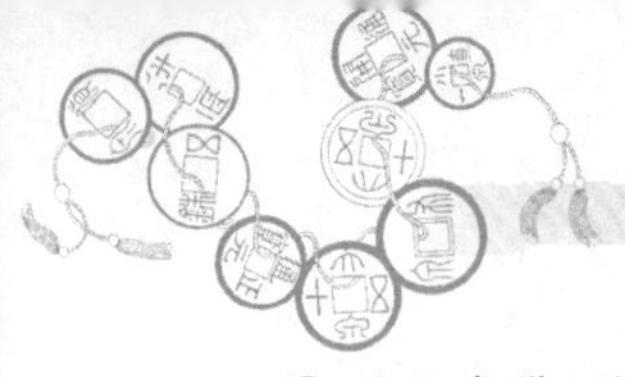

第一節　前言

新竹縣，位於臺灣西北部，東北與桃園縣接壤，西南與苗栗縣爲鄰，東南與宜蘭縣交界，瀕臺灣海峽，面積共1,528,8084平方公里。由於東南縣境之大霸尖山山脈往西北逶迤而下，故地勢在東南一帶爲高，幾全是山地，西北則爲鐵塔型，各山脈間夾有鳳山溪、竹塹溪（即頭前溪）、隙仔溪（即客雅溪）等溪流向西北出海，是以每當季風期，風從海岸吹入，爲東南北三方所擋，匯歸一處，增強風勢，猛力掠過，故自昔以竹塹風出名，與宜蘭之雨並稱「竹風蘭雨」。新竹氣候溫和，雨暘順適，水利普遍，以茶葉、柑橘、通草、香粉、貢丸等地方特產馳名海內外。交通運輸發達，鐵路爲清代中國首創臺北至新竹鐵路之終點，今日則縱貫鐵路可達南北，光復後鋪設橫線，經竹東而達內灣。公路四通八達，客貨車往返縣內及鄰縣各鄉鎮，自高速公路興建，交流道設在新竹市，更稱便捷快速。全縣原轄有一市（新竹市），三鎮（竹東、關西、新埔），十一鄉（竹北、香山、湖口、橫山、新豐、芎林、寶山、北埔、峨眉、尖石、五峰），民國七十一年七月，新竹市升格爲省轄市，轄區減少一市。

新竹早名竹塹，以其爲原住民竹塹社番所居，由蕃語之社名音譯而來。竹塹社番爲平埔番大窩卡斯族（Taokas）之一系，即今之賽夏族也。古時之竹塹係指頭前溪、客雅溪及鳳山溪中流以下流域之原野而言，此片荒埔昔稱竹塹埔。竹塹社番之由何年何地遷徙而來，渺不可稽，傳說雖多，似由香山、鹽水港以南海濫逐漸北遷之說較爲可信。據傳明唐王隆武元年（清順治三年，1646）有紅毛人因海難船破，登陸於今之紅毛港，因而久住該地附近。由地名之流傳至今，及混血遺裔尙多散見於附近等事實，可見竹塹海岸早已有漢人或中外海寇船隻出入。明鄭時代，初隸天興縣，後隸天興州，永曆三十年（1676）設通事於竹塹社，由是竹塹之名乃傳播於一般漢人間。清康熙廿三年（1684），隸屬諸羅縣，期間有泉州同安縣人王世杰者，率其族親鄉人來竹開墾，至康熙末年，墾務漸進，居民日多，已形成大小村落數十莊。雍正元年（1723），新設治，隸淡水廳竹塹堡，時雖以竹塹爲廳治之地，惟當時竹塹，民少番多，淡水廳署乃僑置於彰化縣。其後居民日聚，望治日殷，至乾隆二十一年（1756），廳署由彰化移於竹塹，從此防番與墾務進展順利，城廂各地陸續建莊，水利建設亦多就緒，住民生活益趨安定，書塾之設漸遍於里巷，竹塹一躍爲北臺第一邑。光緒元年（1875），北路新設臺北府，廢淡水廳，轄淡水縣、新竹縣、宜蘭縣及基隆通判廳。十三年臺灣建省，十五年（1889）新苗分治，分新竹縣爲新竹、苗栗兩縣，以中港溪爲界。時新竹縣治設於新竹，轄有竹塹、竹南、竹北三堡。日據期間，或因政局不穩，或因經濟需要，行政區劃更動頻頻，至於民國九年（日本大正九年，1920）竹、桃、苗合併爲新竹州，轄新竹、竹東、竹南、苗栗、大湖、中壢、桃園、大溪等八郡。光復後，恢復爲新竹縣名。

新竹實爲北臺設治最早地區，乾隆間，竹塹附近漸次由閩粵

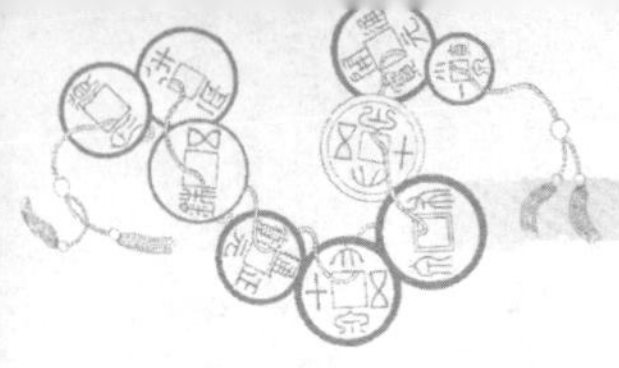

人士拓墾，形成街市村莊。墾殖有成，人口增長，需求遂多，商人亦隨之日增，商業貿易趨於繁榮。嘉道間淡水廳學宮之建置，文風丕振，人才輩出，乃有塹郊之組成。咸同以還，墾務政務，蒸蒸日上，區域開拓，發展至速，塹郊亦日趨發達壯大，積極參與地方事務。光緒年間，因對外交通之港口淤塞，商業日趨萎縮，經濟衰退，塹郊隨之沒落。影響所及，新竹地位一落千丈，以致治臺史者，往往忽略竹塹，多著墨於「一府二鹿三艋舺」。

本章擬以新竹之塹郊爲研究主題，作一全面之探討，明其興衰沿革、組織貿易、衰落原因，其諸般功能及貢獻，期能略窺彼往昔光輝史實之一二。

第二節　塹郊之成立及諸郊戶考

塹郊之公號爲「金長和」，其名稱由來不可稽考，或可能由會所「長和宮」而來，至其成立年代，亦無確切文獻可徵，茲以《新竹縣采訪冊》卷五所收諸碑碣中有關郊行者爲主，旁稽其他文獻以探討塹郊成立之年代[1]。

今存方志中記載竹塹有行郊者，以《淡水廳志》爲最早，其〈典禮志・祠祀〉「天后宮」條云：「一在北門外，乾隆七年（1742）同知莊年、守備陳士挺建。嘉慶廿四年（1819）郊戶同修。」《淡水廳志》修於同治十年（1871），其時淡水廳志在新竹，則似乎嘉慶末季新竹已有郊之成立，然稽之《新竹縣采訪冊》

所收諸碑碣，似又不然。

《新竹縣采訪冊》中「員山子番子湖塚牧申約並禁碑」立於乾隆四十一年，碑末有「鄭恆利、羅德春、吳振益」等名號，嘉慶十六年之「大衆廟中元祀業碑」收有「益川號、吳振利、陳建興、羅德春」等；道光五年之「文廟碑」中有「吳振利、陳建興、吳金吉」等，彼等其先或爲墾號業戶，或爲殷戶舖號，至後來均爲塹郊中之行號或郊商，揆之乾隆年間諸碑均以私名舖號捐獻勒題，獨未見「塹郊」之公號，應是其時尚未成立塹郊。

道光十六年（1836）之「義塚捐名碑中」錄有「吳振利、羅德春、逢泰號、陵茂號、益三號」等，並較明白指稱彼等爲「紳耆舖戶」。至道光十八年（1838）「義渡碑」中，則明確稱呼爲「郊商」，碑末之捐戶姓名中赫然有「塹城金長和公捐洋銀三百圓」。名爲「塹城」，且出現「金長和」之公號，顯見塹郊之成立與淡水廳城（即竹塹城）之建置有關。淡水廳城之築建，起自道光六年（1826）十一月，地方紳士、舖戶具呈籲請，翌年六月初十日興工，於道光九年八月二十日工竣，此役之案卷，經劉枝萬先生整理標點，列入「臺灣文獻叢刊」第一七一種，名爲《淡水廳築城案卷》。書中所收「鄭用錫、林平侯等呈」文件中，籲請建城者，舖戶有「恆利、逢泰、益吉、泉美、泉源泰、振吉、寧勝、瑞吉、寧茂、振利、瑞芳、裕順、金吉、益三、德吉、隆源、湧源、集源、長盈、福泰、泉吉等」[2]，均爲後來塹郊之郊戶，書末所收之「淡水同知造送捐貲殷戶紳民三代履歷清冊底」，「淡水同知造送捐建各紳民銀數遞給匾式花紅姓名冊稿」二文件，乃獎賞捐建廳城之各

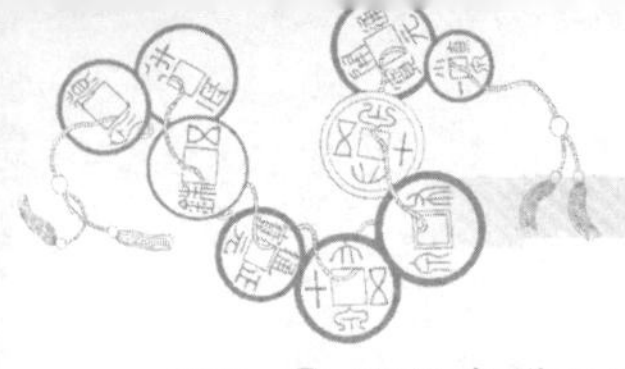

紳民、殷戶、舖號，其中頗多即後來塹郊中之郊商、行號[3]，惟遍觀諸文件，均未見到有關「郊」或「金長和」之字眼，可見在竹塹城建立之前，並未有塹郊之出現；而塹郊諸行舖率集中竹塹城之北門，其會所「長和宮」亦在北門口，則似乎塹郊之成立應在竹塹城興建後，故名「塹城金長和」，換言之，塹郊之成立或在道光九年（1829）之後。要之，塹郊金長和至遲在道光十八年（1838）成立，至早在嘉慶末年，而以道光九年較爲接近[4]。

其後道光廿二年之「滳子莊萬年橋碑」，碑末明確稱「塹郊金長和」。咸豐年間之「憲禁塚碑」及同治年間之「長和宮碑」、「大衆廟中元祀業碑」、「重修滳子莊萬年橋碑記」、「示禁碑」等大量碑碣中，處處可見塹郊金長和之名，可知塹郊其時商業繁榮，勢力駸盛，於咸同年間大力參與地方事務，此時爲塹郊鼎盛風光時期。

塹郊之會所爲長和宮（即俗稱之外媽祖宮），此一商人集團下又分爲老抽分、中抽分、新抽分等三類次團體[5]。所謂「抽分」，即抽分稅，清朝對臺灣沿岸各港口之商船課稅，採船徵法，但計擔數，不計精粗，惟新竹縣屬，另有「抽分」名目，抽分之貨品爲何、數目多少，其詳不得知，僅知船戶抽分之半，充爲竹塹育嬰堂費用[6]。是以塹郊有「抽分」之分類，而其中老、中、新之稱別，究竟是指郊戶加入金長和之先後，抑或是舖戶行號創業之先後，無文獻可稽，日據後僅存「中抽分社」[7]，新、老二抽分不詳。

老抽分之郊戶，據「長和宮碑」所載，同治年間有：金和祥、金逢源、謝寶興、林泉興、金協吉、金集源、范殖興、金振吉、陳振合、郭振德、金振芳、周茶春、吳金吉、陳建興、金德隆、吳萬德、王益三、吳振利、楊源發、金東興、吳金鎰、王振盛、王元順、金協豐、杜鑾振、陳振榮、吳振鎰、吳萬隆、金瑞吉、吳金興、吳萬裕、林萬興、陳協豐等計三十三戶。至於新抽分之諸戶，或則為：鄭用鏗、恆隆號、吳源美、吳福美、鄭恆升、李陵茂、郭怡齊、鄭恆利、鄭吉利、鄭同利、何錦泉、恆吉號、怡順號、利源號、集源號、吳鑾勝、振益號、振榮號、義榮號、曾德美、王和利、魏恆振、茂盛號、泉泰號、恆益號、義和號、正香號、勝興號等計二十八戶[8]。

船戶向與郊戶不可分，「長和宮碑」之捐獻名單有竹塹諸港之船戶，茲一併抄錄於後：金洽吉、金勝順、張吉發、林德興、曾瑞吉、曾復吉、曾萬和、曾順益、金慶順、金益勝、金振吉、曾順成、曾振發、曾盛發、張和興、陳鎰隆、張吉盛、金順興、金順盛、許泉勝、曾順吉、金泉順、金瑞順、金成興、金順安、陳捷順、金新興等計二十七戶。

塹郊中著名之郊商行號，據《臺灣省新竹縣志》載：

> 當時新竹財界，以內外公館（原注：即林占梅、鄭用錫之族人）為兩大勢力。行郊以鄭、林兩族之鄭恆利、鄭吉利、鄭恆升、林恆茂等及林泉興、陳建興、陳和興（原注：稱三興）及周瑞春、羅德春、×××（原注：一缺詳，再注：稱三春）為巨賈。[9]

第三節　塹郊之組織及貿易活動

塹郊成立於道光年間，創始不可謂不久，而有關其組織體系、貿易活動，歷來志書甚乏記述，有之，亦極其簡略，據同治十年（1871）所修之《淡水廳志》〈風俗考・商賈〉條載：

> 曰商賈：估客輳集，以淡爲臺郡第一。貨之大者莫如油、米，次麻、豆，次糖、菁。至樟栳、茄籐、薯榔、通草、籐、苧之屬，多出內山。茶葉、樟腦、又惟內港有之。商人擇地所宜，僱船裝販，近則福州、漳、泉、廈門，遠則寧波、上海、乍浦、天津以及廣東。凡港路可通，爭相貿易。所售之值，或易他貨而運，帳目則每月十日一收。有郊戶焉，或贌船，或自置船，赴福州江浙者曰「北郊」；赴泉州者曰「泉郊」，亦稱「頂郊」；赴廈門者曰「廈郊」，統稱爲「三郊」。共設爐主，有總有分，按年輪流以辦郊事。其船往天津、錦州、蓋州，又曰「大北」；上海、寧波，曰「小北」。船中有名「出海」者，司帳及收攬貨物。復有「押載」，所以監視出海也。至所謂「青」者，乃未熟先糶，未收先售也。有粟青、有油青、有糖青，于新穀未熟，新油、新糖未收時，給銀先定價值，俟熟收而還之。菁靛則先給佃銀，令種，一年兩收。苧則四季收之，曰頭水、二水、三水、四水。其米船遇歲歉防饑，

> 有禁港焉，或官禁，或商自禁，既禁，則米不得他販。有傳幫焉，乃商自傳，視船先後到，限以若干日滿，以次出口也。[10]

光緒二十四年（1898）所修之《新竹縣志初稿》〈風俗考·商賈〉條亦載有：

> 商賈：行貨曰商，居貨曰賈。貨之大者，以布帛、油、米爲最，次糖、菁，又次麻、豆。内山則以樟腦、茶葉爲最，次苧及枋料，又次茄籐、薯榔、通草、粗麻之屬。以上各件，皆屬土產，擇地所宜，僱船裝販。船中有名「出海」者，主攬收貨物。有名「押儎」者，所以監視出海也。有柁工焉，主開駛；有倉口焉，主帳目；其餘如水手供使令，廚子主三餐。近則運於福、漳、泉、廈，遠則寧波、上海、乍浦、天津以及汕頭、香港各地，往來貿易。包售之値，轉易他貨，滿儎而還，搬運入棧，各商到棧販售。每月逢三，到各商店舖徵收貨値，名曰收期帳。以上現貨售賣，至所謂「青」者，乃穀未熟而先糶，物未收而先售也，有粟青、糖青、油青之類。先時給銀完價，俟熟，收而還之，古諺「二月賣新絲，五月糶新穀」，即此意也。各郊共祀水仙王，建立爐主，按年輪流辦理商務。竹屬米價頗廉，常多運販他處。倘遇歲歉防饑，有禁港焉，或官禁，或商禁；既禁，則米不得出口。有傳幫焉，外船到港運販，視船先到後到，限以若干日以次出口也。[11]

此稿本文顯見抄襲《淡水廳志》，稍有增改，亦可推知：從同

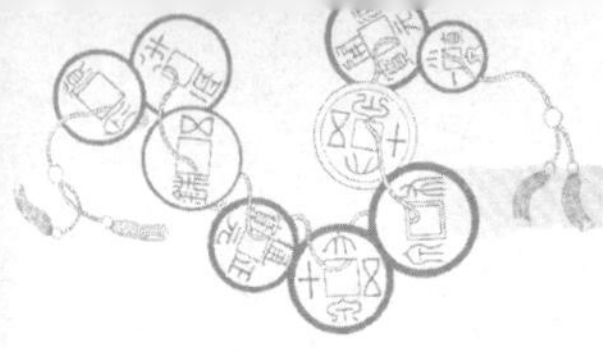

治十年至光緒二十四年之卅年間，塹郊之組織及貿易情形並無重大變異。難解者，其所敘述爲新竹行郊情形，殆無可疑，而竟無隻字片語提及「塹郊」、「金長和」等字眼，令人莫解。又光緒二十三年所修之《苑裡志》亦提及塹郊：

> 臺灣各大市鎮業商者有水郊，臺北之南北郊、新竹之金長和郊類是。苑裡前爲各廳縣轄地，非通都大邑，故無郊。然從前以米、糖、豆、麻、苧、菁等件，由船配運大陸者甚夥；布帛、什貨則福州、泉、廈返配，甚有遠至寧波、上海、乍浦、天津、廣東、亦爲梯航之所及者。各商各爲配運，名曰「散郊户」。船之中有名「出海」者，司帳及買辦貨物；復有「押儎」者，所以監督出海也；然主持，皆出自郊户。現金買現貨者，爲「現交關」；物未交而先收金者，爲「賣青」。米、粟有青；油、糖皆有青也。其價較現交關者爲稍低。買賣亦有依期收帳者，亦有陸續支收至年末會算收訖者。樟栳、茄籐、薯榔、通草、籐、苧各件，苑裡離番山太遠，故絕少。港則以通宵、苑裡、福德爲出入。日本新制，臺灣各處小船隻准本島運載，不得擅往大陸，而大陸船隻准於三大口出入，例禁森嚴。因此，而苑裡之貨物，悉由南北搬來，其價故比他處爲尤昂，商業爲此稍沮。[12]

光緒二十四年所修之《樹杞林志》亦載有：

> 臺灣商業，各大市鎮皆有水郊，即如臺北府之南北郊、新竹之

> 長和郊類是。樹杞林堡爲新竹轄地，無港口往來船隻，故無郊。然該地所出之栳、茶、米、糖、豆、麻、菁等項，商人擇地所宜，雇工裝販，由新竹配船運大陸者甚夥，運諸各國者亦復不少。布帛、雜貨則自福州、泉、廈返配，甚至有遠至寧波、上海、乍浦、天津、廣東，亦爲梯航之所及者。各商各爲配運，名曰散郊户。船之中有名出海者，司帳及買辦貨物。復有押載者，所以監督出海也。然主持皆出自郊户。現金買現貨者，爲現交關，物未交而先收金者，爲賣青。米、粟有青；糖、油、苧、豆、栳、茶亦有青也，其價較現交關者爲稍低。賣貨亦有依期收帳者，亦有陸續支收至年末會算收訖者。惟樟腦、茄籐、薯榔、通草、籐、苧等件，樹杞林堡離山未遠，故此物最盛。各商販若遇價昂，爭相貿易。所買之貨，各雇工運至港口，乃商自傳，視船先後到，限以若干日滿，以次出口也。[13]

苑裡與樹杞林原屬舊新竹縣，兩地志書與上引之《新竹縣志初稿》及《新竹縣采訪冊》，皆是日據初期所修，故內容多有雷同，可貴者在其歧異處，如指稱臺灣對大陸航海貿易之諸郊爲「水郊」[14]，未加入郊行之商人爲「散郊戶」，均爲其他文獻所未見。又如郊行之沒落乃日人據臺後，不許臺灣船隻駛往大陸，及限制大陸船隻來臺只能在三口岸出入，致引起物價上漲及物資缺乏，爲郊行沒落之一重大原因。

綜上引諸志可知：新竹行郊又稱「塹郊」、「金長和郊」，或

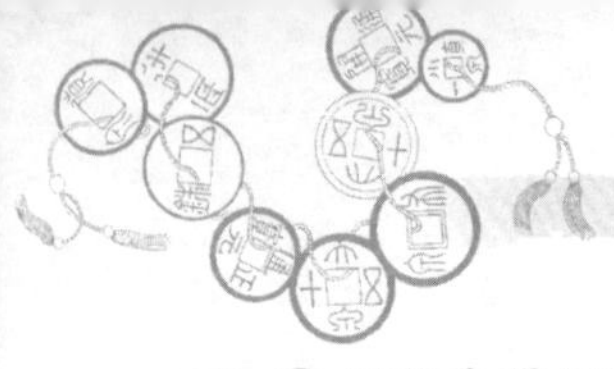

簡稱「長和郊」，為「水郊」之一。其組織採爐主制，或按鬮或憑筶選出，按年輪流辦理商務，並負責祭祀事宜，其下則有職員若干[15]，詳細編制及職掌不得而知。祭祀神明以媽祖與水仙王為主。商船運載人員有出海、押儎、柁工、倉口、水手及廚子等，輸出貨品有米、糖、豆、菁、麻、苧、樟腦、茶葉、通草、茄籐等農產品，輸入貨品則有布帛、陶器、鐵器、紙張等什貨。其貿易地區，近則福、漳、泉、廈，遠則寧波、上海、乍浦、天津、汕頭及香港。售貨之値，轉易他貨，滿載而還，至港載貨下船，先將所發貨件觔兩開明，交駁船前赴釐金分局報明課稅[16]，再將貨物搬運入棧，由次級之批發商到棧批售。至於外銷，則由商人擇地所宜及價昂土產，僱工裝販至港口，由自設之傳幫負責船期安排，視船之先後到，以次出口。

復次，其交易方式有現金交易及賣青兩種，結帳則有陸續支收至年末結算者，亦有依期收帳，於每月逢三之日到到各商店舖收帳者。其平日所用帳簿種類，有：進貨簿（上水簿）、出貨簿（支貨簿）、存貨簿（貨底薄）、櫃頭簿（號頭簿）、現採簿、現兌簿、棧房簿、日清簿、總簿等九類。兼辦零售經紀業者另有：日清簿、草清簿、兌清簿、暫浮簿、小兌貨簿、採清簿、水客簿（外水總簿）、出貨簿、府治簿、出貨蓋印簿、收帳簿等十一種類。至於帳簿之用法，年份首記在帳簿首，一月稱端月或元月，二月為花月，三月桐月，四月梅月，五月蒲月，六月荔月，七月瓜月，八月桂月，九月菊月，十月陽月，十一月葭月，十二月為臘月。貨物之「出、入」改曰 「去、來」，分記於帳簿之上下段。現款均大寫，餘則用商場俗字，即「〡〢〣〤〥〦〧〨〩〇」等字，金額及數量單位書於數位之下[17]。

塹郊之收入，亦不外乎捐款及課稅兩途。以捐款言，如官府之徭役或地方公益事業，則臨時攤派或樂捐。以課稅言，於長和宮置有公糧（即衡器）過量炭薪，每過量一擔炭薪，則抽錢五文，充作香油錢，餘如船隻進出、貨物買賣，均有「抽分」。最重要者爲公業租項之收入，或由値東爐主向佃人收取租穀，而佃人或納穀，或依時結價，俱皆兩可[18]，或出賃瓦店收取租金，以充祭祀費用之需[19]。其收支歲費，據《新竹縣制度考》記[20]：

收入：

一、榛榔莊年贌小租穀九十石。佃人彭況。

一、番仔陂莊年贌小租穀九十石。同黃仔木。

一、番仔湖莊年贌小租穀九十石。同吳華。

一、泉州厝莊年贌小租穀五十五石。同鄭青山。

一、鳳鼻尾莊年贌小租穀六十七石三斗。同林立。

一、浸水莊年贌小租穀九十三石。同楊富。

共計年收小租穀四百八十五石三斗。

一、北門外米市街瓦店三座，年稅銀六十元。

開銷：

一、水仙王二季祭祀，値年爐主去穀一百二十石。

一、長和宮二季祭祀，値年爐主去穀一百二十石。

一、宮內和尙全年伙食去穀三十石。

一、完隆恩地基去銀四角。

一、完納隆恩去銀一十八元七角。

一、雇人出莊辛金銀三十二元。

一、上元火燭鼓吹並雜費去銀五元五角。

一、值年爐主去穀五十五石。

一、每年納完錢糧去銀一十九元九角三點三釐。

一、聖誕祭祀去銀六十二元一角。

一、宮內盂蘭會去銀五十七元五角。

一、聖母飛昇誕共去銀六十三元七角五點。

一、水仙王聖誕去銀二十一元。

以上共計穀三百二十五石，銀二百七十九元八角三點。

《新竹縣志初稿》〈典禮志・祠祀〉「水仙王宮」條亦附有歷年租項，惟極簡略，稍有出入[21]：

一、樣榔莊水田年納小租穀九十石。

一、番仔陂水田年納小租穀九十石。

一、番仔湖水田年納小租穀九十石。

一、鳳鼻山水田年納小租穀六十七石三斗。

一、泉州厝水田年納小租穀五十五石。

一、浸水莊水田年納小租穀九十三石。

一、北門米市街瓦屋三座，年納稅銀六十圓。

一、舊港老開成年納銀二圓。

此一文件，驟視之，爲長和宮之歷年租項開銷，實爲一難得有關塹郊之收支公費帳冊。析論之：知其收入以租穀、稅銀爲主，共計年收小租穀四百八十五石三斗，稅銀六十二元。其開銷，則泰半是祭祀費用與和尚全年伙食之供應，至於完納錢糧與雜項支出，僅占部分，共計一年開銷穀三百二十五石，銀二百八十元八角八點三釐（按《新竹縣制度考》一書統計有誤）。光緒年間，米價最貴時，每石價銀三點七三兩，而常時則每石在銀一兩六錢五分至一兩八錢[22]，時新竹地方米每石價銀二圓，折算之，則長和宮一年盈餘有壹百零一元七角一點七釐，可謂頗有盈餘。

第四節　市場交易及行銷系統

清代臺灣商業，初期均以市場為中心之簡單貿易，生產者與消費者在市集上直接以物易物交換或以貨幣交易。雍正年間，行郊興起，在島內各港埠頭組織諸郊，經營貨物輸出，至咸同年間，勢力驟盛，掌握臺灣內外貿易實權，並從而控制市場。以新竹言，其交易之行銷系統，行郊以下，略可分為：文市（亦稱門市，即零售商）、辦仲（在各埔頭設店，為行郊與生產者居間之商人。又辦仲所派短期駐在生產地，貸放生產資金並接收生產品者，稱莊友）、割店（批發商）、販仔（辦貨往各埔頭推銷者）等類。而貨物之輸入系統，通常係由行郊經割店至文市，由文市出售給顧客，然亦有行郊自兼割店售與文市者。鄉下埔頭係由販仔等經手而供應文市業者。其他尚有出擔（肩挑零售）、路擔（露店、攤販）、整船（又稱船頭，即經營船舶，航運各港產易者）、水客（帶各行郊所委託貨物，搭乘他人船舶至各埠販賣者）等[23]。其間關係整理如**圖7-1**。

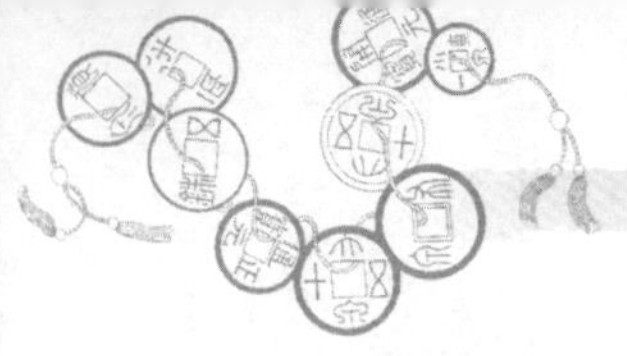

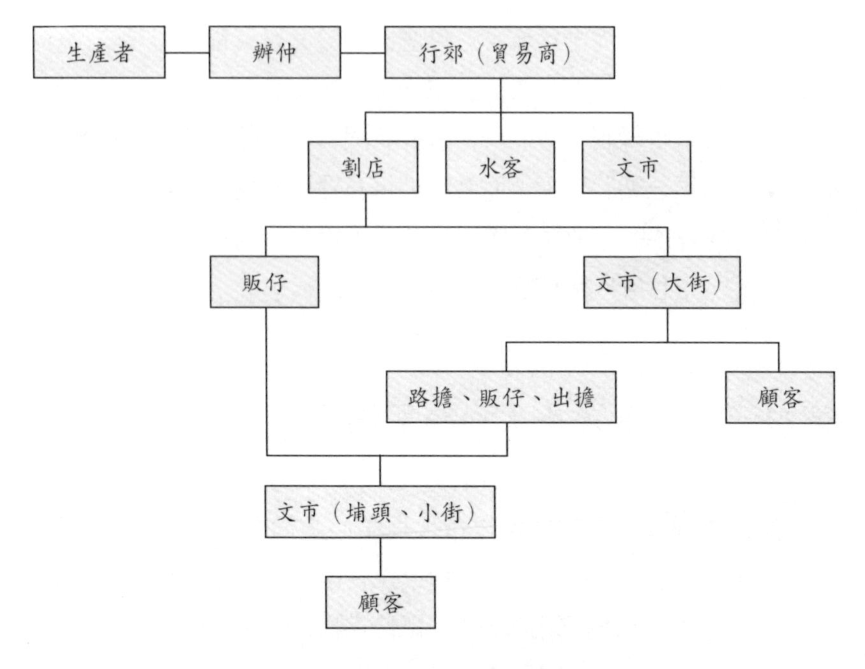

圖7-1　交易之行銷系統

新竹地方市集交易，並無詳確文獻可徵，但在清代，新竹街北門、北門外及南門等地，早已設有露店市場，並備有縣衙檢查核可，勒有「奉憲示禁」之公斗，作衡量之標準。在北門外天后宮（後面附祀水仙尊王，即長和宮，爲塹郊之會所），亦置有公糧，以過量炭薪，每過量一擔，須抽錢五文，充作香油錢[24]。當時長和宮前已有草市、柴市、炭市、菜市、土豆市等等，其他諸貨自然集結各地街市，並無綜合性之交易市場，茲分述如後[25]：

米市：一在縣城內北鼓樓外之米市街，另城外之水田街、九芎林街、樹杞林街、新埔街、北埔街、鹹菜甕街皆有。皆城廂鬻戶及各村莊農人用竹籃挑運到此，排設街中為市。每日辰時（上午七點至九點）畢集，日晚則散。

樟腦市：大部集中在城內南門街、樹杞林街、北埔街。

柴市：一在縣署口，每日巳（九點至十一點）、午（十一點至十三點）二時為市。一在縣城北門外外天后宮口，每日未（十三點至十五點）、申（十五點至十七點）二時為市。一在縣東二十里九芎林街，每日辰、巳二時為市。一在縣東南二十五里樹杞林街，每日辰、巳二時為市。在縣東南三十二里北埔街，也是辰、巳二時為市，另新埔街也有。

草市：一在縣城南門外，俗名草埕，每日辰、巳二時為市。一在縣城北門外外天后宮口，每月未、申二時為市。

炭市：一在縣署口，一在縣城西門內內天后宮口，每日巳、午二時為市。一在縣城北門外外天后宮口，每日未、申二時為市。一在縣東九芎林街，一在縣東南樹杞林街，一在縣東南北埔街，皆是辰、巳二時為市。

魚市：一在縣城內太爺街，溪魚每日下午為市，海魚無定時，大約下午為盛。一在縣城北門內之米市街，視太爺街稍稀。

菜市：一在縣署口，一在城內太爺街，一在縣內南門街，一在縣城北門內，一在縣城北門外外天后宮口。

果市：一在九芎林街（又名公館街），一在樹杞林街，一在新

埔街，每日辰、巳二時爲市。

苧市：在縣城內南門街，每日巳、午二時，內山客人挑運到此爲市。

瓜市：一在縣城北門街，每年五、六兩月瓜熟時，每日辰、巳、午三時爲市。一在縣城內南門街，爲市與北門街同，而繁盛不及之。

土豆市：在縣城北門外外天后宮口，每日辰、巳二時爲市。如遇土豆（花生）新出時，則於黎明爲市，日出則散。

第五節　塹郊衰微原因

《新竹縣采訪冊》中所收碑碣，同光年間最多，光緒年間有關塹郊者反而最少，甚有簡稱爲「郊舖、郊戶」，至後來根本以郊商之私人姓名或行號銜題，不見公號之稱呼，恢復乾嘉時代之情況，可想見塹郊此時之衰微[26]。方豪先生曾將有關新竹萬年橋之修建前後文獻加以研究，獲得三點事實[27]：

1.道光年間，鳩捐重修人以郊舖金長和居首，紳士舉名者三人，皆列金長和後。
2.同治年間，捐款人同知之後爲紳士，舉名者三人，郊舖金長和列紳士後，居於末位。
3.光緒年間，紳士舉名者二人，郊舖金長和且未列入。

此三點事實可作為塹郊於光緒年間衰微之旁證。

塹郊衰微之原因固多，如郊商私人向官府借款營商，遇邇年市景歉薄，生理賠累[28]；或其他行號向塹郊借款經商，因生理倒罷而致拖欠公款[29]，與夫海禁大開，洋行勢力侵入，遭受嚴重打擊等均是，但諸種因素中恐以港灣淤塞為主，茲分述新竹三港之沿革興廢：

一、舊港

舊港於清乾隆時稱為竹塹港，至嘉慶十二年（1807）改稱為舊港。該港每年三月至七月間多西南風，九月至翌年二月間多東北風而為雨季；舊港位於新竹市西北四公里半之舊港溪與頭前溪分流而再匯合入海之三角洲上。港口面北，因水淺，民船須利用滿潮時始能出入。

舊港至雍正九年（1731）始因島內貿易而開港，惟因地形限制，自昔屢有土流夾砂壅塞港口之患，是以《淡水廳志》載：「港分南北二線，可泊小船，候潮出入。如溪流沖壓，港路無定；晝則循標而行，夜則篝燈為號。」嘉慶八年，因洪水港塞，妨礙船舶出入，經商民籌議各捐資金，於嘉慶十二年（1807），在其附近新開停泊處，稱之新港，前之竹塹港改稱舊港。但未及二年，此新港亦被淤塞，商船難以出入。嘉慶十二年，淡水同知薛志亮，勸諭商民招股創設老開成，濬復舊港。咸豐四年（1854）以後，行郊多設棧於此，船舶出入日多，該港之開發亦日見興盛。其貿易地區

以大陸對岸各地爲主，以泉州第一，福州、廈門、溫州次之，主要輸出口爲苧麻、水產物、綿織物；輸入品爲苧麻布、紙箔、陶器、木材等。其後貿易地區更延伸至天津、牛莊，進而至日本、朝鮮、呂宋、暹羅。然因咸豐七、八年間，諸商以該港南方四浬之香山港港口水深，便於出入，自是大船多泊於香山港，舊港大受打擊。數年後，香山港亦被泥沙淤塞，船舶復歸泊於舊港，惟已不及往時之盛。

舊港在日據初期，曾一度恢復盛況，後於昭和七年（民國二十一年，1932）十二月二日奉令廢港，從此該港僅被利用爲漁港㉚。

二、香山港

香山港位於鹽水港溪與客雅溪兩溪口之間，南北二公里半，海灣距深水外洋約六公里，岸去海口遠，海灘甚大，不能靠岸。《淡水廳志》載：「香山澳……距城西十里，離深水外洋五里。口門濶二十餘丈，深一丈三尺。潮漲至鹽水港而止，退即旱溪。三、五石之船，乘潮可入。爲南北大路。」以今視昔，變遷驚人，今日之滿潮深不過五尺，潮退卻可涉過，自然船舶出入不便，僅五十石以下之舟楫可繫碇。

該港之被發現，係在咸豐七、八年左右，因商人至竹塹港貿易時，發見竹塹港南方四浬有香山港，較竹塹港水深，爲一優良港灣，故內地商船每遭風暴，寄泊於此，從此大船多泊於該港，與大陸對岸貿易甚盛，一時成爲貨物集散地。當時又適際大陸移民來臺頻盛，與中港遂成爲內地貿易商船出入頻繁之港。但未及數年，港亦被泥沙壅塞，出入之船舶大半復歸泊於竹塹港，復因八里坌開港，遂被禁止通商，其後僅成爲漁港[31]。

三、紅毛港

紅毛港位於紅毛鄉紅毛口，南有鳳鼻山突出於海，北有小丘，成爲細長港灣，有新莊子溪、茄苳溪流入港內。港內滿潮時，水深八尺，平潮時平均六尺。港口雖小，而內灣較寬，就自然條件言，南北有山丘，港內廣闊，爲一良港。在明鄭之前，爲臺灣西北海岸一著名海舶交通門戶，明鄭以後，仍繼續利用，經常諸船輻輳，銅鑼之聲不斷。

清時曾在該港架設砲臺，從事海防。咸豐十一年該港設釐金卡，徵收釐金。該港出口貨，以樟腦、米穀、茶葉爲主，入口貨爲棉花、布匹、酒類、陶器、木材、石材、獸骨等，多由大陸對岸及臺島中南部輸入，供應竹北二堡、中壢等地，極盛時爲北臺一重要物資集散地。其後因土砂淤積，海船難於進口，遂逐漸衰頹。日本據臺後，鋪設鐵道，運輸多賴鐵道，海運減少，終成廢港[32]。

新竹地區自昔因陸地交通不便，地廣無人，「野番」出沒，野水縱橫，處處病涉，故居民多利用船舶交通，如舊港、紅毛港、香山港等是。諸港自康熙年間已有船舶往來。惟因地形之限，環布礁砂，大船難近，「竹塹舊港、香山港，皆港門一線，大船雖可出

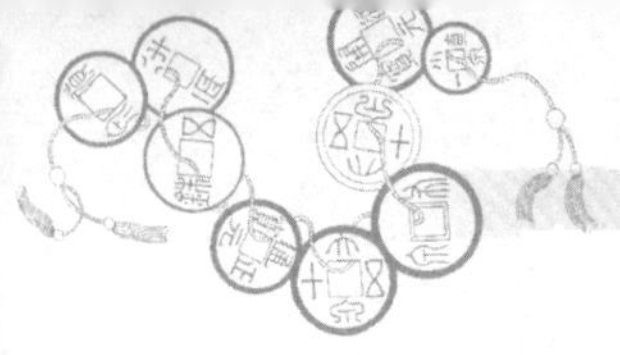

入，必須乘潮遙立望燈，小舟帶引，方可出入，否則有淺涸之患」[33]。通航不便如此，加之新竹附近山陵高崇，平原不廣，溪流短急，諸港多位於溪流之口，易為泥沙淤積，且未常加疏濬，年久失修，港口遂不能用，終成廢港。失去港灣機能，於是不復可見往昔物資集散之商況，此後竹塹僅成為一消費地，大量物資殆皆須由外地進口，塹郊之逐年衰微，良有以也。

第六節　塹郊對地方之貢獻

臺灣行郊實為一特殊之商業團體，其具有之功能已含括政治、經濟、社會、宗教等多元功能，舉凡如地方上之徭役、公益、宗教、教育等事業，幾無一不由彼等宣導、創建或重振。郊行之組織，不僅促進了臺灣商務之發展，安定移民社會之秩序，更對社會建設提供了巨大之推動力量。

塹郊金長和成立於道光年間，盛於咸同年間，期間對新竹之社會建設與地方公益事業，莫不熱烈參與支持，踴躍捐輸，茲分述於後：

一、教育事業

教育為百年之計，風俗之醇，人才之盛，端賴學校化之陶之，我國自昔之文教設施，無非以設學宮廣學額，輔以書院，加之義塾等方式來培養人才。新竹地方之文廟、試院、學田，在在皆有郊商鉅富之參與，或倡謀捐建，或慷慨輸獻，碑文俱在，如「文廟碑」、「創建試院碑」等是，昭昭可信[34]。

二、公益事業

清代臺島道路不修，交通不便，兼之河流不一，溪水縱橫，每逢大雨後，淺者固易架橋，深者非渡不為功。故除在路旁由官民建置路亭以供行旅暫憩奉茶外，各大河溪多有官民捐置之義渡或橋樑，以供旅人之便利。

道光十六年（1836）淡水廳同知婁雲，召集紳士、郊商等，廣為勸諭，在大甲溪、房裡河、柑尾溪、中港溪、鹽水港等六處，或設渡船，或架木橋。事後撰有「義渡碑記」，詳記始末，內中捐戶姓名有「新艋泉郊公捐洋一千圓」、「塹城金長和公捐洋銀三百圓」。按淡北義渡較少，據婁雲詢諸紳耆郊行，知悉淡北各港溪所設渡船，渡費低廉，均稱利濟，並無訛索之風，率由舊章，未改設義渡[35]。

橋樑部分，以萬年橋之修建最具代表性。萬年橋，舊名湳子橋，在縣二里湳子溝，為南北往來孔道。嘉慶間竹塹社屯千總錢茂祖創建木橋，並於橋南北各砌石塊為路，共計長一里許。道光二十二年，舊橋朽壞，郊舖金長和及諸紳士鳩捐重修，並於橋南北石路中間改敷石板，旁夾以石塊，以期永固。其後屢壞屢修，塹郊商民糜資修葺，耗費不少，覺終非常久之計，遂於同治七年由同

知嚴金清、諸紳士及郊舖金長和襄資改建，仿三江運河式，仍其舊址，纍石爲圓洞橋，橋上翼以石欄，更名萬年橋[36]。

三、宗教事業

清代之臺灣移民社會，因臺島荒無初啓，天災疫害頻頻，加以官府力量薄弱，兵燹屢屢，民間互助合作之風氣特盛，常有結社組織，多由同鄉、同族或同業組成，以共同信仰神明爲中心而結合之，因之促成寺廟之興建發達。故臺灣廟宇不僅是民間信仰中心，同時也成爲聚落自治及行會自治之中心，具有自衛、自治、涉外、社交、教化、娛樂等多元功能。明乎此，知寺廟之與地方發展息息相關，我拓臺先民實擅於運用寺廟推進地方建設，舉辦慈善公益事業，進而教化百姓，平定變亂，維持社會治安，促進商務繁榮。

行郊係由同一行業商賈組成，奉一神明，設幫會，訂規約，以時集議；內以聯絡同業，外以交接別途，自需有一集會辦事處。此辦事處或稱公所，或名會館，惟此多見於大陸各行會，臺島少見，多是附屬於寺廟，以充聯誼自治之所。故本省各大寺廟之創建興修，各地郊商莫不踴躍捐輸。塹郊之參與新竹地方寺廟修建，有文獻可徵者乃文廟、龍王廟及長和宮、大衆廟[37]，他文獻不足徵，以籠統之「衆紳商、諸舖戶」等稱之，概不採納。其中長和宮爲塹郊之會所，茲詳述之：

長和宮或稱水仙王宮，於同治二年（1836）興建，五年落成。原附屬於天后宮（即所謂之外媽祖宮），該天后宮在原縣城北門口

（今之北門街），附近有柴市、瓜市、草市、炭市、菜市、土豆市等之集結，宮內置有公糧衡器，以過量炭薪，每過量一擔炭薪，抽錢五文，充作香油錢。外天后宮於乾隆七年（1742）由同知莊年，守備陳士挺建，至嘉慶廿四年郊戶同修，前殿崇祀天上聖母，後殿則祀水仙尊王。後來郊中諸商感覺廟宇不夠軒昂豁達，遂於同治二年十二月間，公議將老抽分東畔店地（即天后宮左側）重新起建，以爲水仙王殿，奉祀夏王。殿後有竹安寺，奉祀觀世音菩薩[38]。

今之長和宮內古匾不少，有嘉慶年間之「德可配天」、「霖雨蒼生」；道光年間之「海邦赫濯」、「後來其蘇」、「海邦砥柱」；同治年間之「泛舟利濟」。右殿牆外有古碑三座，碑文已漫漶模糊，爲道光、光緒年間所立。

四、慈善事業

本慈善事業主指助葬、救荒兩種。清代助葬事業，有供給土地於貧民埋葬，或合葬無緣枯骨，或寄托旅櫬，或協助埋葬等，其項目不外乎爲義塚寄棺、枯骨埋葬及孝舍等，臺灣之義塚，由官建置者有之，紳民買獻者亦有之，任人埋葬，不收地價，勒石定界，以垂永遠，並嚴禁牛羊踐踏之害，誠爲義舉。

新竹地方之有義塚，約始於乾隆四十年（1775）前後，惟嘉慶年間清廷曾下諭以凡無耕耘或無田賦之地，皆作爲塚墓或牧場，此後糾紛疊起。緣由道光十四年（1834），金廣福墾號開始拓墾後，墾戶屢屢混界殘害塚墓，滿山遍野破罐露骨，致使訴訟不斷。咸

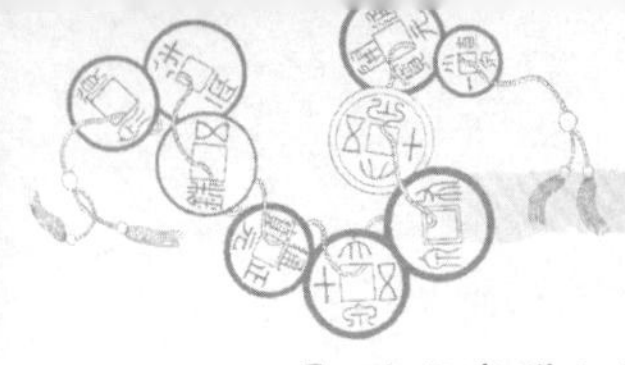

豐元年（1851），遂由諸紳士及郊行舖戶等向同知朱材哲稟請，具呈金廣福等之弊害，朱氏乃差官屬前往查勘，其後勒石嚴明境界，設禁以防混占踐踏。光緒年間，南門口巡司埔附近時有毀塚私營田園，或任牛車亂駛，毀塚墓尤甚，致暴露棺骸；七年（1881）有諸紳士耆老及郊行舖戶等之稟請，又至南門城門口建碑示禁。此後凡義山之開墾必須受官方之准許，其例持續至清領臺灣末期[39]。

清代之救荒設置有常平倉、義倉、社倉、番社倉等，新竹地方有常平倉、義倉、番社倉，而社倉則無文獻可稽。

義倉者，當年歲凶荒之際，貧民告糴無由，則開義倉之穀，而給民糴；義倉原由官方管理，後改由民間經理。新竹之義倉，係道光十七年（1837）淡水同知婁雲創始，但未置倉廒，捐穀即由捐戶收存。至同治六年（1867）同知嚴金清復倡，捐廉俸銀一千圓購穀一千石，並勸諭紳商、業戶捐穀四萬九千石，於同年在竹塹及艋舺各建明善堂爲義倉，附以義塾，另撥捐穀三千六百石充爲義塾經費，以興養立教。

竹塹明善堂（即義倉）在新竹城南門內，係購城內義倉口街金姓舊屋而改築，其房數共十二間，同治六年九月興工，翌年四月竣工，費銀二千九百七十二圓二角。此役主要捐輸者有業戶林恆茂、鄭永承、紳董吳順記、李陵茂、鄭恆升、鄭吉利、翁貞記、陳振合、何錦泉、陳沙記、鄭利源、恆隆號等，多爲聞名郊商。無如其後世風不古，有遇青黃不接之時，告糴者聚而請，收儲者置若罔聞，明善堂之設，於是乎有名而無實。義倉至光緒十六年（1890）改爲電報局，附設之義塾至翌年，由知縣葉意深移入明志書院，自爲塾長，另謀發展[40]。

五、其他

每一時代、每一社會均有其惡風劣俗，清代臺島淡水廳之地方惡習，約而舉之有四大害：如母家藉女病故索擾，賣業找盡纏訟，總董誣良爲盜，命案任意牽連等是，爲害中之最。於是諸紳耆暨郊舖金長和共向淡水同知向熹僉稟，請求嚴行禁革，以杜訟源而肅法紀。爲此向熹特立碑示禁，以期互相勸勉，漸挽頽風，若有不遵，則執法嚴懲[41]。

至若擔任城工董事，管收店租生息，以備歲修城工[42]，或爲人作保具結，以求息訟，以杜爭端[43]，並進而共同保舉董事總理，自行擔負行政大任等[44]，一則可見塹郊在新竹之權勢，再則移風易俗，擔負行政，可想見其熱烈參與地方事務之積極態度矣！

第七節　結語

新竹行郊習稱塹郊，爲水郊之一，公號金長和。其創立或可溯至嘉慶年間，確知者成立於道光年間，咸同年間最稱繁盛，至光緒年間，因竹塹港、香山港、紅毛港之淤塞而衰微，論其歷史亦不過七十年。

塹郊之會所爲長和宮，位於北門口，奉祀媽祖及水仙尊王，

故郊舖與市集均聚結於北門街，其他如頭重溪、頭份街、大湖口、貓裡街（今作苗粟）、署前、大甲街、四城門、中港街、新埔街、後壠街、香山街、呑霄街（今作通霄）、房裡街等亦有大大小小郊舖之分布[45]。其組織採爐主制，以按鬮或憑筶選出，按年輪流辦理商務，其下則有若干職員協助。塹郊又分老抽分，中抽分、新抽分三類，未加入者稱散郊戶；郊商人物則以鄭、林兩族爲首，中以三興、三春稱巨。其貿易地區以福州、漳、泉、廈門爲主，而泉州尤盛，有時甚且遠至寧波、上海、天津、汕頭、香港，凡港路可通，爭相貿易，由商人擇地所宜或價昂土產，僱工裝販至港輸出。其輸出以米、糖、麻、樟腦爲著，輸入則以布帛、陶器、鐵器、紙箔等民生用品爲主，而堆積貨品之棧房，多集中於舊港與香山港。復次，其交易方式有現金交易與賣青二種，或於年末總結算，或於每月逢三之日結帳。餘如郊貨之搬運承挑，致引起挑夫之紛爭，有賴官府出面協調，諭示郊舖均分，俾得其平，爲郊史外一章[46]。

新竹地方，山高原狹，溪道支分，橫流氾濫，陸地交通不便，多賴海舶交通。無奈溪短湍急，其對外交通貿易之港灣，遂易受泥砂淤淺，其榮枯固繫於港灣之疏濬暢通也。其盛也，郊商雲集，爲北臺一重要物資集散地；其微也，郊商四散，地位一落千丈，乃使治臺史者，每每忽略竹塹之歷史，令人惋嘆白雲蒼狗，變遷無情。惟新竹地方之發展，郊商亦盡其力襄助，促進地方建設之繁榮，舉凡如廳城之建築、學塾之興建、寺廟之創修、總理之保舉，無不參與；至如平日之矯俗移風、懲惡解紛、作保具結，亦莫非行郊是賴；餘如地方公益，或鋪橋樑，或捐義倉，或置義塚，或設義渡，則踴躍捐輸，共襄義舉；實亦可觀。

論新竹地方於咸同年間，政務、墾務之蒸蒸日上，成爲北臺一重要政經中心，其發展之速，固得官民協力合作，而塹郊居中襄贊之功亦不可沒也！

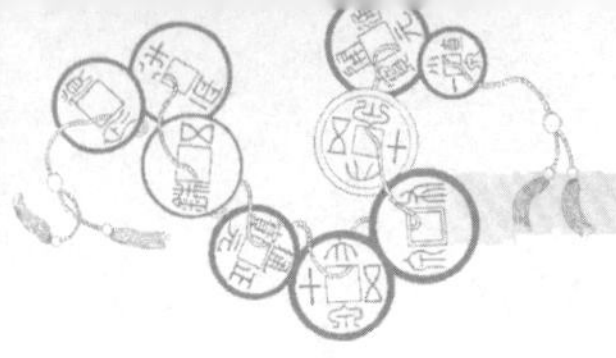

註釋

❶光緒十八年，新竹知縣葉意深，設采訪局於縣署，廩生陳朝龍應聘，出差縣下各地實查，寫成《新竹縣采訪冊》十二本。舉凡山川、城池、莊社、街市、鋪遞、營汛、橋樑、水利、祠廟、寺觀及其他各類，記載莫不詳盡。至若碑碣、坊匾等，悉皆搜羅無遺，故本章撰述，採用碑碣者以此書為主。此書後有佚失，缺書院、祠廟、坊匾、風俗及列傳等項。幸碑碣項無缺，民國五十一年七月由臺灣銀行經濟研究室印行，列入臺灣叢刊（以下簡稱臺銀文叢）第一四五種。茲將碑碣中有關郊行者，列表於後：

清朝年代	西元年代	碑名	頁碼
道光五年	一八二五	文廟碑	頁一七三～一七五
光緒十一年	一八八五	創建試院碑（一）（二）	頁一七七～一七九
同治五年	一八六六	長和宮碑	頁一八一～一八三
光緒十三年	一八八七	獺江祀碑	頁一八三～一八四
嘉慶十六年	一八一一	大眾廟中元祀業碑（一）	頁一八六～一八七
同治六年	一八六七	大眾廟中元祀業碑（二）	頁一八七～一八八
道光十八年	一八三八	義渡碑（一）（二）	頁一九三～一九九
道光廿二年	一八四二	湳子莊萬年橋碑	頁二〇二～二〇三
同治七年	一八六八	重修湳子莊萬年橋碑記	頁二〇三～二〇四
咸豐元年	一八五一	憲禁塚碑	頁二〇八～二一〇
光緒七年	一八八一	示禁碑記	頁二一〇～二一一
道光十六年	一八三六	義塚捐名碑	頁二一二～二一四
咸豐二年	一八五二	員山子番子湖塚牧禁碑	頁二一六～二一七
乾隆四一年	一七七六	員山子番子湖塚牧申約並禁碑	頁二一八～二一九
同治十二年	一八七三	示禁碑	頁二二六～二二八
光緒十三年	一八八七	重修龍王廟	頁二三二～二三三

附註：以上概屬竹塹堡碑碣，竹南、竹北二堡碑碣，竟無一涉及郊行者。

❷見《淡水廳築城案卷》所收之「鄭用錫、林平侯等呈」，頁一（臺銀文叢第一七一種）。

❸詳見前引書之「淡水同知造送捐貲般戶紳民三代履歷清冊底」、「淡水同知造送捐建各紳民銀數遞給匾式花紅姓名冊稿」，頁九四～一一四。

❹《臺灣私法物權編》（臺銀文叢第一五〇種）第八冊第四章第四節宗教，其第十五條規（頁一四四八），即塹郊中抽分社之規約，其前云「竊維我塹于道光間，建造聖母廟宇及聖母靈像，恭奉有年，即名曰長和宮」，是可確定塹郊成立於道光年間，至於確實年代，尚難稽徵。

❺《臺灣省新竹縣志》卷六〈經濟志・商業篇〉第一章沿革，頁四（新竹縣文獻委員會，民國四十六年五月編纂，民國六十五年六月付印）。

❻《新竹縣志初稿》卷二〈賦役志・恤政〉「育嬰堂」條，頁八八（臺銀文叢第六一種）。

❼同註❹。按此規約立於光緒二十三年三月，乃「中抽分社諸同人公訂」，不見老、新二抽分。

❽同註❶前引書，頁一八一。關於新抽分郊戶名冊，乃是據碑文所列行號扣除老抽分名冊部分，謬誤自所不免。又，《臺灣省新竹縣志》卷六《經濟志・商業篇》第四章「公司」，收有「日據初年新竹市合股經營商號一覽表」（頁四二），乃根據光緒卅一年日政府調查所得製表，其中有許多曾是塹郊之老郊戶，茲摘錄簡化如下：

店號	營業種類	股東數	創設年代
興隆	中藥行	二	光緒九年
金德隆	中藥行	三	光緒十一年
集源	染房	五	嘉慶廿五年
怡順	船頭行兼彩帛店	三	乾隆卅三年
振榮	船頭行	二	咸豐年間

❾同註❺。

❿陳培桂，《淡水廳志》卷十一〈風俗考・商賈〉條，頁二九八～二九九（臺銀文叢第一七二種）。

⓫《新竹縣志初稿》卷五〈風俗考・商賈〉條，頁一七七。

⓬蔡振豐，《苑裡志》下卷〈風俗考・商賈〉條，頁八三（臺銀文叢第四八

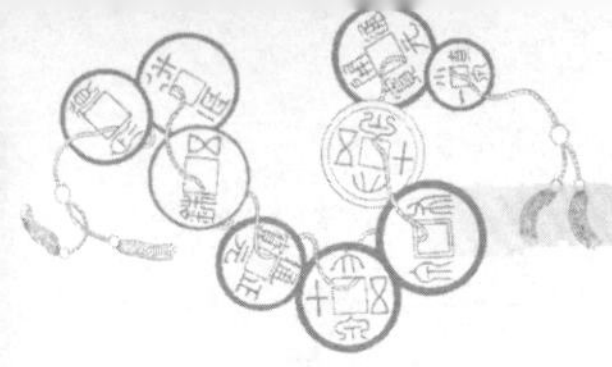

種）。

⓭《樹杞林志》〈風俗考‧商賈〉條，頁九八（臺銀文叢第六三種）。

⓮按《苑裡志》〈建置志〉「橋渡」項中指出房裡溪渡由大甲街「水郊戶」出辦（頁二七），似乎水郊之稱呼在光緒年間為普遍，特別是在北部臺灣。

⓯同註❽。長和宮碑「職員林君福祥」，是知郊中有職員編制，至於詳細編制及職掌，苦乏文獻，無法得知。又，《淡新檔案選錄行政編初集》（臺銀文叢第二九五種）第六三號案卷，收有光緒十二年正月九日「新竹知縣方，飭郊戶金長和、郊書吳士敬選取舉挑夫首」（頁七〇），觀其諭文，如「為此諭，仰該郊戶書，即便遵照，迅邀各郊舖，公同妥議，所有船隻裝載貨物入港，有與郊舖交關往來之貨擔，概歸挑夫首搬挑」，「該郊戶書等，作速妥議，或有誠實、諳練、可靠之人，出為承充挑夫首額缺」，則似乎郊書之權責頗大，對內可召集各郊舖集議，對外代表郊舖應接官諭，且郊書吳士敬為舉人，或有功名者方能擔當此一職務，然則塹郊之「郊書」，或同於臺南三郊之「稿師」耶？

⓰有關郊貨進出口之手續及稅則，詳見《新竹縣志初稿》卷二〈賦役志‧釐金〉項，頁八二～八四。

⓱同註❺。

⓲同註❹。

⓳見《新竹縣采訪冊》所收之「大衆廟中元祀業碑（二）」，頁一八八。

⓴見《新竹縣制度考》（臺銀文叢第一〇一種）所收「北門外長和宮、水仙王宮香油銀」文件，頁一一二。

㉑《新竹縣志初稿》卷三〈典禮志‧祠祀〉「水仙王宮」條，頁一一〇。

㉒詳見王世慶，〈清代臺灣的米價〉，《臺灣文獻》，第九卷第四期，民國四十七年十二月。

㉓同註❺前引書，第六卷第七篇第三章「市集交易」第一節「清代」，頁一四。

㉔同註㉓。

㉕同註㉓前引書，及《新竹縣志初稿》卷一〈建置志‧街市〉，頁二一；與

《新竹縣采訪冊》卷二〈街市〉，頁一〇三。

㉖碑碣中有關郊行者，玆統計如下表：

年代	碑數	有關者	佔有百分率
乾隆	四	一	二五%
嘉慶	五	一	二〇%
道光	九	四	四四・四四%
咸豐	六	二	三三・三三%
同治	一三	四	三〇・七七%
光緒	一二	四	三三・三三%
合計	四九	一六	三二・六七%

附註：本統計數字僅限於竹塹堡。

㉗方豪，〈新竹之郊〉（中國歷史學會《史學集刊》第四期，民國六十一年五月七日）。

㉘同註⑳前引書中「小課經費」文件，頁六四。

㉙見《新竹縣采訪冊》碑碣中所收同治六年之「大衆廟中元祀業碑」，頁一八七。

㉚參見《臺灣省新竹縣志》第六卷第七篇第五章第四節「「港灣」，頁六六～七三，及第十篇第五章「海港」，頁二一一～二一六。陳培桂，《淡水廳志》卷七《武備志・海防》項之「香山澳」、「竹塹港小口」，頁一八三，及卷二〈封域志・山川〉項之「竹塹溪」，頁三四。

㉛同註㉚。

㉜同註㉚。

㉝陳培桂，《淡水廳志》卷一〈圖說〉「論沿海礁砂」，頁一九。

㉞同註❶前引書及《新竹縣志初稿》卷三〈學校志〉，頁八九～一〇〇。

㉟見註❶前引書之「義渡碑」，頁一九三～一九九。

㊱見註❶前引書之「湳子河義渡碑」、「湳子莊萬年橋碑」、「重修湳子莊萬年橋碑記」，及同書卷三橋樑項「萬年橋」，頁一一三。

㊲見註❶前引書有關諸碑。

㊳見註❶前引書所收「長和宮碑」，《新竹縣志初稿》卷三〈典禮志・祠祀〉「天后宮」、「水仙王宮」條，頁一一〇，與姜義鎮，〈新竹古蹟簡

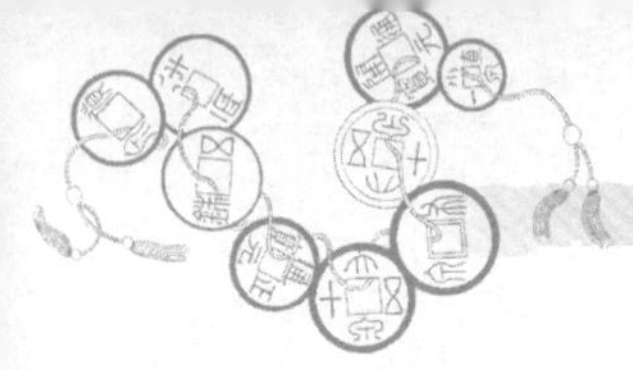

述〉（《臺北文獻》直字第五十七、五十八期合刊）。

㊴見註❶前引書卷五所收「憲禁塚碑」、「示禁碑記」、「義塚捐名碑」、「員山子番子湖塚牧禁碑」、「員山子番子湖塚牧申約並禁碑」等諸碑文，及同書卷三〈義塚〉「竹塹堡義塚」，頁一三一～一四〇。

㊵參見《新竹縣采訪冊》卷二〈倉廒〉「竹塹義倉」條，頁六四；《新竹縣志初稿》卷二〈建置志・倉廒〉「義倉」條，頁一六：及《苑裡志》上卷〈建置志・倉廒〉，頁二三。

㊶同註❶前引書所收「示禁碑」，頁二一〇。

㊷同註⓮前引書所收「城工店稅」文件，頁九二～九五。

㊸同註❶前引書所收「獺江祀碑」，頁一八三。另《淡新檔案選錄行政編初集》（臺銀文叢第二九五種）中所收有關香山港浮出大枋，致民人爭奪紛紛，其中舖戶陳恆裕號投名香山總理、郊舖等，共同查驗具結，亦為一例。見此書第二六三號至二七一號文件，頁三三〇～三四〇。

㊹見《淡新檔選錄行政編初集》中郊舖金長和保舉郊中商人任北門總理（第三二五號～第三四二號文件，頁四一四～二三四），呑霄舖戶等選舉呑霄總理（第三四四號～三五一號文件，頁四二五～四三二），及舖戶人等保舉陳存仁為竹南三堡董事（第三六一號～三六四號文件，頁四四六～四四八）。其他例證尚多，茲不多舉。

㊺同上註前引書，第四二號「新竹知縣李，對郊舖等告示」，頁四五～四七。

㊻按郊舖船隻往來貨物及與郊舖交關往來之貨擔，必須僱夫、僱車挑運，原係由蕭姓包辦，引起官夫首之覬覦爭奪，致有紛爭不平，後由新竹知縣諭示，半歸蕭姓，半歸官夫首，同沾利益，以匀苦樂，遂得其平，乃息紛爭。詳見《淡新檔案選錄行政編初集》中第三七～四三號有關文件，頁四〇～四七。

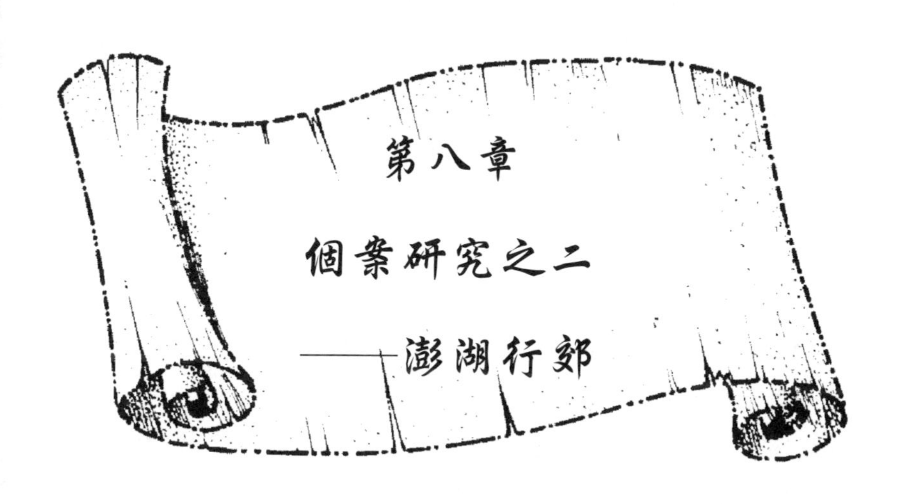

第八章

個案研究之二

——澎湖行郊

第一節　前言

澎湖爲列島組成，自北而南，矗立於臺灣海峽中，號稱澎湖列島。依其自然形勢，分爲二系：北以澎湖本島爲主，及其環周島嶼，統稱爲澎湖群島或大山群島；南以望安島爲主，及其環周島嶼，稱爲下嶼群島或八罩群島。島嶼數目，古來志書記載不一，有云三十六島，有謂四十五島，有說四十九島，有稱五十島、五十五島者，近經詳勘，島於滿潮時露出海面者，計六十四島嶼，面積126.8641平方公里，有人島嶼二十一，而以澎湖本島爲最大，面積64.2388平方公里，占全縣總面積二分之一強。

澎湖當大海之中，四面環海，各島地形平坦，無山嶺河川，土質脊薄，乏礦產資源，其資源除漁業外，他如畜牧、農業無足稱道。幸澎湖諸島散佈臺灣海峽之中，環海水域遼闊，且有天然港灣，自昔爲上趨浙江、遼東、日本，下通廣東、交趾、暹羅必由之路，居國際航線之要衝，扼海峽之咽喉，以海疆重鎮見稱。

澎湖雖蕞爾丸地，因介於福建與臺灣之間，爲臺閩咽喉，爲我列祖列宗拓殖海外之首站。隋大業中遣虎賁陳稜略地至澎湖，其名始見於中國。自唐代以後，迄兩宋之時，移民相當發達。迨元末時，遂置巡檢司以官斯地，隸屬泉州郡晉江縣治，此建置之所自始也。惜以海道險阻，未遑加意經營，明初雖沿襲置巡檢，繼而廢墟其地，淪爲海寇出沒之所，一度還曾遭荷蘭所竊據。明末鄭成功退居臺澎，於澎置安撫司，統有三世。至康熙二十二年施琅攻克臺澎，明鄭投降，澎湖遂改隸臺郡，臺灣縣屬焉。清時，澎湖復置巡檢司，雍正五年（1727）升格廳治，其下轄十三澳八十五社。日據時期，初設澎湖列島行政廳，清光緒二十一年（日本明治二十八年，1895年）改爲澎湖島廳，光緒二十四年又改爲澎湖廳，直隸臺灣總督府；民國九年（日本大正九年，1920）降格爲郡，隸高雄州轄，民國十五年（昭和元年，1926）再恢復爲廳，以至臺灣光復。光復初，設澎湖縣，下置望安區（成立未久，因機構緊縮，於民國三十五年裁撤）、馬公鎮及湖西、白沙、西嶼、望安、大嶼等五鄉。民國三十九年實施地方自治，基層組織愈趨重要，地方區劃屢經分合，至今全縣計有六市鄉九十七村里。

澎湖僻在海中，乏田可耕，物產不豐，漁業產量固有剩餘，然食糧生產及其他日用物品之製造，則極感缺乏，故商業交易，互濟有無，至感需要。早於元時，《島夷志略》即已記述工商興販以樂其利，可知商業之盛。清代更有商業團體媽宮「臺廈郊」之設立，本文之作，即擬以澎湖之臺廈郊爲研究主題，作一全面之探討，明其興衰沿革、組織販運，及其功能、貢獻，冀能略窺清代澎湖臺廈郊之面貌，並作一較完整之描述。

第二節　澎郊之成立年代

澎湖自元代設巡檢司，開發早於臺灣三、四百年且爲我漢族拓

殖臺灣之踏蹬，臺廈往來之關津，況土性斥鹵，不殖五穀，民鮮蓋藏，窮荒之島，懋遷尤殷，則澎地之有「郊」，應早於臺灣，然文獻尠乏，頗難稽考，《澎湖廳志》卷二〈規制・恤政〉條記：

> 媽宮街金興順，郊戶德茂號等，鳩貲買過蔡天來店屋一間，爲失水難民棲身之所，址在媽宮口左畔……嘉慶二十四年，經於前廳陞寶任內稟官存案。[1]

據此可見澎湖臺廈郊至遲於嘉慶二十四年（1819）即已成立，但據「澎湖媽宮臺廈郊約章」所載，則年代悠久，約章中有云「我郊自開澎以來，迄今二百餘年，前商人設立臺廈郊……」[2]此約章成立於光緒二十六年（明治三十三年，1900），上溯二百餘年，當在康熙三十九年（1700）之前，方豪先生曾評之曰：「似爲推測之詞，無法證明。」[3]此語誠是，然稽之文獻，則又有一二實情，非全爲無稽之推測，《澎湖紀略》卷二〈澳社〉云：

> 自康熙二十二年平臺而後，招徠安集，以漁以佃，人始有樂土之安，而澳社興焉，其時澳則僅有九也。至雍正五年，人物繁庶，又增蒔里、通梁、吉貝、水垵四澳，遂十有三澳，共七十五澳社。[4]

澳社日增，亦即生齒日蕃。生齒日蕃則交易愈殷，商業愈盛，故處處商船與漁船，《澎湖志略》記：

> 澎湖四面環海，非舟莫濟。商船二十八隻、杉板頭船

一百二十八隻；巨者貿易於遠方，小者逐末於近地，利亦溥哉！[5]

要之，澎湖因地理位置優越，四面踞海，無所不通，兼以洋流與信風，成為泉州外府，宋元時期為泉州到南洋貿易瓷之轉口港，明初雖一度中衰，但自康熙二十三年領有臺澎後，歷年既久，居民日以熙攘，海隅漸以式廓，而時既升平，海疆富庶，宦賈臺灣者相望，往來之艘，皆泊澎湖。兼以有司善治，政興張舉，致力於奠甿業、詰澳慝、程講肄、釐貿遷諸大端，而守土者又曲意加惠商人，招致其來，以裕民用，故舟楫紛來，商賈輻輳，澎湖媽宮臺廈郊之成立於康熙末年，自是極有可能！

第三節　澎郊之組織體制

澎湖之郊名臺廈郊，公號不詳，以通商臺廈為主，乃媽宮（今馬公市）街中商賈組成，志願入郊，並無強制。《澎湖廳志》載：

街中商賈，整船販運者，謂之臺廈郊。設有公所，逐年爐主輪值，以支應公事。……然郊商仍開舖面，所賣貨物，自五穀布帛，以至油、酒、香燭、乾果、紙筆之類，及家常應用器，無物不有，稱為街內。其他魚肉生菜，以及熟藥、糕餅，雖有店面，統謂之街外，以其不在臺廈郊之數也。[6]

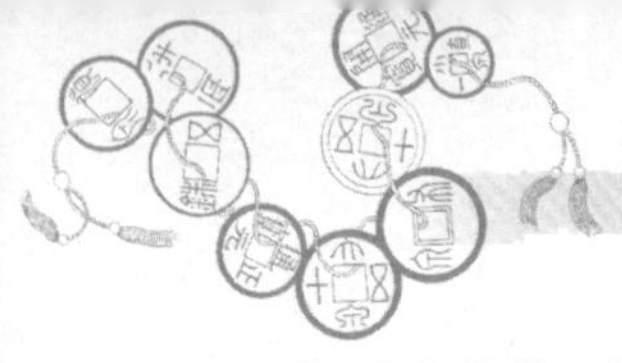

「街內」諸舖戶組成臺廈郊，雖云「無論大小生理，聽從志願入郊」❼，但彼為謀求利益，保護利權，應率多入郊。入郊者須繳「插爐銀」之入會費，故約章規定「凡在街開設生理，要入郊著出插爐」❽。其退出則「凡入郊之人，不遵郊規，以私亂公，執拗乖張，公議聽從退出」❾。

澎湖臺廈郊之組織，現存文獻闕略不詳，基本上應係由多數稱為爐下（或稱爐腳、爐丁）之郊員組成。爐下須遵守郊規，於緣簿上登錄住所、舖號及經費負擔額，依郊規約定，或一次捐足，或按時視其業務抽分，或臨時按點攤派，不一而足。郊員若是不遵郊規，公議論處，重者勒令退出，輕者罰款。又郊員須於每年奉祀主神之誕辰日，出席祭拜聚餐，凡有會議之時，盡可提出意見商討，逢過爐則有資格擲筶當選爐主，此為郊員之權利與義務。

臺廈郊之組織，設有爐主二名，如光緒二十六年之爐主為金利順與金長順❿。爐主執掌該郊事務，辦理祭祀事宜與經常會務，如約章中所記：「凡值當爐主，所有大小事務，及收店租，支用一切，各人經手辦明」⓫，除此凡遇商事糾紛，帳目不清，亦由爐主調處，《澎湖廳志》載：「……臺廈郊設有公所，逐年爐主輪值，以支應公事。遇有帳條爭論，必齊赴公所，請值年爐主及郊中之老成曉事者，評斷曲直，亦省事之大端也。」⓬「凡值當爐主之人，各專責成辦理，凡鄉村有帳目不直相投，為其論理解勸了事。」⓭而經費之收支，帳簿及建家屋契字等簿，亦由爐主收存運用，約章云：「凡有捐緣、充公、罰款等項，務宜輪交值當之人收存，以妨公用。」⓮會議之召開，也由爐主負責，「凡有會議之日，定於午後二點鐘，值當之人通傳一次，各自趨赴」[15]。而爐主之由來，於每年大祭典過爐時（媽祖誕辰日，農曆三月二十三日），擲筶決定，約章規定：「本郊崇奉天上聖母，每年輪當爐主二名，分上下期辦理。上期三月二十三日至九月止，下期十月初十日辦，至來年三月一日止。」「值年爐主二名，該年三月過爐之日，聖母面前祈筶，就入郊之妥號擬選，以筶爲准。」[16]

以上爲澎湖臺廈郊之組織體制，至於臺灣各地行郊素聞之籤首、稿師、郊書、局丁等等職員，文獻缺乏，無從查考。

第四節　澎郊之經費收支

行郊乃由同鄉、同業、同族等以共同信仰爲中心而組織之團體，其目的在於同業互相扶持，解決困難，保持商譽，維護商品品質及郊商間之情誼，並在官府力量不足之處，協助官方維持地方，建設地方，凡此莫不需要經費。經費之來源，各郊不同，以澎湖臺廈郊言，略別之，亦不外乎會費、抽分、捐款、罰金、置產等。

以會費言：有入郊之會費，如約章中云「凡在街開設生理，要入郊，著出插爐」[17]。

以抽分言：以貨物稅爲主，故規定「凡船頭水客及行配倚兌各貨，無論輕重儎，兌出以九七扣仲，其餘柴炭生菓茹榔，依舊例九五扣，公議如斯，各宜遵照約章」、「凡有船頭水客，由本埠置辦貨物往外港，不論何價貨，要價外加零二，即每百元加二元，各

宜遵約，如違罰」[18]。茲錄其貨物釐金率於**表8-1**[19]。

以捐款言：會費、抽分之收入有限，且不穩定，遂於神佛誕辰、慶典節日，或地方有事，則由所屬各郊戶樂捐或攤派，如約章所云「除收入之項以外不敷，照份均分」、「凡有失水難民無費，代爲救助些費」、「逢神誕慶祝，俱各照份均攤」、「以五月水仙王祝壽，逢便設筵同會，所費用照份均分，以垂永遠，宜全始終」等[20]。

以罰金言：臺廈郊訂有郊規約章，內中公議詳定各種商事規約，凡不遵守者，輕者罰金，重者除名退出，如約章云「凡船頭水客及行配倚兌各貨……公議如斯，各宜遵照約章，違者罰金壹十貳元，不得徇情」、「苟如買客不遵約章，會衆不與交易，違者議罰」、「倘買客不遵，會衆不許交易，如我會內之人，以私廢公，密與往來交易，偵知罰金壹十七元」……等等均是[21]。

以置產言：行郊爲求生存發展，需有一固定穩當之收入，故多

表8-1 澎湖臺廈郊入出口貨物釐金率

入口貨物	釐金率	出口貨物	釐金率
白糖	每擔均釐一十文	生荘（油粇）	每千擔均釐一百文
大青（青糖）	每件均釐二十五文	生荘粇（花生之油粇）	每百擔均釐二百文
小菁（染料）	每籠均釐一十文	生粇	每包均釐五文
芝簽（番薯簽）	每擔均釐二文	花生	每石均釐二文
米、麻、麥、豆	每包各均釐四文	生油	每擔均釐一十文
生油	每擔均釐一十文		
糖水（糖蜜）	每擔均釐三文		
倚兑（委託販賣）	每元均釐二文		

置有田產店厝爲其公業，將所置立田產公店租贌，俟其利息之蓄，專供祭祀及其他事務用，約章記「本郊建置公店，逐月收店租，以資神誕過爐及廟中油香祭祀、修繕器榠等件」㉒。

郊中經費來源略如上述，其開支專案則以祭祀事宜、地方公事及其他雜項爲主，其例如前所引約章諸條，茲不重複贅述。

郊中既置有財產，復有銀錢款項之收支，爲求徵信及管理之有所依據，勢必設立帳簿，登明議約，以防止侵呑，杜絕糾紛。而有關經費之收支保管，率由值年爐主經手辦理，每年媽祖誕辰或水仙王壽辰之日，設宴同會，公佈帳目，以備衆郊員之察核。郊中財產之田契、帳單、租單與謄本，及出租公款之單據，均於過爐時移交新爐主掌管。倘遇災異遺失，隨時稟報官府存查，並告知衆郊員，是以約章云「我郊自開澎以來，迄今二百餘年，前商人設立臺廈郊之公帳、建家屋契字等簿，一切於乙酉遭兵燹，盡皆遺失，合經稟官存案，批准給契總字」、「凡値當爐主，所有大小事務，及收店租，支用一切，各人經手辦明，不得度外，延過下年」、「凡有捐緣，充公、罰款等項，務宜輪交値當之人收存，以妨公用」等均是㉓。

第五節　澎郊之郊規約章

行商設郊之目的，除共謀同業間之利益外，或充爲街民自治之協議所，以懲戒不法商人，維持風紀，或鳩資修廟，進而從事公益

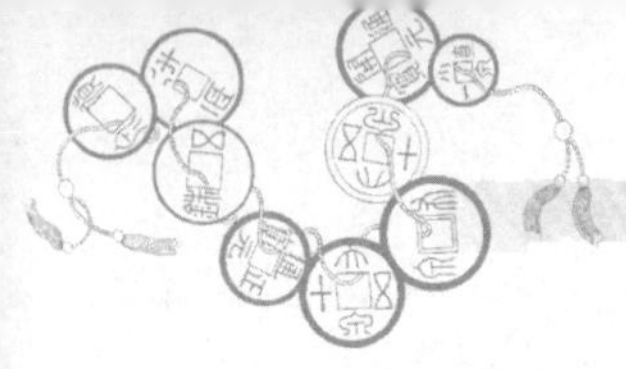

事業，凡此在在均需有一組織章程、議事章程等之規定，遂有郊規之訂立。

郊有郊規，郊規爲其自治規範，郊規內容，除有關郊員之加入退出及其他權利義務、爐主與董事之推舉輪值及其職務外，尙規定各種商事規約，如運費工錢之決定、買賣地區之限制、爐下生理倒號之處理，與交易上之種種議定等。郊規所議定之章則，郊員須恪守勿違，倘敢抗違，嚴以責罰。郊規約章各郊員均應遵守，固不煩言，其效力往往及於郊外之商人，凡關於商事之爭執，官署亦命郊予以調處，賦予相當權限。

行商組織「郊」，純爲自發性，官府未加以干涉輔導，所謂「聽從志願入郊」是也，故商人入郊並未受到強制，於是乎自會有行商不加入，不受郊規之約束，有時不免惡性競爭，打擊郊行。而行商加入，固受到郊規約束，然違規結果，不外乎罰酒筵、燈彩、演戲、檳榔，重者開除郊籍而已。雖云開除退名後，同盟絕交，不得往來，事實上衆郊員未必皆遵守。換言之，郊員若不認眞遵守約章，陽奉陰違，郊亦無可奈何。是以約章中所記「不得違約，上流下接帳目算清，不得混淆，亦不許侵款」、「間有取貨存心僥吞，故意生理倒壞，私自休業，侵欠之項不還」、「倘買客不遵，會衆不許交易，如我會內之人，以私廢公，密與往來交易」、「不可私卸行仲，由街走兌，雖差微利、大失風氣」[24]，似此詐欺貨財、翻覆反價，陰謀奪客，走私兌賣，正足以覘知澎湖臺廈郊諸員故違舞弊，不得和氣共志，以致產生如許弊竇，才要如此大費周章訂規約束管制。

今存澎湖臺廈郊約章僅有兩件，均爲日據初期時訂立，收錄於臨時臺灣舊慣調查會第一部調查第三回報告書《臺灣私法附錄參考書》。首件約章立於庚子歲，即光緒二十六年（日明治三十三年，1900），約章下編者註明：中日戰爭時，一度停廢，至明治三十三年（光緒二十六年）始恢復；約末具名者爲該年值年之二名爐主，即郊舖金利順、金長順。次件立於翌年，即明治三十四年（辛丑歲，光緒二十七年，1901），乃新立規約，約中詳細而具體地訂立有關仲錢及罰金等之商事規約，與前約不太相同；且署名改爲「商會同立公啓」，非前約之「臺廈郊」名稱，殆受日政府之壓迫而改組易名。茲引錄兩件約章於後，以供參考[25]：

第一　澎湖媽宮臺廈郊約章

竊以是經是營，風追晏子，成郊立業，美紹陶公，然而錦上添花，斯固吾儕之發達，日中換市，頓開商會之興隆也，我郊自開澎以來，迄今二百餘年，前商人設立臺廈郊之公帳，建家屋契字等簿一切，於乙酉遭兵燹，盡皆遺失，合經稟官存案，批准給契總字，公店之條目，仍照常輪當辦理，無論大小生理，聽從志願入郊，和心同志，整頓郊規，永遠遵行，始終如議，勿墜厥志，則聖母之明鑒馨香萬世，而我郊户之通亨發達，亦蒸蒸日上也，是以爲啓。

一本郊崇奉天上聖母，每年輪當爐主二名，分上下期辦理，上期三月二十三日至九月止，下期十月初十日辦，至來年三月一日止。

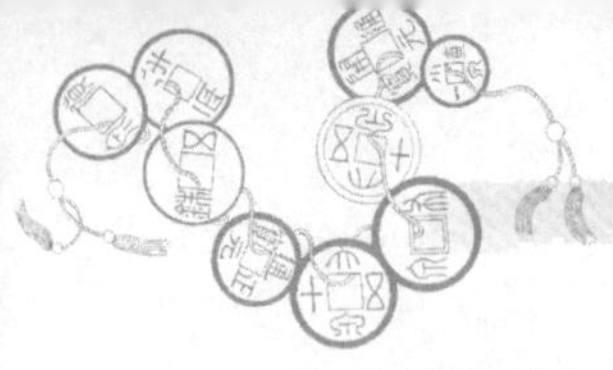

一值年爐主二名，該年三月過爐之日，聖母面前祈筶就入郊之妥號擬選，以筶爲准。

一凡值當爐主，所有大小事務，及收店租支用一切，各人經手辦明，不得度外延過下年。

一本郊建置公店，逐月收店租，以資神誕過爐，及廟中油香祭祀，修繕器椇等件，公議酌辦，除收入之項以外不敷，照份均分。

一凡值當爐主之人，各專責成辦理，凡鄉村有帳目不直相投，爲其論理解勸了事。

一凡有失水難民無費，代爲救助些費。

一凡在街開設生理要入郊，著出插爐，逢神誕慶祝，俱各照份均攤。

一凡入郊之人，不遵郊規，以私亂公，執拗乖張，公議聽從退出。

一凡郊中之人，務要和衷共志，凡事相商，不得違約，上流下接帳目算清，不得混淆，亦不許侵款。

一凡船頭交易，須照公平，以顧郊中面目，如街市交接買賣，間有取貨存心僥吞，故意生理倒壞，私自休業，侵欠之項不還，以爲生理廢止，詐欺貨財，請眾論理。

庚子歲麥秋月穀旦

臺廈郊金利順金長順公啓

第二　媽宮臺廈郊約章

竊以是經是營，風追晏子，成財成業，美紹陶公，然而錦上添花，斯固吾儕之發達，日中換市，頓開商會之享通也。茲者議定商約，凡我會中各號，以及船頭等貨，按照後開規條遵守，仲立聯同眾志，從茲土積成山，源朝萬水，斯時整頓，累蓄億千，他日奮興，事歸劃一，或慶神誕，或需諸公小大由之，其宜各適，伏祈會內諸君，和其氣，同其心，協其力，永遠遵行，始終如議，毋墜厥志，行見生涯則千祥鴻集，利澤則百福駢臻，於靡既耳，是爲啓。

辛丑歲蒲夏月　日

商會同立公啓

附錄約章十二則

一凡船頭水客，及行配倚兑各貨，無論輕重儎，兑出以九七扣仲，其餘柴炭生菓茹椰，依舊例九五扣，公議如斯，各宜遵照約章，違者罰金壹十貳元，不得徇情。

一凡有鄉村與吾儕交易，所最重者，米麥麵粉參色，是儎乃大宗之數，豈可任意拖延無期，爰是議舉，取貨之時預先交一半，餘剩十日爲限，至期必要清完，苟如買客不遵約章，會眾不與交易，違者議罰。

一凡有買賣，價定言諾，振跌乃常，早晚市價不同，毋庸翻覆反價，不能較取多寡，然既在船明看大辦，出舨門好醜不能退換，此乃生理舊例規模，宜認眞莫宥。

一凡有會外之人，不遵會章，動輒悖理，購定之後，如貨盛到

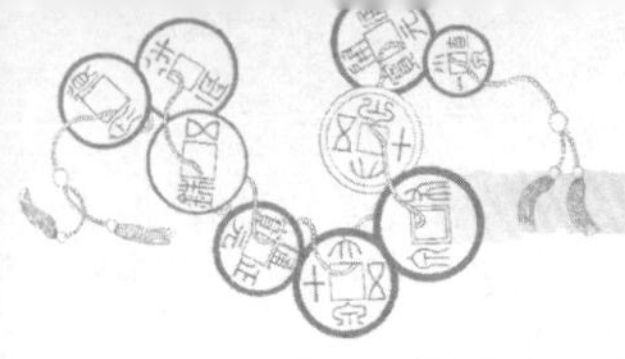

市疲，雖許定挨延，不取足額之貨及定價再反覆價，此風不可長，自今公議禁止，倘買客不遵，會眾不許交易，如我會內之人，以私廢公，密與往來交易，偵知罰金壹十七元。

一凡有船頭水客，由本埠置辦貨物往外港，不論何價貨，要價外加零二，即每百元加貳元，各宜遵約，如違議罰。

一凡有外船，由本港貿易，人地兩疏，凡有事之秋，毋論倚何人，總要鼎力，會眾共爲排解，本港之船亦宜如是。

一凡有會議之日，定於午後二點鐘，值當之人通傳一次，各自趨赴，無復加矣，倘有大關緊要，勿拘時間，切勿推東託西，畏縮不前。

一凡會議一年一次，定以五月水仙王祝壽，逢便設筵同會，所費用照份均分，以垂永遠，宜全始終。

一凡有捐緣充公罰款等項，務宜輪交值當之人收存，以妨公用，如有應用之款，會議而行，倘有積蓄頗多之項，那時再議。

一凡會內之人與人交易，不依規則，顧佔便宜，被人爭較，理果委曲，情莫寬宥，須按輕重懲罰，若執拗不遵，革出會外，使他議誚，爲悖理者戒。

一凡行配水客，及船頭倚兑，雖主擇客，不可陰謀相奪，各憑信交收，如貨主分交一二號，當存厚道之心，毋得僭越相爭，致失會內面目，而爲外埠所竊笑耳。

一凡有諸號同倚一船之貨，偶遇市疲爲難發兑，可與船客酌商分價裁賣，不可私卸行仲，由街走兑，雖差微利，大失風氣，此層會禁，各遵斯約。

計開　爲逐年值當，周而復始

安興　一鬮　合發　七鬮　順美　十三鬮

鼎順　二鬮　豐順　八鬮　通發　十四鬮

長順　三鬮　振吉　九鬮　源合　十五鬮

裕記　四鬮　錦成　十鬮　豐德　十六鬮

怡發　五鬮　益成　十一鬮　合源　十七鬮

同成　六鬮　源茂　十二鬮

第六節　澎郊之會議會所

行郊之會議，原則爲一年一次，或於媽祖誕辰日（農曆三月二十三日），或於水仙王誕辰日（農曆五月五日），設筵同會，屆時全體郊員均應出席祭拜聚餐。祭主（即爐主）於聚餐時將一年來之收支，及郊中要事詳細報告，郊員有意見者也於此時提出，會中且同時筶選新任值年爐主。如前引約章，則知臺廈郊原於媽祖誕辰過爐時，筶選二名新爐主輪值，分上下期負責；至日據後於明治三十四年改爲水仙王誕辰日改選，並於該年一次筶選，決定十七家次序，逐年值當，周而復始，可謂一勞永逸，甘苦均沾。

除每年媽祖、水仙王誕辰之大祭典外，其餘各神明聖誕郊中演戲設筵，衆郊員可任意出席，並無強制。郊中諸事，平時由爐主裁決，若有大事，非得逐一問衆集議不可，則臨時召集討論，如約章

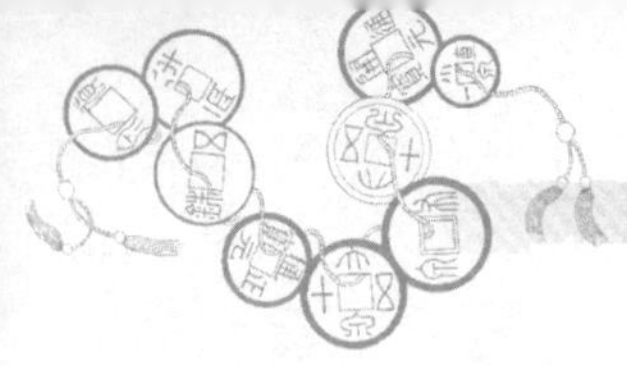

中所記「凡有會議之日，定於午後二點鐘。值當之人通傳一次，各自趨赴，無復加矣。倘有大關緊要，勿拘時間，切勿推東託西，畏縮不前」。

行郊係由作同一地區貿易之商賈，相謀設公會訂規約，以互相扶持，解決困難，聯絡情誼，則勢必需要一辦公處所，其處所，有稱會館，有稱公所，多數附於寺廟內，澎湖臺廈郊之會所則設於媽宮街之水仙宮。

水仙宮爲澎湖四大古廟之一，宮內祀有五神像，曰大禹、伍員、屈原、項羽、魯班（或作王勃、李白）等五水仙尊王。清康熙三十六年（1697）按察使郁永河巡視臺灣，途遇暴風，靠「划水仙」[26]而安抵澎湖，便下令右營游擊薛奎建宮祀之。乾隆四十五年（1780）澎協副將招成萬，率同監生郭志達勸捐重修。道光元年（1821）左營游擊阮朝良、通判蔣鏞、護協沈朝冠、協鎮孫得發等倡修。後於光緒元年（1875）媽宮街商民鳩資修建，充爲臺廈郊會所，以爲行商棲止之處。臺灣陷日後，於光緒二十六年（1900）改稱爲「臺廈郊實業會館」[27]。

水仙宮原在媽宮渡頭，該渡頭爲媽宮上陸唯一渡口，光緒十三年因興建城垣遮蔽，渡頭移遷至附近之小南門外，其後於大南門外築一官商碼頭，凡文武官員均由此碼頭登岸。水仙宮亦遷建馬公市復興里中山路六巷今址。現宮內古物有三：一爲「水陸鴻昭」匾，爲道光五年（1825）古物，立者不詳；一爲「帡幪台廈」匾，應爲大正十二年（民國十二年，1923）季冬月（十二月）立，「台廈郊眾舖戶同敬獻」，不曉何人無知，將年號挖掉，僅餘「○○拾貳年季冬月吉旦」；另一為「台廈郊實業會館」匾，仍掛在正門楣前。

第七節　知名郊舖與市肆

清代臺灣商業，初期均以市場為中心之簡單貿易，生產者與消費者在市集上直接以物換物，或以貨幣交易。其後行郊興起，於島內各港埠組織諸郊，經營貨物輸出入。一般言，其交易之行銷系統，行郊以下可略分為：文市（亦稱門市，即零售商）、辨仲（在各埔頭設店，為行郊與生產者居間之商人）、割店（批發商）、販仔（辨貨往各埔頭推銷零售者）等類。而澎湖臺廈郊則略有不同，臺廈郊為澎湖媽宮街商賈整舡（又稱船頭，即經營船舶，航運各港交易者）販運者所組成，「然郊商仍開舖面」[28]，是知臺廈郊諸商為郊舖兼割店、文市與船戶。但此並非顯示澎湖郊商之資本雄厚，壟斷利權，相反的，正表示了澎地市場有限，腹地狹窄，無需精細分級，反要多角化經營以維持生存。澎湖行郊，文獻所見，率稱「郊舖」、「郊戶」，不稱「郊行」，一則純為南北雜貨同行諸舖戶所組成，再則其組織不大，貿易販運有限，正足以說明該事實。

澎湖臺廈郊自開澎以來，迄今近三百年，期間諸家所修諸方志人物傳中，竟無一列貨殖傳以詳記之，光復後澎湖縣所修之澎湖縣志竟也無一語及之，誠屬莫大遺憾，茲爬梳援引諸文獻典籍，紀可知之郊舖與郊商以顯微闡幽，兼供澎人日後之追索：

按今知之澎郊郊舖仍以前引約章所附名單為最詳細，即光緒

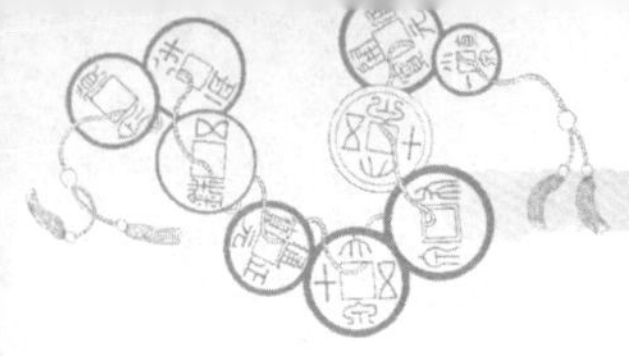

二十七年時尚存十七家，計安興、鼎順、長順、裕光、怡發、同成、合發、豐順、振吉、錦成、益成、源茂、順美、通發、源合、豐德、合源等。可異者，其前有「金利順、金長順」二家爲光緒二十六年值年爐主，時隔半年，竟無「金利順」舖號，令人百思莫解。又，其中「金長順」爲一老店號，至遲嘉慶二十五年（1820）已有，《澎湖廳志》卷二記「無祀壇」：「一在媽宮澳海旁邊，土名西垵仔，廟中周歲燈油，俱協營捐辦。……嘉慶二十五年，右營游擊阮朝良同課館連金源、郊戶金長順等捐修。」[29]再前則爲嘉慶二十四年之郊戶德茂號[30]。

澎郊之興盛時期應是光緒年間，澎湖早期文獻如杜臻《澎湖臺灣紀略》（修於康熙年間）僅提及「黠者或行賈于外，致饒裕」、「泉漳人行賈呂宋，必經其間」而已[31]；林謙光之《臺灣紀略・附澎湖》（修於康熙年間）亦只紀「今幸大師底定，貿易輻輳，漸成樂土」[32]；周于仁、胡格之《澎湖志略》（修於乾隆年間）記載：「澎湖四面環海，非舟莫濟。商船二十八隻，杉板頭船一百二十八隻，巨者貿易於遠方，小者逐末于近地，利亦溥哉！」[33]均未有一語一字提及澎郊或舖戶。

至胡建偉之《澎湖紀略》（修於乾隆年間），所紀已詳，惜亦片語隻字提及「郊戶」、「郊商」，或澎郊於乾隆年間尚未成氣候，不足令守土有司致意採錄。其卷五〈人物記〉載：顏得慶「平時駕三板頭船生理，澎臺水道最爲熟悉」，楊彬「平日駕三板頭船生理，熟悉水道」[34]，三板頭船或作杉板頭船，可裝三、四百石至六、七百石穀，爲往來南北各港貿易所乘[35]，但不知顏得慶、楊彬二人是否爲郊商？

道光年間蔣鏞所修之《澎湖續編》雖稱澎地歷年既久，今昔改觀，居民日以熙攘，海隅漸以式廓，舟楫紛來，商賈輻輳，其市廛氣象大異於疇昔，似爲澎郊之發達期，無奈提及「郊舖」僅於〈地理紀・廟祀〉「無祀祠」確切記載「嘉慶二十五年，右營游擊阮朝良，募同課館連金源，郊舖金長順等捐修」[36]，餘如〈風俗紀・歲時〉云迎春之日「媽宮街鹽館舖戶及各鄉耆民皆備彩旗、枱閣、鼓吹，先後集會，隨春牛芒神而行」[37]，〈藝文紀〉「續修西嶼塔廟記」載樂輸姓名，其中有「臺郡各郊行」[38]，既已載明「郊行」之稱，復吝惜筆墨，於澎湖僅載「澎湖舖戶、商船、尖艚、漁船共捐……」，不稱郊舖誠不曉何意，惟記內云臺郡各郊行及澎湖舖戶諸姓名俱勒石，但不知此碑今存否？姑闕之待他日再補考。其於「勸捐義倉序」中亦稱「勸同媽宮街行店量力輸助」[39]，要之全書中僅一處提及「郊舖金長順」，他則以「行店」、「舖戶」稱之。而〈人物紀〉中僅記陳傳生「駕商船賈於外」[40]，又不得知是否爲郊商？

光緒年林豪修《澎湖廳志》，志中幾乎隨處見郊戶之記載，惜散漫闕略，不足以言系統，郊舖郊戶採錄前《澎湖續編》之「金長順」，僅多一「德茂號」，餘俱無，郊商則記黃學周、黃應宸二人而已。而黃學周爲例貢生，曾捐建義倉、觀音亭，助學文石書院，兼爲媽宮市團總率勇守衛鄉梓，以如此一重要人物，竟無傳記，其輕忽郊商至矣！餘如記李光度「爲郊商高家司帳」，劉元成「移居媽宮市，遂家焉，生平精於心計，以居積致富」，林超之父「業杉

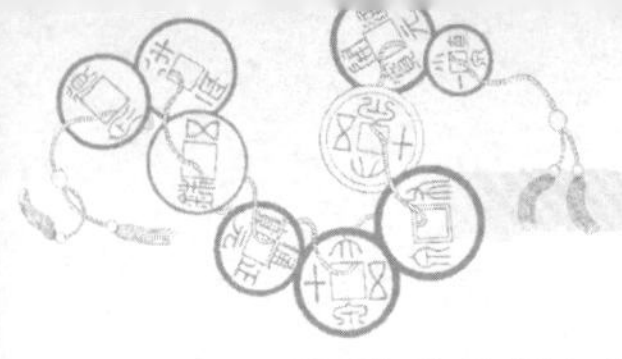

行」，監生林瓊樹、武庠高袞夫爲商賈中人等等[41]，亦是不詳。

光復後新修之《澎湖縣志》雜抄諸方志，未曾用心咨訪採錄，了無新見新義，近人蔡平立編纂《澎湖通史》及陳知青之《澎湖史話》亦是，郊商之無聞甚矣！

總之，二百年之澎湖行郊史，所確知之郊舖只有十八家，郊商則黃學周、黃應宸二人，郊商地下有知寧不掬淚一嚎，恨事跡湮沒無聞耶！

知名郊舖郊商略如上述，茲續記郊舖營業之市肆。

臺廈郊雖自置商船，整船販運以批發，然郊商仍開舖面，經售五穀、布帛、油酒、香燭、乾果、紙筆及家常應用之物，其他魚肉生菜，以及熟藥、糕餅則不在其內。蓋一爲進口貨物販售批發，一是澎地可自行生產加工販賣。郊舖集結於媽宮市中，蓋媽宮港澄淨如湖，小島環抱，賈舶所聚，帆檣雲集，爲臺廈商艘出入港口，其地舖舍民居，星羅雲集，煙火千餘家，爲澎之市鎮，諸貨悉備。他澳別無碼頭、市鎮及墟場交易之地，間有雜貨小店，或一二間而已，不足成市，故率皆赴媽宮埠頭購覓買售。《澎湖紀略》載媽宮市之市肆有[42]：

倉前街：酒米舖、鮮果舖、檳榔舖、打石舖。

左營街：鹽館（一所）、酒米舖、雜貨舖、打鐵舖。

大井街：藥材舖、竹器舖、瓦器舖、磁器舖、麥餅舖、酒米舖、油燭舖、打銀舖、故衣舖。

右營直街：綢緞舖、冬夏布舖、海味舖、雜貨舖、藥材舖、醬菜舖、酒米舖、涼暖帽舖、麥餅舖、鞋襪舖、豬肉案、磁瓦器舖、故衣舖、油燭舖。

右營橫街：海味舖、酒米舖、雜貨舖、醬菜舖、綢緞舖、冬夏布疋舖、故衣舖、鞋襪舖、麥舖、涼暖帽舖、藥材舖、鮮果舖、檳榔舖、餅舖、磁瓦器舖、麻苧舖、油燭舖、豬肉案。

渡頭街（又名水仙宮）：酒米舖、鹹魚舖、瓜菜舖、檳榔舖、小點心舖。

海邊街：當舖一家（乾隆三十二年新開）、杉木行、磚瓦行、石舖、酒米舖、麻苧舖、雜貨舖、瓜菜舖、鮮魚舖、鹹魚舖、檳榔桌。

魚市（在媽宮廟前，係逐日趕赴，並無常住舖舍）：農具、黃麻（零賣）、苧麻（零賣）、鮮魚（各色具齊）、螃蟹（各色不一）、鮮蝦（各色不一）、青菜、瓜果、水藤、竹篾、木料（雜用木料如犁耙等項）、薯苓（染網用）、高粱、豆麥、薯乾、瓦器（雜物具備）、檳榔桌、點心、木柴（乾隆三十一年臺灣漂來，各澳民拾獲甚多。澎湖無木，乃拾獲並破船板之類）、草柴、牛柴、（即牛糞，土人捏成餅樣，曬乾出賣，名爲牛柴。名字亦新，人家逐日皆爇此）。

《澎湖續編》則記道光年間街市略有減損，而舖戶則照舊，並無增減。其〈地理紀・街市〉記：

媽宮市：倉前街、左營街、大井街、右營直街、右營橫街、渡頭街（又名水仙宮街。以上各舖無增減）、海邊街（乾隆三十二年開文榮號當舖一家，今歇業。行舖、杉木等行具照舊無增減）、魚市（俱照舊）[43]。

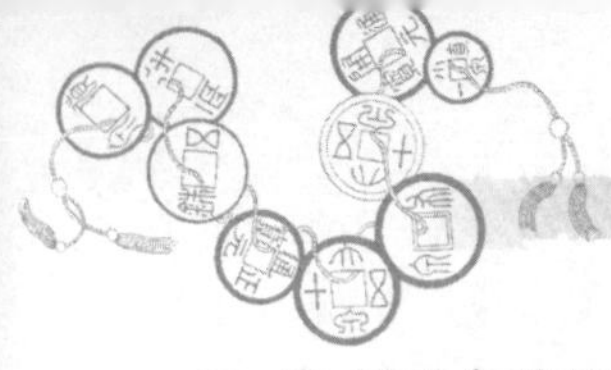

其後咸豐二年（1852）壬子二月初一夜，媽宮街火，延燒店屋無數，大井頭一帶皆燼[44]。光緒十一年（1885）中法戰役，春二月法酋孤拔犯媽宮港，分兵由蒔里登岸，法宮入據媽宮澳。而同年二月十四日夜「廣勇、臺州勇大掠媽宮街，放火延燒店屋殆盡」[45]，經此雙重兵燹，重建城鎮，百堵復興，街市間有更易，《澎湖廳志》志街市如下：

> 倉前街（今改為善後街）、左營街、大井頭街、右營直街、右營橫街、太平街（在祈福巷口）、東門街、小南門街、渡頭街（又名水仙宮街）、海邊街（當舖一家，近已歇業）、魚市（在媽祖宮前，俗稱街仔口）、菜市（在媽祖廟前，係逐日趕赴，無常住舖店）。以上皆在媽宮市。[46]

日據時雖曾依都市計畫造路興街，惟民國三十三年（日昭和十九年，1944）十月至次年初，數次遭受美國盟機轟炸，市面屋舍毀損尤多。今之市街乃係光復後重建，惟存中央街、長安街部分之舊市貌，街道甚狹，人煙極稠，人口密度超過全鎮人口密度之二倍[47]。近年該地頗為蕭條冷落，蓋馬公市區中心北移，已無往昔之盛矣！

第八節　商船出入之港灣

臺廈往來船隻，必以澎湖為關津，從西嶼頭入，寄泊嶼內，或媽宮，或八罩，或鎮海（在今白沙嶼），中以媽宮（即馬公）港最擅形勢。

馬公港在澎湖本島、白沙、西嶼三島之間，形成略作V字形之澎湖灣，南北長約十二公里，東西寬約八公里，水深十五公尺以上，能容大隊船隻停泊，爲一極優良之寄泊地，此爲馬公外港。馬公內港位在澎湖灣內之東南側，自馬公半島金龍頭，與風櫃尾半島蛇頭山之間，向內拓展成一較小海灣，東西長約五公里，南北寬約二公里。灣中央有由東端大案突出之測天島，將港分爲南北兩部：南部港面較大，北部連接馬公市區，闢成商業碼頭；而馬公市區東北隅深陷內地，又形成一灣，俗稱暗澳；暗澳西側（在馬公市區東邊）開馬公第一、第二漁港。誠天設之良港，澳內有澳，灣內套灣㊽。

媽宮港形勢優良如此，又位居清季安平與廈門航線之關津，港內船舶繁盛，故鎮、營、廳、倉、城、街市俱設此，爲紳商所萃，賈舶所聚，帆檣雲集，煙火相望。今猶爲澎湖首府所在地之主港。

日據初期，日人爲控制經濟，一度中止臺閩之貿易，馬公港一時蕭條。清光緒二十三年（日明治三十年，1897）臺灣總督府開放馬公港爲特別貿易港，准予專對我國大陸貿易，一方面又補助日本郵船會社，及大阪商船會社，開闢定期航線，途經澎湖，同時並設置稅關派出所。於是乎海舶巨輪，交通暢達，馬公一躍爲我國大陸與臺灣貿易之中間港兼轉口港，甚且偷渡走私港，遂又檣桅林立，頓形繁榮，其中合發，協長成、頂成三家商行，業務鼎盛，尤以合發行爲業中翹楚。但至民國二十五年（日昭和十一年，1936），廢

止特別輸出入港後，馬公港對外貿易一落千丈，寄港船隻亦隨之減少[49]。

澎湖爲列島組成，島嶼迴環，港澳雜錯，多天然港灣，小舟處處可泊，舟泊處曰澳，澳即港口也。澎湖諸澳，除上述媽宮澳爲商哨灣泊之所，玆再記其餘堪供商艘寄泊諸澳。

杜臻《澎湖臺灣紀略》述康熙中葉澎湖可泊諸澳有[50]：

一西嶼頭，可泊兵船四十餘。

一蝟仔澳，可泊南北風船十餘。

一蒔上澳，可泊北風船四、五十。

一大城嶼，可泊南風船十餘。

一龍門港（即良文港），可泊北風船十餘。

一安山仔，可泊南風船二十餘。

一東港尾，可泊南北風船二十餘。

按所謂「南北風」者，指風信之方向。清季臺閩民間貿易貨運，以帆船爲主要交通工具，海洋泛舟，於大海中無櫓搖棹撥之道理，全籍一帆風順，即所謂「風帆時代」。船在大洋，風潮有順逆，行使有遲速，不得順風，尺寸爲艱，故舟行務上依風，南風放洋出海從南，北風揚帆放洋從北，而「臺灣風信，自廈來臺，以西北風爲順；自臺抵廈，以東南風爲順。但得一面之風，非當頭逆項，皆可轉帆戧駛」[51]。其中「臺灣船隻來澎湖，必得東風方可揚帆出鹿耳門；澎湖船隻往臺，必得西風才可進港」[52]，是鹿耳門進港迎西風忌東風，出港需東風忌西風，而臺灣風信與內地迴異，清晨必有東風，午後必有西風，名日「發海西」[53]，來去諸舟，乘之以出入。是以順風時，於黎明出鹿耳門放洋，約午後可抵澎湖。而澎湖灣停船之澳有南風、北風之別，泊舟之澳，負山面海，山在南者，可避南風；山在北者，可避北風，故南風宜泊水垵澳，北風宜泊網澳、內塹、外塹等澳，或駕避不及，或誤灣錯澳，則船艍必壞。自澎往廈，悉以黃昏爲期，越宿而內地之山隱現目前。反之，倘風帆不得，風信未可行，行程延遲，固是常事，嘗有灣泊澎湖至旬以外者[54]。

其後高拱乾《臺灣府志》〈封域志・形勝篇〉記澎湖澳云[55]：

一曰雙頭跨澳，中可泊船以避北風。

一曰圭母灣澳（雞母塢），四面皆山，商舶逃風者便之。

一曰豬母落水澳，春夏時舟之渡廈者從此，只可寄舶非避風處也。

一曰洪林罩澳（紅羅），南風發可以泊舶。

一曰鎮海澳，可泊船十餘艘。

一曰赤崁澳，南風泊船地。

一曰竹篙灣澳，南風泊船地也。

一曰牛心灣澳，廈門商船來臺多入此。

一曰後灣澳，南風時只可寄泊，不足以避颶風。

一曰小池角澳，亦僅可寄泊，非甚穩處也。

一曰楫馬灣澳，北風寄泊之地。

一曰將軍澳（即八罩網垵澳，南風時可泊船），其澳崖麓臨

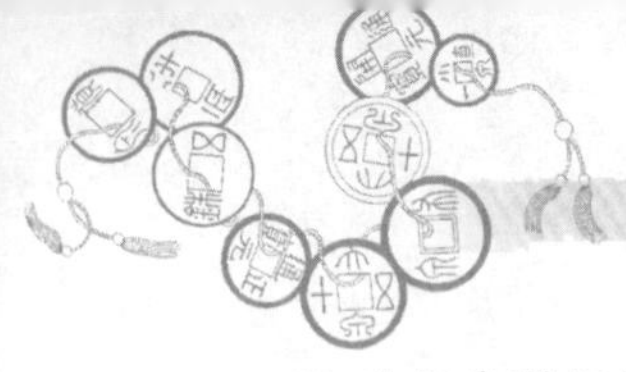

深，泊舟時擇跳者飛身登岸，植木繫纜。

以上灣泊之諸澳，胡建偉《澎湖紀略》、林豪《澎湖廳志》及其他有關志書，所記大同小異，茲不贅引。

澎湖諸島港灣除上述外，尚有虎井港在虎井島東山、西山之間，避南風，可泊大船。桶盤港位桶盤東方，避北風。吉貝港處吉貝島南方，避北風。員貝港於員貝島西南方，避北風。鳥嶼港在鳥嶼島西南方，避北風。東嶼坪港，位東嶼坪島南方，可避南北風。東吉港於東吉島西方，避北風。花嶼港處花嶼島南方，避北風[56]。

要之，上述諸灣澳以媽宮最佳最穩，《東瀛識略》〈海防篇〉云：

大舟至時，若值南風，宜泊八罩，蒔里、將軍澳；北風司令，宜泊西嶼頭內外塹；泊非其所，舟即難保。他澳多暗礁，均不能近，獨媽宮澳山環水深，無論南北風均可泊舟。[57]

胡建偉有詩記媽宮澳，於其形勢、地位、居民均有寫實之描述，詩曰：

豈特雄封一馬頭，重洋天塹此咽喉。西援泉廈連犄角，東護臺陽控上游。

遣戍干城歌肅兔，編氓環堵類居鳩。自維海甸分符重，夙夜難忘馭遠猷。[58]

第九節　行銷貨品與地區

澎湖四面汪洋，素號水鄉，乃海中孤島。論其地，則風多雨少，斥鹵鹹碱，土性磽瘠，泉源不淪，雨露鮮滋，乏田可耕，種植維艱，地之所產極微，故附島居民，咸置小艇捕魚，以餬其口，澎之人，蓋亦苦矣哉！

澎地磽瘠，不產百物，而生齒日繁，資用日廣，無一物不待濟於市，凡衣食器用，皆購於媽宮市。而媽宮諸貨，又皆藉臺廈商船，源源接濟，所有衣食器用殆皆取資於外郡。《澎湖紀略》曰：

> 地不產桑麻，女人無紡織之工，所有棉夏布匹，俱取資于廈門。……其木植瓦料，俱由廈門載運而來。……近日媽宮市有開設瓦料鋪，以資民間採買焉。[59]

復云：「如布匹、綢緞、磁瓦、木植等貨，則取資于漳泉；米穀、雜糧、油糖、竹藤等貨、則取資于臺郡。」[60]

《澎湖廳志》則記：

> 澎地米粟不生，即家常器物，無一不待濟於臺廈。如布帛、磁、瓦、杉木、紙札等貨，則資於漳泉；糖、米、薪炭則來自臺郡。然而舖家以雜貨銷售甚少，不肯多置，故或商舶不至，則百貨騰貴，日無從購矣。富室大賈，往往擇其日用必需者，

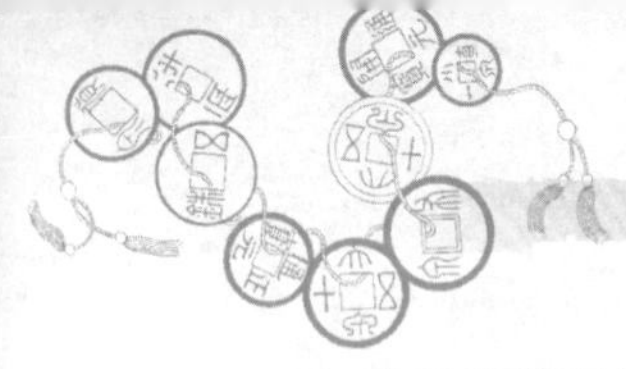

> 積貨居奇，以待長價。而澎地秋冬二季，無日無風。每颱颶經旬，賈船或月餘絕跡，市上存貨無多，亦不患價之不長也。[61]

大體言之，澎湖臺廈郊商所批售貨物，自五穀布帛，以至油酒、香燭、乾果、紙筆之類，及家常應用物，無物不有；其他魚肉生菜，以及熟藥、糕餅，不在其內。

輸入貨品如上述，輸出貨品則以油粗、魚乾爲主。《澎湖廳志》卷十〈物產記〉「貨之屬」有：花生、豆粗、魚乾、鹹魚、魚鮭、蝦乾、蠘米、魚刺、魚子、魚脯、苧等[62]。同書復云：「惟火油豆粗，則澎湖所產，販往廈門、漳、同等處。然亦視年歲爲盈虛，無一定之數也。」[63]續載：「近有南澳船販運廣貨來澎，而購載花生仁以去者。」[64]《彰化縣志》又記：「若澎湖船則來載醃鹹海味，往運米油地瓜而已。」[65]是以周凱詠吟：

> 謀生大半海爲田，也把犂鋤只望天。種得高梁兼薯米，七分收穫以豐年。
>
> 番豆生來勝地瓜，油粗磈磈出油車。糞田內地人爭重，壓載強於載海沙。[66]

按所謂火油豆粗云云，實均爲一物之所產，即落生花也。澎地斥鹵不宜稻，僅種雜糧，而地瓜、花生爲盛。落花生俗名土豆，又名番豆，可用以榨油；其渣爲粗，可糞田；藤可爲薪，可飼牛羊供爨；其性重，商舶購以壓載；利益甚廣，澎地遍處皆種。而澎地所出，皆販往內地，連檣運去，無肯留之以自糞其園者，農家終年用度，胥恃有此耳[67]。而花生出息既多，則擘其仁以出售，可省運載之費，其殼亦可爲薪；遂有商人黃應宸別出心裁，設爲手磨磨之，如磨穀然，工省而速，效用可觀[68]。

再，負販貿易地區除上述外，《澎湖廳志》卷九〈風俗記〉載：「鳳邑之打鼓港、東港諸海口，皆安平轄汛，爲澎湖採糴商漁泊船之處。」[69]惟揆之實際，則貿易地區應不僅限於上述。

蓋澎湖諸島散布臺灣海峽中，「西則控制金廈，爲犄角之聲援；東則屛蔽臺灣，居上游之扼要；北而薊遼、江浙，南瓊州、交趾以至日本、呂宋諸番，莫不四達，在在可通」[70]。在在可通，則懋遷地區應能遍及諸港，按清乾隆末季增開鹿港與淡水八里坌設口，自此澎湖東去臺灣，可北及鹿港、八里坌，西至閩可直達泉州、福州，不再局限於安平、廈門兩口。道光年後，高雄之打狗，臺南之馬沙溝、北門，嘉義之布袋、東石，雲林之海口，新竹之公司寮及基隆等西部港口，陸續開放，闢澎湖向臺灣產地貿易之捷徑。斯時澎島居民，以船工食力者，散處臺灣，「自淡、鹿、笨港、安平、旗後，以迄恆春，不下萬人」[71]，媽宮郊戶或自置商船，或與臺廈人連財合置，往來必寄泊澎湖數日，起載添載而後行，《雲林縣采訪冊》記光緒年間澎湖商船「常由內地載運布匹、洋油、雜貨、花金等項出港（指北港）銷售，轉販米石、芝麻、青糖、白豆出口」[72]。

是知澎地因所處在東南五達之海，東西南北，惟意之所適，在在可通，至清末遠達我國大陸之上海、寧波、溫州、汕頭、廣州、香港，甚至日本之門司、橫濱等地。

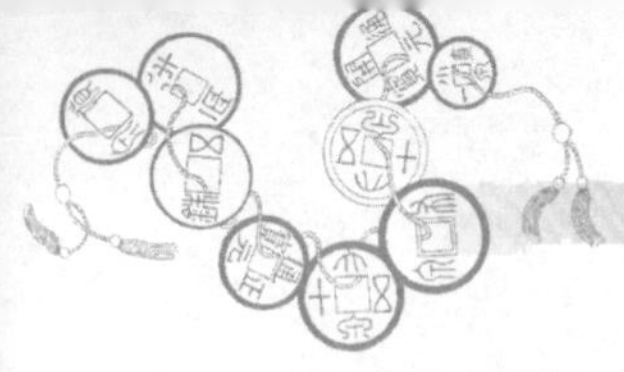

日據初期，一度中止商販，旋於光緒二十三年，臺灣總督府允開闢定期航線，其臺灣島西岸航線，自基隆起，經淡水、大垵（即大安）、澎湖、安平、達打狗（高雄）；是年又開放澎湖馬公港，爲對大陸貿易之特別輸出入港。宣統三年（日明治四十四年，1911），臺灣總督府調整航線，增闢打狗至横濱線，自打狗起，經安平、澎湖、基隆、長崎、門司、宇品、神戶，達横濱。澎湖航運經此調整，計有三條航線所經，帆林連檣，頓形繁榮，馬公成爲我國大陸與臺灣貿易之轉口港，兼爲對華南地區貨物之偷渡港。適時大陸海船恆有數十艘寄泊港內，由大陸輸出木材、磁器、桐油、花金、茶籸、漢藥等土產，自臺灣及日本輸往大陸之糖、煤油、火柴等，均彙聚於此，商業大盛。但至民國二十五年（日昭和十一年，1936），廢止特別輸出入港後，馬公對外貿易一落千丈，寄港船隻隨之大減[73]。《澎湖縣志》記該時馬公港對大陸沿海地區輸出入貨物種類如下[74]：

船籍——廣東省潮州、梅州、汕頭、甲子。

運來之貨物種類——洋麻、竹器、紙張、漢藥。

輸出之貨物種類——糖、煤油、火柴、電石。

船籍——福建省之東山、雲霄、漳浦、浯嶼、海滄、集美、獺窟、石碼、廈門、金門、斗美、汕頭、泉州、福州、福安。

運來貨物之種類——磚、磁器、木材、桐油、船具、花金、漢藥、鏡屏、老仙、茶籸、竹器、桶把、月陀。

運出之貨物種類——糖、煤油、火柴、電石。

船籍——浙江省之溫州、鎮海。

表8-2　清代澎湖臺厦郊貿易地區及貨品種類

貿易省區	貿易地點	貿易貨品
福建	廈門、同安、泉州、漳州	輸出：花生仁、油、粨、魚乾 運入：布帛、磁器、瓦料、杉木、紙札
臺灣	臺南（安平）、打鼓港（高雄）、東港、鹿港、北港	輸出：花生仁、油、粨、魚乾 輸入：糖、米、薪炭、雜糧、竹籐
廣東	南澳	輸出：花生仁 輸入：廣貨

運來之貨物種類——木材、桐油。

運出之貨物種類——糖、煤油、火柴。

茲將有清一代（不包括日據及民國時期）澎湖臺厦郊營販貿易地區及貨品種類，簡要製表如**表8-2**，以醒眉目。

第十節　販運之交通工具

澎湖諸島散佈臺灣海峽中，環海水域遼闊，交通往來，非船莫渡，故論澎湖交通，自古以來海運實居首要。而澎湖臺厦郊以販運臺、澎、厦三地為主，則財貨商販，海上有賴船舶之運輸，陸上則恃人力之挑運、牛車之載運。

茲先述商船，略分船制、人員、種類、稽查、駁載等項言之。

以船制言：清制商船之大小以樑頭計，以一丈八尺為率，自樑頭一丈七尺六寸至一丈八尺者為大船，樑頭一丈七尺一寸至一丈

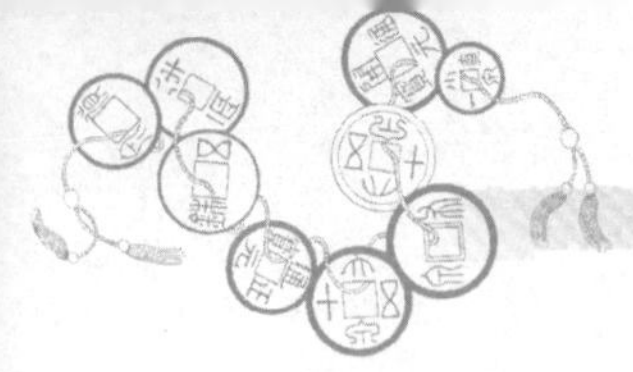

七尺五寸者爲次大船，樑頭一丈六尺至一丈七尺者爲大中船，一丈五尺六寸至一丈六尺者爲次中船，一丈四尺五寸至一丈五尺五寸者爲下中船，其樑頭一丈四尺五寸以下者爲小商船[75]。初康熙年間定例，出洋海船，不論商漁，只許使用單桅，樑頭不得超過一丈。至康熙四十二年（1703），商船改許使用雙桅，樑頭不得過一丈八尺，此後民間貿易貨運，以二檣桅式之檣桅帆船爲主要交通工具。及至乾隆年代，以臺灣海峽風浪險惡，爲求航行安全起見，需有較大船隻，乃特准使用「橫洋船」及「販艚船」，其樑頭得在二丈以上[76]。迄嘉慶十一年（1806）以商人多私造大船資盜，議定商船樑頭以一丈八尺爲率，已造之船既往不咎，新造者不得過一丈八尺。後又仍照舊例[77]。

造大船需費數萬金，故商船率皆漳泉富民在大陸所製，而服賈者以販海爲利藪，對渡臺廈，一歲往返數次，初則獲利數十倍不等，故有傾產造船置船者，是以《澎湖廳志》云臺廈郊「整舡販運者」、「媽宮郊戶自置船，或與臺廈人連財合置者」[78]。

出洋海船人員，編制不一，每艘可多達數十人，據《臺海使槎錄》〈赤嵌筆談・海船〉述：

> 南北通商，每船出海一名，即船主、舵工一名。亞班一名，大繚一名，頭碇一名，司杉板船一名，總鋪一名，水手二十餘名或十餘名。通販外國，船主一名，財副一名，司貨物錢財，總捍一名，分理事件。伙長一正、一副，掌船中更漏及駛船針路。亞班、舵工各一正，一副。大繚、二繚各一，管船中

> 繚索。一碇、二碇各一，司碇。一遷，二遷，三遷各一，司桅索。杉板船一正，一副，司杉板頭繚。押工一名，修理船中器物。擇庫一名，清理船艙。香工一名，朝夕焚香楮祀神。總舖一名，司伙食。水手數十餘名。[79]

《廈門志》〈風俗篇〉云：造船置貨者，曰財東；領船運貨出洋者，曰出海；司舵者，曰舵工；司桅者，曰斗手，亦曰亞班；司繚者，曰大繚；相呼曰兄弟[80]。此外另有倉口，主帳目；有押儎者，所以監視出海；餘如水手供使令，廚子（即總舖）主三餐等等，分工職掌，人員不一[81]。

船舶之種類名稱，名目各異，因時因地，俗稱有別。如廈門船之簡稱廈船，廣東船之稱南澳船，臺南府城人稱糖船爲天津船等均是。上述之橫洋船、糖船、販艚船，澎人因其來自西方大陸，兼且揚帆橫過澎湖之北，不稍寄泊，統名之「透西船」[82]。至航行澎湖、臺灣南北各港船隻，俗稱澎仔、杉板頭、龍艚、大舦、小舦、舴艋等等，皆屬體型窄、噸位小，運載量有限。據《澎湖廳志》卷三〈經政・賦役〉載：清代澎湖船隻有四種，乃尖艚、舶艚、舢板、小船等。按徵課水餉銀數額，以尖艚最高，舶（泊）艚及舢舨（杉板）繼之，小舢舨及小舦船最微[83]。惟尖艚、舶艚乃屬貿易運輸船隻，尖艚航行我國大陸閩浙沿海，及臺灣本島，俗稱透西船；舶艚爲近島貿易採補，不能橫渡大洋，限赴南北各港販運。然利之所在，甘冒風濤之險，透越私渡，趨險如鶩，《重修臺灣縣志》述：

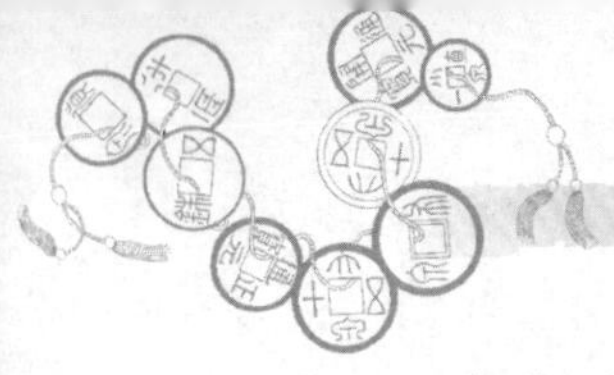

> 邇來海不揚波，凡艕仔、三板頭等小船，每由北路笨港、鹿仔港等處，乘南風時徑渡廈門、泉州，自東徂西，橫過澎湖之北，名曰「透西」。例禁甚嚴，趨險者猶如騖也。[84]

商船出洋，須經海防同知稽查舵工水手之年貌、箕斗（即指紋）、籍貫、旅客之姓名，及貨物種類，此中又有文口、武口之別。所謂文口，是文職海防人員，專司查驗船籍、船員、搭客及載貨等；所謂武口，乃武職之水師汛弁，專於船隻出入時，臨時抽驗。清季澎湖廳通判，銜名係海防糧捕，雖非專設之防廳司，然稽查過往船隻，辦理汛口掛號，亦爲其監督海防之重要職司。清時澎湖汛口設於媽宮、西嶼、八罩三地，《澎湖紀略》〈官師記·職事〉敘：

> 康熙四十二年覆准：各處商船經由汛口掛號。澎湖汛口，南風時自四、五、六、七、八等五個月內，飭令書役往八罩汛，協同武汛查辦。北風時自九、十、十一、十二、正、二、三等七個月內，飭令書役往西嶼、內外塹汛，協同武汛查辦。其媽宮澳汛，則無論南北風，周年俱可停泊，亦協同武汛查驗。按月將查驗過船隻，造冊報督憲、藩憲衙門查考，臬憲衙門用循環簿填報。凡查驗臺、廈各處商船，務要人、照相符，並無禁物，始准放行。一有偷渡違犯並形跡可疑，即行拘詢，詳報治罪。但此項商船，亦無一定赴澎掛號之例。透洋直過者居多；偶一風信不順，始到汛暫停。是到澎者，不過百中之一二耳。[85]

海船至港，或因港路迂迴，或港灣淤淺，或風信靡定，皆須守泊外港，恃小船輾轉駁載入內港，故海舶必有腳船，名曰杉板船，凡樵汲送碇，渡人上岸皆資之。清時，馬公港雖位居安平、廈門航線關津，港內帆檣雲集，惜港道少經疏濬，登岸須乘三板，《裨海紀遊》云：

二十三日，乘三板登岸（三板即腳船也，海舶大，不能近岸，凡欲往來，則乘三板，至欲開行，又拽上大船載之）。岸高不越丈，浮沙沒骭，草木不生。[86]

而近港舟人，有以舢仔、杉板、竹筏等販載來往為活，轉駁工價，視貨品種類、路程遠近而議。貨物之上岸（俗稱上水），落岸（俗稱落水）及運載接送，均由挑夫（俗稱苦力）肩挑背負，港口起卸，一挑往返，皆有定價。而郊商往往議定工價腳資，以杜紛爭。《澎湖廳志》〈風俗篇〉記：「水仙宮口路頭為上水之處，小船駁載、工人負載，腳資皆有常數。至於客人隨身物件，則照例給發，並無似他處之橫取強索者。」[87]

故周凱有詩云：「況今春和百物昌，臺廈賈舶來連檣。……海口可以肩筐箱，各力爾力忙爾忙。」貨物之上落岸有賴挑夫，而陸路之雇運轉載則恃牛車矣！臺澎載貨率用牛車，蓋因其地不產馬，內地馬又難於渡海，況舊式道路本極狹窄，故市中挽用百物，及民間男婦遠適者，俱用牛車。澎湖牛車形制，據《澎湖縣志》〈物產志〉云：「澎湖牛車概係二輪大陸型，車手、車箱、車輪用木材製造，車軸用鐵鑄成，車輪鐵箍，使用鍛鐵。兩隻車手極長，貫一車

首尾，車手前端爲曲木制車擔，車箱四周各有木板一片，左右者名車邊板，前後者名車閘，有暗槽可摘除、安裝，左右車邊板外面各裝直立車椿二，高出上沿約五寸許，如車內載運容積較大之物件時，另於左右車邊板上，各加車邊閘木板一塊，套在車椿上增高車箱內之容量。車輪心頭用整塊圓木製成，周圍插車軌（輻）十六隻，連接車輪框合成一圓輪，外裹以鐵箍圈。牛車除作農產收穫、糞土堆肥搬運外，尚爲鄉間乘坐代步，及貨物運輸主要工具。」[88]

第十一節　澎郊衰微之原因

澎湖臺廈郊或草創於康雍年間，歷乾、嘉、道、咸，至同光年間達於鼎盛。然而無論其究竟如何鼎盛，視臺島之行郊，直有如大巫視小巫，究其因實扼於澎地之自然環境，臺廈郊之不振在此，其衰微亦種因於此，茲試析而論之：

一、腹地狹隘

臺澎皆海中島嶼，乃臺號土腴，俗傳「臺灣錢淹腳目」，而澎則貧薄，何歟？蓋澎地面積狹小，腹地不廣，於是乎市場太少，消費有限。按澎湖群島由大小六十四個島嶼組成，總面積合計不過一百二十六點八六四二平方公里。中以澎湖本島最大，面積六十四點二三八八平方公里，占全縣總面積二分之一強；其餘有人島超過一方公里者十，不足者十；合計二十一有人島面積一二五點三三八八平方公里。《澎湖廳志》敘：「澎湖各嶼，惟大山嶼及北山各社，人煙頗密。此外隔海嶼上有民居者，以西嶼八罩爲大；他若虎井、桶盤……以及東西吉、東西嶼坪已耳。其他或沙汕浮出，或海中片石，無平地可耕，無港路可泊，有時漁舟掛網，蹤跡偶至耳，初不得謂之嶼也。」[89]地窄如此，遂產生兩種現象：其一，因生齒日繁，而土田不加廣，爲糊口謀生，不得不移居臺島，《澎湖廳志》稱：「若澎民之赴臺謀生者，年以千百計，豈皆不肖者歟？地狹民稠，田不足耕，穀不給于養，不得不尋親覓友，以圖糊口，其情固可憫矣！」[90]。其二，紳商萃集媽宮，他澳因無碼頭、市鎮或墟場交易之所，率皆遠赴媽宮埠頭購覓買售。腹地缺乏，市場過少，又復集中馬公一地，商業發展之局限自可想見，澎郊之不振，此爲最根本原因。

二、土瘠民貧

澎湖腹地褊小，胃納有限，於商業則全恃出口貿易，其出口以油粎、魚乾爲主，所產極微。彼經濟之發展深受土地資源及地理環境影響，何況澎湖群島由於雨少風強，四面平坦，無高山以攔之，颱颶搏射，表土甚薄，不堪種植；更因鹹雨之害，有損作物，僅能種植旱作作物，而以地瓜、花生爲盛，地瓜供一家終歲之食，農家終年用度，胥恃售賣花生。

海濱斥鹵，泉源不淪，雨露鮮滋，致土性磽瘠，農產缺乏。幸

因四面環海，漁業頗盛，居民以漁以佃，兼營農漁二業。而雖云澎人以海潮爲田，以魚蛤爲命，但風信靡常，颱颶經旬，勢不能出洋討海。《澎湖廳志》云：

> 海濱漁利，必風平浪靜，始能下網。而澎湖狂風，往往兼旬不息，則所稱以海爲田者，亦強爲之詞，非眞如耕者之按候可獲也。夫澎湖斥鹵，處處可曬鹽，而民間皆食官鹽，每斤十餘文，或以七斤十斤爲一百斤，所獲之魚，每不足抵買鹽之價。此外別無利可取，民安往而不貧乎？[91]

磽确之地，不產五穀，漁獲不時，無利可取，富者鮮蓋藏之具，貧者無隔宿之糧，閭閻貧困至此，民衆購買力之薄弱，商場之蕭條自可想見，欲求累積資本，提振商業，戞戞乎其難矣！

三、海道險峻

郊商販運，贏利頗豐，然重洋遠涉，非熟諳沙線、礁石、深洋、急水，一犯險失事，片板無存，風險實大。澎湖群島，周環布列，水口礁線，犬牙交錯，隱伏水中，非熟悉夷險者不敢輕進，洋船過此，每視爲畏途，試舉其要者言之：東有東西吉諸嶼之險，南有八罩船路礁之險，西有吼門之險，北有吉貝與藏沙之險，《澎湖廳志》云：

> 媽宮港居中控制，形勢包藏，爲群島之主。……其西由西嶼稍

> 北爲吼門，波濤湍激兩旁。……師公礁附近吼門，有石潛伏水底，舟不敢犯。……此西方之險也。其東則東西二吉最爲險隘，中有鋤頭增門，水勢洄簿，流觸海底礁石，作旋螺形。舟行誤入其險，倘遇颶風，瞬息衝破；若無風可駛，勢必爲流所牽，至東吉下，謂之入溜，能入而不能出矣。由臺入澎者，必過陰嶼……陰嶼內有沈礁，防之宜謹。其南則虎井頭之上霾，海濱礁石嶒崚，怒濤相觸。極南爲八罩之船路礁，亦名布袋嶼，水路僅容一舟，稍一差失，萬無全理。此皆東南之險也。其北則吉貝嶼之北礁，亦名北墘，藏沙一條，微分三片……颶風一作，風沙相激，怒濤狂飛，鹹雨因而橫灑，倘誤入其中，百無一全者矣。又東北有中墩之雁晴嶼門，橫峙海口，港道甚狹，此皆北方之險也。[92]

澎湖群島，港道紆迴，沙淺礁多，其險要已如此。而臺洋之涉，風信靡常，駭浪驚濤，茫無畔岸，或巨風陡起，風濤噴薄，捍怒激鬥，舵折桅欹。而澎湖風信與內地他海迥異，周歲獨春夏風信稍平，然有風之日，十居五六，一交秋分，直至冬杪，則無日無風，匝月不息。北風盛發時，狂颶非常，沸海覆舟，往來船隻，屢有遭風擊破[93]。

風信不常，商船遭風，船艅覆沒，貨物傾耗，偏又有沿海鄉愚，撈搶遭風船物，習慣成性，視爲故常，郊商受累甚劇[94]。

沙汕紆迴，颱颶不測，而海道峻險，又有「八卦水」、「紅水溝」、「黑水溝」諸險，流勢湍急，船隻每易失事，《澎湖廳志》

引周凱之言：「富陽周芸皋曰：澎湖島嶼迴環，水勢獨高，四面皆低，潮水四流，順逆各異，名八卦水。又云澎湖之北，不可行舟，漁人亦罕至，謂之鐵板關，最稱險要。」[95]

《裨海紀遊》有云：「二十一日……乘微風出大旦門……夜半渡紅水溝。二十二日，平旦渡黑水溝。臺灣海道，惟黑水溝最險，自北流南，不知源出何所，海水正碧，溝水獨黑如墨，勢又稍窳，故謂之溝。廣約百里，湍流迅駛，時覺腥穢襲人。又有紅黑間道蛇及兩頭蛇，繞船游泳，舟師以楮鏹投之，屛息惴惴，懼或順流而南，不知所之耳。紅水溝不甚險，人頗泄視之，然二溝俱在大洋中，風濤鼓蕩，而與綠水終古不淆，理亦難明。」[96]

《續修臺灣縣志》則載澎湖之東尚有一黑水溝：「黑水溝有二；其在澎湖之西者，廣可八十餘里，爲澎廈分界處，水黑如墨名曰大洋。其在澎湖之東者，廣亦八十餘里，則爲臺澎分界處，名曰小洋。小洋水比大洋更黑，其深無底。大洋風靜時，尙可寄碇；小洋則不可寄碇，其險過於大洋。此前輩諸書紀載所未及辨也。」[97]

按臺灣海峽海流，有兩系統：一爲赤道暖流，又名黑潮，經菲律賓群島東北海面北上，過巴士海峽西北入臺灣海峽；另一爲發源於我國渤海之寒流，沿東南海南下，至澎湖附近海域，兩流會合造成一獨特潮汐景觀。漲潮時南方海面潮勢北上，北方海面潮水南進，退潮時依來路退返，其勢如萬馬奔騰，一瀉千里，洶湧澎湃，瞬息萬狀。其於澎湖各島周環暗礁地區，則潮流急速激蕩迴旋，水波四流，因有八卦水之稱[98]。

四、偷渡走私

澎湖雖爲臺廈要隘，但臺廈往來船隻，若非澎郊之船，透洋直過者居多，非十分風信不順，不肯灣泊，偶一寄碇百無一二。此等商船，取巧規避，或夾帶私貨，或偷渡違犯。如雍正年間，廈門有商船往來澎島，與臺灣小船偷運私鹽米穀，名曰短擺；復有官弁以提標哨船，往來貿易，號爲自備哨，出入海口，不由查驗[99]。似此偷渡走私，既可避配載官穀班兵，復可規避海關釐金，獲利倍於商船，影響所及，商船獲利日減，郊商日就凋危，《澎湖廳志》記：

> 近有南澳船販運廣貨來澎，而購載花生仁以去者。查商船由廈出口時，例規甚重，又有海關釐金諸費；而南澳船無之。所辦貨物，率多賤售，于花生則厚價收買；而生理中大局一變，郊商生計亦遜于前矣。[100]

五、乙酉兵燹

光緒九年（1883），中法爲越南之爭，爆發戰爭，閩海成爲主戰場，臺灣戒嚴，清廷分調劉璈、劉銘傳守南北。十年六月法將孤拔率艦攻基隆，劉銘傳親臨指揮，大敗之。七月法軍二度侵犯基隆、滬尾，亦大敗而逃。九月，法軍改採封鎖政策，於五日宣佈封鎖臺灣海口，範圍北自蘇澳，南至鵝鑾鼻，凡三百三十海哩，禁止

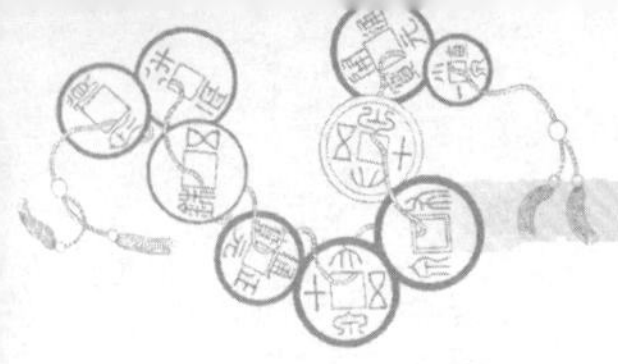

船艦出入，臺灣海峽爲之封鎖，以致一切運輸貿易都告停頓，富紳多舉家逃走。法艦巡弋，撞遇商船，肆行轟擊，屠戮焚擄，慘酷萬分。此後商船日絕，臺灣之接濟阻斷，音信難通，互市停息，百物昂貴。

十一年二月，孤拔犯媽宮港，分兵由蒔里登岸，十三日午前六時，媽宮炮臺、協署、街道、營房，一律轟燬，居民北逃頂山，十四日夜「廣勇臺州勇大掠媽宮街，放火延燒店屋殆盡」[101]，法軍入據媽宮澳。此次兵燹，媽宮街上房屋，或被炮打，或被火焚，多歸糜爛，澎湖臺廈郊之「公帳、建家屋契字等簿，一切于乙酉遭兵燹，盡皆遺失」[102]，損失慘重。

六、連年災荒

澎湖列島幅員狹小，地無河渠水利，農耕靠天，如遇旱魃爲虐，則大地遍赤。又常年多風，冬春之際，季風強烈；夏秋之交，颱颶成患。茲將有清一代（起自康熙二十二年領有臺澎，迄於光緒二十一年割臺澎予日），澎湖災荒整理列表如**表8-3**，以供參考。

表8-3　清領時期澎湖災荒情況

編號	清朝年代	西　元	災荒情況
1	康熙46年	一七〇七	荒歉無收，冬大饑，詔蠲本年粟米。
2	康熙56年	一七一七	冬，澎湖廳饑，詔蠲本年錢糧十分之三。
3	康熙60年	一七二一	大風成災，天爲之赤，民居倒坍甚多，官、哨、商、漁船隻，多爲破碎，兵民溺死者無算。

（續）表8-3　清領時期澎湖災荒情況

編號	清朝年代	西元	災荒情況
4	雍正9年	一七三一	大風雨，衙署倒塌。
5	乾隆2年	一七三七	五月及九月，大風。
6	乾隆5年	一七四〇	閏六月，大風，刮壞各汛兵房。
7	乾隆7年	一七四二	臺灣令周鍾瑄運米賑澎湖（災由不詳）。
8	乾隆10年	一七四五	秋八月，大風雨，衙署科房倒塌。
9	乾隆19年	一七五四	颱風，乏食貧民，酌備口糧。
10	乾隆22年	一七五七	冬十二月大風，哨船赴臺運米，遭風飄沒，淹歿戍兵二十二名。
11	乾隆23年	一七五八	正月澎湖大風，在大嶼洋面，擊碎赴臺運米哨船。
12	乾隆30年	一七六五	九月二十三日，颱風陡發，擊碎通洋船隻，西嶼內外塹商船覆沒三十餘，商民淹斃一百二十餘人。
13	乾隆31年	一七六六	秋八月，大風覆溺多船。
14	乾隆51年	一七八六	夏，小米未熟，饑，通判呂憬懞設法平糶。是年復大風，澎湖把總蔡、貓霧捒巡檢陳，遭覆舟淹沒。
15	乾隆55年	一七九〇	六月大風雨，水暴溢，廬舍多陷，壞廟宇民居無算。風挾火行，岸上小舟及車輪，被風吹至五里外。
16	乾隆59年	一七九四	秋饑，晚季不熟。
17	乾隆60年	一七九五	猶饑，通判蔣曾年施粥半月。
18	嘉慶2年	一七九七	八月，風災。
19	嘉慶11年	一八〇六	晚季不熟。
20	嘉慶16年	一八一一	八、九月大風，下鹹雨爲災。
21	嘉慶18年	一八一三	七月二十夜大風，海水驟漲，壞民廬舍，沈覆海船無算。
22	嘉慶20年	一八一五	小米未熟，八月大風，下鹹雨，又被風災，冬大饑。
23	道光11年	一八三一	夏旱，八九月大風，下鹹雨，冬大饑。
24	道光12年	一八三二	三月猶饑。八月大風，海水大漲，覆舟溺人無數。
25	道光20年	一八四〇	大風，吉貝嶼洋船擊碎。
26	道光24年	一八四四	饑，下數年皆饑。

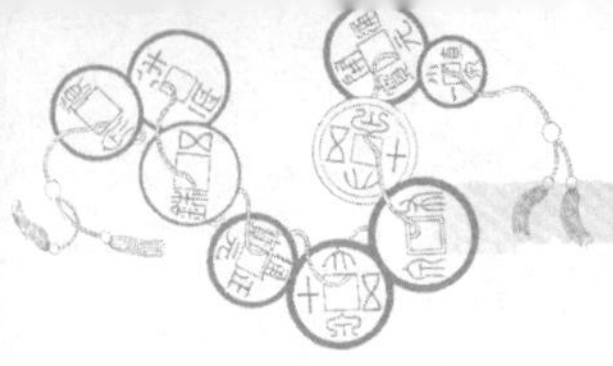

（續）表8-3　清領時期澎湖災荒情況

編號	清朝年代	西　元	災荒情況
27	道光30年	一八五〇	雜穀失收，民大饑饉。
28	咸豐元年	一八五一	三月大風霾，鹹雨成災。
29	咸豐2年	一八五二	二月初一，媽宮街火，延燒店屋無數，大井頭一帶皆燼。夏有蟲，六、七月颱風，下鹹雨。
30	咸豐5年	一八五五	夏久旱，米價騰貴。
31	咸豐6年	一八五六	大疫，死者數千人，大城北、宅腳嶼尤甚。
32	咸豐7年	一八五七	大疫未止，五穀價長。時內地大荒，米價驟漲，故澎湖亦困。
33	咸豐9年	一八五九	夏大風，海面覆船無數。
34	咸豐10年	一八六〇	夏大旱，八月颶風鹹雨爲災，民房傾圮，海船擊碎甚多。
35	咸豐11年	一八六二	大饑，八罩嶼爲甚。
36	同治5年	一八六六	夏大旱，秋颱風，下鹹雨三次，民大饑。冬復大風碎船。
37	同治7年	一八六八	秋七月，林投、圭壁二澳大疫。
38	同治8年	一八六九	饑饉。
39	同治9年	一八七〇	春旱，十月下鹹雨。
40	同治10年	一八七一	春夏饑。八月颱風大作，港口船隻皆碎。
41	同治11年	一八七二	夏旱且蝗，八月暴風鹹雨爲災，民饑困尤甚。
42	同治12年	一八七三	春不雨，旱且饑。是冬，民得異疾，久始暫瘥，俗謂平安病。
43	同治13年	一八七四	九月大風，覆沒船隻。
44	光緒2年	一八七六	四月，洋面颶風大作，覆舟無數。
45	光緒3年	一八七七	夏大風，下鹹雨。
46	光緒4年	一八七八	春暴風，吉貝嶼小船不能往來，以書繫於桶內，隨流報饑困狀。
47	光緒5年	一八七九	夏不雨，六月始雨，七月又雨，民氣稍蘇。
48	光緒7年	一八八一	夏不雨，旱季粱黍失收。七月颱颶交作，下鹹雨三次，遍野如洗，狂風連作，風通處，樹木爲焦，洵非常災變。
49	光緒8年	一八八二	夏不雨，六月始雨。

（續）表8-3　清領時期澎湖災荒情況

編號	清朝年代	西　元	災荒情況
50	光緒10年	一八八四	夏六月大疫。是年法夷犯澎湖。
51	光緒11年	一八八五	四月大疫，耕牛多死。
52	光緒13年	一八八七	夏六月，颱風大作，英國汽船遭難，人多溺死。
53	光緒18年	一八九二	六月大風雨三日，平地水深三尺，壞衙署、房屋、商船、五穀無數，八月颱風，下鹹雨。是年地瓜薄收，花生十存二三，十月復颶風，沈英國輪船，溺死者一百三十餘名。十一月，天大寒。
54	光緒19年	一八九三	鹹雨成災，大饑。
55	光緒20年	一八九四	春二月福建總督譚、臺灣巡撫邵，派人、船到澎賑恤（災由不詳）。

說明：

一、本表起自康熙二十二年，迄於光緒二十年，其前後則不計。

二、本表據《澎湖廳志》及《臺灣省通志》，與其他相關志書匯成，茲不一一註明出處。

據表8-3統計分析，可推知：

1. 自康熙二十二年（1683）至光緒二十年（1894）二百一十二年間，共有災荒五十五次，平均計算，每隔三點八年即有一次，災變率可謂極高。
2. 康熙年間三次及雍正間乙次，年久事湮並不可靠，姑不計算。以下所列乾隆六十年間，計有災荒十三次，平均四點六年一次；嘉慶二十五年間，共有災變五次，平均五年一次；道光三十年間，荒亂有五次，平均六年一次；咸豐十一年間，災亂計有八次，平均一點四年一次；同治十三年間，災

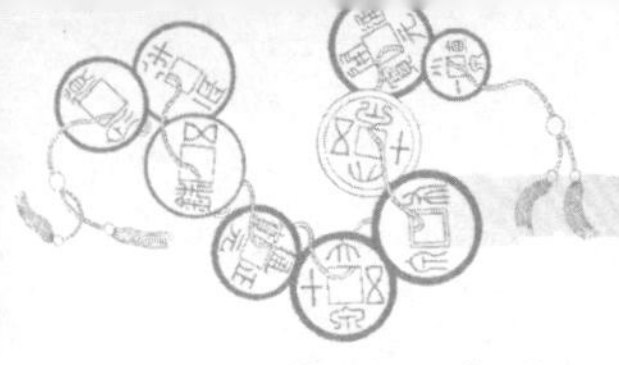

變共有八次，平均一點六年一次；光緒二十年間，共有災荒十二次，平均一點七年一次。

可見澎湖災荒以咸、同、光三朝最爲嚴重，其中因史籍闕略，或採訪未周，而不見記載者，尙不知凡幾也；且所謂「下數年皆饑」、「大疫未止」等等尙未計算在內。可知澎湖災荒殆無年不有，連年災荒，風、雨、饑、荒、刀、兵、水、火，災亂不已，澎民生於斯固苦極矣！災荒如此，求賑恤之不已，生計艱難，澎民之購買力薄弱可想得知。衣食不足，民困彌甚，欲求臺廈郊之興利發皇，是則富強無術，緣木求魚矣！

七、乙未割臺

乙未割臺是臺澎行郊沒落並終告消滅之一大關鍵。我拓臺先民於前清時代遷臺澎奠居者，從事墾殖較少，多屬營商，少作長久定居之計，尤多內地股戶之人，出資遣夥來臺經商。故光緒乙未割臺，日人侵佔臺澎，所有大陸來臺之郊商，紛紛歸籍，逗留者，僅少數小郊商，進退維谷，心存觀望，商業一時陷於停頓。加以日軍侵臺遭受民軍全力抵抗，兵燹所及，十室九空，於此兵慌馬亂中，百行罷市，各郊商業均因戰亂，不得不停頓。

日人竊據臺澎之後，日益加強經濟控制，欲使臺灣成爲日貨傾銷之尾閭，與產業原料之供應地，自然不願臺澎郊行再與大陸通商，遂嚴格規定：臺灣各處商船只准本島運載，不得擅往大陸，大陸船來臺限於三大口出入，例禁森嚴[103]。而自昔郊商販運區域幾全在大陸沿海口岸，經此限制，無口呑吐，貿易航運一斷，焉能生存。行郊雖日趨式微，而日人猶懼郊行在民間之潛存勢力，時時注意監視，對於「行郊」，或常加取締，或迫其解散，或迫其改組，於是澎湖臺廈郊改爲「臺廈郊實業會」，重訂約章，對外行文改稱「商會」，而郊商亦僅只剩十七家矣！

八、組織簡陋

以上所言，皆行郊沒落之外部因素，而其致命之打擊在於其內在因素——組織過於簡陋，不足以發揮組織功能，進而發展組織，終趨向老化僵硬。

就組織形態言，郊戶多爲同籍同宗之人，藉財力與神權統治同業，是以行郊兼具有業緣性、地緣性、宗教性與血緣性，可稱爲一商業公會、同鄉會、神明會、宗親會之綜合體，易言之具有神權主義（宗教）、鄉黨主義（同鄉）、操縱市場（同業）之特色。然而其組織體制僅有一二爐主，少數職員負責，而爐主統閤郊事務，職權繁重，責任艱鉅，非幹練之才，焉能達成組織目標與任務。再則澎郊雖有郊規之約，若郊員不認眞遵守，陽奉陰違，弊竇叢生，行郊亦僅能罰金或除名了事，久之必使組織散亂癱瘓。似此，行郊組織實有下列數項缺憾：(1)層級化程度不大，不足以應付龐大事務，進而發展組織。(2)權力並無強制性，易造成衆人爭執違規。(3)政策決定，表面上由全體郊員討論，實則易走上寡頭型態，致使決策權

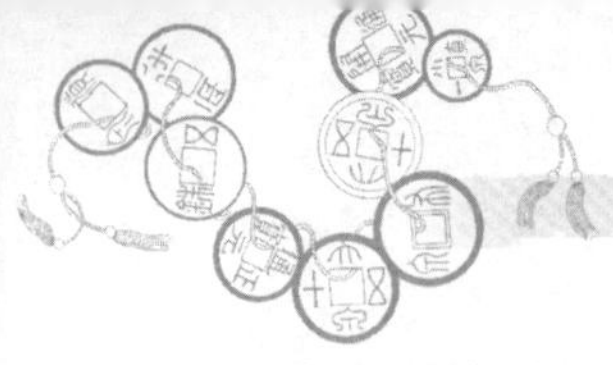

集中少數人之手[104]。組織結構如此簡陋，如此不健全，勢必不能隨政治、社會、經濟環境之變遷而改變適應，澎郊之終趨衰微沒落，乃是必然結果。

九、其他原因

以上所述率犖犖大端，餘尚有一二微因，茲並爲一談。

吾國社會向有士農工商之別，歷來朝廷，視商賈不事生產，爭逐末利，剝削農民，影響習尙，故意屈之，一向採重農抑商之策。如澎湖一地，諸方志莫不讚許澎人民淳俗厚，儉嗇習勞，所謂「臺之民華，澎之民質，臺之民氣浮而動，澎之民情樸而靜」[105]、「俗儉勤人椎魯，熙熙恬恬風近古。……漁者恆漁農者農，饑食渴飲安井伍，更無雀鼠訟譸張，公庭清晏如召杜。論文時亦聚諸生，詩書善氣溢眉宇。……割雞慣笑子遊刀，家絃戶誦並中土」[106]等等均是。對於澎湖臺廈郊營商貿遷一事，竟歸罪使風氣日趨於奢華，斥之爲「一十三澳民頗惇，澆漓只有媽宮市」[107]，惟有「媽宮市上頗不馴，言龐事雜多遊民。草竊無聊兼牙儈，鯫兵蜂聚重爲鄰。赫赫炎炎盡烈火，厝薪不徙勢必焚。溱洧有蕳野有蔓，鶉奔狐走鳥獸群」[108]云云。按澎地磽瘠，不產百物，凡諸衣食器用悉取資外郡，無一物不待濟於市，通商惠工乃守土者之事。不思勤民恤商，加惠商人，曲予優待，招致其來，以給居民之用，反誣其變風移俗，奢華澆漓。殊不知民未知義，由於教化未孚，而教化未孚，由於生計不足，是民困彌甚，則民俗彌偷，所謂倉廩實而知禮義，衣食不足，奚暇治禮義哉？

惟不可諱言，郊商之販運贏利，重商崇利，固可促使經濟繁榮，社會發達，其末流亦足以腐化社會風氣。而郊商博利既易且鉅，不免講求享受，生活往往流於靡爛，不免僅知爭利奪富，出之以種種不法手腕，造成行郊內部之不和，如臺廈郊約章中所云：混淆帳目、侵佔款項、故意生理倒壞詐欺貨財、翻覆反價較取多寡、陰謀奪客僭越相爭、私卸行仲由街走兌……等等皆是。又如《澎湖廳志》載「至售花生仁，或以水滲之，使斤兩加重，而不顧買者受病」亦是[109]。凡此踵事奢華、重利盤剝、劣貨欺人、巧詐貨財，結果影響商譽，打擊生理，澎郊之不衰歇者幾稀哉！

第十二節　澎郊對地方之貢獻

臺澎行郊實爲臺灣史上一特殊之商業團體，其所具有之功能已含括政治、經濟、社會、文化、宗教等多元功能，舉凡地方上之傜役、公益、慈善、宗教、教育等事業，幾無一不由彼等宣導、創建、襄助或重振。行郊之團體，不僅促進了臺灣商務之發展，安定移民社會之秩序，更於社會建設提供了巨大之推動力量[110]。

澎郊或成立於康熙末造，盛於同光年間，期間對澎湖之地方公益與社會建設，莫不踴躍參與支援，茲分述於後：

一、教育事項

自古興賢育才，教學爲先，學也者，講修典訓，依仁遊藝，以期明人倫，達時務，是風俗之醇，人才之盛，有賴學庠化陶之。吾國自昔之文教設施，有儒學、義學、社學、民學與書院等，澎湖地瘠民樸，未立學宮，僅各村社設有蒙塾，係民間自延蒙師以教童蒙。至於義學，向來未設，光緒三年，劉家驄於媽宮、文澳，各設義學一所，未幾劉去，而義學亦罷。

澎湖之有書院，始自乾隆三十一年（1766）通判胡建偉之創建，其後歷年既久，廢弛倒壞，屢有疊修擴建，凡此在在均有郊商紳豪之參與，或倡謀捐建，或慷慨醵捐，或董理經管。如其始創，胡建偉云「澎賢夙稱好義，衿耆士庶，與夫客寓斯土者，其各踴躍樂捐，以勷斯舉……凡歲中脩脯之需，膏火之費，均有賴焉」[111]。五十五年夏，壞於風災，知府楊廷理諭通判王慶奎鳩資修葺。嘉慶四年（1799），通判韓蜚聲捐廉重修，改建魁星樓。二十年，通判彭謙增建以祀文昌。道光七年（1827），通判蔣鏞與各士子巡閱院宇，見椽瓦榱桷多損壞，魁星樓剝蝕更甚，遂商請協鎭孫得發等各捐廉倡修，「闔澎士庶亦欣然樂輸」[112]。同治十二年（1873），動工重修登瀛樓（即魁星樓），此役倡首者鄭桂樵（步蟾），勷其事「則高袞夫（其華）武庠，林荊山（瓊樹）太學也」，此二人「從未列談經之席，身不登問字之車，獨能勷茲義舉，有功斯文，士林中所不可多得，況得之商賈中乎」[113]。光緒元年（1875），以後進文昌祠規模稍狹，議決拓廣，「時連年秋收豐稔，士民踴躍樂捐，有郊戶職貢黃學周，首捐三百兩，爲翻新蓋後殿之費。于是協鎮吳奇勳……及郊戶殷戶，各捐重貲」[114]。

是知文石書院自乾隆三十二年（1767）落成，以迄光緒二十一年（1895）澎湖陷日爲止，其間一百二十八年書院之重修改建，郊商無不樂捐襄助。至於書院之賓興膏火、祭祀束脩之經費由來，向由學租與捐款支付，其來源素出自地方鄉紳郊商之捐助，而膏火盈餘之賃放生息亦委由郊商辦理，惟澎地如何，志無明文，不得稽考，僅知其經費盈餘，款項現錢「分借各紳商」而已[115]，既是「紳商」，則其中有郊商之可能性不小。

書院既設，文風士習，蒸蒸日上，雖窮鄉僻壤，農服先疇，深受儒學之感化，村氓婦孺亦知敬惜字紙，鳩貲合雇數人，月赴各鄉，拾取字紙，積貯書院中，每歲送之清流，沿爲成例。同治十一年，紳士許樹基、蔡玉成、林瓊樹等，議於送字紙時，士子衣冠，齊集書院，以鼓吹儀仗，奉製字倉聖牌位，迎至媽宮，送畢乃返駕書院。各澳輪年董理，於是「四標弁丁及郊戶商民，亦各備鼓吹，共襄勝舉焉」[116]。

二、宗教事項

清代之臺灣，移民艱辛渡海來臺，因臺島荒蕪初啓，天災疫害頻仍，加之官府力量薄弱，兵燹屢屢，民間互助之風特盛，常有結社組織，以共同信仰之神明爲中心而結合之，因之神明會極爲普

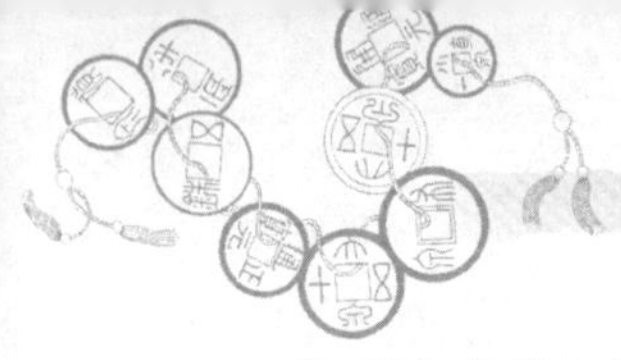

遍，促成寺廟之興建發達。而臺島廟宇不僅是民間信仰中心，同時也成爲聚落自治及行會自治之中心，我拓臺先民實擅於運用寺廟推動地方建設，興辦慈善事業，進而教化百姓，平定變亂，維持社會治安，促進社會繁榮，故知臺島寺廟具有自衛、自治、涉外、社交、教化、娛樂等多元社會功能，與地方之發展息息相關。

行郊既是由同一行業之商賈組合，奉一神明，設幫會，訂規約，以時集議；內以聯絡同業，外以交接別途，自需有一集會辦事處，此辦事處有設於爐主自宅，亦多設於寺廟，以充聯誼自治集會之所，故本省各地寺廟之創建修葺，郊商無不踴躍捐輸。澎郊之參與澎湖地方寺廟修建，文獻可徵者，有水仙宮、觀音亭、眞武廟、無祀壇、節孝祠、武廟等，其中水仙宮爲澎郊之會所，已於前述，茲請從他廟記起：

節孝祠：在天后宮西室，道光十八年（1838）署通判魏彥儀設內祀。咸豐間，有奸民改爲捐輸局，祠內碑記聯匾，皆被毀棄，幸有生員方景雲等，仗義力爭，逐出奸民，景雲歿後，祠中廢墜如故。光緒五年（1879），「媽宮澳商民黃學周、黃鶴年籌貲重修」[117]。

無祀壇：一在西嶼內外塹，適中道左；一在媽宮澳西海邊，土名西垵仔。媽宮澳之無祀祠，建於康熙二十三年（1684），乾隆十五年（1750）增修廓大，二十九年暨四十六年曾公捐重修。至嘉慶二十五年（1820），「右營游擊阮朝良，募同課館連金源、郊舖金長順等捐修」[118]。

觀音廟（亭）：廟在媽宮澳，康熙三十五年（1696）游擊薛奎創建。其後乾隆二十九年（1764）、四十六年、嘉慶十年（1805）均曾重修，光緒元年（1875），「例貢生黃學周等鳩捐重建」[119]。

關帝廟（武廟）：原在媽宮澳西偏，乾隆三十一年（1766），胡建偉會協營諸人捐俸增修，後雖經四方商賈屢屢捐輸修葺，終於圮廢改建兵房。光緒元年（1875），協鎮吳奇勳擇地另建，而「商之官紳暨軍民商賈，罔不稱善，於是發簿勸助，皆踴躍樂輸，計集資千有餘金。……命千總吳宗泮、外委張豪霖、武生高其華踵其役」[120]。

眞武廟：廟在媽宮澳，祀北極眞武上帝，建於何年未詳。乾隆五十六年（1791）、嘉慶二十三年（1818）曾修葺，至光緒元年「董事高其華等修建」[121]。

餘如城隍廟「乾隆五十五年風災，殿宇損壞，前廳蔣曾年捐俸及商民修理。……嘉慶三年，前廳韓蚩聲續勸商賈重修」[122]，乙酉兵燹，廟毀於兵，於是重建，「商之諸紳，以閤澎十三澳公捐錢二千貫有奇」[123]。龍神祠之建「閤轄士耆商庶，隨緣樂輸，共襄斯舉」[124]。他如天后宮、大王廟、西嶼義祠，雖云書無明文，而所祀諸神職司安瀾，郊商行賈往來海上，焉能不特加尊崇，隨緣捐輸，以襄其成，乃扼於文獻不足徵，姑略之。

三、保安事項

郊爲商業公會，以謀求自身之商業利益爲主。惟至後來，行郊勢力漸趨龐大，不僅掌握商權，且幾成爲一變相下級行政機構，所

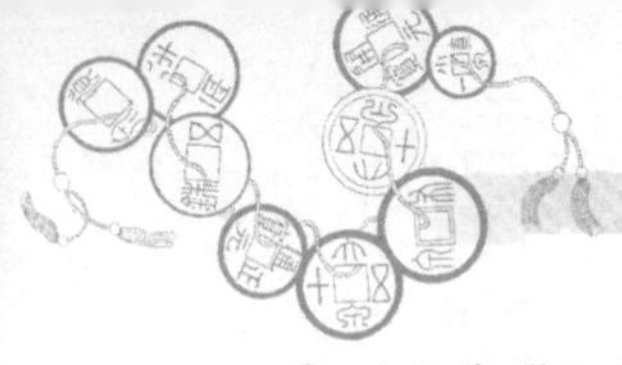

掌事務，上需應接官諭，下要和諧商情。以接下諸事言，如賑恤、修築、捐輸、調處諸商糾紛；以事上言，有奉諭防海、平匪、派義民、捐軍需，及地方官責成之諸公事。是以行郊多有組織保甲以防奸細，訓練義民以衛鄉梓，設冬防夜警以緝盜賊等，如《澎湖廳志》記「于媽宮市設一保長，于水仙宮設文口以稽查船隻」[125]。按保甲制度爲民間自衛員警之組織，臺灣雖自雍正十一年（1733）施行，然皆委諸地方自理，由當地士紳主持，其組織原則以十戶爲牌立牌頭，十牌爲甲立甲長，十甲爲保立保長，惟保甲之編成，因時制宜，因地損益。保長之責有編查戶口、稽查匪類、緝拏人犯、催徵錢糧諸項，由於容易招怨，人多畏避承充。至道光末年，廢弛已極，僅成具文，除必要之冬防一事，幾失諸有名無實。

臺灣團練之制度與保甲制度，相表裏而相呼應，地方壯丁團練，組織爲隊，除對土匪警戒，冬防出勤外，凡遇兵亂，則執戈從軍，陷陣衝鋒；無事則緝捕巡防，或散歸隴畝，嘉咸之際，臺灣多次叛亂，多藉團練戡平，其力甚大。同治二年（1863）有海賊登澎湖岸，焚刦畤澳，賴有鄉民蔡耀坤設法拒守，於是同治四年，丁日健檄澎湖廳舉辦團廳，設保安局，《澎湖廳志》詳載：

> （同治）四年春，臺澎道丁日健檄澎湖廳舉辦團練，設保定局，令貢生郭朝熙，生員郭頭勳，郊户黃學周爲媽宮市團總，率練勇四百五十二名防守港口。[126]

同治十三年，日人興兵犯臺，沈葆楨辦理臺灣海防，巡閱澎湖，檄通判劉邦憲再興舊制，舉辦團練，《澎湖廳志》續云：

（同治）十三年夏，日本國與臺灣生番滋事，臺澎戒嚴。欽差大臣沈葆楨渡臺視師，閱澎湖海口……檄通判劉邦憲舉辦團練。……分飭十三澳紳衿就各社，設爲分局，挨抽壯丁，造冊過點，共二千餘名。無事各安生業，有警合力守禦，就地勸捐，以作經費，媽宮紳士黃步梯、郭朝熙等，捐募三甲，壯勇二百名，備置號甲送點；郊户黃學周等，亦募勇七十名，在媽宮市設局訓練。[127]

可知澎地郊商平日聲息相通，聯守望相助之規，以緝盜安良，保衛鄉土，補官廳之不足；有事則不惜傾家紓難，或召募練勇，或捐助餉糈，或出資備器，以戡平匪亂，抵抗外患。

四、公益事項

澎湖居臺、廈之間，四面環海，島嶼紛排，沙淺礁多，波濤洶湧，每年冬春，北風盛發，狂颶排空，地最危險，險冠諸海。而西嶼一處，尤爲重要，凡臺廈往來船隻，皆以此嶼爲標準，凡遇風信靡常，則官、商船舶莫不就西嶼以爲依息，故設有文武查船汛口。然當宵昏冥晦之時，風濤震盪，急欲得西嶼而安之，轉或別有所觸，屢致船隻損壞，蓋因四望茫然，一無標準故也，是以燈塔之設有其亟需，俾一望無際之餘，知所定向，以作迷津之指南。

考西嶼燈塔之置，始於西嶼義祠之建。乾隆乙酉（三十年，1765）秋九月二十三日，颶風陡發，浪同山湧，擊碎通洋船隻，數

不勝指，而灣泊於澎湖西嶼內外塹被難者，不下三十餘船，淹斃人口至一百二十餘人之多，誠歷年少見之奇災異厄。翌年，通判胡建偉與左營游府林雲、右營游府戴福捐俸創建，立祠以祀，俾孤魂得所依歸[128]。

迨乾隆四十二年，傾圮頹廢，「廣不過仞，高不越尋常，殊不足繫遙瞻而遠矚」[129]，郡守蔣元樞、通判謝維祺捐俸倡修，就西嶼古塔基址擴建，計周五丈，高七級（級凡七尺），頂層四圍，鑲嵌玻璃，內點長明燈，召募妥僧住持，兼司燈火，每夜點亮，以利舟行。此役經始於四十三年冬，落成於四十四年夏，建置經費之由來，除諸有司之捐俸，另傳諭臺郡船戶及廈門郊行共同醵金湊捐；日用香燭燈油之費，則「今就往來挽泊西嶼與進媽宮者，各行公議每船捐錢一百文，其杉板船隻每船捐錢五十文，交給常住」[130]。是知建置之費，日用之錢，率多臺、廈郊行資助。

嗣因屢遭風災，年久廢弛，照管乏人，以致塔前廟宇傾圮，玻璃損壞，燈塔有名無實，興廢不時。道光三年（1823）通判蔣鏞會同水師提憲陳元戎籌款重修，原寄望「每年照舊西嶼寄碇商船，每船每次捐錢一百文，尖艚船每次捐錢五十文」[131]，以資供給，不料商船日漸稀少，經費不敷一歲之用，遂設簿勸捐，經郊戶商船踴躍輸捐，於塔邊典買園地，付住持耕種收租，藉資補助；另典當市店一所，契字簿據，交天后宮董事輪管，收租生息，買備燈油，按月支付。樂輸捐戶，「續修西嶼塔廟記」載有：「一、臺郡各郊行共捐番銀二百元（原注：姓名俱勒名）。一、澎湖舖戶、商船、尖艚、漁船共捐番銀二百四十元（原注：姓名俱勒石）。」[132]「臺郡各郊行」即指臺灣府（臺南）各郊行，所謂「澎湖舖戶」依常理推測應是澎湖郊舖無誤。

據此，知臺灣燈塔之濫觴——西嶼燈塔之始建與修葺，臺、澎、廈三地郊行之出力特多也！

五、慈善事項

澎郊之慈善事項可略分爲救恤、助葬、賑荒三類。玆先言救恤：

清人奄有臺澎，於社會行政無專設機構，當時所謂恤政，惟依清律，由縣廳地方有司督行之，其機構則有養濟院、普濟堂、棲流所、留養院及育嬰堂等。至若機構之創立經費及維持費用，如屬公立，則多以船舶、鴉片煙稅資助，不足，或假以募捐。其私立者，多出自地方紳商之樂捐，官府亦每予補助。綜觀本省清代之救恤機構，多爲官紳郊商醵資合營，實爲本省之特色。澎郊之救恤義行，頗見舊志記載，雖屬斷簡殘篇，尙可略知梗概，玆雜採舊志，列述於下。《澎湖廳志》卷二〈規制・恤政〉記：

> 媽宮街金興順，郊户德茂號等，鳩貲買過蔡天來店屋一間，爲失水難民棲身之所，址在媽宮口左畔……現經修理堅固，床灶齊備，門首大書「失水難民寓處」六字，逐年輪交大媽宮金興順頭家執掌。嘉慶二十四年（1819），經于前廳陞寶任内稟官存案。[133]

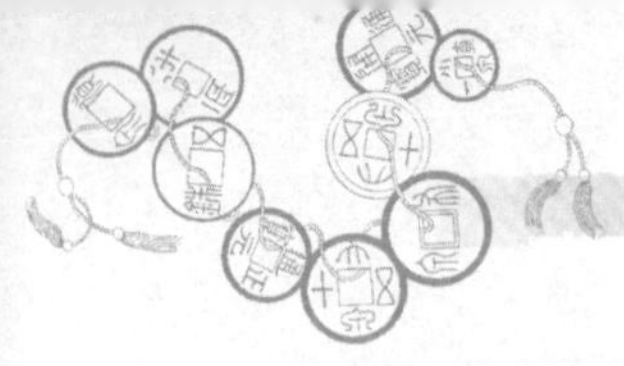

此即澎湖棲流所，連橫《臺灣通史》言：

> 澎湖棲流所：在媽宮。嘉慶二十四年，郊户德茂號等捐款置屋，以爲難民棲宿，稟官存案。[134]

且於郊規中明定救助失水難民，其恤助患難之美德有如此者。

澎湖地瘠民貧，頗有溺女之風。光緒三年，通判劉家驄，始有育嬰堂之倡議，惜未幾解任，竟不果行。嗣於光緒六年，通判李郁堦再倡興建，乃向紳商募貲創設，改築馬公街邵公祠爲堂舍，以「監生林瓊樹董其事」[135]，後歸廳辦理。其店業、借戶歲收租息三十二萬四千文，每月又於鹽課撥銀五十兩，以充經費。約收女嬰三十餘名，每名月給八百文，並分恤養濟院窮民，每名月給三百文。

養濟院即普濟堂，收容孤寡廢疾貧民，通有清一代，臺省僅臺南、鳳山、澎湖三地有之。澎湖普濟堂於道光六年（1826），通判蔣鏞籌建，先捐四百元交媽祖宮董事輪年生息。九年，澎湖紳商續輸捐，計「闔澎士民共捐二百一十元，交課館連金源生息」[136]，以理度之，當有澎湖郊商之贊助。

再述助葬：

本島孤懸海外，昔爲蠻夷之居，至清初尚爲新闢。我先民離鄉背井，來臺拓墾，一遇災異兵燹、蠻煙瘴雨，流亡孤客，旅死甚多，其停棺之所、葬身之地，及運柩回籍之籌謀，在在多成問題。況乾嘉以降，本省開闢日廣，流寓益多，問題更形嚴重，故救濟措施，不容忽焉。清代之助葬善事，有供給土地於貧民埋葬，或合葬無主枯骨，或寄托旅櫬，或協助埋葬等，略別之，亦不外乎義塚、殯舍、萬善同歸三類。

義塚由官建置者有之，紳民買獻者有之，任人埋葬，不收地價。澎湖義塚凡七：一在媽宮澳東北，一在尖山鄉，一在林投垵，一在西嶼，一在瓦硐港，一在網垵澳，又一在北山後寮灣，凡海中漂屍，率拾葬於此。《澎湖廳志》卷二〈規制・祠廟〉之「無祀壇」條云：

> 一在媽宮澳海旁邊，土名西垵仔。廟中周歲燈油，俱協營捐辦。祠左有一大墳，即埋瘞枯骨之處。建於康熙二十三年（1684），高不過尋，寬不及弓。乾隆十五年（1750），前廳何器與協鎮邱有章等，公捐增修廓大。……嘉慶二十五年（1820），右營游擊阮朝良同課館連金源，郊户金長順等捐修。（下略）[137]

萬善同歸或稱萬全同歸，蓋爲掇拾枯骨叢葬之所。《澎湖廳志》卷二〈規制・恤政〉又記：

> 媽宮澳西城之東北以至五里亭一帶，廢塚纍纍，舊有萬善同歸大墓二所，一爲前協鎮招成萬建，一爲晉江職員曾捷光建，皆在觀音亭邊。光緒四年（1878），同安諸生黃廷甲招各郊户捐修，又在石厝東西畔修建男女室各一。[138]

其在石厝左近者有四墓，曰安樂壇、曰東塔壇、曰西負新舊墓、曰東塔後舊大墓。在觀音亭北者，曰萬善墓。又於石厝西，拾

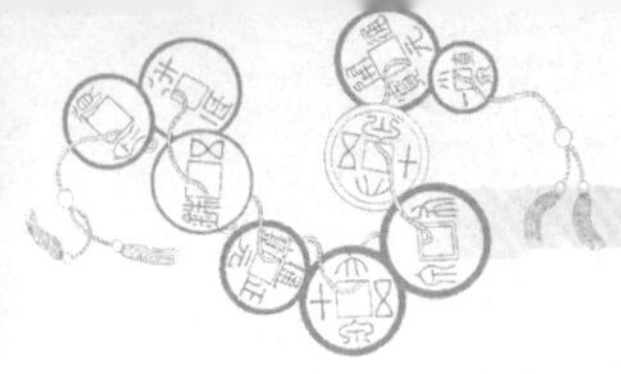

取遺骸，築成大墓四所，編爲福祿壽全四號。續於西城土地廟東畔，築成大墓二所，編爲富貴兩號。其零星荒墳之暴露者，皆重加修築，一在尖山鄉，一在林投[139]。凡此皆有澎湖郊戶之贊助捐修。

末敘賑荒：

災荒救濟，清代統稱爲荒政。本省於清代，水利未善，災荒頻見，重以醫藥不昌，疾癘流行，戰禍屢頻，饑饉連歲，是以本省清代之救荒事業，視爲要政。災荒救濟，非食糧不可，而其儲藏，非倉廒不爲功，清代本省之倉廒，有常平倉、義倉、社倉、番社倉四者，平日藏穀以待荒歲。而儲藏軍米之武倉，亦每借資取以爲濟。

澎湖一地，有常平倉（即文倉）、武倉、社倉、義倉。文武倉俱爲官營官儲，以待正供，以濟軍食，茲不述，請從義倉敘起。

義倉者，當年歲凶荒之際，貧民告糴無由，由開義倉之穀給民糴。故義倉實具有調節物價、救恤貧民、賑濟災荒三大作用。義倉初由官營，故又名監倉，迨嘉慶時，改爲民營，仍由官方監督，實半官營之性質也。義倉之錢穀，率由官府勸捐粟穀而成，無異對各富紳之攤派，若有違勸弗捐，則有不可之勢。

澎湖廳義倉，係於道光十一年（1831），通判蔣鏞倡設，在地紳商踴躍樂輸，中曾「勸同媽宮街行店量力輸助」[140]。其法發給支單，分各澳總理承領，至年底結數報官，總理五年一換，由紳董舉充，以杜私弊。不料奉行不善，徇隱不報，諸總理未按年赴署結算母利，換具收管，而期過五年，各董事鄉甲亦未另舉接充，久之竟成虛額。故林豪曾議擇德性良好而又家道殷實之公正紳商，主持其事。至於湊捐平糶之本銀，則擇「郊戶之殷實可靠者二三家」經管

[141]，量收其一分或五六釐之利息，以冀奉行得人，推行盡利。下迄光緒十九年（1893），鹹雨爲災，澎湖歲饑，始再舉義倉，除官方倡捐外，並勸諭本地紳富襄贊，計得銀二千餘兩，以爲社倉資本，其中「郊戶黃學周勸諭三郊，合捐一百六十三兩零」[142]，至是而澎湖義倉始成。

澎湖社倉起於雍正九年（1731），通判王仁倡捐，至乾隆十六年止（1751），文武各官及紳民共捐社倉穀二百五十九石。是年八月，臺灣知府陳闢以澎湖係屬臺邑，應將社穀撥歸臺邑，通判何器奉令將存穀移去澎營，抵作撥臺之額，其後續將餘穀改作溢捐穀石，歸入常平官倉存貯，終致社倉顆粒無存，顢頇之官，不恤生民有如此者[143]！

除義倉、社倉外，賑災助貧，糶濟民食，澎湖之臺廈郊商亦不落人後，惜舊志記載，頗缺略不詳。如澎湖於道光十一年夏旱，秋大風，下鹹雨，冬大饑，通判蔣鏞籌捐義倉錢，先濟貧民。十二年春猶饑，興泉永道周凱，至澎賑恤，「時以臺府遠不濟急，暫借行戶錢米散給」[144]，並作詩乙首，吟記此事：「連日開倉日未中，紛紛戶口散來公。……貸金不愁園吏粟，回帆齊拜水仙宮」[145]，又如咸豐元年大風霾，下鹹雨，民食維艱，除官府恤濟外，另有「臺郡商林春瀾、石時榮、蔡芳泰、黃瑞卿等，共捐銀一千六百四十餘兩。本地殷戶吳鏞、黃朝基等，共捐銀一千七百三十九兩」[146]。而泉州郊商黃瑞卿亦奉官諭倡捐賑輸數百金（轉引自陳支平〈清代泉州黃氏郊商與鄉族特徵〉一文，未刊稿）。同治五年夏大旱、秋颱風，下鹹雨三次，民大饑，在地紳商捐湊賑濟，並由「紳商黃步

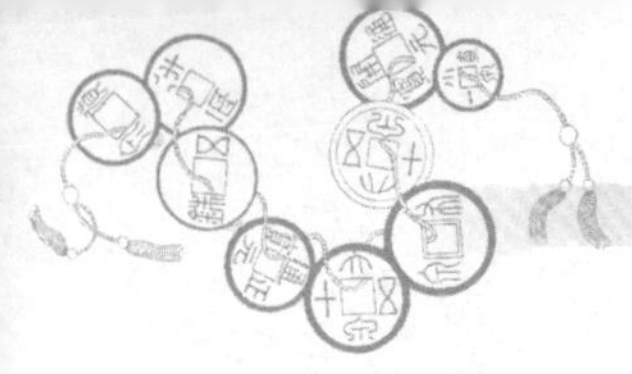

梯、鄭少蟾、林瓊樹、黃應宸、黃學周等，辦理賑務，多方籌辦，墊錢五百餘千文」[147]。光緒四年春暴風，吉貝嶼等對外交通斷絕，官紳籌資賑恤，「囑士紳黃步梯、林瓊樹等，查外嶼貧民，及島中極貧之家，分別散給」[148]等等。是知澎郊平日之救恤貧困、賑濟災荒、死喪相助之義行美德矣！

第十三節　結語

澎湖行郊稱臺廈郊，簡稱澎郊，公號不詳，其創立或可溯至康熙末造，確知者嘉慶間已有，同光年間最稱繁盛。惜澎島散佈臺灣海峽，面積狹小，地瘠民貧，農產不豐，居民大多以海爲田，捕魚爲生，腹地既如此狹窄，胃納有限，市場復集中馬公一地，工商無從發展。兼之海道峻險；船隻每易失事；颶颱鹹雨，連年災荒；有司不恤，不招商賈；既有偷渡走私之競爭，復有兵燹劫焚之亂事；而其組織簡陋，層級有限，部門不分，內部不和，屢有違法亂紀之弊，澎郊之衰歇之不振，實扼於天時地利之自然地理環境，與夫人和之內在原因。而乙未割臺澎，尤爲一大打擊，日據後被迫改組「臺廈郊實業會」，其間雖因馬公港之一度開放爲特別輸出入港，而告復興，惟旋起旋廢，經廢止後，遂一落千丈。光復後，民國三十五年，就澎湖臺廈郊實業會，改組爲澎湖縣商會，以圖謀工商業之發展，增進工商業之公共福利，以至於今，但已非清時臺廈郊之原貌。

臺廈郊之會所爲水仙宮，奉祀媽祖及水仙尊王，郊舖與市集均聚結於馬公市，蓋馬公爲一優良港口，乃臺廈商船出入所聚，爲紳商官署萃集之所。澎郊組織採爐主制，以按鬮或擲筶選出，逐年二名，輪流辦理商務，其下則應有若干職員協助。經費則賴抽分、捐款、會費、公店租息，及罰金之收入，並訂有郊規約束眾郊友。知名郊商人物，確知者有黃學周、黃應宸兩人，另高其華暨林瓊樹二人亦頗有可能；而知名之郊舖則有德茂、金長順、金利順、金興順、安興、鼎順、裕記、怡發、同成、合發、豐順、振吉、錦成、益成、源茂、順美、通發、源合、豐德、合源，另協長成、頂成亦有可能是郊舖。其貿易地區，以廈門、臺南爲主，故稱臺廈郊，而旁及福建之同安、泉州、漳州；臺灣之高雄、東港、鹿港、北港，廣東之南澳，凡港路可通，爭相貿易。其輸出以花生之油粄，及魚乾類爲主，輸入則以布帛、磁瓦、米糖、雜糧、杉木、紙札、薪炭等爲多，故臺廈郊舖所賣貨物，自五穀布帛，以至油酒、香燭、乾菜、紙筆之類，及家常應用器物，無物不有。史籍有缺，二百年之澎湖臺廈郊史，所能考知者僅此，無能周全遍知，抉微發覆，乃莫大遺憾！

澎湖四面汪洋，孤懸海中，論其地，則風多雨少，斥鹵鹹碱，土性磽瘠，泉源不淪，雨露鮮滋，乏田可耕，種植維艱，惟藉雜糧，以資民食。地之所產甚微，故素乏殷實之戶，富者鮮蓋藏之具，貧者無隔宿之糧，民困至此，故論者曰：「閩海四島，金門、廈門、海壇、澎湖，舊有富貴貧賤之分。謂廈門富，金門貴，而澎湖獨以貧稱也」[149]，澎民生於斯固苦極矣。而一遇旱魃爲虐，風

雨爲災，官府屢行賑恤，固有加無已，而澎湖臺廈郊商亦盡其力襄助，舉凡如捐義倉、置義塚、賑災荒、育棄嬰、收難民，恤孤窮等，莫不踴躍捐輸，趨善慕義。餘如書院之協修、寺廟之興建、燈塔之創置、鄉土之保衛、治安之維持，亦共襄義舉，無不參與。可知郊商平日鄉里聚居，必爲之盡心力，相扶相持，於促進地方安定、社會建設，實具相當貢獻。

要之，澎湖係一海島，漁業產量固有剩餘，而食糧生產及其他日用物品之製造，則極感缺乏，無法構成一自給自足之經濟區域，故商業交易，貿遷有無，至感需要，乃有臺廈郊之興起。無如其地瘠薄，季風強烈，鹹雨不時，不適農耕，環境惡劣如此，影響所及，居民購買力弱，稅課收入有限，稅收不裕，一切施政當受限制，難以建設地方，雖人口逐年增加，反成負擔，故工商之增進之繁榮，概屬有限，臺廈郊之不能茁壯繁盛，之終於沒落衰歇，種因在此。惟其如此，故舊志記載，既鮮且略，史闕有間，碑殘碣斷，僅曉一二，考知有限，欲求擘績補苴，豐碩細緻，則有待他日新史料之發現矣！

註釋

❶林豪，《澎湖廳志》，卷二〈規制・恤政〉，頁七六（臺銀文叢第一六四種）。

❷見《臨時臺灣舊慣調查第一部調查會第一部調查第三回報告書》之《臺灣私法附錄參考書》第三卷上，第四篇第一章第三節「郊」，所收第六「澎湖媽宮臺廈郊約章」，頁六八～六九（日本明治四十三年十一月發行）。

❸見方豪，〈澎湖、北港、宜蘭之郊〉，頁三二七（收入《方豪六十至六十四自選待定稿》，民國六十三年四月初版）。

❹胡建偉，《澎湖紀略》卷之二〈地理紀〉「澳社」，頁三二～三三（臺銀文叢第一零九種）。

❺周于仁等，《澎湖志略》之〈舟楫〉項，頁三七（臺銀文叢第一○四種）。

❻林豪前引書，卷九〈風俗・服習〉，頁三○六。

❼同註❷。

❽同註❷。

❾同註❷。

❿同註❷前引書所收第七「媽宮臺廈郊約章」，頁六九～七一。

⓫同註❷。

⓬同註❻。

⓭同註❷。

⓮同註❿。

⓯同註❿。

⓰同註❷。

⓱同註❷。

⓲同註❿。

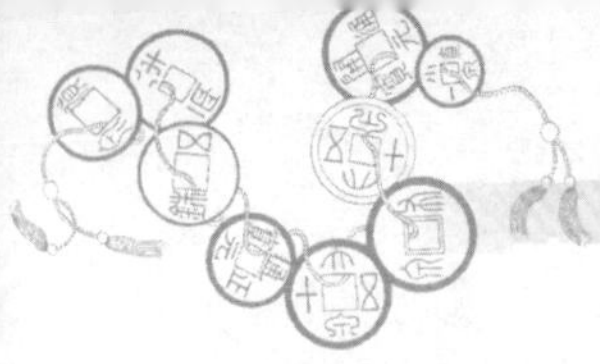

⓳同註❷前引書，頁一六七。

⓴同註❿。

㉑同註❿。

㉒同註❷。

㉓同註❷、註❿。

㉔同前註。

㉕同前註。

㉖胡建偉，前引書，卷二〈地理紀・廟祀〉，頁四一～四二。按所謂「划水仙」之法，據胡書云「其法在船諸人，各披髮蹲舷，以空手作撥棹勢，假口作鉦鼓聲，如五月競渡狀；即檣傾柁折，亦可破浪穿風，疾飛抵岸」。

㉗蔡平立，《澎湖通史》卷十六〈教育文化篇〉第三章「名勝古蹟」「水仙宮」條，頁五四三（民國六十八年七月，臺北，衆文圖書公司出版）。

㉘同註❻。

㉙林豪，前引書，卷二〈規制・祠廟「無祀壇」，頁六三。

㉚同註❶。

㉛杜臻，《澎湖臺灣紀略》，頁二～三（臺銀文叢第一〇四種）。

㉜林謙光，《臺灣紀略・附澎湖》，頁六五（臺銀文叢第一四種）。

㉝同註❺。

㉞胡建偉，前引書，卷五〈人物紀・材武〉，頁一〇二～一〇四。

㉟見王必昌，《重修臺灣縣志》，卷四〈賦役志・離餉〉，頁一二一（臺銀文叢第一一三種）。

㊱蔣鏞，《澎湖續編》卷上〈地理紀・廟祀〉「無祀壇」，頁八（臺銀文叢第一一五種）。

㊲蔣鏞，前引書，卷上〈風俗紀・歲時〉，頁五九。

㊳蔣鏞，前引書，卷下〈藝文紀〉所收蔣鏞「續修西嶼塔廟記」，頁八四～八六。

㊴蔣鏞，前引書，頁九〇—九二。

㊵蔣鏞，前引書，卷上〈人物紀・鄉行〉，頁二六。

㊶林豪，前引書，卷七〈人物上・鄉行〉，頁二五〇及二五五。

㊷胡建偉，前引書，卷二〈地理紀・街市〉，頁四三～四五。
㊸蔣鏞，前引書，卷上〈地理紀・街市〉，頁九。
㊹林豪，前引書，卷十一〈舊事・祥異〉，頁三七三。
㊺林豪，前引書，卷十一〈舊事・紀兵〉，頁三六七。
㊻林豪，前引書，卷二〈規制・街市〉，頁八二～八三。
㊼蔡平立，前引書，卷十五第二章「媽宮城」，頁四三一。
㊽見《澎湖縣志》〈交通志〉第一章第二節「馬公港」，頁六（民國六十一年八月，澎湖縣文獻委員會出版）。
㊾同前註前引文第四節，頁二〇。
㊿杜臻，前引書，頁三一四。
51李元春，《臺灣志略》，卷一〈地志〉，頁二三（臺銀文叢第一八種）。
52胡建偉，前引書，卷一〈天文紀・風信〉，頁九。
53同前註。
54李元春，前引文，頁一五～一六。
55高拱乾，《臺灣府志》卷一〈形勝・附澎湖澳〉，頁一八～二〇（臺銀文叢第六五種）。
56同註㊽前引書第二節「港灣與燈塔」，頁五。
57丁紹儀，《東瀛識略》卷五〈海防〉，頁五三～五四（臺銀文叢第二種）。
58胡建偉，前引書，卷十二〈藝文紀・詩〉，頁二七九。
59胡建偉，前引書，卷七〈風俗紀・習尚〉，頁一四八。
60同註㊷。
61林豪，前引書，卷九〈風俗・服習〉，頁三〇六～三〇七。
62林豪，前引書，卷十〈物產・雜產〉，頁三四七。
63同註61。
64同前註。
65周璽，《彰化縣志》，卷九〈風俗志・商賈〉，頁二九〇（臺銀文叢第一五六種）。
66蔣鏞，前引書，卷下〈藝文紀〉所收周凱「澎湖雜詠二十首和陳別駕」，

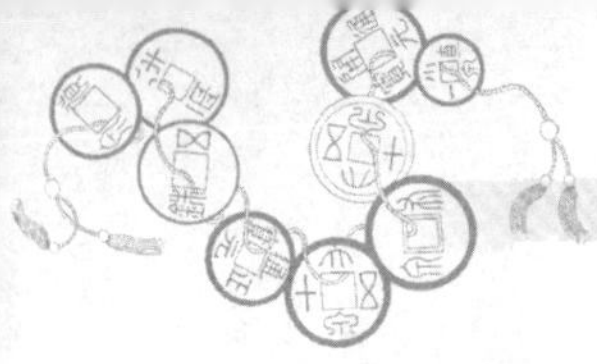

頁一三九～一四一。
67同註6，前引文，頁三〇五。
68同前註。
69同前註前引文，頁三一〇。
70胡建偉，《澎湖紀略》，卷二〈地理紀・形勝〉，頁一五。
71林豪，前引書，卷五〈武備・海防〉，頁一六七。
72倪贊元，《雲林縣采訪冊》，〈大槺榔東堡・街市〉，頁四七（臺銀文叢第三七種）。
73同註49。
74同前註。
75見范咸，《重修臺灣府志》，卷二〈規制・海防〉，頁九〇～九一（臺銀文叢第一零五種）。
76周凱，《廈門志》，卷五〈船政略・商船〉，頁一六六（臺銀文叢第九五種）。
77同前註前引文，頁一七一。
78同註6前引文，頁三〇六～三〇七。
79黃叔璥，《臺海使槎錄》，卷一〈赤嵌筆談・海船〉，頁一七（臺銀文叢第四種）。
80周凱，前引書，卷十五〈風俗記・俗尚〉，頁六四五。
81陳培桂，《淡水廳志》，卷十一〈風俗考・商賈〉，頁二九八～二九九（臺銀文叢第一七二種）。
82王必昌，《重修臺灣縣志》，卷二〈山水志・海道〉，頁六一（臺銀文叢第一一三種）。
83林豪，前引書，卷三〈經政・賦役〉，頁八八～九二。
84同註82。
85胡建偉，前引書，卷三〈官師紀・職事〉，頁六。
86郁永河，《裨海紀遊》卷上，二月二十三日條，頁六（臺銀文叢第四四種）。
87林豪，前引書，卷九〈風俗・服習〉，頁三〇五。

88見《澎湖縣志》〈物產志〉，第二章第四節「牛車」，頁二二（澎湖縣文獻委員會，民國六十一年七月出版）。
89林豪，前引書，卷一〈封域．島嶼〉附考，頁三〇。
90林豪，前引書，卷十一〈舊事．叢談〉，頁三八六。
91同前註。
92林豪，前引書，卷一〈封域．形勢〉，頁一三。
93林豪，前引書，卷一〈封域．風潮〉，頁三六～三七。
94林豪，前引書，卷九〈風俗．風尚〉，頁三二七。
95同註89前引文，頁三五。
96郁永河，前引文，頁五～六。
97謝金鑾，《續修臺灣縣志》，卷一〈地志．海道〉，頁三〇（臺銀文叢第一四〇種）。
98同註48前引書第一章第一節，頁三。
99林豪前引書，卷十一〈舊事．軼事〉，頁三八二。
100同註6前引文，頁三〇七。
101同註45。
102同註2。
103蔡振豐，《苑裡志》，下卷〈風俗考．商賈〉，頁八三（臺銀文叢第四八種）。
104有關行郊組織結構之優缺點，詳見拙文〈臺灣行郊結構之探討〉，《臺灣史蹟源流研究會七十三年會友年會論文選集》，頁一二七～一六二，已收入本書。
105林豪，前引書，卷九〈風俗．風俗記總論〉，頁三二八。
106胡建偉，前引文，卷十二〈藝文紀〉所收胡建偉「澎湖歌」，頁二七七。
107同前註前引文，胡建偉「到湖湖境」，頁二七五。
108同註106。
109同註100。
110詳見拙著〈臺灣行郊之組織功能及貢獻〉，《臺北文獻》直字第七十一期，頁五五～一一二，民國七十四年三月出版。

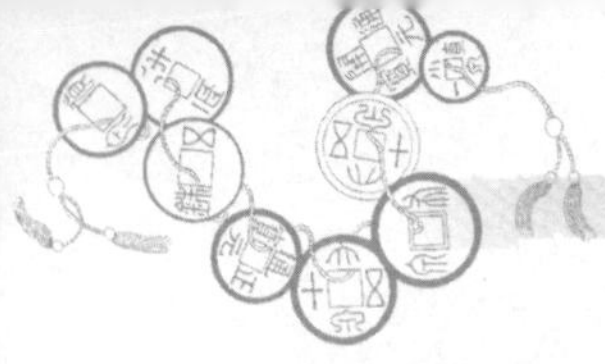

⑪胡建偉前引書，卷十二〈藝文紀・捐創澎湖書院序〉，頁二六〇。
⑫蔣鏞前引書，〈文事紀・書院〉，頁二二。亦見同書〈藝文紀・續修文石書院記」，頁八七。
⑬林豪前引書，卷十三〈藝文中・登瀛樓落成記〉，頁四四六～四四七。
⑭林豪前引書，卷四〈文事・書院〉，頁一一一。
⑮同前註前引文，頁一一二。
⑯同註❻前引文，頁二〇四。
⑰林豪前引書，卷二〈規制・祠廟〉，頁五九。
⑱同註㊱。
⑲林豪前引書，卷二〈規制・叢祠〉，頁六六。
⑳同註⑬前引文「新建武廟碑」，頁四四六。
㉑同註⑲前引文，頁六七。
㉒同註㊱前引文，頁四。
㉓同註⑬前引文「重修城隍廟碑記」，頁四四八。
㉔蔣鏞，前引文「建修龍神祠記」，頁八六。
㉕林豪，前引書，卷三〈經政・戶口〉，頁八六。
㉖林豪，前引書，卷十一〈舊事・紀兵〉，頁三六三～三六四。
㉗同前註。
㉘同註⑪前引文「創建西嶼義祠記」，頁二六一。
㉙同註⑫前引文「建修西嶼塔院落成碑記」，頁八二。
㉚同前註。
㉛同前註前引文「續修西嶼塔廟記」，頁八五。
㉜同前註。
㉝同註❶。
㉞連橫，《臺灣通史》，卷二十一〈鄉治志・臺灣善堂表〉，頁四四〇（臺灣省文獻委員會，民國六十五年五月出版）。
㉟同註❶。
㊱同註❶。又見蔣鏞，前引書〈藝文紀・普濟堂序〉，頁九〇。
㊲同註㉙。

⑬⑧同註❶。
⑬⑨同前註。
⑭⓪蔣鏞，前引書，〈藝文紀·勸捐義倉序〉，頁九一。
⑭①林豪前引書，卷二〈規制·倉庾〉「義倉」，頁七三。
⑭②同前註。並見同書卷十三〈藝文中·澎湖重設義倉記〉，頁四四九。
⑭③同註⑭①前引文「社倉」，頁七一。
⑭④蔣鏞，前引文，〈藝文紀〉周凱「留別八首和徐幼眉大令見贈韻」詩，頁一四三。
⑭⑤同前註。
⑭⑥同註㊹前引文。
⑭⑦同前註，頁三七四。
⑭⑧同前註，頁三七六。
⑭⑨同註⑨①。

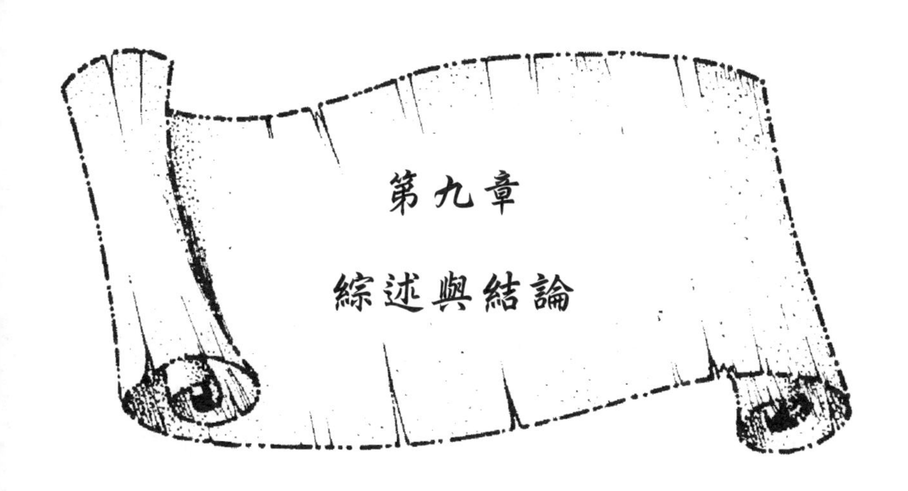

第九章

綜述與結論

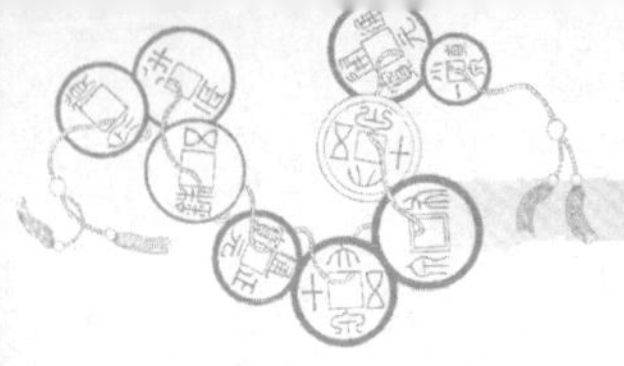

綜上所述，知地方之徭役，行郊莫不襄贊輸助，地方公益、宗教、教育、行政等等事業，幾無一不由渠等倡導興建。以公益事業論，有造橋、修路、浚河、築城、開港，設義渡、建燈塔等；以教育事業論，有捐建考棚、協修學署、輸貲助學、提倡文教等；以宗教事業論，各地大小寺廟，殆皆郊商修建，且多兼爲寺廟之爐主董事；以慈善事業論，有義塚、育嬰、賑災、濟貧；以行政保甲事項言，如組團練、募義民、抽釐金、守城拒賊、平定匪亂、保衛鄉梓等；以改善風氣事項言，如排難解紛、匡正習俗、檢舉奸吏、懲治地痞、保護塚墓、助窮避債等。易言之，對官府，彼須負責籌措軍費、糧餉、招募義勇、組織團練，以保衛防戍鄉梓及地方官責承諸公事，進而協助推行政令；對社會，彼須舉辦各種公益慈善事業；他如宗教祭典之宴飲酬神，自身之商務發展，在在皆須負責辦理。論其功能，已含括政治、經濟、社會、文化、宗教等多元功能，其負擔特重，享受獨少，實乃官民間之橋樑，擔當市政之基層工作，隱隱成爲一變相下級行政機構。行郊之成立，不僅促進臺灣商務之發展，經濟之成長，亦爲其所主持興辦之社會建設暨地方公益事業，提供一巨大推動力量，使地方繁榮，民生富裕，安定臺灣移墾社會之移民秩序，此其貢獻一。

吾國社會向有士、農、工、商之別，歷代朝廷重農抑商，故意屈之。惟論社會實情，商實居第二，緣由商人爲經營買賣，博取奇利，不能不於知識、人情、計謀、禮俗等多下功夫，其所受職業訓練及閱歷經驗，遠勝農家工匠，故常能以其見聞知識、練達人情、雄厚財富，結交官府，交納士紳，況官府士紳常需商人之周濟援助，故每在不十分講究官儀士風之場所，樂與商人接近，互蒙其利。且先人經商之贏利，常是後世入仕之資本，故商人之社會地位，似為最末，實則因其財富，遠較一般平民為高。以臺島郊商而言，或因其雄貲巨富，或因其平亂有功，或因其捐納功名，或因其急公尚義，使其社會地位提高，名列縉神之流，形成一商紳集團。彼既見重鄉梓官府，即使渠偶有僭越失禮，官府亦不與計較，蓋官府深知行郊非但操縱臺島經濟大權，左右民生，影響特巨，且凡屬地方徭役、社會公益，亦莫非行郊是賴，俗云「用官不如用民，用民不如民自用」，官府深知行郊之「功用」，得其昧訣，委婉運用，可樂得清閒自在。況每一地方有其文化背景與特殊社會需要，官府未能盡知，有郊商急公尚義，志願奉獻鄉梓，與地方父老鄉親並肩服務，從事公共建設，滿足地方特殊需要，彌補官府能力之不足，既可減少行政費用支出，復可增進人際關係，融洽群己，各謀所逐，相得益彰。此種民間社團自動自發，服務鄉梓之作法，實已開創現代社會工作志願服務之典型，此其貢獻二。

姚瑩常言：「臺民生財之道，一曰樹藝，二曰貿遷。」[1]換言之，農產品之生產與對外貿易為臺灣經濟核心。是以臺灣經濟之所以能逐漸成長，端恃耕地墾拓之擴大，農作勞工之增加，與夫商業交易之熱絡，而行郊之成立為其重要關鍵與紐帶。蓋臺灣初期之移墾社會，因無手工業，一切民生用品，如綢緞、布匹、紙張、木材、磚瓦、器具等，都須依賴郊商從大陸運來，而臺灣所盛產之米、糖為大陸所需，亦賴郊商出口，形成一方供應農產品，一方供應手工業品之區域分工。由於郊商居中媒介、貿遷有無，充分供

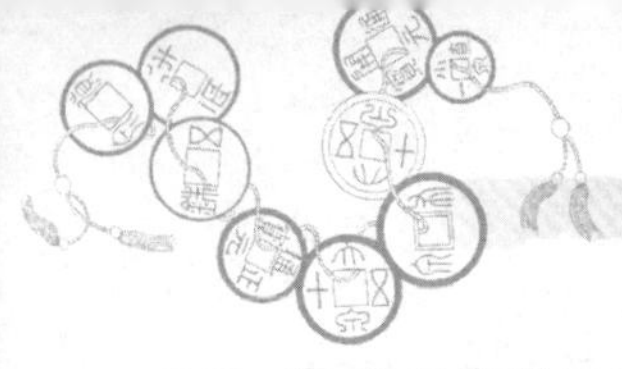

應民生物資，使得臺島日益開拓，物產豐盛，人口大增，於是市場擴增，需求轉巨，從商之人愈多，行郊乃紛紛成立。行郊之成立，愈使商業更趨繁榮，貿易愈加旺盛，市場需求更大，又轉而刺激土地之開墾，大量種植經濟作物，使得臺民善於把握貿易機會，擁有高度之市場取向[2]，及謀利、冒險之企業精神[3]。在如此良性循環下，臺灣貿易成長率迅速增加，貿易條件配合改善，其發展幅度遠勝於此時期之大陸[4]，換言之，此種經濟地理上之優勢，形成臺灣行郊興起的根本原因，也即是說，因臺灣地方小，商民目標一致，內部及省區經濟交易成本低，獲利高，資本累積快，容易短期快速致富，從而影響臺灣之社會經濟結構，舉凡如邊際土地之開發、山胞之東移、緩和人口壓力、提高人民生活水準、創造就業機會、增加官府稅收、北部新興城鎮之崛起、社會階層之加速流動暨臺灣歷史重心之北移等均是[5]。要之，於臺灣經濟之成長，社會之發達，民生之富裕有其貢獻，此其三。

外人素喜譏我中國傳統社會爲一盤散沙，蓋緣我傳統極端重視血緣（如宗族）、地緣（如同鄉），致各事其事，削弱大群意識。臺灣早期移民社會亦是如此，以家族組織言，初期雖因清廷禁止移民攜眷渡臺，致收養螟蛉之風特盛，此固迫於無奈也，而根本之血緣觀念則絲毫未變，是以三兩代後，往往建立宗祠或家廟。以村落結構言，多數村莊是由祖籍相同之各姓移民聚居，供祀移民祖籍鄉土神明之寺廟，遍地可見；復因地緣觀念過強，致使臺島之分類械鬥特多。以結社種類言，如神明會、字姓會、共祭會、父母會等等，或因同一行業、同一籍貫、同一宗姓而組成，皆不脫濃厚之血緣、地緣意識，行郊即為一最佳表徵。惟行郊表面上強烈反應地域觀念，實際上則因商業之往來，無時不與同地、他地之各種地緣性、業緣性組織接觸，彼此由競爭，而折衝，而妥協，進而團結，謀求共存共榮，道咸以還各地大小行郊之紛紛成立，即為一最好說明。一般言，無論地緣觀念如何深固，經濟力量與社會力量無時不在削弱各種地緣組織之畛域觀念，共同之經濟利益遲早必能克服狹窄之地緣觀念，促成超地緣之業緣結合，如艋舺行郊於之與大稻埕行郊於咸豐三年發生頂下郊拼之械鬥，而最後結成臺北三郊金泉順；臺南北郊、南郊、糖郊之組成府城三郊，為衆商之長，即為最佳例證。臺島行郊之相互扶持，共同謀求商業利益，參與地方公益及社會建設，百年下來，未嘗不有助於狹窄地緣意識之消融，與大群意識之產生，此其貢獻四[6]。

行郊有其正面貢獻，難免亦有其負面影響。十九世紀臺灣社會有兩大變遷，其一為宗族制度形成，其二為士紳階級建立，而郊商則為促成其變之媒介。蓋郊商多為漳泉人士，其先為坐賈行商，揚帆濟渡，寄籍臺灣，常回大陸；其後經商致富，為便於就地經營商業，遂落籍臺灣，並招攬家族鄉親前來，加以人口自然增值，乃形成宗族制度，建立宗祠家廟。經商致富之後，憑藉其經濟上之優勢地位，急公尚義，保鄉平亂，或參加科舉，或獲頒軍功，或捐納功名，轉而介入地方公務之決策及執行，使社會地位提高，見重官府及地方，建立一「商紳集團」，打入士紳階級。臺灣社會領導階層之士紳階級，遂因新份子之加入從而轉型，是以清代臺灣社會始終不脫濃厚之商業化與移墾性格。此種社會結構之改變，是得是失，

論者紛紜，一時頗難論斷，惟士紳階級之轉型，意味社會價值之取向改變，由昔年重視科舉、仕宦、文教、轉而重商，民人群相經商，志在販運贏利，希冀由經商致富而躋身士紳階級，成爲領導人物，變爲普遍意識。此種重商崇利之社會價值觀念，其末流足以敗壞傳統民德，腐化社會風氣。臺民原先即有重商傳統，民人貿易取向甚高，頗多文獻方志慨嘆臺俗之奢華侈靡，如修於康熙三十三年（1694）之高拱乾《臺灣府志》稱：

> 間或侈靡成風，如居山不以鹿豕爲禮，居海不以魚鱉爲禮，家無餘貯而衣服麗艷，女鮮擇婿而婚姻論財，人情之厭常喜新，交誼之有初鮮終，與夫信鬼神、惑浮屠、好戲劇、競賭博，爲世道人心之玷，所宜亟變者亦有之。[7]

早期方志如此稱述，其後纂修之方志，幾乎無一不稱引提及，顯見奢華風氣、重商觀念，愈加變厲。經濟之繁榮，社會之變遷，使得社會觀念與風俗習慣改變，舊有農業社會崇儉美德及敦厚人倫爲之喪失，整個社會風氣趨向奢華，注重物質享受，前人慨嘆「夫但知爭利，又安知禮義哉？」[8]良有以也。而郊商博利既易且巨，不免講求享受，生活流於靡爛，放縱子弟，不加管束，敗壞自身風氣，嫉忌者，飛黃流白妄捏污垢；巴結者，逢迎諂媚，幾有吮痔捧臀之醜態；覬覦者，伺機掠劫侵吞，以致盜賊縱横，遍地苻萑[9]。餘如行郊組織，安於現狀，墨守成法，迷信神權，守舊排外等等，凡此種種，莫非是其負面影響，然瑕不掩瑜，比諸其貢獻，不足道矣！

註釋

❶姚瑩，《中復堂選集》，〈東溟文後集〉卷六「與湯海秋書」，頁一一九（臺銀文叢第八三種）。

❷林滿紅，〈貿易與清末臺灣的經濟社會變遷〉，《食貨月刊》復刊第九卷八期，頁一八～三二，民國六十八年七月。

❸詳見溫振華，〈清代臺灣漢人的企業精神〉，《師大歷史學報》第九期，頁一一一～一三九，民國七十年五月。

❹詳見林滿紅，〈清末臺灣與我國大陸之貿易型態比較（一八六〇～一八九四）〉，《師大歷史學報》第六期，頁二四〇～二四一，民國六十七年五月。

❺林滿紅，〈晚清臺灣的茶、糖及樟腦業〉，《臺北文獻》直字第三十八期，頁一～九，民國六十五年十二月。

❻本段得何炳棣《中國會館史論》一書觀念啓發（臺北，學生書局，一九六六年三月）。

❼高拱乾，《臺灣府志》卷七〈風土志・漢人風俗〉，頁一八六（臺銀文叢第六五種）。

❽同前註。

❾蔡明正，〈鹿港綠香居主人自述〉，《臺灣風物》第十六卷四期，頁五一～六八，民國五十五年八月。

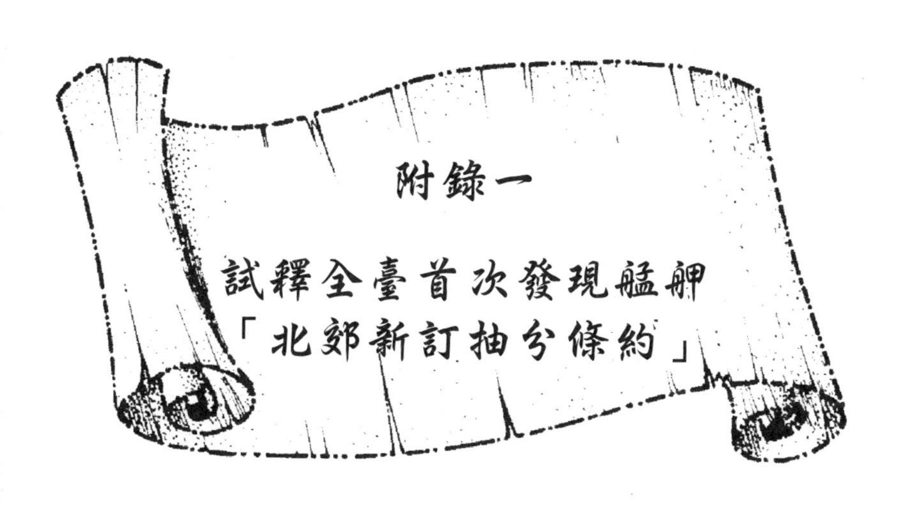

附錄一

試釋全臺首次發現艋舺「北郊新訂抽分條約」

引言

民國七十四年四月廿九日上午，筆者有事電詢臺北市文獻委員會，不料林萬傳兄突見告近從其友林漢章先生處獲贈北郊條約乙件……一事，筆者恐電話中傳語不清，迅即趕至文獻會，乍睹之下，心中大喜，蓋此「北郊新訂抽分條約」，不僅是條約內容而已，竟是原版油印而成之原迹，適巧艋舺耆宿吳松谷（逸生）老先生蒞會，筆者趁機請教其中若干土產物及俚俗字，蒙吳老先生一一賜告，老少暢談近兩小時，不知午餐時間已過矣。其後文獻會特囑撰文以詮釋此張條文，筆者不才，探索「行郊」有年，數年來蒙臺北市文獻會諸長官、同道熱心襄助，敢不應命，爰草撰此文，以箋釋此全臺首次發現之艋舺「北郊新訂抽分條約」。

條約形式及全文

本條約爲青年收藏家林漢章先生從某舊書肆購得，爲一木刻版，經油印若干份贈予林萬傳兄，並特別轉告林兄要轉送給我，心意可感。條約形式爲：高三十九點五公分，寬卌六公分，上窄下寬如梯形，顯然爲大張之通告單，而非小張之個人通知單，其功用應是貼在公衆出入場所（如郊行、碼頭、會所、寺廟等），佈告衆人以周知遵行。茲錄全文如後，略加標點，並於錯白字下加括弧說明：

北郊新訂抽分条（條）約

竊以祀事宜脩，有其舉之莫或廢，而郊規易弛，惟能擴□（之）而彌充。我郊自邇年以來，靛菁所出無幾，而抽分亦屬不多，況地方諸事浩繁，經費遂至不敷，是則歷年爐主辦理支絀所由來也。今若仍依重俩（載）抽分，則徒供祀事，而於地方公事毫無所補。爰是諸同人會同僉議，擬將輕貨各等件一體均抽存爲緊要之需。議就本月十一日過爐以後，凡諸上海、乍浦、鎮海諸舡（船）攬裝貨件，蒲俩（滿載）收批之時，須當在鎮（場）向爐主起領手抧（冊），塡明何號配貨若干。如本舡自配以及諸夥收下，亦應照額逐一報明，葢（蓋）用公記，並付該（該）舡帶來。一俟到港之日，該舡並俩資一齊鳩收，應的（得）若干，該舡將手抧及抽分繳交爐主查收。倘何號及本舡等所配貨額不遵塡明手抧，或短報隱匿等情，一經察出公同議罰，或該舡遇有不測之事，不得與眾均攤，以肅郊規。此係爲公起見，凡我同人務須恪守條約，和衷共濟，以期振作，所有各貨抽分章程，計列於左：

一、布仝（筒）　每仝抽銀五點

一、紬料　每百元抽銀五角

一、生油　每簍抽銀五點

一、藥材　每壹件抽銀壹角

一、牛□（油）　每担抽銀五點

一、紹酒　每百埕抽銀五角

一、棉花　每對抽銀一角

一、火酒　每担抽銀二點

一、通連　每百疋抽銀一角五點

一、麦（麥）仔、青豆、禾米、糙米　每百石抽銀一元

一、斗紋　每箱抽銀一角五點

一、煤油　每箱抽銀一點

一、二棉　每對抽銀五點

其餘什物等貨不能備載，按每本百元暨抽銀五角

光緒十一年歲次乙酉九月　日　公訂

條約箋釋

茲擇句逐項解釋於後：

1.北郊新訂抽分條約

臺灣各地港口之有北郊者，惟臺南北郊蘇萬利及艋舺北郊金萬利，此約之所以斷定屬艋舺北郊者，其因有三：(1)臺南行郊向以三郊具名，甚少單獨題銜；(2)約中指明北郊抽分從「靛菁」所出，此爲艋舺北郊特色；(3)貿易地區爲「上海、乍浦、鎮海」，與艋舺北郊合，與臺南北郊不符。按《淡水廳志》〈風俗考〉記曰：

估客輳集，以淡水爲臺郡第一。……商人擇地所宜，僱船裝販，近則福州、漳、泉、廈門，遠則寧波、上海、乍浦、天津以及廣東。……有郊户焉，或贌船，或自置船，赴福州江浙者，曰北郊；赴泉州者曰泉郊，亦稱頂郊；赴廈門者曰廈郊，統稱爲三郊。……其船往天津、錦州、蓋州，又曰大北；上海、寧波、曰小北。❶

南北郊之分，其中界線有謂廈門，有謂本省，也有說是上海，似未見明確分界，率爲概略之分。一般言：經營上海、天津、煙臺、牛莊等地者，以在臺灣之北，故名北郊。其中又可分爲大北、小北：往天津、錦州、牛莊、營口等地者，曰大北；往上海、乍浦、寧波等地者，曰小北。蓋約以上海爲中界點，分爲大小北。

艋舺北郊應屬「小北」，主要經營寧波、上海、溫州、天津和本省沿岸等地貿易❷。其沿海水程，諸書俱未詳載，茲引《臺灣志略》記其海道航線，以供參考：

臺船至廈門，水程一十一更。自廈門至浙江寧波，水程三十七更；江南上海較遠十更。先由廈門掛驗，出大擔門北行，經金門、遼（料）羅，係同安縣界；過圍頭、深滬、浚裡至永寧，俱晉江縣界；又過祥芝頭至大墜，爲泉州港口；經惠安縣之獺窟至崇武，可泊船數十；復經莆田縣之湄州至平海，可泊船數百；其北即南日，僅容數艘。莆田、福清交界從內港行，經門椈、後草嶼至海壇宮仔前，有鹽嶼，即福清港內，過古嶼門爲長樂縣界。復沿海行，經東西洛至磁澳，回望海壇諸山，環

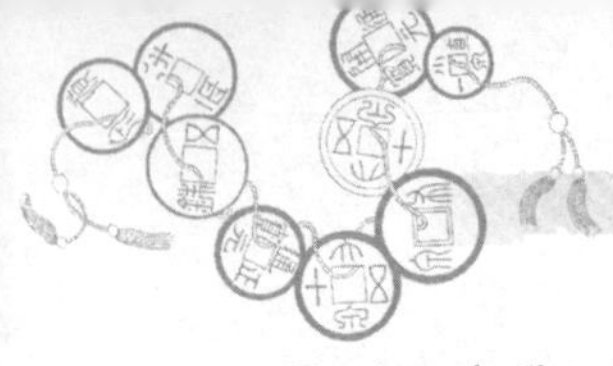

> 峙南日、古嶼之東，出沒隱現，若近若遠；再過爲白畎、爲關潼，可泊船數百，乃福省半港處，入内即五虎門。由關潼一潮水至定海，可泊船數百餘。復經大埕、黃岐至北茭，爲連江縣界；再過羅湖、大金抵三沙、烽火門。由三沙沿山戧駛，一潮水過東壁、大小目、火焰山、馬嶼，進松山港，即福寧府。由烽火門過大小崙山、秦嶼、水澳與南鎮、沙埕，直抵南北二關，閩、浙交界。由北關北上至金香大澳，東有南紀嶼可泊千艘；其北爲鳳凰澳，係瑞安縣港口；又北爲梅花嶼，即溫州港口。過壠内三盤，僞鄭常屯劄於此；再過王大澳、玉盤山、坎門、大鹿山，至石塘，内爲雙門衛；復經鸞壳澳、深門、花澳、馬蹄澳、雙頭通至川礁，爲黃巖港口。從牛頭門、柴盤抵石浦門。由龍門港、崎頭至丁厝澳，澳東大山疊出，爲舟山地；赴寧波、上海，在此分艅。從西，由定海關進港數里，即寧波；從北，過岑港、黃浦至沈加門；東出即普陀山，北上爲秦山、花島嶼。秦山西南有板椒山，屬蘇州府界；又有羊山，龍神甚靈，凡船到此，須悄寂而過。放大洋，抵吳淞，進港數里，即上海。再由舟山丁厝澳西北放小洋，四更至乍浦；海邊俱石岸，北風可泊於羊山嶼。向北過崇明外五條沙轉西，三十四更入膠州口。過崇明外五條沙，對北三十二更至成山頭。向東北放洋，十一更至旅順口；由山邊至童子溝島向東，沿山七更至蓋州；向北放洋七更，至錦州府。❸

至若艋舺北郊之沿革，非短文所能敘述，讀者可參考拙著〈艋舺行郊初探〉，可略知梗概[4]。

2.竊以祀事宜脩，有其舉之莫或廢

行郊之源起原有其歷史、地理、社會、經濟等背景因素，而臺灣開拓形態以地緣關係與血緣關係之群體爲主，此種移民形態，更易促成結社與組織之出現。加以種種人爲及自然環境之搏鬥，先民求神祈福之心特熾，因此宗教信仰與宗教組織二者相互爲用，造成臺灣宗教團體與其他各種民間組織之特別盛行，換言之，臺灣民間組織幾乎皆具有不同程度之宗教色彩。郊爲臺灣民間組織之一，故其組織制度、組織名稱，富含濃厚神明會之形式，遂特重祭祀，其開支以祭祀事宜爲主，其郊約亦明定之，且列爲首章。

3.而郊規易弛，惟能擴之而彌充

行商設郊之目的，除共謀同業間之利益外，並充爲街民自治之協議所，以懲戒不法商人，維持風紀。除此，或鳩資修廟，進而從事公益事業，凡此在在均需有一組織章程、議事章程等，遂有郊規之訂立。

郊有郊規，郊規爲其自治規範，規定各種商事規約，郊員須恪守勿違，倘敢抗違，嚴以責罰。各郊往往有聯合組織，如臺南三郊、鹿港八郊、臺北三郊等是。其所議定章則，各郊員均應遵守，其效力往往及於郊外之商號[5]。

4.我郊自邇年以來，靛菁所出無幾，而抽分亦屬不多

行郊經費之由來，各郊不同，略別之，亦不外乎：捐款、抽分（即課稅）、置產、罰金四途。以捐款言：有入郊之會費，俗稱「插爐銀」；又，於宗教慶典，或地方臨時有公益、傜役時，則由

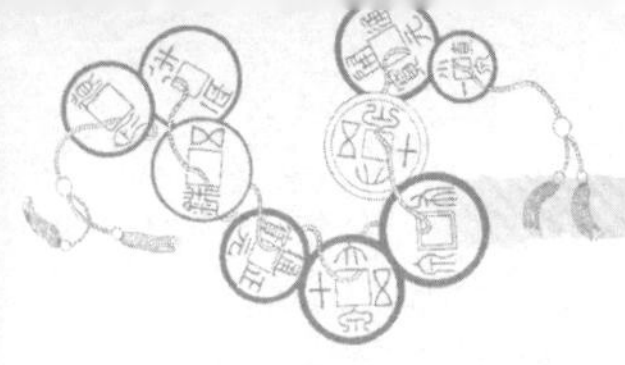

所屬各商號樂捐攤派。以置產言：行郊多置有田產店厝，將其租贌，積貯放生，俟其利息之蓄，供祭祀及其他事務用。以罰金言：行郊訂有規約，凡不遵守者，按則罰金，如本約後之所謂「一經察出，公同議罰」是也。以抽分言：自來行郊即有抽收貨物進出口稅釐，以充郊中公費，且爲郊中經費之主要收入[6]。菁稅爲艋舺私抽中一款，交由學海書院作學租，《淡水廳志》記〈學海書院租息〉：

> 菁秤一款，道光二十六年總理張錦回獻充。本係艋郊私抽，每籃抽錢六文。計觔一千，抽銀一角。二十六年，艋舺縣丞馮鳴鶴稟稱：每年出入得息，約七百千文，除雇工外，約剩四百餘千。同知黃開基諭董事蘇袞榮收繳。咸豐十一年，同知秋曰覲改諭泉、北郊商爐主經營。同治六年，董事張書紳繳收。七年張書紳贌人定價銀四百圓。[7]

按北臺一帶，物產之盛者，有茶、煤、磺、靛、樟腦。艋舺北郊所辦貨物，出口以大菁、苧麻、樟腦、木材爲大宗，進口則多爲布帛、綢緞類。惟早期貿易，似以大菁爲最大出口貨，其殷盛時，淡水河岸經常排滿菁桶[8]。至同治後，口岸對外開放，外國物資源源湧入，大菁此一土產染料漸爲淘汰，是以約中言「邇年以來，靛菁所出無幾」。郭芬芝〈臺北懷古談〉述：

> 大菁是當時運銷大陸的大宗貨，產地是深坑、新店、青潭等地。這是一種植物，約有等身高，形狀如雞爪蘭，葉很大，收

刈後煎成塊，如豆腐大，裝入竹籠後才運到艋舺，等到要出船時，才換裝木桶，裝入船艙去。這大菁是當時的重要染料，到了日據後，外國染料源源湧入，把它沖掉，才沒有人種。[9]

5.況地方諸事浩繁，經費遂至不敷，是則歷年爐主辦理支絀所由來也

行郊經費之開支，則以祭祀事宜、地方公事、職員薪資及其他雜項爲主。以祭祀費用言：行郊爲神明會，故特重祭祀，每逢宗教祭典必盛大舉行。以職員薪資言：郊中聘有辦事員，其薪金則由公費支出，然艋舺北郊之組織不詳，其支出則不得而知。以雜項言：舉凡如辦公處所之茶水、點心、紙札……等開銷均是。以地方公事言：可分爲社會公益事業之捐輸，及地方官責承之徭役公事。如造橋、修路、建廟、育嬰、賑荒、濟貧、濬河、築城、開港、設義渡、義塚等公益事業；捐考棚、修學署、輸貲助學、提倡文教等教育事業；組團練、募義民、平匪亂、防治安等徭役事項，事例繁多乃致「地方諸事浩繁，經費遂至不敷」。

「爐主」由神前之香爐得名，爲義務職、不支薪、任期一年，每年大祭典時，衆爐下（即郊友）齊集神前，或由神籤押定，或以擲筶決定，逐年憑筶輪換，俗稱「過爐」。爐主統閤郊事務，而有關郊中經費之收支保管及財產管理，由其經手辦理。正因如此，倘公款日絀，經費無從措出，則日日應需，爐主墳用，遇事墊費，「是則歷年爐主辦理支絀所由來也」，況最大宗收入之菁稅「邇年以來，靛菁所出無幾，而抽分亦屬不多」[10]。

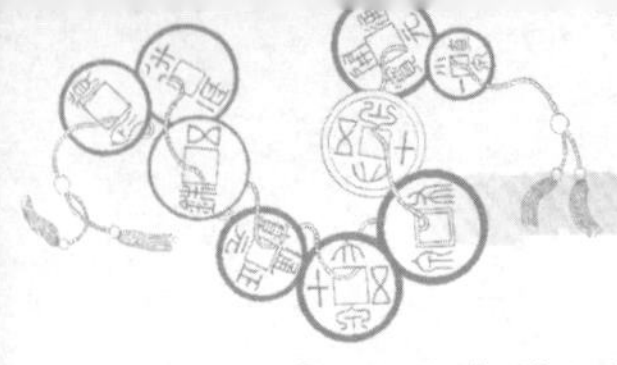

6.今若仍依重倆抽分，則徒供祀事，而於地方公事毫無所補

所謂「重倆」，即指自臺灣「出港」（意即出口）之貨品。艋舺北郊輸出主要爲大菁，「重倆抽分」指的即是「菁稅」，換言之，菁稅之抽分僅夠平日祀事之用，於地方公事之龐大支出顯然不足。至於祀事，每年農曆三月廿三日（媽祖誕辰）、七月十五日（中元普度）、九月初九（媽祖飛昇日）三次慶典最爲重要，其中又以中元普度最是奢糜，耗費最鉅，遂至經費不敷，爐主辦理支絀賠本主因。

按臺俗中元普度，戶戶爭奇，家家鬥奢，所謂「肉山酒池慶中元」，或聘妓吹彈，或呼優演戲，各大寺廟，無不舉行建醮法事，豎燈篙、點冥燈、放水燈，相沿成習，自清已然。昔時艋舺，此風特盛，每年自農曆七月初一起至三十日止，亙一月之久，各街各業，輪流普度，或懸綵燈，或張華筵，歌唱管絃，殆無寧日。艋舺農曆七月之慶讚中元，自來以龍山寺爲主，而龍山寺歷年之普度，又爲臺北市諸寺廟中，情況最爲熱鬧者；加以龍山寺爲艋舺泉北郊之會所，每年普度，泉北郊商，糜金數千，競相誇耀[11]，至今艋舺耆宿尚留傳「泉北郊拍拍叫，較輸大腳卻一粒蟯」之俗諺[12]猶可想見當年爭侈鬥奢之熱烈，其所費不貲，大則千金，小則數十金，經費之不敷，其來有自，不難考知。

7.擬將輕貨各等件一體均抽存為緊要之需

「輕貨」一語相對於上述之「重倆」，即指自大陸輸入臺灣之貨品，如條文中所述之布仝、紬料、生油、藥材、紹酒、棉花……等等均是。

8.議就本月十一日過爐以後

「本月」據條文後所附年代日期，知是九月，則每年九月十一日爲艋舺北郊之過爐日期。臺島各地行郊雖率多於三月廿三日媽祖誕辰日選舉新爐主，然過爐日期卻未有統一，如鹿港泉郊爲六月一日前[13]，澎湖臺廈郊爲三月（分上下兩期辦理，上期：三月二十三日至九月，下期：十月十日至三月一日）[14]。

9.凡諸上海、乍浦、鎮海諸舡攬裝貨件，滿俩收批之時

據此知艋舺北郊之交易地點有上海、乍浦、鎮海等地，確屬「小北」。滿俩即滿載，郭芬芝〈臺北懷古談〉記：

> 當時二三千石的大船可以駛入艋舺，所以大溪口到鹽崎頭（約今臺北市環河南路第一水門附近）一帶，經常停泊著很多的大船，特別是船家在出航的前晚，要做「滿載」，大飲大喝一頓，到了黃昏時候，打鑼叫金來祝彩，煞是熱鬧。[15]

是知「滿載」除表示諸船滿載貨物外，另有一番「滿載」之習俗祝賀，以示佳兆吉彩，預祝一帆風順，貿遷贏利滿載而歸。

又，諸船到港攬裝貨件，其先後、種類、數量、地區（諸港口）及儎價（運費）均有一定之規矩。如《淡水廳志》記：「有傳幫焉，乃商自傳，視船先後到，限以若干日滿，以次出口也」[16]。鹿港泉郊郊規尤周詳議定：「本館事無大小，以及議儎傳幫，凡有傳請，諸同人不論緩急，立傳立到，以便集議」，「諸船長行車額原自有定，如新到之船，立冊寫儎，車額定後，一體交關，不得更易」，「諸船進口，如欲越港，……該出海務必到館預先聲明」，

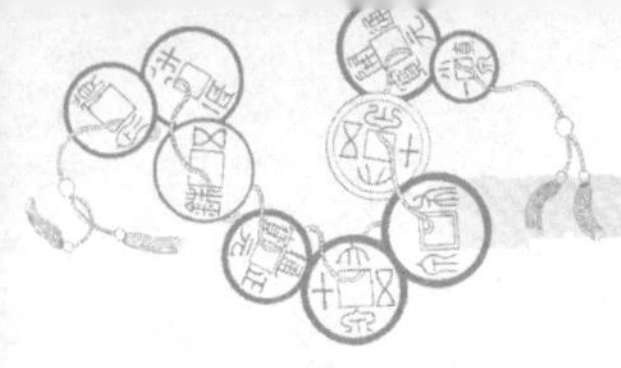

「凡在澳之船，幫期已定，緣單起後，越日收批，向來規矩，確定不易」，「凡有船越港，船儎（即運費）議貶二點，新船議貶一點，此係老例。如往五功、番挖二港裝下，再入鹿港攬儎，應傳儎資貶五點，實爲公議，如敢故違，杜絕交關」等等均是[17]。

10.須當在鎮向爐主起領手抧，填明何號配貨若干

郊中爐主統閤郊事務，除辦理年例致祭事務外，有關行郊之經費收支保管及財產管理處分，亦由其經手辦理。諸船滿載貨品，於收批之時，須當場向爐主領取手抧（手冊，即緣單或配單），填明某某行號或某某船號配貨種類及數量，以供抽分課稅，充爲郊中經費。

11.如本舡自配以及諸夥收下，亦應照額逐一報明，蓋用公記

郊行種類有二，一爲「船頭行」，一爲「九八行」。凡資本雄厚，自備船隻，獨家採購，自運自售者，稱「船頭行」，文中之「本舡自配」即指諸船頭行。資本弱者，無法自備船隻，承受他人之委託代爲售賣，抽取佣金二分，稱之爲「九八行」[18]。

公記即艋舺北郊之公印，惜本條文之後未見，否則更添生色，彌增價值。

12.一俟到港之日，該舡並倆資一齊鳩收，應的若干，該舡將手抧抽分繳交爐主查收

倆資，應爲載資，即運費。諸船滿載貨品運售大陸各港後，再由大陸各港運載貨物返臺，入港之日，將記載配運貨物之手冊（如貨單類）及應繳納之若干稅金，一併繳交爐主查收。

13.倘何號及本舡等所配貨額不遵填明手抧，或短報隱匿等情

行商組織「郊」，純爲自發性，官府未加以干涉或輔助，故商戶入郊並未受到強制，遂有行商不加入，不受郊規之約束，此等行商俗稱「散郊戶」，泛稱「郊外」。此種事實足以影響行郊之獨佔性、壟斷性，在互爭勝算之下，不免不擇手段，惡性競爭，影響衆郊[19]。

而行商加入，固須遵守郊規，然違規結果，亦不外乎罰酒筵、分檳榔、罰燈彩，及罰戲、罰金等，重者開除郊籍。雖云開除後，郊中規定同盟與之絕交，不得與該號往來交易，恐事實上難以遵守，況行郊未確切掌握壟斷市場之經濟統制權，退名開除之郊號，生理固受影響，尙不至於倒閉歇業，甚且此後可能不擇手段，打擊行郊。易言之，郊員倘不誠心守規，陽奉陰違，時日一久，必弊竇叢生，如削價奪客、摻雜詐欺、惡性倒閉、逃漏抽分……等等，其中則以短報隱匿，走漏抽分最爲常見。蓋郊中開支浩繁，而抽分課稅爲行郊經費之大宗收入，故稅釐不免稍重，郊商負擔一重，遂有走漏、短報、隱匿之惡風[20]。

14.或該舡遇有不測之事，不得與衆均攤，以肅郊規

航運貿易，贏利可觀，然遠涉重洋，風濤洶湧，海道又險，不測之事在所多有。商船觸礁遇颱沉溺姑且不論，而商船不幸遭風，寄椗擱淺口岸，近海居民往往乘危肆搶，已沉者，有自恃諳習水性之人，不顧生命泅水撈摸；其船僅止擱淺，貨物並未沉海，乃竟有乘勢上船恣意搶奪，甚至圖財害命，拆船滅跡者；而被難船戶皆係異地商民，不敢涉訟，多不報案，久之沿習成風，直以「搶灘」爲

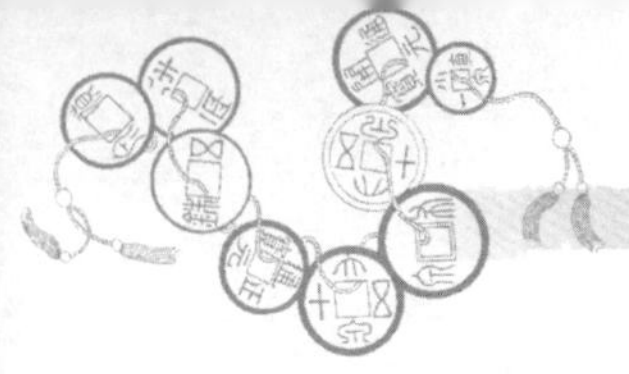

生業，遂有商船雖遇損壞，不敢近岸，竟至全船淹斃之慘事[21]。

郊商船戶販運，風險既大，不測又多，故郊規中往往訂有失事賠償標準，如鹿港泉郊訂：

(1)訂船戶如犯風水損失，有救起貨額，船貨兩攤，其杉、磁、茶葉、藥材，此無可稽之貨，例應不在攤內，應與船另議，合應聲明。

(2)訂船戶遭風損失器具，惟桅、舵、椗三款，應就照貨若干，船主應開七分，貨客應貼船三分，其餘細款，胡混難稽，不在貼款，合應聲明。

(3)訂船戶擱漏，貨額濕損，缺本若干，貨客應開七分，船主應貼貨三分，船之修創，應費多少，船主應開七分，貨客應貼三分。[22]

然據本約，則確知艋舺北郊並無訂定失事賠償規約，殆防其中詐領弊病，及過多不測損失耶！

15.一、布仝每仝抽銀五點，一、紬料每百元抽銀五角……（略）其餘什物……按每本百元暨抽銀五角

布筒、紬料、生油、藥材、牛油、紹酒、棉花、火酒、通連、麥仔、青豆、禾米、糙米、斗紋、煤油、二棉等均是輕載之貨，即大陸輸入臺灣之各項民生用品，亦可窺知臺灣手工業之不振。約中稅釐規定抽銀之「點」，即「分」，南部俗音「雖」，如每仝抽銀五點即每筒抽銀五分。茲再逐件說明於下：

布仝：仝即筒，布匹一捆爲一筒，二捆爲一對。

紬料：即絲絹類，俗以紬爲繒帛之大名，或泛稱紬布、紬緞、紬絹。

生油：以落花生榨製之油也。將落花生炒熟，乘熱壓出油，謂之生油。須再煎煉乃爲熟油，方可食用。要之，未熬制之油，可供點燈之用，皆可稱生油。

藥材：本省中藥材之來源，率多自四川出產，經廈門轉運來臺。

牛油：即牛乳之油。

紹酒：紹興酒之簡稱。其計量單位之「埕」，詢問一二故老，大多不知，經查《中文大辭典》埕字，知：埕，小口之瓶也。一埕爲酒一罎，埕爲俗字，或作坛、壜、甑，酒一罎謂一埕。

火酒：酒精之別稱。有純淨與不純淨之分，純者無毒，可攙水飲用；不純者供燃料、工業等用，有毒不可飲。

通連：承吳松谷老先生賜告，即今之面巾，昔時需面巾者須至布帛店購買，當場依顧客所要尺寸將整疋布剪裁，不似今日之分成若干規格尺寸，事先縫製好發售。俗或稱「通連巾」。

麦仔：麦即麥之俗字，臺語稱物之小者曰仔，麥仔即麥子。

禾米、糙米：即稻米，凡稻去殼後，尚未碾白者稱糙米。

斗紋：按《廈門志》卷七〈關賦略〉海關之「關稅科則」錄有應上稅科則之貨物，其中衣類之「絹」下有「斗紋絹每疋例四分」[23]；暨《臺灣私法商事編》第二冊第六章海商，所收錄之第三十六「運費」有「斗文布百疋銀一·○元」[24]，據此知爲紬絹之一種。

煤油：即石油之俗稱。

二棉：指二級棉，即次等棉，相對於上述之「棉花」[25]。

「每本百元暨抽銀五角」，即其餘什貨無法一一備載，一律以每百元抽銀五角（千分之五）爲基本抽分率。據此亦可知當年艋舺北郊進口物質以民生用品爲主，有酒類、藥材、米糧、布料等等。

16.光緒十一年歲次乙酉九月　日　公訂

據此年代，吾人可綜合上述推知如下幾種情況：

(1)艋舺北郊之主要出口品爲大菁，雖云咸豐十年開港後，屢受洋商洋貨之競爭，然猶能支撐十數年不倒，直至日據後才無人要此土產染料。

(2)艋舺北郊之興衰，似可以光緒十一年（1885）爲一分水嶺，其前靛菁抽分收入夥多，足可支撐祭祀事宜及地方諸多公事之開銷，其後所出無幾，抽分不多，不得不將入口諸貨逐件抽分。易言之，北郊之出口過於依賴大菁之輸出，而不知變通轉爲輸出當時極爲風行暢銷之茶葉、樟腦，不圖根本，僅爲治標的以入口輕貨抽分爲補救之法，艋舺北郊之衰微，此殆爲一重大原因。

結語——艋舺北郊條約發現之意義與價值

此艋舺「北郊新訂抽分條約」訂於清光緒十一年（1885），於本年（民國七十四年，1985）發現，恰滿一百年，眞所謂「百年一見」之史料，且光緒十一年又適爲臺省建省之年，莫非冥冥中上蒼有意之安排，以慶賀臺省建省一百周年之賀禮耶！此爲艋舺北郊條約發現之最大意義。

吾國歷代史籍記載，偏重於典章制度、學術思想、政治人物等上層文化，於社會風尚、民間生活、商業活動等下層文化鮮有記錄。故有關行郊史料既乏且略，蒐羅匪易，以今存史料言：臺灣諸方志及閩粵兩省方志所載，或略而不言，或偶一提及，無一完整之系統敘述。較爲珍貴者，其一爲臺灣各地留存之清代碑碣，然碑斷碣殘，所能參考運用者，率多限於碑末之「捐輸名單」；其二爲日據初期，臨時臺灣舊慣調查會編印之第一部調查第三回報告書之《臺灣私法第三卷》及其「附錄參考書」，此一調查報告，於郊之性質、組織、沿革有較完整之解說，並收有「郊」之參考文獻十數件，書內其他可供參考者，亦復不少，惜多爲日據初期，已是行郊之尾聲矣！以研究人士言：日人伊能嘉矩之《臺灣文化志》，東嘉生之《臺灣經濟史研究》及近人方豪先生諸大作，已能較詳敘及，惟諸家宏文，不出《臺灣私法》一書，囿於史料闕略，固無奈也。光復以還，臺灣各縣市修撰之新方志，雖多有提及，卻不出《臺灣文化志》與《臺灣經濟史研究》二書之範疇，反不如臺省少數一二地方耆宿之回憶撰述有價值。惜諸多追記回憶，或因相隔過久，記憶模糊，有失之片斷，有誤之浮誇，所謂郭公夏五，疑信相參，其可信度堪値商榷。今艋舺「北郊新訂抽分條約」之發現，實爲原始第一手史料，即可訂譌正謬，復可爲舊史補綴，其價值大矣哉！遺憾者，既名「北郊新訂抽分條約」，顯見原有舊訂抽分章程，未得

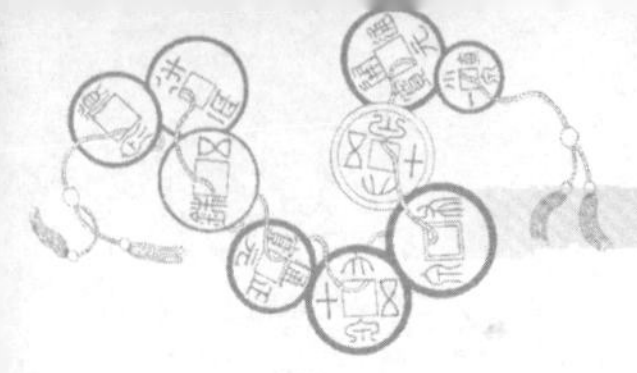

發現以供參考比較，此其憾一；文末年代部分因原版爲木刻本，未得見艋舺北郊金萬利之戳印公記，此其憾二。

要之，艋舺「北郊新訂抽分條約」，不僅爲百年來臺灣省首次惟一發現之郊規原件，並可從中印證文獻記載及故老追敘，瞭解北郊之組織、輸出入貨物，暨衰微原因……等。尤有不能抑於言者，筆者昔年諮訪艋舺故老耆宿，咸肯定艋舺諸郊並無「郊約」之存在，筆者遽以採信寫下，成〈艋舺行郊初探〉一文，文中亦言艋舺諸郊無郊規之存在[26]，其後數載撰述行郊諸文，屢屢提及，及今思之，深覺汗顏，史學之繁難有如此者，今既發現，固可徵文考獻，一洗昔年艋舺耆宿誤說，確定艋舺北郊有郊規，然而自反自縮，文責在己，蓋學之不博，見之不卓，採之不周。此條約之發現，對筆者而言其最大意義與價值，乃今後治學之深深儆惕，文末謹以顧炎武語「昔日之得，不足以爲矜；後日之成，不容以自限」作爲自勉自勵。

註釋

❶陳培桂，《淡水廳志》，卷十一〈風俗考·商賈〉，頁二九～二九九（臺銀文叢第一七二種）。

❷關於艋舺北郊之主要貿易地區，參見郭芬芝，〈臺北懷古談〉，頁四七，《臺北文物》第五卷一期；暨廖漢臣，〈臺北市之特殊諺語〉，頁七〇，《臺北文物》第五卷一期。

❸李元春，《臺灣志略》，卷一〈地志〉，頁二一～二二（臺銀文叢第一八種）。

❹詳見拙文〈艋舺行郊初探〉，頁一八八～一九三，《臺灣文獻》第二十九卷一期。

❺有關行郊經費之來源，詳見拙文〈臺灣行郊結構之探討〉，頁一四五～一四七，《臺灣史蹟源流研究會七十三年會友論文選集》。

❻同前註，頁一三七—一四一。

❼陳培桂，前引書，卷五〈學校志· 書院〉「學海書院」，頁一三九～一四〇。

❽見〈艋舺耆老座談會紀錄〉，頁四，《臺北文物》第二卷一期〈艋舺專號〉。

❾郭芬芝，前引文，頁四八。

❿有關行郊經費之支出，詳見拙文〈臺灣行郊結構之探討〉，頁一四一～一四四。

⓫有關艋舺郊商於龍山寺「辦中元」普度之詳細過程及熱烈情狀，參見龍岡，〈龍山寺之普度〉，頁四二，《臺北文物》第六卷一期；吳春暉，〈艋舺龍山寺的慶讚中元〉，頁四七～五〇，《臺北文物》第八卷二期。至於臺灣各地慶讚中元之風俗習慣，可詳閱廖漢臣《臺灣的年節》第十一節〈中元與盂蘭會〉，頁一一六～一三五（臺灣省文獻委員，民國六十二

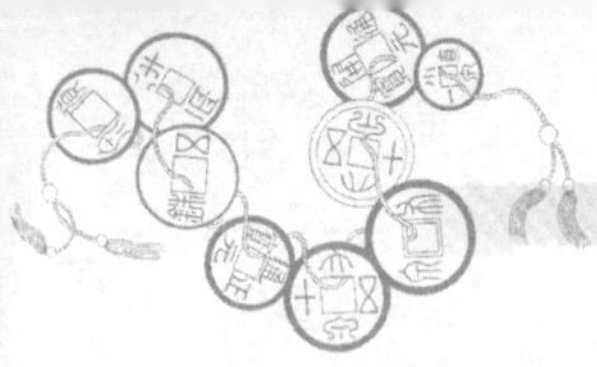

年四月出版）。

⓬廖漢臣，《臺北市之特殊諺語》，頁七〇～七一。

⓭見《臺灣私法商事編》第一冊第一章第二節所收鹿港泉郊郊規，頁二三～二六（臺銀文叢第九一種）。

⓮同前註前引書所錄之〈澎湖臺廈郊郊規〉，頁三二～三四。

⓯郭芬芝，前引文，頁四七。

⓰同註❶。

⓱同註⓭。

⓲同註❺前引文，頁一四八。

⓳參見拙文〈臺灣行郊衰微原因之探討〉，頁九七～九八，《臺灣史蹟研究論文選輯》，臺灣史蹟源流研究會七十二年會友年會編印；及拙文〈臺灣行郊結構之探討〉，頁一五五。

⓴同前註。

㉑詳見《臺灣私法商事編》第二冊第六章第三十八〈失事船隻保護章程〉，頁三〇三～三〇八；暨陳淑均，《噶瑪蘭廳志》，卷五〈風俗・海船附考〉，引「問俗錄」，頁二一七（臺銀文叢第一六〇種）。

㉒見《臨時臺灣舊慣調查會第二部調查經濟資料報告下卷》所收之鹿港泉郊會館規約，頁三〇〇～三〇一，日本明治三十八年臨時臺灣舊慣調查會編印。

㉓周凱，《廈門志》，卷七〈關賦略・海關〉之「關稅科則」，頁二〇五（臺銀文叢第九五種）。

㉔《臺灣私法商事編》第二冊第六章第三十六，頁三〇二。

㉕以上有關諸貨品之說明，大都據吳松谷老先生之告知及查閱中國文化大學出版之《中文大辭典》，茲不再另行一一分註。

㉖本文已收入本書附錄三，已略加修正。

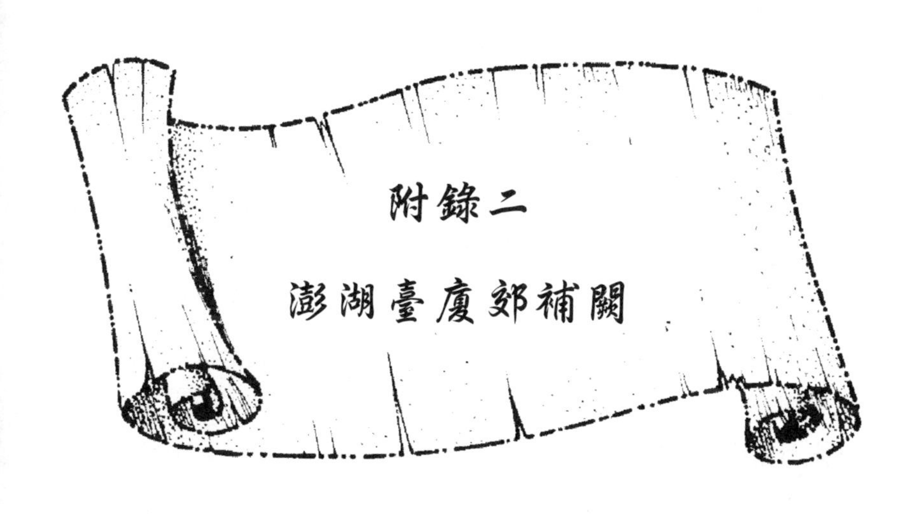

附錄二

澎湖臺廈郊補闕

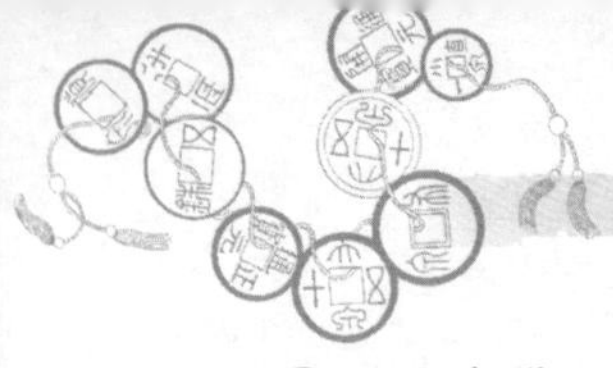

前言

民國七十五年六月，個人曾在《臺灣文獻》季刊第三十七卷第二期，發表〈清代澎湖臺廈郊考〉乙文，這是十多年前從事臺灣行郊研究領域時，所研究子題之一，文獻收羅頗多，自信於澎郊有相當深入周全之探討，但其中仍有一、二疑點，苦於文獻缺乏，無法解決。倏忽多年過去，期間仍不斷留意各地行郊相關史料，細心蒐集。至民國七十九年秋，應漢光建築師事務所之約，合撰澎湖水仙宮之調查研究與修護計畫，經實地探勘測繪及採訪耆老故舊，斬獲不少。但因嗣後數年承接臺、澎、金三地古蹟研究案子不斷，每年平均約有三、四件，田調研究倥傯，遂無暇探討著述行郊文章，這一擱下筆來，轉眼也有十年了，今茲承澎湖《硓𥑮石》季刊主編蔡學長丁進兄之囑咐邀稿，情難以怯托，只得將多年來收集之史料作一補述，以就教澎地父老暨專家學者。

澎郊成立時間之再探

澎湖一地，開發早於臺灣三、四百年，早在宋元時代，已有大陸移民，從事漁撈，或墾殖，而且因其地理位置，乃臺廈往來之關津，官商船舶往來頻繁，非其所止泊，即其所經行。因此澎郊成立時間，照理講應早於臺灣，可惜文獻缺乏，今所能找到之確切證據是臺銀出版之林豪《澎湖廳志》卷二〈規制・恤政〉條記[1]：

> 媽宮街金興順、郊户德茂號等，鳩貲買過蔡天來店屋一間，爲失水難民棲身之所，址在媽宮口左畔，……嘉慶二十四年，經於前廳陞寶任内稟官存案。

據此條記載可知至遲在嘉慶二十四年（1819）已有澎郊。但據〈澎湖媽宮臺廈郊約章〉所記載，則年代頗爲悠久，約章中有云：「我郊自開澎以來，迄今二百餘年，前商人設立臺廈郊」[2]，此約章訂立於明治三十三年（清光緒二十六年，1900），上溯二百餘年，約在康熙三十九年（1700）左右，關於此說方豪先生在〈澎湖、北港、新港、宜蘭之郊〉鴻文中，曾認爲是「似爲推測之詞，無法證明」[3]，此語誠是，但是稽諸澎湖開拓歷史，個人倒是認爲非全爲無稽之推測，雖舉證若干以爲辯證，總是牽強，心中頗以爲憾。

其後數年，偶一機會翻閱成文出版社出版之林豪《澎湖廳志稿》，才知原稿與成書有頗多之出入，經仔細重新逐頁逐句檢讀，居然在卷十二〈舊事錄・祥異〉一條記載中找到新證據[4]：

> 乾隆四十年協鎮招成萬捐俸錢百緡，交媽宮街郊商大媽祖頭家輪値生息，每年息錢十四千文，配各廟宇香資及致祭無主塚堆，立有章程，於今百餘年。

按百緡即制錢百貫，清代制錢一般計算法，係採用十進位，

例如銅錢一個叫一文，百個叫一百文，千個叫一串或一貫，則百貫制錢，一年收息十四千文，利率高達十四分，實在駭人，官府之吃定商家可以從此窺見，但更重要的是根據此則記載可以確知早在乾隆四十年（1775）澎湖已有行郊，比現知考訂之嘉慶二十四年（1819）上推四十四年。但個人仍然相信澎郊成立年代可追朔到康雍之際，旁證有下列數點：

其一，臺南三郊成立於雍正三年（1725），而澎湖開拓歷史不但早於臺南，又爲臺廈之津渡及中繼站，以常情推論，應該不至於比臺南三郊之成立時間晚，因此《臺灣私法》記澎湖臺廈郊「創於雍正年間」[5]，尤爲明確，皆可佐證澎郊成立年代頗早。

其二，從若干資料及民間傳說的推斷，媽宮市街約形成於康熙末年，而澎湖民間俗傳白沙鄉通梁村保安宮前之通梁大榕樹之由來，原爲康熙年間臺廈貿易船中之盆栽，由村民移植於廟埕前，修於康熙二十四年（1685）之蔣毓英《臺灣府志》卷六〈市廛．渡橋〉條記：「澎湖、廈門原無設渡，僅附搭商船往來。」[6]據此可說明康熙年間，臺廈澎湖之間商業貿易頗爲發達，早有商船往來。

其三，周于仁《澎湖志略》記[7]：

> 澎湖四面環海，非舟莫濟。商船二十八隻：杉舨頭船一百二十八隻，鉅者貿易於遠方，小者逐末於近地，利亦溥哉！

周于仁，字純哉，四川安岳舉人，清雍正十一年（1733）由福建長樂知縣，陞授澎湖通判，至乾隆元年（1736）告病卸事。可知

《澎湖志略》所記載的事蹟多為雍正年間、乾隆初年間事。另外，再據林豪《澎湖廳志》卷十一〈舊事・軼事〉記[8]：

> 雍正間，廈門有商船往來澎島，與臺灣小船偷運私鹽米穀，名曰短擺。臺防同知王作梅廉知，急捕之，並得官弁交通狀。時提標哨船二十餘，往來貿易，號為自備哨，出入海口，不由查驗，作梅詳請禁革。

綜合上引諸史料，我們知道康雍年間，澎湖商貿販運已極為興隆，不僅擁有遠洋貿易之大商船二十八艘，還有近島貿易採捕之杉板船一百二十八艘，鉅者貿易遠方，小者逐末近地，再加上澎郊會所水仙宮創建於康熙三十五年（1696，詳見下文），可見從市街形成、會所初創年代、古樹傳說、開拓歷史、商船貿易等等背景參考來看，澎郊初創於康雍之際可能性極高，實在不必拘泥於史料殘缺而僅斷定在乾隆四十年。

臺廈郊公號之問題

行商設郊之目的，除共謀同業間之利益外，或充為街民自治之協議所，以懲戒不法商人，維持風紀；或鳩資修廟，進而從事公益事業，凡此均須有一組織章程或議事章程之規定。所以澎湖媽宮商人要組織郊的時候，首先必須邀請「街內」同業商舖商議，再訂定團體規約，凡團體的旨趣、目的事業及制裁等等，均詳細記載在

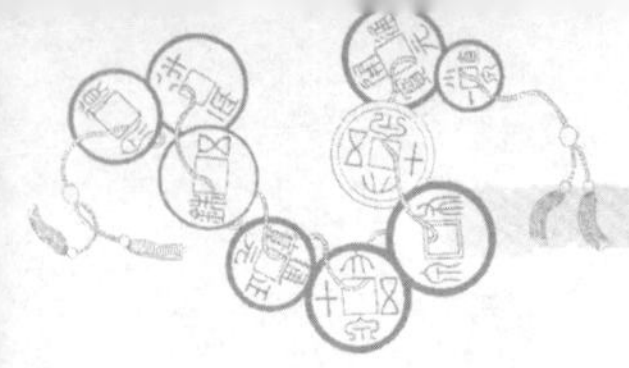

「郊規」規約內。然後再製作一套名爲「緣簿」的帳簿，帳簿上寫明郊員的店號、地址、經費負擔金額，及捐款方法等等。

今存澎湖臺廈郊約章僅有兩件，均爲日據初期時訂立，收錄於臨時臺灣舊慣調查會第一部調查第三回報告書《臺灣私法附錄參考書》。首件約章立於庚子歲秋月，即清光緒二十六年（日明治三十三年，1900，時臺澎割讓日本已五年），約章下編者註明：「中日戰爭時，一度停廢，至明治三十三年始恢復。」規約末具名者爲「臺廈郊金利順、金長順公啓」。次件立於翌年辛丑歲夏月，即光緒二十七年（日明治三十四年，1901），乃新立規約，約中詳細而具體地訂立有關仲錢及罰金等之商事規約，與前約不太相同之處有三：

1.約中凡涉及「郊」字者，均已改刪掉，並改成日本式語詞，如「仲立」一詞是，即中文之交易、媒介、經紀、牙行之意。

2.前約中本明確規定「本郊崇奉天上聖母」，新約中刪掉，改成崇祀水仙王，不知何故，頗値一探（見下文）。

3.約末署名改爲「商會同立公啓」，非前約之「臺廈郊」名稱，殆受日本政府之壓迫而改組。約末附郊舖十七家，有「安興、鼎順、長順、裕記、怡發、同成、合發、豐順、振吉、錦成、益成、源茂、順美、通發、源合、豐德、合源」，而且是「逐年値當，周而復始」。其中令人疑問者是：不過半年，前約中之郊舖「金長順」、「金利順」，竟然消失不見，是經商失利而歇業，抑或其他原因，令人頗費猜疑！

當時受蔣鏞、林豪二書之誤導，誤判「金長順」為郊舖之一，遂有此疑問，按蔣鏞《澎湖續篇》卷上〈地理紀．廟祀〉「無祀祠」條記[9]：

> 祠一在媽宮澳西海邊，一在西嶼內外塹，適中道左，……查媽宮澳之祠，自乾隆二十九年右營游擊戴福等公捐重修，……嘉慶二十五年，右營游擊阮朝良募同課館連金源、郊舖金長順等捐修。

林豪《澎湖廳志》卷二〈規制．祠廟〉「無祀壇」條亦載[10]：

> 一在媽宮澳海旁邊，……俱協營捐辦，……建於康熙二十三年，高不過尋，寬不及弓。……嘉慶二十五年，右營游擊阮朝良同課館連金源、郊户金長順等捐修。

茲據水仙宮前負責人尤祖成先生提供之會員手冊（目前水仙宮負責人是項忠信先生），方知金利順、金長順乃臺郊、廈郊之公號，非郊舖之行號或店號，遂解決心中疑惑，即澎湖「臺廈郊」乃臺郊金利順與廈郊金長順之組成。不過，解決一疑問，又新增一疑問，何以前引二書僅提及廈郊金長順，未見臺郊金利順？其中有兩種可能，一是當時臺郊金利順尚未出現，二是金利順並未出錢捐修；不過以澎郊平素熱心公益，救恤貧困，賑濟災荒之義行來看，後一種假設較不可能，因此說不定臺郊金利順是在道光之後才組成

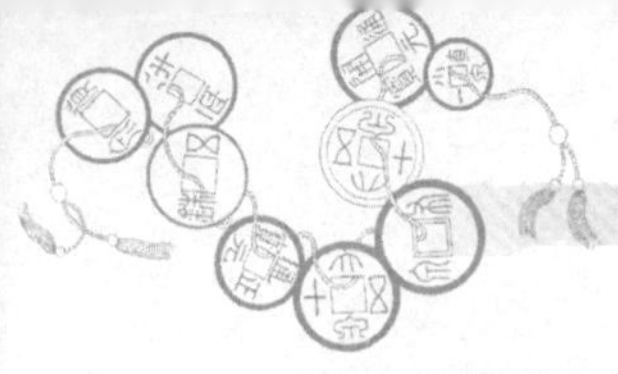

（見下文）。

不僅此，澎湖行郊應以廈郊金長順為主體，《臺灣私法》中提及澎郊，亦皆以廈郊為主，如謂：「媽宮廈郊亦屢次向官府呈請禁止通行呆錢……又曾經呈請官府規定貨物裝卸等的工資。明治三十三年，澎湖出現許多來自樸（朴）仔腳的呆錢，媽宮廈郊則與廳參事、地保等協商後，呈請官府查禁。」又如「明治三十年日本紙幣貶值時，官府命令媽宮支金庫每月三期，每期發給四十個牌號，憑牌號以紙幣兌換銀幣。當時媽宮廈郊呈請澎湖廳長，准由該郊發給牌號，但未獲採納」⓫。

臺廈郊舖在今何處

居貨之賈，大抵謂之「舖戶」，因此澎湖媽宮街商賈不僅坐賈居肆，甚至擴大成進出口批發商，組成臺、廈郊，郊舖集結在媽宮市，因為媽宮港澄淨如湖，小島環抱，賈舶所聚，帆檣雲集，是臺廈商船出入港口。其地舖舍民居，星羅雲集，煙火千餘家，為澎之市鎮，是極佳市場，諸貨悉備。澎湖他澳別無碼頭，市鎮及墟場交易之地，偶有雜貨小店，或一、二間而已，且俱無賣青菜、豆腐、豬肉等，不足成市，故率皆赴媽宮埠頭購覓買售。《臺灣私法商事編》收〈禁用私錢以除民害而益地方議〉，文中謂：「鄉村農圃所種蔬種，必挑到媽宮城市販賣，……海口漁人所捕有魚蝦，必挑來媽宮城市售賣」⓬，正是最佳明證。

然而，澎湖行郊，文獻所見，率稱「郊舖」、「郊戶」，不稱「郊行」，正因爲不是大批發商，純爲同行諸舖戶所組成，林豪《澎湖廳志》卷九〈風俗·服習〉記[13]：

> 街中商賈，整船販運者，謂之臺廈郊。設有公所，逐年爐主輪值，以支應公事。然郊商仍開舖面，所賣貨物，自五穀布帛，以至油、酒、香燭、乾果、紙筆之類，及家常應用器，無物不有，稱爲「街內」。其他魚肉生菜，以及熟藥，糕餅，雖有店面，統謂之「街外」，以其不在臺廈郊之數也。

是以我們知道「街內」諸舖戶組織臺、廈郊，雖自置商船，整船販運批發，但郊商仍開舖面，經售五穀、布帛、油酒、香燭、乾果、紙筆，及家常應用之物，其他魚肉生菜，以及熟藥，糕餅則不在其內。那麼這些「街內」是在那些街道呢？

媽宮街市之出現，高拱乾《臺灣府志》與周元文《重修臺灣府志》均未記載，至康熙四十九年（1710）陳文達《臺灣縣志》〈建置志·集市〉中才提及：「澎湖媽宮街」[14]，則媽宮市街之形成當在康熙末年，並可能是因爲清代班兵集居此地而出現，市街商販目的在供應駐軍需求。也即是說，媽宮街市之出現與繁榮，端賴澎地駐軍之購買消費，這種現象不僅是當年開埠時如此，甚至歷經清代、日據，以迄光復後的今日，情況大體未變。也因此媽宮市街的商業發展至乾隆年間出現「七街一市」的高峰，此後因達到供需的頂點而未再有所突破，停滯不前，修於乾隆三十六年（1771）胡建偉之《澎湖紀略》〈地理紀·街市〉載媽宮市之「七街一市」市肆

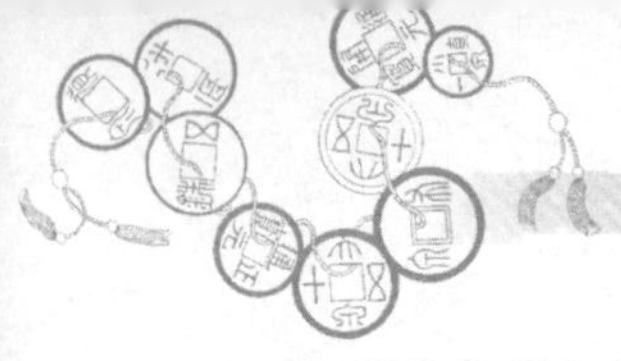

如下[15]：

倉前街：酒米舖、鮮果舖、檳榔舖、打石舖。

左營街：鹽館（一所）、酒米舖、雜貨舖、打鐵舖（按即今西起天后宮照牆，向東延伸至中山路，今日仍以雜貨類商舖爲主）。

大井街：藥材舖、竹器舖、瓦器舖、磁器舖、麵餅舖、酒米舖、油燭舖、打銀舖、故衣舖（即今中央街，主要以器物、藥材爲主）。

右營直街：綢緞舖、冬夏布舖、海味舖、雜貨舖、藥材舖、醬菜舖、酒米舖、涼暖帽舖、麵餅舖、鞋襪舖、豬肉案、磁瓦器舖、故衣舖、油燭舖（今天后宮東側之南北向道路，主要店舖爲布疋與雜貨）。

右營橫街：海味舖、酒米舖、雜貨舖、醬菜舖、綢緞舖、冬夏布疋舖、故衣舖、鞋襪舖、麵舖、涼暖帽舖、藥材舖、鮮果舖、檳榔舖、餅舖、磁瓦器舖、麻苧舖、油燭舖、豬肉案（連接天后宮及中央街之東西向道路，販賣食品與日常用品爲主）。

渡頭街（又名水仙宮街）：酒米舖、鹹魚舖、瓜菜舖、檳榔舖、小點心舖（北起水仙宮，南至海邊渡頭，以食物店舖爲主）。

海邊街：當舖一家（乾隆三十二年新開），杉木行、磚瓦行、石舖、酒米舖、麻苧舖、雜貨舖、瓜菜舖、鮮魚舖、檳榔桌

（即今中山路，以建材及海鮮雜貨爲主）。

魚市（在媽宮廟前，係逐日趕赴，並無常住舖舍）：農具、黃麻、苧麻、鮮魚、螃蟹、鮮蝦、青菜、瓜果、水藤、竹蔑、木料、薯苓、高梁、豆麥、薯乾、瓦器、檳榔桌、點心、木柴、草柴、年柴。

蔣鏞《澎湖續編》雖記道光年間街市略有變化，而舖户則照舊，並無增減。其〈地理紀・街市〉載：「媽宮市：倉前街、左營街、大井街、右營直街、右營橫街、渡頭街（又名水仙宮街），以上各舖無增減。海邊街（乾隆三十二年開文榮號當舖一家，今歇業。行舖、杉木等行俱照舊，無增減）。魚市（俱照舊）。」[16]

其後咸豐二年（1852）壬子二月初一夜，媽宮街火，延燒店屋無數，大井頭一帶皆燼[17]。光緒十一年（1885）中法戰役，春二月，法將孤拔犯媽宮港，分兵由蒔里登岸，法軍入據媽宮澳。而是年二月十四日夜「廣勇、臺州勇大掠媽宮街，放火延燒店到殆盡」[18]，經此雙重打擊（火災加上兵燹），於是重建城肆，百堵復興，街市間有更易，林豪《澎湖廳志》卷二〈規制・街市〉載：「倉前街（今改爲善後街）、左營街、大井頭街、右營直街、右營橫街、太平街（在祈福巷口）、東門街、小南門街、渡頭街（又名水仙宮街）、海邊街（當舖一家，近已歇業）、魚市（在媽祖宮前，俗稱街仔口）、菜市（在媽祖廟前，係逐日趕趁，無常住舖店）。以上皆在媽宮市。」[19]

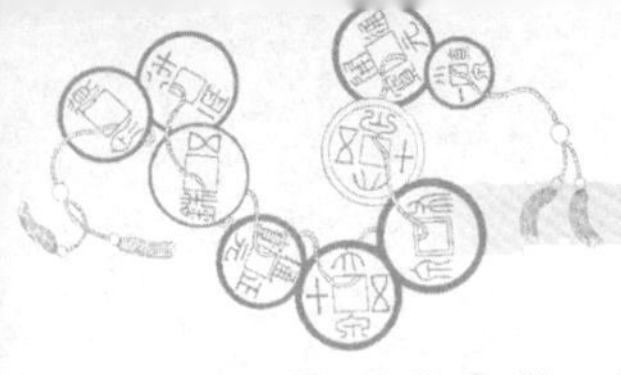

總之，澎湖不出糖米，布帛、杉木、磚瓦等，所需糖米、布帛、木瓦各件，皆賴臺灣、廈門運來，因此澎湖臺廈郊商所賣貨物，自五穀、布帛，以至油酒，香燭、乾果、紙筆之類，即家常應用物，正是澎湖所不出產；其他魚肉、生菜，以及熟藥、糕餅，不在其內，也是因澎湖當地可以生產製作，不需臺廈渡海販運來澎。

輸入貨品略如上述，輸出貨品則以油粿、魚乾為主。《澎湖廳志》卷十〈物產〉記：「貨之屬」有「花生油、豆粿、魚乾、鹹魚、魚鮭、蝦乾、蠘米、魚刺、魚子、魚脯、苧等。」[20]同書復云：「惟油豆粿、則澎湖所產，販往廈門、漳、同等處。然亦視年歲為盈虛，無一定之數也。」[21]續載：「近有南澳船販運廣貨來澎，而購載花生仁以去者。」[22]《彰化縣志》也有記載：「若澎湖船則來載醃鹹海味，往運米油、地瓜而已。」[23]《雲林縣采訪冊》記澎湖商船：「常由內地載運布疋洋油、雜貨、花金等項出港（按指北港）銷售，轉販米石、芝麻、青糖、白豆出口。」[24]

諸如以上志書所載、皆是明證，說明了澎湖郊商輸出輸入販售之貨品種類。

綜合上述，顯見媽宮市街形式大體維持「七街一市」，難以擴展，因此早期馬公市商業區域範圍不大，僅在今中央街附近大約二至三公頃地區，也即是當年臺廈郊舖所在位置，我們從販售貨品古今作一對照，也發現變化不大，特色仍在，就是最好的說明。

日據時期，因日人建設港埠，及海軍造船廠的設立，不僅提供許多就業機會，同時更帶來大量的軍人及行政人員，促成馬公市的發展。不但在城內朝原來人口較少的東北邊發展，在城外往城北原爲墓地的區域擴張，並在埔仔尾（今新生路）出現風化區。日據時雖曾依都市計畫造路興街，惟昭和十九年（民國三十三年，1944）十月至次年初，數次遭受美軍盟機之轟炸，市面屋舍毀損尤多。今之市街乃係光復後重建，僅存中央街、長安街部分舊市貌，街道狹、人煙稠，人口密度超過全市人口密度之二倍。近年該地淪爲蕭條冷落，原因是馬公市區重心已由濱海的老商業區中央街，及日人創建的啓明市場附近，逐漸北移，此地已無往日之盛，如何保存規劃此條郊舖老巷街——中央街，成爲迫切課題！

一方重要石碑

個人曾爬梳史料，稽考澎湖臺廈郊知名郊商與郊舖，當時考證出之結論是：「知名郊商人物，確知者有黃學周、黃應宸兩人，另高其華暨林瓊樹二人亦頗有可能。而知名之郊舖則有：德茂、金長順、金利順、金興順、安興、鼎順、裕記、怡發、同成、合發、豐順、振吉、錦成、益成、源茂、順美、通發、源合、豐德、合源，另協長成、頂成亦有可能是郊舖。」[25]

在拙文〈清代澎湖臺廈郊考〉中，個人頗有感慨：澎湖臺廈郊自開澎以來，迄今近三百年，期間諸家所修方志人物傳中，竟無一書列貨殖傳以詳記之。光復後澎湖縣所修之《澎湖縣志》竟也無一語及之，近人陳知青之《澎湖史話》及蔡平立編纂《澎湖通史》、《馬公市志》亦是，郊商之無聞甚矣！另外在拙文中曾提及蔣鏞所

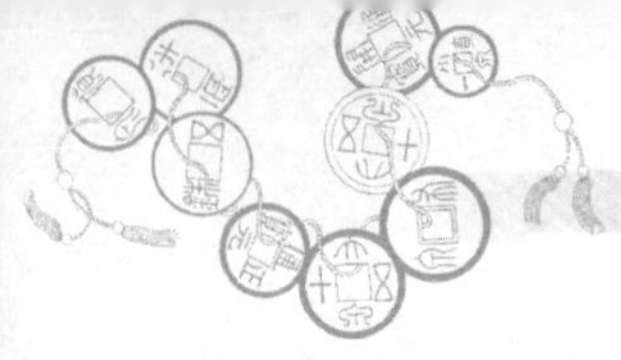

修《澎湖續編》卷下〈藝文紀・續修西嶼塔廟記〉記載捐輸姓名，其中有「臺郡各郊行」，既已載明「郊行」之稱，復吝惜筆墨，於澎湖捐輸者僅載「澎湖舖戶、商船、尖艚、漁船共捐……」，不逕稱「郊舖」誠不曉何意，惟記載云臺郡各郊行及澎湖舖戶諸姓名俱勒石，但不知此碑今存否，姑闕之，待他日再補考。

嗣後委託好友澎人、文化大學史學系副教授陳文豪君前往西嶼燈塔實地調查抄錄，惜原碑文字跡漫漶磨滅，看不清楚，所得有限。民國八十一年與漢光建築師事務所合作，作《澎湖縣西嶼燈塔之研究與修復計畫》，親自前往探勘抄錄，亦因字跡模糊，無功而還。幸運的是竟在臺灣總督府交通局遞信部出版之《遞信志》〈航路標識編〉（昭和三年十月出版，頁五～九）中收錄有該碑文之完整內容，不僅解決此一困難，更有新發現——提供了道光八年（1828）澎湖郊舖一較完整名單。

按，西嶼燈塔之建置，始源於乾隆三十一年（1766），澎湖通判胡建偉等人捐俸創建西嶼義祠。此後傾圮頹廢，乾隆四十三年（1778），由臺灣知府蔣元樞、澎湖通判謝維祺等人，聯同臺郡船戶及廈門郊行共相醵金湊捐修建，就原基址擴建，於四十四年夏落成，交由澎湖城隍廟僧人住持管理，兼司燈火，每夜點亮，以利舟行，嗣因屢遭風災，年久廢馳，照管乏人，以致塔前廟宇傾圮，玻璃損壞，燈塔有名無實。道光三年（1823），經由通判蔣鏞會同水師提憲陳元戎等人籌款重修，爲圖長遠，道光八年（1828），遂設簿勸捐，經郊行船戶踴躍輸捐，於塔邊典買園地，付住持耕種收租，藉資補助；另典當市店一所，收租生息，買備燈油，按月支付，而契字簿據，則交由天后宮諸董事輪管，並於該年季冬重修廟宇，塔內設樓梯，裝三尺高之三段玻璃製燈籠[26]。立於「大清道光八年歲次戊子季冬月穀旦」的「西嶼塔燈碑記」即是詳細勒刻捐資諸行號，茲整理如下（捐款數目略）：

1.董事：課館錦豐、協利、瑞源、利成、和興、德茂、順吉、鮑國珍（勸捐總理）。

2.捐輸者：

(1)臺郡三郊：蘇萬利、金永順、李勝興。

(2)廈郊金長順。

(3)臺郡綢緞郊。

(4)煙簽郊。

(5)金薄（鋪？或箔？）郊：同興號、聯合號、其益號、利源號、其祥號、榮源號、建昌號、恆瑞號、怡源號、金振興。

(6)杉郊舖。

(7)報單館：金益成、金鹿豐、金和榮、金聯順。

(8)浦南郊：德馨號、松茂號、恆振號、順益號、文遠號、益合號、茂商號、普泰號、林登雲。

(9)澎湖課館連金源、館戶瑞源號，遠源號、同發號、利發號、和興號、豐隆號、錦豐號、源順號、崙成號、瑞美號、協利號、隆美號、合順號、新順吉、瑞豐號、吉成號、新榮美、恆利號、合豐號、源盛號、德茂號、隆美

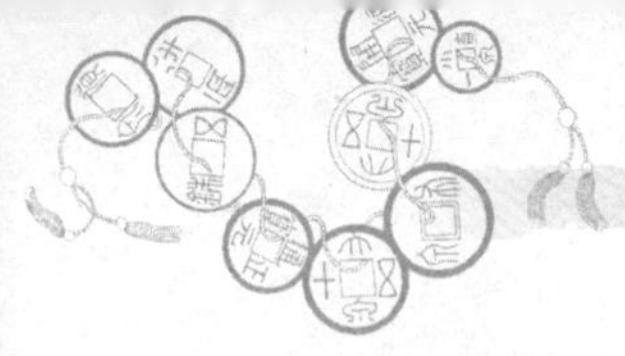

號、振成號、金茂昌、振興號、仁德號、大合號、協成號、協美號、隆盛號、新同順、源成號、保和號、崑利號、成發號、漳美號、恆德號、允吉號、豐成號、遠勝號、同合號、大有號、瑞興號。

(10)廈門商船嚴順、鄭得利、金聚和、林捷泰，許進益、金合成，金進吉、黃發與、金如意、黃永茂、金大興、二全興、金復勝、金合順、金成輝、新進成、金進發、金萬合、陳積寶、金三合、鄭榮發、王家瑞、陳德春、許義興、許振金、許順發、蔡隆興。

(11)漁船張合德、金崇順、金成羲、陳萬金、方長順、王福順、郭順興、蔡長振、金聯順、金活源、吳合源、吳有才、顏長良、林發興、吳合春、蔡德源、金恆發、金福春、王鍋金、許大順、金恆順、蔡果、洪突、陳富、許敬、金春、鄭辨。

此一名單須作一說明：

第一，臺郡三郊蘇萬利、金永順、李勝興，即臺南三郊，北郊蘇萬利、南郊金永順、糖郊李勝興。臺郡綢緞郊即臺南綢緞郊金義成。煙籤郊即臺南煙籤郊金合順。可知臺南諸行郊大力襄助，捐輸獨多，爲的是此一航路往來頻繁，捐建燈塔，每夜點燈，方便舟行，利己利人，以策安全。

第二，名單中只有廈郊金長順，獨無臺郊金利順，然則臺郊金利順直到道光八年（1828）尚未成立耶？

第三，浦南郊之浦南應在福建漳浦、雲霄一帶，此地產海鹽，舊有浦東、浦南兩場，清嘉慶間裁浦東場併入浦南場，設有鹽課大使。則浦南郊不知是否即浦南一帶運鹽之船幫郊行？另，金簿（箔？或舖？）郊不知是否即打製金飾之郊，若然，應也是臺南諸行郊之一，固然說明臺南輸入金銀數量不少，單獨成一行郊，也說明臺南一地在嘉道年間之富饒，所以買賣打製金銀手飾諸行舖不少。此外浦南郊與金薄郊是臺澎兩地所有碑碣中首次也是唯一出現之行郊，此方石碑之珍貴可得而知。

第四，「課館」者，即販售鹽處，鹽課有二種：一即鹽場課其生產者，即鹽埕餉。一係向販戶，即出售者徵收鹽引課，「引」係每石爲一引，以應預定銷鹽量額以定引數，依該引數賦課。而辦理鹽課務普通以廳、縣爲通例，以鹽錢兌抵營餉爲便宜之法。但在澎湖，咸豐年間改歸水師營暫理，成爲全臺特例，林豪《澎湖廳志》卷三〈經政・鹽政〉詳記其事[27]：

> 澎湖向食臺鹽，由本府官收官賣，與內地鹽商迥別，故行鹽之人，不曰商而曰販也。自雍正六年前廳王仁官運行銷……九年……以官運不便，乃歸販户運賣，……嗣後販户更易，由臺灣府具結認銷，移知本廳辦理。凡販户運到鹽舶，必請廳員查驗，鹽與引相符，然後准其盤收上倉。……其運銷數目，由廳按月造報，如有缺額，令該販賠課。廳有督銷之責，應飭差協同販丁巡查私販，仍不許藉端滋擾。……並何時仍歸官辦，無案可查。咸豐四年六月，臺灣府朱移稱：……緣奸棍販私，

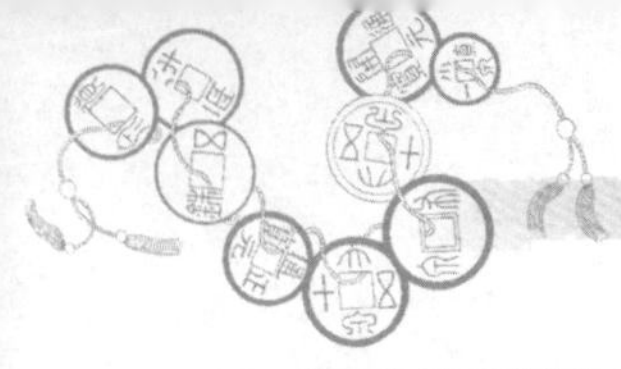

> 守口兵役包庇，致官鹽減銷，課餉日絀。且該處設立三館，民間買鹽，用錢解課換銀，極其掣肘。若徑解錢文，既妨民用；營弁請領加餉，又須從郡配船載往，反多周折。不如撥歸本廳，就近運銷，將鹽錢兑抵營餉，較爲兩便。隨發告示十道到廳，署通判冉正品盤交三館現鹽，於七月二十一日開館。因吉貝澳……邇來並無赴館買食，飭澳差立即押該澳各户赴館買鹽。……咸豐十年間，知府洪毓琛任内；始將鹽課改歸澎營暫理，由副將派人販運……即將兑項撥作加餉。……同治四年十一月，闔澎鄉耆呂邦等呈稱：澎湖鹽務，自販户而歸官辦，自官辦而歸於廳署兼理，民皆稱便。迨咸豐十年，營弁始請歸營辦理……查閩省定制，各處鹽務，皆由文員經理。……請備詳列憲，將鹽課仍歸廳辦，以紓民困云云。……皆未准行。光緒十年，巡道劉以副將兼辦課務，諸多未便，飭令澎湖紳士承瞨，照舊納課。……十三年，上臺澎總鎮吳之請，以課務仍歸武營兼理。

此碑之可貴，在於提供道光年間澎湖鹽政史實之補闕。據此碑知：道光年間課館公號爲連金源，其下之館戶（販戶）有：錦豐、協利、利成、德茂、瑞源、和興、順吉等等。小小澎地，竟然有如是衆多販鹽之館戶，正突顯販鹽之利潤可觀，前引《澎湖廳志》書中屢屢記載：「每升定價小錢五文五毫，毋許私抬短秤」、「時赤崁館有以八十五、六觔爲一百觔者」、「時有奸民陳永寬，承辦減折觔兩，擅作威福，小民苦之」、「然澎地館鹽八十斤，賣銀一元，鹽色灰黑，殊遜內地」[28]、「然獲魚雖多，必得鹽以醃之，而鹽價甚貴，有計所獲之魚，不能抵償買鹽之價者」[29]。而澎營堅持辦理鹽課其理亦同，利之所在，其趨如鶩。也因此諸販戶才肯出面主持燈塔捐建事宜，以維持航海安全，飽賺鹽利。

另外，這些館戶極有可能兼營運送業務，才會有如此之多家。按，鹽館中有「課擔」一職，受官府監督運送鹽課，以後郊商亦委託運送金錢、匯票等貴重品，以及各種雜貨，嗣後演變成一種運送業。課擔由官府選任，且職務不得讓渡他人。因此課擔或館戶之負責人經常訪問商家招攬生意。商家需要運貨，則表示貨物名稱、件數及受貨人地址，並議定運費，然後負責人派來苦力搬運貨物至課館。課館的記帳將託送人店號、貨物名稱、件數、運費等記入帳簿及付貨蓋印薄。最後運送至受貨人處點收並收費。收運費以一擔（一百斤，苦力每人的正常肩挑重量）爲標準，按運送距離計算，因此習慣上不管貨物種類、僅秤貨物重量而已[30]。

第五，「報單館」乃專辦商品報關事務。按，澎湖郊商或自置商船，或與臺廈人連財合置，往來必寄泊澎湖數日，起載添載而後行。而諸船到港攬裝貨件。其先後、種類、數量、地區及儎價（運費），均有一定之規矩。凡此，皆交由「報單館」處理，澎湖一地販運港口不過只有一媽宮港，竟然有四家報單館，足以說明其時（嘉道年間）臺廈往來貿易之興盛與熱絡了。

第六，碑末列有「廈門商船」與「漁船」，僅列「廈門」一地商船，正說明了澎地行郊以「廈郊」爲主。郊商貿易營運，陸上恃人力之挑運，牛車之載運，海上則有賴船舶之運輸。林豪《澎湖廳

志》卷九〈風俗〉記，「媽宮郊戶自置商船、或與臺、廈人連財合置者，往來必寄泊數日，起載添載而後行。若非澎郊之船，則揚帆經過，謂之透洋」，「街中商賈，整船販運者，謂之臺廈郊」[31]，即是指此。而造大船需費數萬金，而郊商以販海爲利藪，對渡廈門——澎湖——臺南，一歲往來數次，初則獲利數倍至數十倍不等，故有傾產造船者。所謂「整船」指的是船主或贌稅船隻之人，利用船舶經商，稱爲「整船」，並分爲自辦（又稱自下），及配隨船兩種[32]：

1.自辦：即船主載運自己貨物到他地販賣，再採買貨物載回販賣。

2.配隨船：即受委託銷售、採買貨物。

至於「漁船」非盡然全是採捕魚貨，利之所誘，甚至連沿海許多漁船，也投入航運貿易之角逐，幾乎奪取商船之利。據林豪《澎湖廳志》記載：清代澎湖船隻有四種：尖艚、舶艚、舢板、小鮎船等，徵課水餉銀之數額，以尖艚最高，舶（泊）艚及舢板（杉板）繼之，小舢板及小鮎船最微[33]。其中尖艚、舶艚屬貿易運輸船隻，尖艚航行我國大陸閩浙沿海，及臺灣本島，俗稱「透西船」；舶艚爲近島貿易採捕，不能橫渡大洋，限赴南北各港販運。然利之所在，甘冒風濤，偷越私渡，趨險如鶩，所在皆是。

臺廈郊之會所

澎湖臺廈郊之會所設於媽宮街之水仙宮，水仙宮之充爲臺廈郊會館始於光緒元年（1875），其前是何地，史無明文，有可能是在天后宮。按臺廈郊崇奉天上聖母，光復後之金長順神明會也是崇敬天上聖母，其於郊規中亦提及「本郊建置公店，逐月收店租，以資……廟中油香祭祀」。此「廟」顯然是奉祀天上聖母之天后宮。況且天后宮後進之公善樓（樓上有「清風閣」匾，因此澎地居民習稱此樓爲清風閣），經個人實地採訪，此樓於日據時期常充爲「公所」，作爲籌義舉、鼓仁風之集議場所，而且此樓常爲當年大公司集會宴客之地，更何況最早建閣原因是爲安設一尊此地原有之「財神爺」[34]，則臺廈郊早在此廟籌義舉、理郊務，作爲會所所在，自是極有可能。

水仙宮爲澎湖四大古廟之一，宮內祀有五神，乃大禹、伍員、屈原、項羽、魯班（或作王勃、李白）等五位水仙尊王，有單祀一尊，有並祀五尊者，要之皆與水海江湖有深厚關係之古聖先賢。此諸聖賢歿而爲神，轉爲保護航海，職司安瀾之海神，是爲沿海居民，舟夫船客所崇信。是故澎湖水仙宮原爲水師官弁所奉，其後亦爲浮海營生之商船漁戶所敬拜。

水仙宮最早創建於清康熙三十五年（1696），爲澎湖右營游擊薛奎建宮祀之。乾隆十五年（1750），位於水口之水仙王廟，因

歷年久遠，風雨飄刮，磚瓦坍塌，棟宇傾頹，於是澎湖糧捕通判何器，和澎協邱有章乃倡議重修。此次重修以天后宮爲主，兼及水仙王宮與關夫子廟，水仙王宮於該年十月落成。至乾隆四十五年（1780）澎協副將招成萬，率同海澄監生郭志達勸捐重修。道光元年（1820）左營游擊阮朝良興議，會同通判蔣鏞，護理協鎮沈朝冠、協鎮孫得發，署左營游擊黃步青、溫兆鳳、右營游擊蕭得華，及守備周天成、吳國彩等倡捐改造。後於光緒元年（1875）媽宮街商民黃鶴年等鳩資修建，並充爲臺廈郊會所，以爲行商棲止之處。臺澎陷日後，於光緒二十六年（明治三十三年，1900）改稱爲「臺廈郊實業會館」[35]。

光緒元年的水仙宮是棟低矮建築，香火不甚興旺。歷年一久，不免剝蝕，又因湫隘，於觀瞻不雅，遂在昭和四年（己巳歲，民國十八年，1929）由許波、劉慶林，廖石勇、方勇、陳伯寮、陳壁、呂旺、陳哲、高恭、李傑、邱魁、徐奎、林福等人發起改築，改造成一棟二層建築物，樓上祀神，底樓做爲店業出租，以其收入充爲水仙宮香油維護之資。此次改築，臺廈郊實業會捐金2937日元。臺廈郊運送部100日元，另抽分船緣645日元，約占總數四分之一弱。另有郊舖、郊商之單獨捐輸，爲一次大集結的捐獻[36]，也反映了時代性。按水仙宮改築之時，正是澎湖最繁榮時期，當時日人企圖將媽宮建成一往東亞、南亞之軍事經濟侵略要港，因此特別開放馬公港爲特別貿易港，使得馬公成爲臺灣與大陸間貿易的重要轉口港。於是乎海舶巨輪，往來暢達，水仙宮成爲富商大賈聚會之處，平日香火興盛，每年神誕及普渡尤爲熱鬧，當時除水仙尊王香爐外，兩側還奉祀臺郊媽祖及廈郊媽祖的香爐[37]。

昭和十一年（民國二十五年，1936），廢止特別輸出入港後，馬公港對外貿易一落千丈，寄港船隻隨之減少，水仙宮不再風光。光復後水仙宮仍由臺廈郊商舖的後人維持管理，如許波、郭石頭等人，今管理人則爲項忠信先生，然名稱已改成爲「金長順神明會」。彼等生業財力均不如先人風光，但對於水仙宮的祭典儀式及公共事務，還能勉力維持，舉凡若干祠壇的整建均能踴躍捐輸，民國六十四年尚以臺廈郊名義興建一納骨的「萬善同歸」大墓坑，並負責常年祭拜。民國四十七年水仙宮曾修建一次，近年因二樓樓板塌毀，於七十六年再度重修完成[38]。水仙宮原在媽宮渡頭，該渡頭俗稱水仙宮渡，是媽宮上陸唯一渡口。光緒十三年（1887），因興建城垣遮蔽，渡頭移遷附近之小南門外，其後於大南門外築一官商碼頭，凡文武官員均由此碼頭登岸，水仙宮亦因而遷建馬公市復興里中山路六巷九號今址。現宮內古物有三：一爲「水陸鴻昭」匾，爲道光五年（1825）古物，立者不詳。一爲「臺廈郊實業會館」匾，仍掛在正門楣前。另一爲己巳年（民國十八年）改築時而立之兩塊木匾，詳敘改築因由，及捐款人之姓名、舖號，是探討日據時期臺廈郊之重要史料，惜字跡漫漶不清。此外，在天后宮另有大正十二年臺廈郊衆舖戶同敬獻之「帡幪臺廈」匾。

茲將水仙宮歷年修建經過製表如**附表一**。

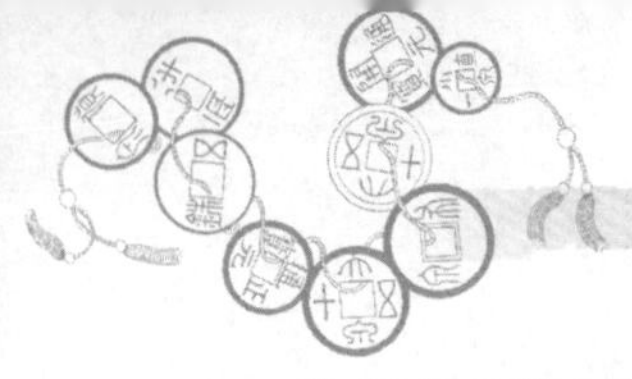

附表一　澎湖水仙宮修建年表

次數	中國年代	西元年代	修建原因	倡修人物	備註
1	康熙三十五年	一六九六	澎地水師官弁崇奉，祈海上平安	右營游擊薛奎	今知倡建最早原始年代
2	乾隆十五年	一七五〇	年歷久遠，磚瓦坍塌，棟宇傾頹	澎湖糧捕通判何器、澎協邱有章	是年十月修成，時俗稱水仙宮五王廟
3	乾隆四十五年	一七八〇	不詳	澎協副將招成萬、海澄監生郭志達	
4	道光二年	一八二二	不詳	阮朝良、蔣鏞、沈朝冠、孫得發、黃步青、溫兆鳳、蕭得華、周天成、吳國彩	
5	光緒元年	一八七五	不詳	黃鶴年等	充爲臺廈郊會所
6	民國十八年	一九二九	剝蝕湫隘，於觀瞻不雅	許波、劉慶林、陳壁、徐奎、林福等十三人	改爲二樓建築，樓上祀神，底樓作爲店鋪出租
7	民國四十七年	一九五八	不詳	郭石頭	
8	民國七十六年	一九八七	二樓樓板塌毀		

結語

澎湖行郊稱臺廈郊，簡稱澎郊，乃由廈郊金長順、臺郊金利順組成。其創立年代或可追溯至康雍之際，但確知者乾嘉年間已有廈郊金長順，道光之後才有臺郊金利順，合組成臺廈郊，而以同光年間最稱繁盛。

臺廈郊之會所，早期或爲天后宮，光緒元年後爲水仙宮，奉祀媽祖及水仙尊王。其組織採爐主制，以抓鬮或擲筶選出，逐年二名，輪流辦理商務。經費則賴抽分、捐款、會費、公店租息，及罰金等之收入，以應付地方公事、祭祀事宜，及日常郊務之開銷，並訂有郊規約束衆郊友，以推展郊務。

臺廈郊郊舖與市集均聚結於馬公市中央街一帶，蓋馬公港爲一優良港口，乃臺廈商船出入所聚，亦爲紳商官署萃集之所。其貿易地區，以廈門、臺南爲主，故稱臺廈郊。而旁及福建之同安、泉州、漳州，臺灣之高雄、東港、鹿港、北港，廣東之南澳，凡港路可通，爭相貿易。其輸臺以花生之油粿，及魚乾類爲主，輸入則以布帛、磁瓦、米糖、雜糧、杉木、紙札、薪炭等爲多，故臺廈郊舖所賣貨物，自五穀布帛，以至油酒、香燭、乾菜、紙筆之類，及家常應用器物，無物不有。惜澎島散佈臺灣海峽，面積狹小，地瘠民貧，農產不豐。居民大多以海爲田，捕魚爲生，腹地既如此狹窄，胃納有限，市場復集中馬公一地，工商無從發展。兼之海道峻險，船隻每易失事；颱颶鹹雨，連年災荒；既有偷渡走私之競爭，復有兵燹劫焚之亂事；而其組織簡陋，層級部門不足，加以內部不和，屢有違法亂紀之弊，澎郊之衰歇之不振，實扼於天時地利之自然地理環境，與夫人和之內在原因。而乙未割臺澎，尤爲一大打擊，日據後明治三十三年被迫改組爲「媽宮仲立商會」，再改爲「臺廈郊實業會」，其間雖因馬公港之一度開放爲特別輸出入港，而告復興，惟旋起旋廢，經廢止後，遂一落千丈。光復後，民國三十五年，就澎湖臺廈郊實業會，擴大改組爲澎湖縣商會，以圖謀工商業

之發展，增進工商業之公共福利，以至於今，但已非清時臺廈郊之原貌。今臺廈郊雖猶在，但已改爲「金長順神明會」形態，僅負責祭典事宜，管理人也由許波、郭石頭、許成等推遷至今日項忠信先生管理。

清代知名郊商人物，確知者有黃學周、黃應宸、林瓊樹及某高姓人士，另高其華、陳傳生、辛齊光、洪廷貴、紀春雨、蔡繼漸、劉元成、薛應瑞、林超之父等人亦頗有可能。知名郊舖則有德茂一戶及金興順，迨及日據初期有安興、鼎順、長順、裕記、怡發、同成、合發、豐順、振吉、錦成、益成、源茂、順美、通發、源合、豐德、合源等十七家。日據時期又改名爲澎湖臺廈郊實業會，擁有會員七十名左右。另水仙宮改築發起人許波、劉慶林、廖石勇、方勇、陳伯寮、陳壁、呂旺、陳哲、高恭、李傑、邵魁、徐奎、林福等十三人或爲郊商之後代，水仙宮內之「改築寄附金、芳名及緣出會員名次」木匾所立捐題名單中，必有不少當年之郊舖及郊商，如合昌、協長成、瑞源、新合成、豐泉、合源、吳益發、保元堂、和義、成□（？）、益美、乾益、連發、義發、和順、盛興、吳和發、新興記、乾利、新聯合、振興、和發、頂成、協興隆、協綿成、永德安、吳新發、正和、新長發、金振興、新雲珍、豐壁、明遠、協成、□（？）盛、永和號、聯益號、精功行、源昌、金德、雙榮發、盛成、永聯春、新協瑞、懋源號、錦盛、成美、振記、長順、長美、振利、長記、頂順成、紺元、益利、錦文、金義德、新日昌、和利、協發、長發、興發、頂發號、瑞發、全德、和源、泉勝、金義成、盛興、東成、永發號、金勝順、金成章、興順、振發等七十餘家舖號。其中以合發行、協長成、頂成為業中翹楚，到了日本發動侵華戰爭前夕（民國十九年左右），日本更扶持馬公街內最有名的商戶合發號從事走私，以遂行對華經濟侵略作戰，由日本商社三菱、三井從爪哇購買低廉沙糖，交由合發號的大帆船走私到廈門等福建沿海商港，當時走私的貨物除糖外，還有魚乾、硝黃、牛腳筋及其他日貨[39]。光復後，臺廈郊雖猶存，然已為神明會組織形態，舖戶亦僅剩合發行、永興發、順發號、會源行、金益成、頂盛行、安興行、長發號、怡懋號、和源號、成美號、豐泉行、太平號、雙龍號、葉興隆、瑞發行、永利安、瑞泰號、大成行、建發堂、保元堂、泉勝號、和發號、益利號、永吉昌、金益昌、盛興號、乾益堂、永發號、源成號、永義發、中國行、金興隆、慶發號、瑞和號、添財號、和成行、合利號、豐美號、頂德成、裕發號、新春號、利和號、豐發行等四十四家。

澎湖四面汪洋，孤懸海中，論其地，則風多雨少，斥鹵鹹鹼，土性磽瘠，泉源不淪，雨露鮮滋，乏田可耕，種植維艱，惟藉雜糧，以資民食。地之所產甚微，故素乏殷實之戶，富者鮮蓋藏之具，貧者無隔宿之糧，民困至此，故論者曰：「閩海四島，金門、廈門、海壇、澎湖，舊有富貴貧賤之分。謂廈門富，金門貴，而澎湖獨以貧也。」[40]澎民生於斯固苦極矣。而一遇旱魃為虐，風雨為災，官府屢屢賑恤，固有加無已，而澎湖臺廈郊商亦盡其力襄助，舉凡如捐義倉、置義塚、賑災荒、育棄嬰、濟難民、恤孤窮等，莫不踴躍捐輸，趨善慕義。餘如書院之協修，寺廟之興建，燈塔之創置，鄉土之保衛，治安之維持，亦共襄義舉，無不參與。可知郊商

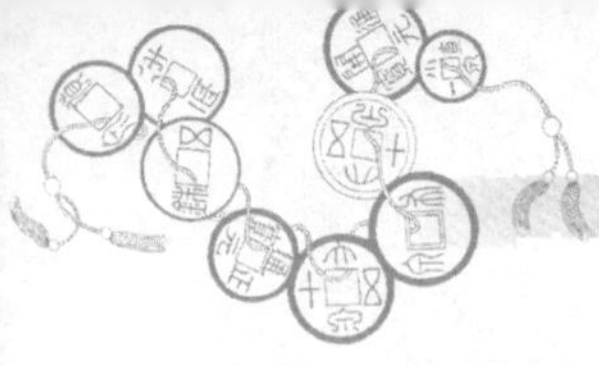

平日鄉里聚居，必為之盡心力，相扶相持，於促進地方安定、社會建設，實具相當貢獻。

要之，澎湖係一海島，漁業產量固有剩餘，而食糧生產及其他日用物品之製造，則極感缺乏，無法構成一自給自足之經濟區域，故商業交易，貿遷有無，至感需要，乃有臺廈郊之興起與成立。無如其地瘠薄，季風強烈，鹹雨不時，不適農耕，環境惡劣如此，影響所及，稅課收入有限。稅收不裕，一切施政當受限制，難以建設地方，雖人口逐年增加，反成負擔，故工商之增進之繁榮，概屬有限，臺廈郊之不能茁壯繁盛，之終於沒落衰歇，基因在此。惟其如此，故舊志記載，既鮮且略，碑殘碣斷，僅曉一二。史籍有缺，二百年之澎湖臺廈郊史，所能考者僅此，所能補闕者如此，無能周全遍知，抉微發覆，乃莫大遺憾！欲求擘績補苴、豐碩細緻，則有待他日更多史料之發現矣！

註釋

❶林豪，《澎湖廳志》，卷二〈規制・恤政〉，頁七十六（臺銀文叢第一六四種）。

❷《臨時臺灣舊慣調查會第一部調查第三回報告書》，《臺灣私法附錄參考書》第三卷上第四篇第一章第三節「郊」，所收第六「澎湖媽宮臺廈郊約章」，頁六八～六九（明治四十三年十一月發行）。

❸方豪，《方豪六十至六十四自選待定稿》，〈澎湖、北港、新港、宜蘭之郊〉，頁三二七（民國六十三年四月版，作者發行）。

❹林豪，《澎湖廳志稿》，卷十二〈祥異〉，頁九九八（成文出版社，民國七十二年臺一版）。

❺陳金田譯，《臨時臺灣舊慣調查會第一部調查第三回報告書》，《臺灣私法》第三卷，第四篇第一章第三節〈郊〉，頁九十七（臺灣省文獻委員會編印，民國八十二年六月出版）。

❻蔣毓英，《臺灣府志》，卷之六〈市廛〉，頁七四（臺灣省文獻委員會，民國八十二年六月出版）。

❼周于仁，《湖湖志略》，〈舟楫〉，頁三十七（臺銀文叢第一〇四種）。

❽同註❶前引書，卷十一〈舊事・軼事〉，頁三八二。

❾蔣鏞，《澎湖續編》，卷上〈地理紀・廟祀〉「無祀祠」，頁八（臺銀文叢第一一五種）。

❿同註❶前引書，卷二〈規制・祠廟〉「無祀壇」，頁六十三。

⓫《臺灣私法》第三卷，頁一〇四。

⓬《臺灣私法商事編》，第二冊第一章第二節「郊」，頁四六～四七（臺銀文叢第九十一種）。

⓭同註❶前引書，卷九〈風俗・服習〉，頁三〇六。

⓮陳文達，《臺灣縣志》，〈建置志二〉「集市」，頁九十二（臺銀文叢第

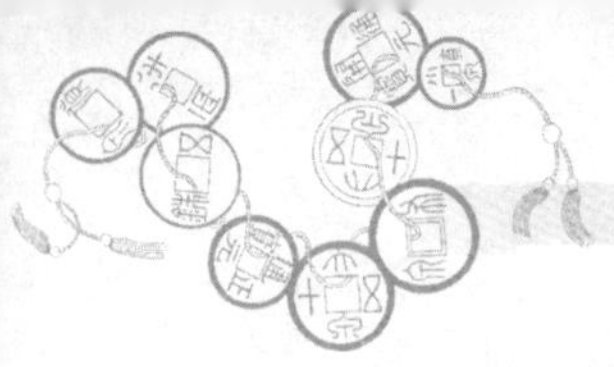

一〇三種）。

⓯胡建偉，《澎湖紀略》，卷二〈地理紀・街市〉，頁四三～四五（臺銀文叢第一〇九種）。本文另補充個人調查所得。

⓰蔣鏞，前引書，卷上〈地理紀・街市〉，頁九。

⓱同註❶前引書，卷十一〈舊事・祥異〉，頁三七三。

⓲同上註前引書，卷十一〈舊事・紀兵〉，頁三六七。

⓳同上註前引書，卷二〈規制・街市〉，而八二～八三。

⓴同上註前引書，卷十〈物產・雜產〉，頁三四七。

㉑同註⓭，頁三〇六～三〇七。

㉒同上註。

㉓周璽，《彰化縣志》，卷九〈風俗志・商賈〉，頁二九〇（臺銀文叢第一五六種）。

㉔倪贊元，《雲林縣采訪冊》，〈大糠榔東堡〉「街市」，頁四十七（臺銀文叢第三十七種）。

㉕詳見卓克華，〈清代澎湖臺廈郊考〉，《臺灣文獻》第三十七卷第二期（民國七十五年六月三十日出版），頁八～九。

㉖詳見卓克華，〈全臺首座燈塔——西嶼燈塔的史蹟研究〉，《國立中央圖書館臺灣分館館訊》第十七期（民國八十三年七月一日出版），頁八三～九七。

㉗林豪，《澎湖廳志》，卷三〈經政・鹽政〉，頁九九～一〇一。

㉘同上註。

㉙同註⓭，頁三〇八。

㉚《臺灣私法》第三卷，頁三二四～三二九。

㉛同註⓭，頁三〇七。

㉜《臺灣私法》第三卷，頁五七〇。

㉝林豪，《澎湖廳志》，卷三〈經政・賦役〉，頁八八～九二。

㉞覃培雄，〈澎湖天后宮建築研究〉，《澎湖天后宮保存計畫》，頁六十二（臺大土木工程學研究所都市計畫室，民國七十二年六月出版）。

㉟參見蔡平立，《澎湖通史》，卷十六第三章〈名勝古蹟・水仙宮〉，頁

五四三（臺北衆文圖書公司，民國六十八年七月出版）。及水仙宮現存「募捐水仙宮改築小啓」木匾內文。

㊱見水仙宮現存「改築寄附金芳名及緣出會員名次」之木匾。

㊲余光弘，《媽宮的寺廟》，頁四五（中研院民族學研究所專利乙種第19號，民國七十七年十月出版）。

㊳同上註，頁四五～四六。

㊴同上註，頁十六。

㊵同註❶前引書，卷十一〈舊事・叢談〉，頁三八六。

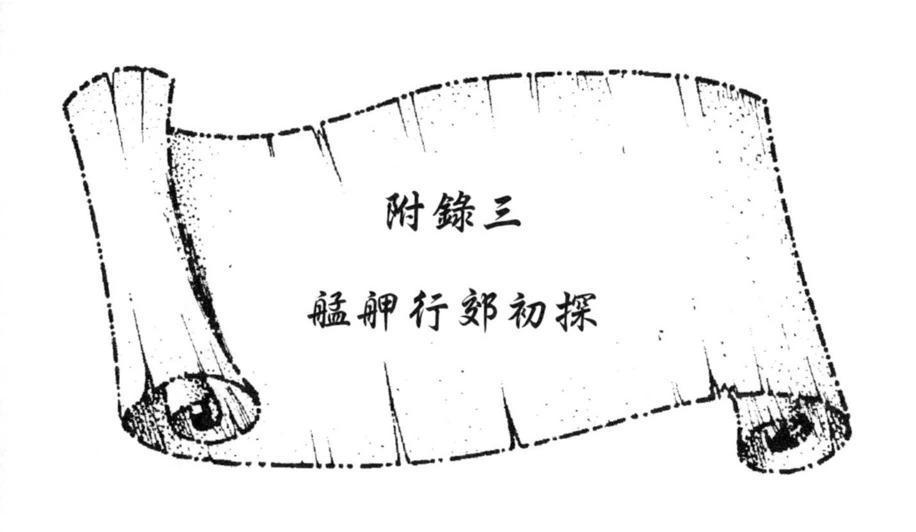

附錄三

艋舺行郊初探

前言

臺灣僻處海隅，梗於交通，開發較晚，初期經濟屬自然經濟階段，僅求自給自足，至明天啓初，荷人先據澎湖，繼侵臺灣，盤據數年，始終以搜括爲能事，榨取臺民膏血，對臺灣之經濟建設難稱貢獻。

明鄭光復故土，以爲抗清基地，清廷爲絕鄭氏後援，於大陸沿岸厲行遷界移民政策，並嚴禁大陸沿海地區與臺島通商，使沿岸無數居民流離失所，遂有衝破禁界偷渡來臺。而鄭氏生聚教養，一面開拓耕地，一面發展對外貿易，結果農業生產急劇升高，臺灣乃成爲大陸外銷物資之集散中心，貿易漸趨興盛。

康熙二十二年（1683），清廷領有臺灣。海禁尙嚴，偷渡之風不減，迨及康熙末年，冒險渡臺墾拓者，幾乎滿布全臺。由於移民日多，墾拓區域日廣，各項生產日增，貿易隨之日隆。其時臺灣府治之臺南地區已成臺島商業中心，雍正年間遂發展成立大商業團體，即著名之臺南三郊。乾隆四十九年（1784），臺灣中部之鹿港獲准與泉州蚶江通航，鹿港商業亦趨繁榮。乾隆五十七年（1792）開放八里坌港，准與福州之五虎門、蚶江來往，於是北部淡水日趨繁榮，商船雲集，闤闠鼎盛，而淡水河上游之艋舺因水利交通之便，北部各郊行咸集該地，全臺形成臺南、鹿港、艋舺三地商業鼎盛之局，俗稱「一府二鹿三艋舺」，而艋舺一地且有駸駸乎後來居上之勢。及咸豐年間，艋舺港埠下游淡水河岸又有大稻埕厦郊之興起，商業隆盛，乃合艋舺泉、北二郊組成三大商業團體，公號總名「金泉順」。至此臺北商業扶搖直上，殆成爲全臺物資集散地。

臺島自明鄭開啓，迄日人竊據，凡二百三十餘年，其中有清一代，臺灣爲海上交通要衝，商業繁盛行會頗多，實操本島經濟大權，頗有足述者焉。而二百年之行郊史可略分爲三期：(1)臺灣府三郊時期；(2)鹿港八郊時期；(3)臺北三郊時期。本文擬以臺北三郊時期中之艋舺行郊爲主題，作一概略性之探討。

艋舺行郊的成立

艋舺，今萬華，爲臺北市最古老市街之一，其原始市街在紗帽廚番社之故址大溪口（今臺北市淡水河岸第一水門附近），後擴充之，轄有龍山區，雙園區（即臺北市西南一帶地區），西、北瀕淡水河，南倚新店溪，三面臨水，可泊大船。

艋舺亦作「蟒甲」、「蚊甲」、「莽葛」或「文甲」，爲蕃語Moungar之音譯，意指獨木舟或獨木舟聚集之處。蓋其地濱河而膏腴，初僅番人居此，以射魚爲生，兼以所產苦茗、蕃薯等物，以獨木舟載運溯淡水河上游之大嵙崁溪與新店溪，與漢人交易，遂得艋舺之名。

臺灣之開發，北部最遲，漢族之拓墾臺北平野，大抵在明萬曆年間，至康熙初年，此地亦不過草寮數椽，人丁寥寥。康熙四十八

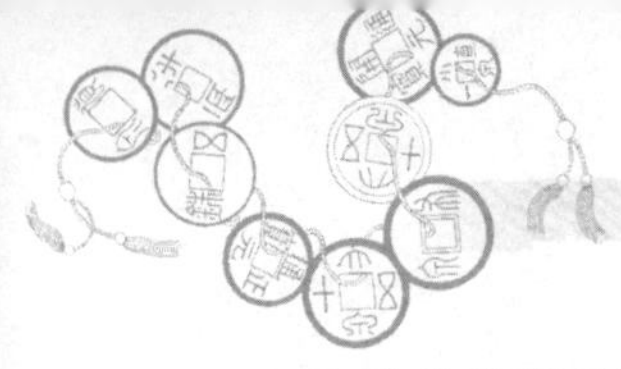

年（1709）有泉籍墾戶陳賴章申請來大佳臘堡屯墾（泛指臺北盆地），遂招募漳泉兩地移民，著手開荒，漸由八里坌、士林、新莊，而及於艋舺。初在大溪口搭建茅屋，後再於其東邊之曠地新築民居，形成一小小市街。屯墾之初需購糧食裹腹，番胞不時載運蕃薯前來與移民交易，此處遂被稱爲「蕃薯市街」[1]。

此後，隨著墾務之發展與移民之激增，艋舺市街之營建急速進行。乾隆初年，漢人入墾臺北盆地者劇增，墾區普及東區之松山、大安，東南區之景尾（今景美）、新店等地，而艋舺因水運地位之優越，遂成臺北盆地貨物之集散中心。乾隆五年（1740），泉州之晉江、惠安、南安三邑人士，鳩資建立龍山寺，蕃薯市與龍山寺之間遂有舊街、新店街、龍山寺街之出現，一時市面繁榮，促進行郊之發達。至乾隆十一年（1746），由各郊商醵金建立天后宮與福德宮，遂又有媽祖宮口街與土地後街之出現[2]。

艋舺之設市，由最早的蕃薯市發其軔，由此向東向南發展而有舊街、後街、媽祖宮口街……等，構成最早的艋舺市區。隨著土地的開發與人口移殖之大量湧進，商業活動增加，商舖、貿易行、船頭行、客貨棧、行會，亦先後因需要而出現。大批的米糧、木材、藍菁、樟腦、苧麻等，由此裝船輸出，遠銷南北各省，交換外地之特產品與消費品。

商業活動之日益繁興，促進艋舺市面之繁富，姚瑩〈臺北道里記〉記當時盛況云：「五里渡之大溪至艋舺，途中山水曲秀，風景如畫，擺接十三莊在其東南，爲北路第一勝境。艋舺民居鋪戶約四、五千家，外即八里坌口，商船聚集，闤闠最盛，淡水倉在焉。

同知歲中半居此，蓋民富而事繁也。」此時水上商船輻輳，陸地人煙稠密，市廛買賣興隆，遂有「一府二鹿三艋舺」之俗諺，咸豐年間，艋舺之繁榮可稱極盛。

一、艋舺的船郊

艋舺商行，行業繁多，約有茶行、糖行、米行、南貨（販售南北貨食品）、雜貨店（售針線、鞋襪等）、粉行、彩帛店、染房、釀酒、阿片煙店、金仔店、藥店、金紙店、魚行、船頭行……等等，其中以船頭行居多，其他行業則不及。船頭行業兼營運輸、貿易、批發，既蔚爲昔時商界重鎮，執各行業之牛耳，且擁有鉅資，於艋舺有其特殊勢力，加之本身有結社，分別組成泉郊、北郊、廈郊，因此有資格稱之爲「行郊」者，初僅有船頭行，故艋舺行郊實可單指船郊一幫。

艋舺郊行，相傳成立於乾隆年間，初有廣郊，惟旋起旋滅，復有泉郊、廈郊，繼有北郊。泉郊公號「金晉順」，係以閩省泉州之貿易爲主，泉州土地貧瘠，生活物資多賴外地進口，故經營泉郊者，輸出多於輸入，其輸出貨物以大菁、藤、米、苧麻、糖、木材爲最多，輸入則以金銀紙、布帛、陶瓷器、鹹魚、磚石爲大宗。北郊公號「金萬利」，貿易地區遠至大陸北部數省，並從各地載運臺灣所需物資，其出口貨品以大菁、苧麻、樟腦及木材等爲大宗、進口則多爲布帛、綢緞等類。細分之，海產類有鹹魚、水母等；山產類有烏筍乾、皮蛋、鹹蛋、松脂、明礬、桐油、石膏、溫州雞、豬

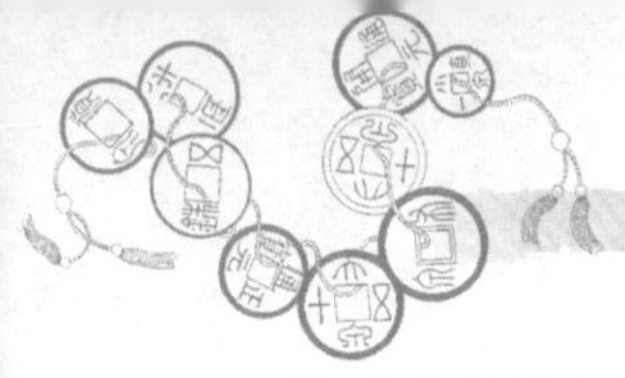

及牛油；雜貨則有刺繡品、繡線、五加皮酒、棉綢布、布燈心、紙傘、草蓆及其他土產品。廈郊公號「金福順」，專對廈門、香港來往交易，經營者爲同安人，其詳歷則不可考[3]。

船郊之貿易情形，據《淡水廳志》〈風俗考〉記曰：「估客輳集，以淡水爲臺郡第一，貨之大者，莫如油、米，次麻豆，次糖、菁 。至樟栳、茄藤、薯榔、通草、藤、苧之屬，多出內山。茶葉、樟腦，又惟內港有之。商人擇地所宜，僱船裝販，近則福州、漳、泉、廈門，遠則寧波、上海、乍浦 、天津以及廣東。凡港路可通，爭相貿易。所售之値，或易他貨而還。帳目則每月十日一收。有郊戶焉，或贌船，或自置船，赴福州江浙者，曰「北郊」；赴泉州者曰「泉郊」，亦稱「頂郊」；赴廈門者曰「廈郊」，統稱爲「三郊」。共設爐主，有總有分，按年輪流以辦郊事。其船往天津、錦州、蓋州，又曰「大北」，上海、寧波，曰「小北」。船中有名「出海」者，司帳及收攬貨物。復有「押載」，所以監視出海也。至所謂「青」者，乃未熟先糶，未收先售也。有粟青，有油青，有糖青，於新穀未熟，新油、新糖未收時，給銀先定價値，俟熟收而還之。菁靛則先給佃銀種，一年兩收。苧則四季收之，曰頭水、二水、三水、四水。其米船遇歲歉防饑，有禁港焉，或官禁，或商自禁；既禁則米不得他販。有傳幫焉，乃商自傳，視船先後到，限以若干日滿，以次出口也。」

《淡水廳志》成於同治十年（1871），蓋記其時艋舺船郊貿易之情形也。惟早期貿易，似以大菁爲最大出口貨，其殷盛時淡水河岸經常滿排菁桶。至同治後，口岸對外開放，外國物資源源湧入，大菁此一土產之染料爲之淘汰，出口貨品始轉成以茶葉、樟腦爲大宗，輸入則以鴉片爲主，次爲棉、絲織品、煤油、火柴、磁器、中藥、煙絲等。

艋舺船郊之組織極爲鬆懈，不像臺南三郊、鹿港八郊之組織嚴密。艋舺船郊組織採爐主制，爐主下有數位頭家，其奉祀以關帝爺、觀音佛祖、媽祖爲主神，置有一份公業（田租），一切開支均由其收入支付，惟爐主之職責僅有祭祀事宜之主持，其他有關郊行之重要事宜，則由幾家大行郊主持。除非有重大事件臨時召集諸會員商討外，否則於每年崇奉之主神誕辰時，衆會員均出席祭拜聚餐，主持人於聚餐時將一年來之收支詳細報告，會員有意見也於此時提出，其形式頗似今日之會員大會。爐主按年輪流，不得連任，於每年媽祖誕辰日改選，屆時以擲筶凶吉之多寡而決定下任之人選[4]。

船郊郊戶，初設於後街仔（今臺北市桂林路市警局第二分局一帶），後均麕集舊街（西園路）一帶。北郊著名之行號、商人先後有：王益興、洪合益、張得寶、莊長順、吳源昌、德泰、何大昌、安記、吉泰、白棉發、德記、老順德、吳成興、榮德、建發、永成、源吉、晉源、江萬和等。泉郊著名之行號、商人先後有：李勝發、榮發、德吉、德春、源榮、源振、順益等[5]。

艋舺雖先有泉郊，北郊則後來居上，其勢力雄霸一方。船郊的發達，使得淡水河畔商船麇聚，帆影林密。而貨物之搬運起卸均由黃、林、吳三大姓包辦，彼此爲爭奪利權常起衝突，後商量分配地盤，由黃姓據大溪口碼頭（第一水門），林姓據王公宮口（第二水

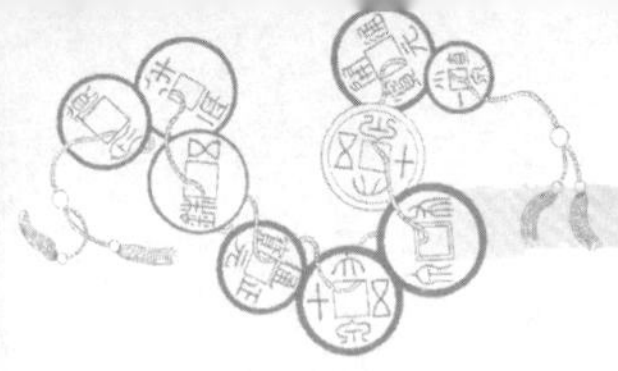

門），吳姓據滬尾渡頭（第三水門），彼此才相安無事❻。

二、其他的行商

艋舺商行除船頭行組成行郊外，其他尚有賭場組成之「金寶興」、生魚行之「金海興」、屠宰業之「金得利」等。「金」字之義，據《廈門志》〈風俗記〉云：「合數人開一店舖或製造一船，則姓金，金猶合也。惟廈門如此，臺灣亦然。」如此，則「金」字表合作合股之意也。

艋舺其他行業著名之行號今略述於下❼：

1.染房：榮德、協和、白棉發、王協興、廖德記、金源勝、蔡德成、裕成。
2.彩帛行：老德利、德豐、洪集成、洪懷德、李勝發、黃泉春。
3.簸商：盛記、泉泰、復泰、協成。
4.魚行：瑞成、協成、金源興。
5.釀酒業：鼎美、源濟堂、榮發、芳華、綿美。
6.中藥店：萬安、周慶茂、宏生局、聯昌、張和昌、林固春、林協興。
7.阿片煙店：裕源、東昌、德昌、陳源美。

另有黃祿嫂其人，於夫黃祿死後，繼承遺業，開設「料館」，經營木材，遠近馳名，成為巨富，其所居地遂名之「料館口街」。

要之，郊商中以廈新街（今臺北市西昌街）之張德寶，頂新街

（西昌街）之吳昌、王益興、李勝發、林卿雲、林春峰、舊街何大昌，大厝口（華西街）之高進清、黃典謨、楊士朝、下崁（萬華車站一帶）之林光和，料館口（環河南路二段）黃祿嫂等最有名，其流傳事蹟猶播頌於艋舺父老口中。行業的分佈爲：布帛行集中於頂新街、廈新街，而頂新街與廈新街爲後起之街，店舖櫛比，爲艋舺末期最熱鬧繁榮之街道；舊街多爲船郊所居，其他如經營雜貨、綢緞之行商亦多開設於舊街，不過日據後船郊凋零，少數遷移至土地後街（西昌街）；布埔街（第三水門附近）則有很多染房。

艋舺行郊的沒落

道咸年間，艋舺市況已臻於極盛時期，其後發生一連串事故，使得艋舺衰歇，失去往日一枝獨秀之盛況。

咸豐三年（1853），三邑之頂郊人與同安之下郊人發生衝突，引起一場大械鬥，俗稱「頂下郊拼」，結果同安人敗退入大稻埕，雙方損失不貲。咸豐四年（1854）艋舺流行瘟疫，人畜罹災，損失慘重。咸豐九年（1859），分類械鬥再起，俗稱「漳泉拼」，爲漳人與泉人之大械鬥，持續兩年之久，雙方精疲力盡，始言歸於好。艋舺經此數年之浩劫，元氣大傷，尤其同治年後，外國洋商紛紛來臺開設洋行，收購茶葉、樟腦，艋舺居民不能保握機會以增進地方繁榮，反施以種種壓迫排擠，外商不得立足，只得將洋行移設於新興之大稻埕；加以淡水河川日漸淤塞，年年洪水之沖刷變更港勢，

使得船舶靠岸困難，艋舺市面日漸蕭條，行商紛紛遷徙至大稻埕。

大稻埕之建街，始於咸豐元年（1851），惟其時人煙疏落，未成市集，迨頂下郊拼，下郊人戰敗，舉族播遷至大稻埕，刻意建設，加速發展，於是拓殖日盛，萬商雲集，不旋踵間，工商市況已凌駕艋舺之上。嗣後各大商聚議共設一社，總爲廈郊，公號名曰「金同順」，置爐主董事，並定生理規條，舉林右藻爲金同順郊長。後艋舺之泉郊金晉順，北郊金萬利見其勢力日長，前來加入，彼此重相議定，將泉、廈、北三郊合立一社，公號總名爲「金泉順」，公舉林右藻爲三郊總長，合設三郊會館於大稻埕。惟此舉無補於艋舺每況愈下之頹勢，不久乙未割臺，艋舺行郊更遭遇一大惡運[8]。

我拓臺先民，於前清時代，遷臺奠居者，從事墾殖較少，多屬營商，不作長久定居之計。是故光緒乙未割臺，日人割占臺澎，所有大陸來臺之郊商紛紛歸籍，艋舺、大稻埕之郊商亦復如是。逗留者僅部分小郊商，進退維谷，心存觀望，商業一時陷於停頓。兼之日人據臺，深懼郊行在民間之勢力，或迫其解散，或改組爲「組合」、「配合組合」，納入管制，甚且逼之改組爲純宗教團體，廢其昔日之商業性質，至是傳統之「行郊」不復存在。

艋舺之商行自日據後又呈現另一面目，以販售日本、歐美雜貨爲主，而原有之船郊，因淡水港之淤淺，爲新興之基隆港所取代，加以時代進步，海運發達，船郊之老式木帆船自不能與航速快、裝貨多之貨輪比較，遂被淘汰。泉郊金晉順於日據後不久結束，北郊金萬利則苟延殘喘，賴有一份公業之收益，於每年關帝爺聖誕之日，仍繼續推舉爐主管理。至民國二十九年（昭和十五年，1940），被迫改爲理事制，推選李朝北爲理事長。

三十四年臺灣光復後，政府實施耕者有其田，北郊原有之公業被徵收，幸賴葉傳世先生力爭，折以四大公司之實物債券，經兌現得二十餘萬元，存入龍山區第三信用合作社，由林有慶先生保管，每年以所得利息辦宴聚餐[9]。北郊後人留傳至今日猶有十七家：李億記、謝源興、葉瑞德、吳源吉、吳成興、黃德吉、林德興、伍永成、林吉泰、林德泰、陳協記、吳源昌、賴德記、王順益、李安記、王鎰順[10]；每年農曆三月二十三日（媽祖誕辰）、七月十五日（中元節）、九月初九（媽祖飛升日）舉行慶典，民國六十六年調查時，負責人爲李雲龍先生，仍於每年媽祖誕辰日改選。要之北郊雖流傳至今，已非昔日之性質，已純屬於神明會之性質了[11]。

結語

臺北盆地原是山胞居所，昔年草木蓊鬱，荊榛滿目。直至康熙四十八年泉籍墾戶陳賴章，在大加蚋堡結聚民衆，開墾土地。乾隆五十七年開放八里坌口岸，艋舺於焉繁榮，至道咸間達於極盛，有「一府二鹿三艋舺」之諺稱。惟咸豐以下屢生械鬥，加以淡水河岸日漸淤淺，遂趨衰微，直至今日。

艋舺形勢並非不佳，其地點適在新店溪與大嵙崁溪之交會處，昔年河寬水深，可泊大船，無論由海口溯淡水河而上，或順河直出

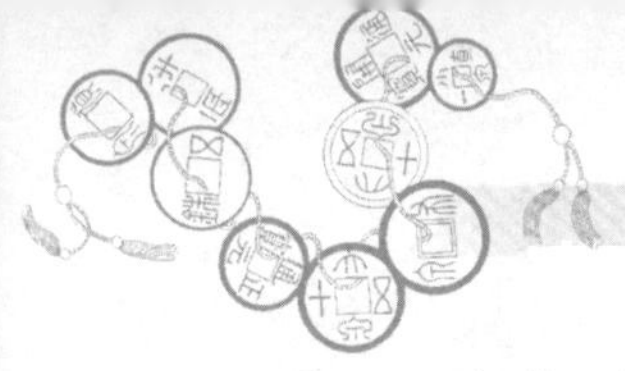

海口均稱便利，且東北與城內、大稻埕毗連，西南直通板橋，形勢極佳。惟後來淡水河床之淤淺，與夫時代潮流之進步，於是形勢一變。滄桑變幻，日趨蕭條，艋舺之式微誠乃無可奈何之事！

艋舺兩百年來之滄桑，其榮枯固繫於一水，然其中郊商之影響亦不可忽略，其興也郊商雲集，其微也郊商紛散。但兩百年之發展建設，則郊商亦盡其力襄助，促進艋舺地方建設之繁榮。如艋舺各大寺廟，無論創建或重修，郊商均參與之，有名者如龍山寺、慈雲寺、新興宮、水仙宮、土地廟等均是，而寺廟與地方之發展息息相關，舉凡治安、產業、交通、教育、聯誼、娛樂……等，莫不透過寺廟以推行，我拓臺先民往往運用寺廟推進地方建設，興辦地方慈善事業，進而教化百姓，平定變亂，維持社會之治安。

他如艋舺有名之郊商巨富，平日無不排難解紛，救災濟貧，凡地方有事則踴躍捐輸，共襄義舉，或修橋樑，或捐義倉，或助軍餉，或設棲流所，又置義塚、義渡……大凡艋舺地方之福利事業、教育事業，無不有郊商之血汗金錢所在，甚且外地之公益事業亦盡力襄助，如新竹現存之義渡碑與義塚碑，均有艋舺泉郊、廈郊與其他零售行號之鐫名，可證郊商之義薄雲天，罄款相助他地慈善事業。

綜上所述，艋舺行郊對地方之影響實鉅，非但操縱經濟之大權，左右民生，且凡屬社會義舉，如鳩資紓難、社會救濟之類，亦莫非行郊是賴，雖小至修橋鋪路，排難解紛，亦多由行郊醵金爲之，其作用之大，影響之深，實足吾人重視探討，惜史缺有間，莫可詳考，尚乞前輩、專家指正。

註釋

❶詳見廖漢臣，〈艋舺沿革志〉，《臺北文物》二卷一期。
❷同上註。
❸參見《臺北市志沿革志》第一章四節第三項〈艋舺之興起〉，與吳逸生〈艋舺古行號概述〉，《臺北文物》九卷一期。
❹吳春暉，〈艋舺的古社團〉，《臺北文物》八卷三期。
❺同註❸。
❻同註❶。
❼同註❸。
❽《臺北市志沿革志》第一章四節第五項〈大稻埕之發展〉。
❾同註❹。
❿據葉傳世先生口述，葉先生現任龍山區合作社經理，為昔日北郊榮德主持人葉允文之孫。
⓫據李雲龍先生保管之會員名冊。

主要參考書目

壹、中文資料

一、重要史料

丁曰健等，《治臺必告錄》，臺灣文獻叢刊第一七種（以下簡稱文叢本），臺北，臺灣銀行經濟研究室印行（以下簡稱臺銀），民國四十八年七月。

丁紹儀，《東瀛識略》，文叢本第二種，臺北，臺銀，民國四十六年九月。

中央研究院歷史語言研究所編，《明清史料》戊篇（全十本），臺北，中研院史語所，民國四十二年三月初版。

王必昌等，《重修臺灣縣志》，文叢本第一一三種，臺北，臺銀，民國五十年十一月。

王瑛曾等，《重修鳳山縣志》，文叢本第一四六種，臺北，臺銀，民國五十一年十二月。

朱景英，《海東札記》，文叢本第一九種，臺北，臺銀，民國四十七年五月。

李元春，《臺灣志略》，文叢本第一八種，臺北，臺銀，民國

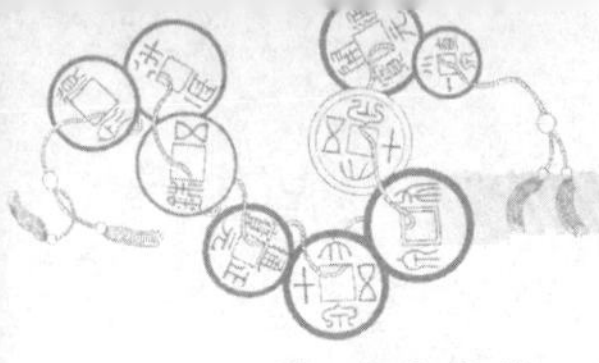

四十七年五月。

余文儀等，《續修臺灣府志》，文叢本第一二一種，臺北，臺銀，民國五十一年四月。

林百川等，《樹杞林志》，文叢本第六三種，臺北，臺銀，民國四十九年一月。

林豪，《澎湖廳志》，文叢本第一六四種，臺北，臺銀，民國五十二年六月。

沈茂蔭，《苗栗縣志》，文叢本第一五九種，臺北，臺銀，民國五十一年十二月。

周元文等，《重修臺灣府志》，文叢本第六六種，臺北，臺銀，民國四十九年七月。

周凱，《廈門志》，文叢本第九五種，臺北，臺銀，民國五十年一月。

周鍾瑄，《諸羅縣志》，文叢本第一四一種，臺北，臺銀，民國五十一年十二月。

周璽等，《彰化縣志》，文叢本第一五六種，臺北，臺銀，民國五十一年十一月。

范咸等，《重修臺灣府志》，文叢本第一〇五種，臺北，臺銀，民國五十年十一月。

柯培元，《噶瑪蘭志略》，文叢本第九二種，臺北，臺銀，民國五十年一月。

郁永河，《裨海紀遊》，文叢本第四四種，臺北，臺銀，民國四十八年四月。

姚瑩，《中復堂選集》，文叢本第八三種，臺北，臺銀，民國四十九年九月。

姚瑩，《東槎紀略》，文叢本第七種，臺北，臺銀，民國四十六年十一月。

姚瑩，《東溟奏稿》，文叢本第四九種，臺北，臺銀，民國四十八年六月。

胡建偉等，《澎湖紀略》，文叢本第一〇九種，臺北，臺銀，民國五十年七月。

徐宗幹，《斯未信齋文編》，文叢本第八七種，臺北，臺銀，民國四十九年十月。

高拱乾等，《臺灣府志》，文叢本第六五種，臺北，臺銀，民國四十九年二月。

唐贊衮，《臺陽見聞錄》，文叢本第三十種，臺北，臺銀，民國四十七年十一月。

倪贊元，《雲林縣采訪冊》，文叢本第三七種，臺北，臺銀，民國四十八年四月。

連橫，《臺灣通史》，文叢本第一二八種，臺北，臺銀，民國五十一年二月。

陳文達等，《臺灣縣志》，文叢本第一〇三種，臺北，臺銀，民國五十年六月。

陳文達等，《鳳山縣志》，文叢本第一二四種，臺北，臺銀，民國五十年十月。

陳培桂等，《淡水廳志》，文叢本第一七二種，臺北，臺銀，民國

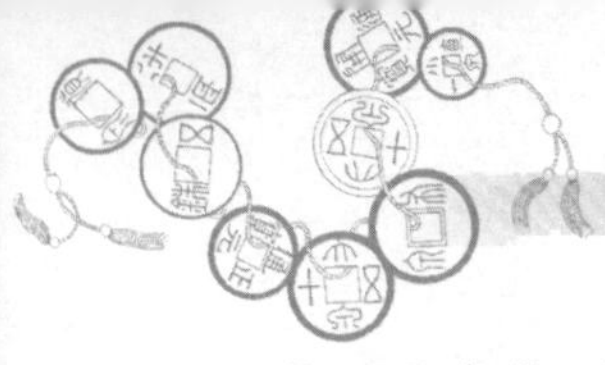

五十二年八月。

陳淑均，《噶瑪蘭廳志》，文叢本第一六〇種，臺北，臺銀，民國五十二年三月。

陳朝龍等，《新竹縣志初稿》，文叢本第六一種，臺北，臺銀，民國四十八年十一月。

陳朝龍等，林文龍點校，《新竹縣采訪冊》（合校足本），南投，臺灣省文獻委員會，民國八十八年一月。

陳壽祺，《福建通志》，二七八卷，中國省志彙編之九，同治十年刊本，臺北，華文書局，民國五十七年十月。

陳壽祺，《福建通志·臺灣府》，文叢本第八四種，臺北，臺銀，民國四十九年八月。

黃叔璥，《臺海使槎錄》，文叢本第四種，臺北，臺銀，民國四十六年十一月。

黃典權編，《臺灣南部碑文集成》，文叢本第二一八種，臺北，臺銀，民國五十五年三月。

黃典權編，《臺南市南門碑林圖志》，臺南，臺南市政府印行，民國六十八年。

黃耀東編，《明清臺灣碑碣選集》，臺中，臺灣省文獻委員會，民國六十九年元月。

董天工，《臺海見聞錄》，文叢本第一二九種，臺北，臺銀，民國五十年十月。

福建通志局，《福建通紀》，文叢本第一二九種，臺北，大通書局影印，民國五十七年十一月。

臺灣銀行經濟研究室編（以下簡稱臺銀經研室），《清會典臺灣事例》，文叢本第二二六種，臺北，臺銀，民國五十五年五月。
臺銀經研室編，《福建省例》，文叢本第一九九種，臺北，臺銀，民國五十三年六月。
臺銀經研室編，《臺灣私法人事編》，文叢本第一一七種，臺北，臺銀，民國五十年七月。
臺銀經研室編，《臺灣私法物權編》，文叢本第一五〇種，臺北，臺銀，民國五十二年一月。
臺銀經研室編，《臺灣私法商事編》，文叢本第九一種，臺北，臺銀，民國五十年三月。
臺銀經研室編，《臺灣私法債權編》，文叢本第七九種，臺北，臺銀，民國四十九年十一月。
臺銀經研室編，《臺灣教育碑記》，文叢本第五四種，臺北，臺銀，民國四十八年七月。
蔡振豐等，《苑裡志》，文叢本第四八種，臺北，臺銀，民國四十八年七月。
蔣師轍，《臺游日記》，文叢本第六種，臺北，臺銀，民國四十六年十二月。
蔣鏞等，《澎湖續編》，文叢本第一一五種，臺北，臺銀，民國五十年八月。
盧德嘉，《鳳山縣采訪冊》，文叢本第七三種，臺北，臺銀，民國四十九年八月。
劉良璧等，《重修福建臺灣府志》，文叢本第七四種，臺北，臺

銀，民國五十年三月。

劉枝萬編，《淡水廳築城案卷》，文叢本第一七一種，臺北，臺銀，民國五十二年五月。

劉枝萬編，《臺灣中部碑文集成》，文叢本第一五一種，臺北，臺銀，民國五十一年九月。

劉家謀等，《臺灣雜詠合刻》，文叢本第二八種，臺北，臺銀，民國四十七年十月。

劉銘傳，《劉壯肅公奏議》，文叢本第二七種，臺北，臺銀，民國四十七年十月。

劉璈，《巡臺退思錄》，文叢本第二一種，臺北，臺銀，民國四十七年八月。

謝金鑾，《續修臺灣縣志》，文叢本第一四〇種，臺北，臺銀，民國五十一年六月。

戴炎輝編，《淡新檔案選錄行政編初集》，文叢本第二九五種，臺北，臺銀，民國六十年八月。

薛紹元等，《臺灣通志》，文叢本第一三〇種，臺北，臺銀，民國五十一年五月。

藍鼎元，《平臺紀略》，文叢本第一四種，臺北，臺銀，民國四十七年四月。

不著撰人，《安平縣雜記》，文叢本第五二種，臺北，臺銀，民國四十八年八月。

不著撰人，《新竹縣制度考》，文叢本第一〇一種，臺北，臺銀，民國五十年三月。

不著撰人，《嘉義管內采訪冊》，文叢本第五八種，臺北，臺銀，民國四十八年九月。

不著撰人，《臺灣番事物產與商務》，文叢本第四六種，臺北，臺銀，民國四十九年十月。

二、一般論著

(一)專書

方豪，《方豪六十至六十四自選待定稿》，臺北，作者印行，民國六十三年四月。

王詩琅，《艋舺歲時記》，高雄，德馨室出版社，民國六十八年六月。

加藤繁原著，吳杰譯，《中國經濟史考證》，臺北，華世出版社，民國六十五年六月譯本初版。

全漢昇，《中國行會制度史》，臺北，食貨出版社，民國六十七年十二月臺灣再版。

何炳棣，《中國會館史論》，臺灣，學生書局，民國五十五年三月。

宋嘉泰，《臺灣地理》，臺北，正中書局，民國四十五年。

李亦園，《信仰與文化》，臺北，巨流圖書公司，民國六十七年八月。

李國祁，《中國現代化的區域研究——閩浙臺地區（一八六〇—一九一六）》，中研院近史所專刊第四四種，臺北，中研院近史所，民國七十一年五月。

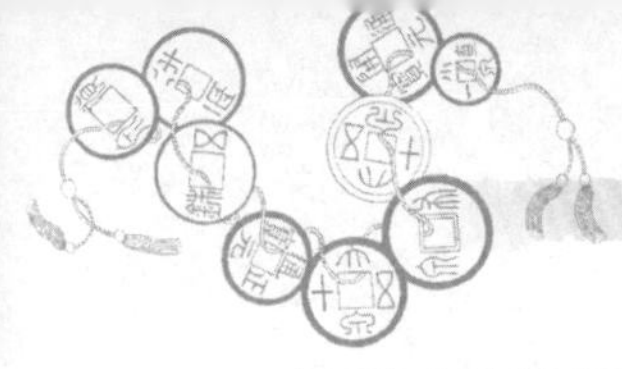

林玉茹，《清代竹塹地區的在地商人及其活動網絡》，臺北，聯經出版事業公司，民國八十九年出版。

林滿紅，《茶、糖、樟腦業與晚清臺灣》，臺灣研究叢刊第一一五種（以下簡稱研叢本），臺北，臺銀，民國六十七年五月。

林衡道，《臺灣的歷史與民俗》，臺北，青文出版社，民國六十一年三版。

周宗賢，《臺灣民間結社的本質與機能》，臺北，河洛出版社，民國六十七年二月。

周憲文，《清代臺灣經濟史》，研叢本第四五種，臺北，臺銀，民國四十六年三月。

宜蘭縣文獻委員會，《宜蘭縣志》卷四《經濟志》，宜蘭，宜蘭縣文獻委員會，民國五十九年十二月。

洪敏麟，《臺灣舊地名沿革》，臺中，臺灣省政府新聞處，民國六十八年六月。

洪敏麟，《臺灣地名之沿革》，第一冊，臺中，臺灣省文獻委員會，民國六十九年四月。

苗栗縣文獻委員會，《苗栗縣志》卷四《經濟志》，苗栗，苗栗縣文獻委員會，民國五十九年八月。

馬若孟（Roman H. Myers）原著，陳其南、陳秋坤譯，《臺灣農村社會經濟發展》，臺北，牧童出版社，民國六十八年二月。

桃園縣文獻委員會，《桃園縣志》卷四《經濟志》（上、下），桃園，桃園縣文獻委員會，民國五十五年四月。

連橫，《臺灣語典》，文叢本第一六一種，臺北，臺銀，民國五十二年三月。
陳三井等，《鄭成功全傳》，臺北，臺灣史蹟研究中心，民國六十八年六月。
陳正祥，《中國文化地理》，臺北，龍田出版社，民國七十一年四月。
陳伯中，《經濟地理》，臺北，三民書局，民國六十八年七月三版。
陳紹馨，《臺灣的人口變遷與社會變遷》，臺北，聯經出版事業公司，民國六十八年五月。
陳其南，《臺灣的傳統中國社會》，臺北，允晨文化公司，民國七十六年三月初版。
張世賢，《晚清治臺政策》，臺北，中國學術著作獎助委員會，民國六十七年六月。
楊懋春，《史學新論》，臺北，華欣文化事業中心，民國六十三年十二月。
郭立誠，《行神研究》，臺北，中華叢書編審委員會，民國五十六年十一月。
新竹縣文獻委員會，《臺灣省新竹縣志》，新竹，新竹縣文獻委員會，民國四十六年五月編纂，六十五年六月印行。
嘉義縣文獻委員會，《嘉義縣志》卷五《經濟志》，嘉義，嘉義縣文獻委員會，民國五十九年十月編纂，六十六年三月印行。
臺北市文獻委員會，《臺北市志》卷一《沿革志》，臺北，臺北文獻委員會，民國五十九年六月。

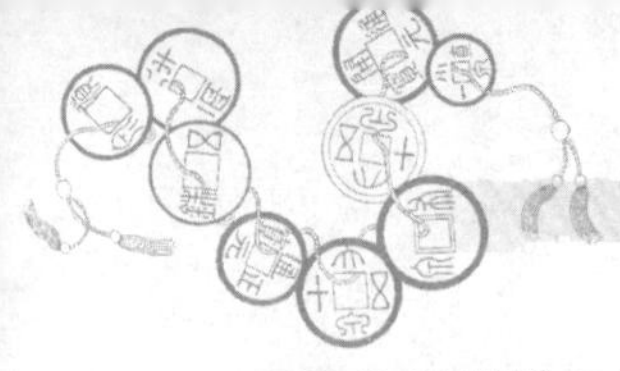

臺北市文獻委員會，《臺北市志》卷六《經濟志·商業篇》，臺北，民國四十四年一月。

臺北縣文獻委員會，《臺北縣志》卷二十三《商業志》，臺北縣，臺北縣文獻委員會，民國四十九年。

臺南縣文獻委員會，《臺南縣志》卷五《經濟志》，臺南，臺南縣政府，民國六十九年六月。

臺銀經研室編，《臺灣經濟史初集》，研叢本第二三種，臺北，臺銀，民國四十三年九月。

臺銀經研室編，《臺灣經濟史二集》，研叢本第三二種，臺北，臺銀，民國四十四年八月。

臺銀經研室編，《臺灣經濟史五集》，研叢本第四四種，臺北，臺銀，民國四十六年。

臺銀經研室編，《臺灣經濟史六集》，研叢本第五四種，臺北，臺銀，民國四十六年。

臺灣省文獻委員會，《臺灣省通志》，臺北，衆文圖書公司，民國六十九年四月再版。

劉枝萬，《臺灣民間信仰論集》，臺北，聯經出版事業公司，民國七十二年。

鍾華操，《臺灣地區神明的由來》，臺中，臺灣省文獻委員會，民國六十八年六月。

蘇同炳，《臺灣史研究集》，臺北，中華叢書編審委員會，民國六十九年四月。

(二)論文

王一剛，〈臺北三郊與臺灣的郊行〉，《臺北文物》第六卷一期，民國四十六年九月，頁十一～廿八。

史久龍，〈憶臺雜記〉，《臺灣文獻》第廿六卷四期，民國六十五年三月，頁一～廿三。

石萬壽，〈臺南府城的行郊特產點心〉，《臺灣文獻》第卅一卷四期，民國六十九年十二月，頁七〇～九八。

蔡相煇，〈臺灣寺廟與地方發展之關係〉，中國文化大學史學研究所碩士論文，民國六十五年六月，八六頁。

李國祁，〈清代臺灣社會的轉型〉，《臺北市耆老會談專集》，民國六十八年九月，頁二五一～二七九。

吳逸生，〈艋舺古行號概述〉，《臺北文物》第九卷一期，民國四十九年三月，頁一～十一。

林滿紅，〈清末臺灣與我國大陸之貿易型態比較（一八六〇～一八九四）〉，《師大歷史學報》第六期，民國六十七年五月，頁二〇九～二四四。

林滿紅，〈貿易與清末臺灣的經濟社會變遷〉，《食貨月刊》復刊第九卷四期，民國六十八年七月，頁一三六～一六〇。

林會承，〈清末鹿港街鎭結構研究〉，《臺灣文獻》第卅一卷三期、四期，民國六十九年九月、十二月，頁一四四～一六四，頁九九～一三一。

卓克華，〈行郊考〉，《臺北文獻》直字第四五、四六期合刊，民國六十七年十二月，頁四二七～四四四。

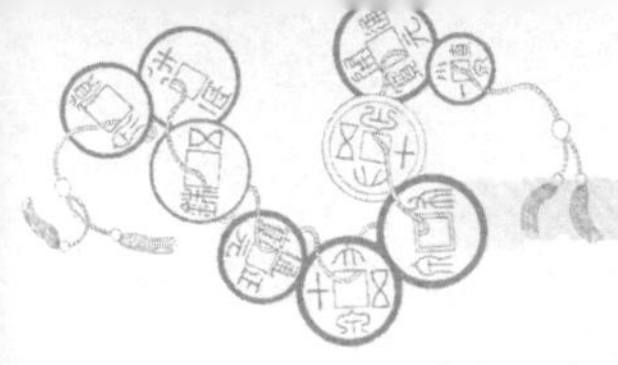

卓克華，〈臺灣寺廟對地方的貢獻〉，《臺北文獻》直字第卅八期，民國六十五年十二月，頁一八七～一九八。

卓克華，〈艋舺行郊初探〉，《臺灣文獻》第廿九卷一期，民國六十七年三月，頁一八八～一九二。

洪敏麟，〈笨港之地理變遷〉，《臺灣文獻》第廿三卷二期，民國六十一年六月，頁一～四二。

施振民，〈祭祀圈與社會組織〉，《中研院民族學研究所集刊》第三六期，民國六十二年，頁一九～二〇八。

施俊吉，〈沈默的鹿港——漂沙、鐵道、偏港船〉，《食貨月刊》復刊第九卷十一期，民國六十九年二月，頁四六一～四六六。

莊澤宣、陳學洵，〈中國職業團體的研究〉，《嶺南學報》第七卷一期，民國三十六年一月，頁一～一四。

陳其南，〈清代臺灣漢人社會的開墾組織與土地制度之形成〉，《食貨月刊》復刊第九卷十期，民國六十九年一月，頁三八〇～三九八。

陳其南，〈清代臺灣漢人移民社會的歷史與政治背景〉，《食貨月刊》復刊第十卷七期，民國六十九年十月，頁二九三～三〇五。

陳其南，〈清代臺灣社會的結構變遷〉，《中研院民族學研究所集刊》第四九期，民國六十九年，頁一一五～一四七。

陳秋坤，〈清初臺灣地區的開發〉，《食貨月刊》復刊第八卷五期，民國六十七年八月，頁二二一～二三三。

陳夢痕，〈臺北三郊與大稻埕開創者林右藻〉，《臺北文獻》直字第九、十期合刊，民國五十八年十二月，頁一一六～一二三。
溫振華，〈淡水開港與大稻埕中心的形成〉，《師大歷史學報》第六期，民國六十七年五月，頁二四五～二七〇。
溫振華，〈清代臺灣漢人的企業精神〉，《師大歷史學報》第九期，民國七十年五月，頁一一一～一三九。
黃典權、李冕世，〈清代臺灣地區貨幣制度及研究〉，《成大歷史學報》第三號，民國六十五年七月，頁一～五四。
黃典權、李冕世，〈清代臺灣地方物價之研究〉，《成大歷史學報》第四號，民國六十六年七月，頁四一～一三〇。
黃秀政，〈清代臺灣分類械鬥事件之檢討〉，《臺灣文獻》第廿七卷四期，民國六十五年十二月，頁七八～八六。
張炳楠，〈鹿港開港史〉，《臺灣文獻》第十九卷一期，民國五十七年三月，頁一～四四。
張雄潮，〈清代臺灣民變迭起迅滅的因素〉，《臺灣文獻》第十五卷四期，民國五十三年十二月，頁一七～三九。
蔡明正，〈鹿港綠香居主人自述〉，《臺灣風物》第十六卷四期，民國五十五年八月，頁五一～六八。
蔡淵絜，〈清代臺灣社會領導階層的組成〉，《史聯雜誌》第二期，民國七十二年一月，頁二五～三二。
樊信源，〈清代臺灣民間械鬥歷史之研究〉，《臺灣文獻》第廿五卷四期，民國六十三年十二月，頁九〇。
劉枝萬，〈清代臺灣之寺廟〉，《臺北文獻》第四、五、六期，民國五十二年六月、九月、十二月，頁一〇一～一二〇，四五～

一一〇，四八～六六。

顏興，〈臺灣商業的由來與三郊〉，《臺南文化》第三卷四期，民國四十三年四月，頁九～一五。

貳、日文論著

伊能嘉矩，《臺灣文化志》，日本東京，刀江書院，昭和三年初版。

羽生國彥，《臺灣小運送業發達史》，臺北，作者印行，日本昭和十六年初版。

東嘉生，《臺灣經濟史研究》，臺北，田宮權助發行，日本昭和十九年初版。

臺灣慣習研究會編，《臺灣慣習記事》第一卷～七卷（日本明治三十四年一月至明治四十年八月），臺北，古亭書屋影印，民國五十八年出版。

臨時臺灣舊慣調查會，《臨時臺灣舊慣調查會第一部調查第三回報告書》，《臺灣私法》（下分三卷六冊，暨附錄參考書七冊），臺北，臨時臺灣舊慣調查會，日本明治四十二年至四十四年陸續發行。

揚智叢刊 47

清代臺灣行郊研究

作　　者／卓克華
主 編 者／國立編譯館
著作財產權人／國立編譯館
地　　址／台北市和平東路一段 179 號
電　　話／(02)33225558
傳　　真／(02)33225598
網　　址／http://www.nict.gov.tw
出 版 者／揚智文化事業股份有限公司
發 行 人／葉忠賢
總 編 輯／閻富萍
地　　址／台北縣深坑鄉北深路三段 260 號 8 樓
電　　話／(02)2664-7780
傳　　真／(02)2664-7633
E-mail ／service@ycrc.com.tw
郵撥帳號／19735365
户　　名／葉忠賢
印　　刷／鼎易印刷事業股份有限公司
ISBN ／978-957-818-807-5
GNP／1009600314
初版一刷／2007 年 2 月
定　　價／新台幣 450 元

＊本書如有缺頁、破損、裝訂錯誤，請寄回更換＊

國家圖書館出版品預行編目資料

清代臺灣行郊研究/ 卓克華著. -- 初版. --
臺北縣深坑鄉 : 揚智文化, 2007[民 96]
面 ; 公分. -- (揚智叢刊 ; 47)
參考書目:面

ISBN 978-957-818-807-5(平裝)

1. 商業 - 臺灣 - 清領時期(1683-1895) 2.
同業公會 - 臺灣 - 清領時期(1683-1895)

490.9232 96000729